国家科学技术学术著作出版基金资助出版

新疆与中亚铀成矿规律对比研究

范洪海 刘红旭 陈金勇 等 著

国家重点基础研究发展计划（课题编号：2015CB453004）成果
国家科技支撑计划项目（课题编号：2011BAB06B07）成果

U0262722

科学出版社

北　京

内 容 简 介

本书概述了新疆与中亚地区的铀成矿地质背景，对两地区主要铀矿类型和成矿区带进行了划分，剖析了砂岩型、火山岩型、花岗岩型及其他类型铀矿的成矿地质条件，构建了不同类型的典型铀矿成矿模式，对新疆和中亚地区的铀成矿规律进行了对比研究，并在此基础上建立了砂岩型和火山岩型铀矿综合找矿模式。

本书丰富和发展了新疆与中亚地区的铀成矿理论。对从事铀矿地质勘查、研究的技术人员及高等院校的师生具有一定的参考价值。

图书在版编目 (CIP) 数据

新疆与中亚铀成矿规律对比研究／范洪海等著 . —北京：科学出版社，2023.2
　ISBN 978-7-03-074446-3

　Ⅰ.①新…　Ⅱ.①范…　Ⅲ.①铀矿–成矿规律–对比研究–新疆、中亚
Ⅳ.①P619.14

中国版本图书馆 CIP 数据核字（2022）第 254715 号

责任编辑：王　运　张梦雪／责任校对：何艳萍
责任印制：吴兆东／封面设计：图阅盛世

科 学 出 版 社 出版
北京东黄城根北街 16 号
邮政编码：100717
http://www.sciencep.com
北京九州迅驰传媒文化有限公司 印刷
科学出版社发行　各地新华书店经销
*
2023 年 2 月第 一 版　开本：787×1092　1/16
2023 年 2 月第一次印刷　印张：18 1/2
字数：439 000
定价：259.00 元
（如有印装质量问题，我社负责调换）

本书作者名单

范洪海　　刘红旭　　陈金勇　　王国荣

陈宏斌　　王　果　　修晓茜　　陈祖伊

许　强　　孙远强　　田建吉　　何德宝

刘章月　　丁　波

序

中亚地区是世界上最重要的铀成矿域之一，也是世界上已探明铀资源量最多的地区之一。与其相邻的我国新疆伊犁盆地、吐哈盆地、准噶尔盆地、塔里木盆地以及雪米斯坦成矿带和北天山成矿带等铀矿勘查工作和铀成矿理论研究一直受到国内外地质学者的高度关注。新疆和中亚地区在成矿地质背景及成矿规律等方面有诸多相似之处，也有其各自的特点，两个地区同处于中央亚洲加里东-海西造山带内，有着共同的地质演化史，部分大地构造单元跨界分布，具有连续性，如天山造山带、哈萨克斯坦-准噶尔地块等。两者的铀成矿地质背景、成矿规律及成矿条件等既具有相似性，也具有一定差异性。为此，2011年"十二五"国家科技支撑计划（国家305项目）"新疆重要成矿带战略性矿产资源预测与靶区评价"项目设立了"新疆与中亚铀成矿条件对比研究及靶区预测评价"课题，对新疆及中亚的铀成矿条件及成矿规律进行对比研究；2015年国家重点基础研究发展计划（973计划）"中国北方巨型砂岩铀成矿带陆相盆地沉积环境与大规模成矿作用"项目设立了"典型产铀盆地成矿机理与成矿模式"课题，对典型产铀盆地及典型铀矿床成矿机理和成矿模式进行研究。

研究团队历经近11年时间，开展了大量的野外地质调查与综合研究，取得了一系列重要进展：系统总结了新疆及中亚地区典型铀矿床的成矿条件和控矿要素；总结了不同铀成矿区带的成矿条件与成矿规律，深化了对跨境成矿带地质特征和成矿规律的认识；通过对比研究新疆与中亚地区铀成矿特点，总结、归纳了新疆与中亚地区铀成矿规律的共性和异性；构建了砂岩型和热液型铀矿床成矿模式和找矿模型。

《新疆与中亚铀成矿规律对比研究》一书取得的一系列重要成果和新认识，进一步丰富和发展了砂岩型及热液型铀矿成矿理论，揭示了中亚及新疆地区铀矿的成矿规律，相信对新疆地区日后铀矿勘查、引导中国企业实施"走出去"、开展铀矿资源勘查与开发具有重要启迪，是一本值得借鉴的好书。

2022 年 12 月 16 日

前　言

中亚地区位于亚洲中部，与中国新疆相邻，包括哈萨克斯坦、乌兹别克斯坦、吉尔吉斯斯坦、塔吉克斯坦、土库曼斯坦等国家。该地区不仅是世界上最重要的铀成矿地区之一，同时也是世界上探明铀资源最多的地区之一，目前已探明的铀资源量达 2×10^6 t 以上。

中亚地区铀资源量丰富、铀矿化类型多种多样，因而引起了世界铀矿地质工作者的高度重视。而新疆是我国铀矿资源勘查的重点区域之一，其中伊犁盆地、吐哈盆地、准噶尔盆地、塔里木盆地及雪米斯坦成矿带和北天山成矿带等铀矿勘查工作和铀成矿理论研究一直受到国内外地质学者的高度关注。我国新疆地区与中亚地区相毗邻，两个地区同处于中央亚洲加里东-海西造山带内，有着共同的地质演化史，一些大地构造单元跨界分布，如天山造山带、哈萨克斯坦-准噶尔地块等。两者的铀成矿地质背景、成矿规律及成矿条件等既具有相似性，又具有差异性，所以对这两个地区的铀成矿规律进行对比研究不仅有助于深化对铀成矿作用的认识，而且有助于进一步丰富和完善铀成矿理论，同时对我国在新疆进行铀矿勘查具有直接的借鉴意义。

本书是科学技术部"十二五"国家科技支撑计划"新疆跨境成矿带战略性矿产资源预测与靶区评价"项目下设课题"新疆与中亚铀成矿条件对比研究及靶区预测评价"（编号：2011BAB06B07）以及国家重点基础研究发展计划"中国北方巨型砂岩铀成矿带陆相盆地沉积环境与大规模成矿作用"项目下设课题"典型产铀盆地成矿机理与成矿模式"（编号：2015CB453004）的主要研究成果。在系统收集新疆与中亚各类铀矿床资料的基础上，结合野外实地调研与室内综合分析，以新疆与中亚铀成矿规律对比为研究主线，对比分析新疆与中亚地区的区域铀成矿地质背景与控矿因素，总结、归纳新疆与中亚铀成矿规律的共性和异性；重点解剖砂岩型铀矿和热液型铀矿成矿地质特征，构建砂岩型和火山岩型铀矿床成矿模式和找矿模型，总结新疆与中亚大型铀矿集区（如楚-萨雷苏、锡尔达林、中央卡兹库姆等）的成矿规律，深化对跨境铀成矿带地质特征和成矿规律的认识，为新疆相关成矿带找矿突破提供技术支撑，同时为"走出去"开展境外铀资源风险勘查提供翔实的基础地质资料和找矿远景区。

再则，本专著属于综合研究成果，是集体劳动智慧的结晶，凝聚着全体研究人员的心血和汗水。全书共九章，各章分工如下：第一章由范洪海、陈金勇和王国荣编写；第二章由范洪海、陈金勇、王果和王国荣编写；第三章由刘红旭、陈宏斌、丁波、刘章月、修晓茜、许强和王国荣编写；第四章由范洪海、陈金勇、陈祖伊、王果、田建吉和王国荣编写；第五章由范洪海、陈金勇和何德宝编写；第六章由范洪海编写；第七章由陈金勇、许强和孙远强编写；第八章由陈金勇、刘红旭和修晓茜编写；第九章由范洪海编写。最后由范洪海、刘红旭统一修改、定稿，陈金勇协助校对、定稿。

研究任务的完成，得益于科学技术部、自然资源部、新疆维吾尔自治区科学技术厅、新疆维吾尔自治区人民政府国家 305 项目办公室、中国核工业地质局、核工业北京地质研究院、核工业二一六大队及核工业二〇三研究所等单位和领导的关心和大力支持。新疆维吾尔自治区人民政府国家 305 项目办公室段生荣（原主任）、马华东主任、潘成泽副主任、朱炳玉处长、邱林、文璐等领导自始至终都十分关心此项工作；中国铀业有限责任公司张金带研究员（原总工程师）、陈跃辉研究员（原副局长）、简晓飞研究员（原处长）、李友良副总经理、郭庆银副总工程师、苏艳茹处长、孙晔处长以及核工业北京地质研究院李子颖院长、秦明宽总工程师、赵凤民研究员等也都十分重视此项工作，从多方面提供了保障和业务指导；乌兹别克斯坦地质与地球物理研究所米萨尔耶夫所长和阿斯派教授、吉尔吉斯斯坦国家科学院地质研究所 Sakiev Kadyrbek 教授、新南岸（北京）咨询有限公司彭小华总经理、兰峻经理、冯雅玲助理、王燕助理和哈莉玛翻译给予支持；核工业二一六大队科研团队及相关分队在野外工作中给予了大力支持，尤其是鲁克改正高级工程师参加了大量野外工作，并提供本专著封面照片；核工业北京地质研究院分析测试研究中心和武汉上谱分析科技有限责任公司等对样品分析测试做了大量工作，给予了很多帮助。

　　在此，对以上单位和个人给予的指导、支持和帮助一并致以衷心的感谢！

　　本书涉及范围广、内容多，其中尚有不足之处，敬请广大读者批评指正。

目　　录

第一章　区域地质概况

第一节　新疆区域地质背景

一、区域构造背景

新疆位于横贯亚洲的乌拉尔–蒙古–鄂霍次克巨型古生代造山带的中段，主体属古亚洲构造域，南缘属特提斯构造域（图 1-1-1）。

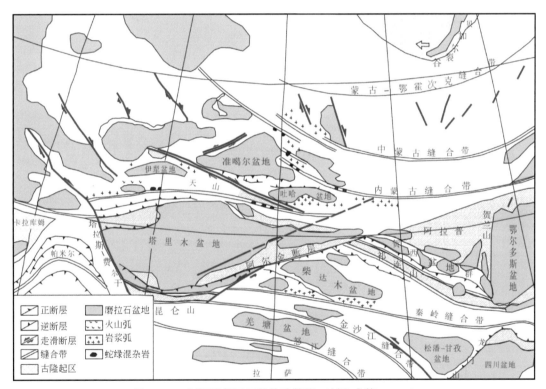

图 1-1-1　新疆及邻区区域构造简图（刘和甫等，1994）

区内由若干近东西向的造山带和夹于其间的菱形前寒武纪地块组成镶嵌结构格局，这些地块原分别属于西伯利亚板块、哈萨克斯坦–准噶尔板块、塔里木板块和华南板块等。自罗迪尼亚超级大陆解体后，这些地块在古生代期间，不断发生着地块边缘裂解、闭合和陆缘增生，彼此逐渐靠拢拼合。石炭纪末—二叠纪初，除南部边缘外，这些地块已完成新疆大陆板块的拼合。侏罗纪，原属冈瓦纳北部边缘的羌塘地块拼合到塔里木板块南缘。在完成了作为欧亚大陆一部分的陆壳形成过程之后，新疆地区进入板内发展演化时期。从白垩纪至今，在印度和西伯利亚两大板块的挤压作用下，新疆地区逐渐演变为"三山夹两盆"的现代构造-地貌格局（张传绩，1983；冯益民，1987；黄河源和朱庆亮，1993；成守德，1994；何国琦等，1995a，1995b，2004；林关玲和刘春涌，1995；王广瑞，1996；于淑华，1996；何登发等，2004；吴波等，2006；蔡士赐等，2008；Gao et al.，2013）。

（一）大地构造位置

在大地构造位置上，新疆位于西伯利亚板块、哈萨克斯坦-准噶尔板块、塔里木板块和青藏板块的交汇部位。这些板块基本以原始陆壳为核心，是通过大陆边缘的侧向改造和增生而发展起来的，因此这些板块内部可进一步划分为古陆，或微板块和大陆边缘（包括被动陆缘、岛弧、裂谷、裂陷槽）两部分。其中西伯利亚板块和塔里木板块内部相对稳定，基本没有构造变形和大规模岩浆活动发生，构造变形与岩浆活动主要发生于板块的边缘地段；哈萨克斯坦-准噶尔板块属陆间型，是由多个次级板块或微板块（地体）在古生代拼合而成的，并伴有加里东期和海西期大规模的岩浆侵入与火山喷发活动以及强烈的构造运动，构造变形与岩浆活动遍及整个板块内部，板块面积与地壳厚度增生（陈衍景，1996；杨梅珍等，2006；渠洪杰等，2008；Xiao et al.，2013），即克拉通化显著（袁四化等，2009）；而青藏板块是在中-新生代由多个微板块不断向古亚洲大陆拼贴而渐次形成的，在印支-燕山-喜马拉雅期伴有大量的岩浆侵入与火山喷发活动，特别是喜马拉雅期印度板块向北的强烈俯冲，导致构造变形和地壳增厚异常强烈。

（二）区域构造演化

新疆地壳经历了长期复杂的演变历史和多次裂解、汇聚、增生的过程（黄汲清和陈炳蔚，1987；张志德，1990；李锦轶和肖序常，1999；张海祥等，2004；梁云海等，2004；董连慧等，2008a，2008b，2010），总体上可分为三个大的演化阶段，形成三个构造巨旋回：前震旦纪大陆基底形成演化阶段、震旦纪—古生代古亚洲洋演化阶段和中-新生代陆内造山与成盆演化阶段（黄河源和朱庆亮，1993；杨树德，1994；朱宝清和冯益民，1994；成守德和王元龙，1998；Ren et al.，2014）。其中每个构造旋回的地球动力学背景均表现为从早期拉张（造盆）到晚期挤压（造陆造山）的显著特点。

1. 前震旦纪大陆基底形成演化阶段

该阶段主要包括古陆核的形成与发展时期、原始古陆的形成与发展时期和大陆基底形成时期这三个时期。

1）古陆核的形成与发展时期（>25 亿年）

在塔里木盆地东北缘库鲁克塔格地区的托格拉克布拉克杂岩（简称托格杂岩）中获得的 Sm-Nd 同位素年龄为 3263Ma，证实塔里木地块有古太古代陆核的存在。后来证实，该32 亿年左右的岩石组合主要以包体形式产于托格杂岩（灰色片麻岩）之中，两者为侵入或构造接触关系，太古宇岩石实为表壳岩系的残体。在古太古代末期至新太古代初期（2800～2700Ma）的辛格尔运动中，侵入了肉红色片麻状花岗岩（2854Ma）并使托格杂岩产生高角闪岩相-麻粒岩相的变质作用，形成原始古陆核（顾忆等，1997；朱如凯等，2009）。近几年在阿尔金山地区发现的 36 亿年前古太古代变质岩，为中国西部古陆核的形成与演化提供了新资料。

2）原始古陆的形成与发展时期（25 亿～18 亿年）

辛格尔运动后，进入构造相对稳定、以沉积作用为主的演化时期。本区主要发生陆壳的迅速增生、早期裂谷作用与原始古陆的克拉通化。古元古代末期的兴地运动使前期地层褶皱变质，早期有 2500～2400Ma 的花岗岩侵入，晚期有 2073Ma 的红色钾质（片麻状）花岗岩侵入。地壳热流强度高，地层发生强烈塑性变形并有低角闪岩相-高绿片岩相的变质作用发生。

3）大陆基底形成时期（18 亿～8 亿年）

在兴地运动后，沉积作用发生了明显分异，在已固结的古陆区沉积作用稳定，代表 18 亿～8 亿年的沉积物，构成了早前寒武纪结晶基底上的最下部沉积盖层。而在古陆边缘，再次发生裂解作用而形成深海裂谷，蓟县纪末的阿尔金运动（相当于全球性的格伦维尔运动）使得长城系—蓟县系发生强烈变形和低绿片岩相变质作用，未变质的青白口系（1000～800Ma）不整合于下伏地层之上。这次运动之后，形成了一个包括当时全球主要古陆在内的新元古代超大陆（罗迪尼亚古陆），它标志着大陆基底的最终形成。

2. 震旦纪—古生代古亚洲洋形成与演化阶段

震旦纪冰碛岩及火山岩的出现，标志着又一次新的大陆裂解的开始，裂谷作用的发育大体上是从距今 800Ma 前后开始。在本研究区内，由于大陆的裂离，形成了位于西伯利亚与塔里木之间的古亚洲洋，并经历了从大洋开启、消亡到亚洲北部大陆形成等主要时期。

1）萨拉伊尔-蒙古湖区洋盆（古亚洲洋北支）形成与消亡时期

西伯利亚陆缘的分裂及扩张，产生了萨拉伊尔-蒙古湖区洋盆，这里分布着 Z—$\in_1$ 大洋型地壳，早寒武世后，大洋开始俯冲并逐渐消减，萨拉伊尔运动造成地壳的强烈挤压，$\in_3$—O_1 出现磨拉石建造及酸性岩浆侵入，中奥陶世早期萨拉伊尔-蒙古湖区洋盆关闭，阿尔泰与西伯利亚古陆碰撞并成为西伯利亚陆缘的增生陆壳（李锦轶等，2009）。

2）北天山洋盆（古亚洲洋中支）形成与发展时期

萨拉伊尔-蒙古湖区洋盆消亡之后，北天山洋仍处于发展过程中，并经历了 $\in_1$—O_1、$\in_3$—O_1、O—S 三期岛弧的演化，随后北天山洋主体消亡，使原游移于北天山洋中的大小陆块拼贴在一起，形成早古生代统一大陆。S_3—D_1 已退缩到斋桑-额尔齐斯以及蒙古南部一带的北天山洋，经历再次扩张，并发展成为分隔西伯利亚板块与哈萨克斯坦-准噶尔板块之间的有限洋盆；到早石炭世早期，洋盆通过双向俯冲而最终消亡，哈萨克斯坦-准噶尔板块与西伯利亚板块碰撞拼合，形成额尔齐斯-布尔根板块缝合带。

3）南天山洋盆（古亚洲洋南支）形成与演化时期

南天山洋盆于奥陶纪拉开形成，志留纪发展为多岛洋并向北俯冲，于 S_3—D_1（部分为 D_3—C_1）闭合，塔里木板块与哈萨克斯坦-准噶尔板块碰撞拼合，形成木扎尔特-红柳河板块缝合带（李锦轶等，2006）。

4）古亚洲洋残余洋盆及陆内裂谷、裂陷槽发展时期

该时期地壳发展的基本特征是早古生代浩瀚的古亚洲洋主体关闭，或在其残留洋盆的基础上，于晚古生代再次拉张形成有限洋盆或陆内裂谷、裂陷槽及上叠盆地。这一时期初步统一的新陆壳处于碰撞挤压向后碰撞伸展转化时期，是新陆壳深部壳幔物质交换最强

烈、最频繁的时期，也是整个造山阶段岩浆活动与成矿作用最激烈的时期之一。

早二叠世末期的天山运动，使残留的古亚洲洋完全消失，形成亚洲北部大陆，新疆主体进入陆内盆-山发展时期，南部则受特提斯洋发展过程的控制。

3. 中−新生代陆内造山与成盆演化阶段

晚石炭世—早二叠世西伯利亚板块与塔里木板块的全面碰撞，形成了亚洲北大陆。在海西中晚期的造山运动中，新疆在南北对挤应力作用下，上古生界遭受强烈褶皱隆起，推覆走滑断裂沿各陆块边界频繁发生（蔚远江等，2004；吴孔友等，2005；何登发等，2006；王京彬和徐新，2006），从而奠定了本区"三山夹两盆"构造格局的雏形，随后发生了以断块差异升降为主的伸展作用，形成了一系列的断陷盆地。

中生代时期是一个填平补齐的沉积充填时期。阿尔泰山、天山、昆仑山三大山系遭受强烈的剥蚀，直到现代仍部分保留有侏罗纪—白垩纪时期的夷平面。山系的剥蚀夷平为准噶尔、塔里木等大型盆地及一系列山间盆地（如伊犁盆地、吐哈盆地等）形成巨厚的碎屑堆积物提供了物源。

本区中−新生代所发育的大小不一的沉积盆地一般都经历了3个演化阶段：早期，随造山运动山体上升，形成山前拗陷和山间断陷盆地；中期，由于印度洋扩张，印度板块向北漂移，直到印度大陆与欧亚大陆碰撞和"A"型俯冲，特提斯洋海水入侵塔里木西缘，出现了滨海−潟湖相晚白垩世—古近纪含膏盐碎屑岩沉积，随后受陆内挤压，山体迅速抬升，各盆地相对迅速下沉，从而形成了拗陷盆地，接受了冲积扇−河流−湖泊（沼泽）相沉积；晚期，由于"A"型俯冲的远程效应，山体快速抬升，盆地进一步相对下沉，到新近纪—早更新世形成统一的内陆盆地，在全盆范围内沉积了新近纪红层和西域砾岩层。

陆内发展阶段除盆山转换造成的差异升降外，亦诱发了古断裂构造的复活，各大山系前缘普遍发育推覆、逆冲构造，昆仑山一带发育古近纪—第四纪碱性火山岩，现代地球物理场是漫长地质时期地壳演化结果的综合反映。

总之，研究区区域地质构造演化的三个阶段构成了本区三个构造巨旋回，即前震旦纪的大陆基底巨旋回、震旦纪—古生代的古亚洲洋巨旋回和中−新生代陆内造山与成盆巨旋回。伴随着从前震旦纪的古陆核形成、增生及克拉通化，到震旦纪—古生代的板块拼贴碰撞与新陆壳增生增厚（克拉通化），中−新生代"盆山"演化阶段，构造性质也从早古生代的陆核形成、增生与克拉通化的造陆运动，到古生代的板块拼合、地体增生的造陆运动和中−新生代的山脉隆升、盆地形成的造盆造山运动，各构造巨旋回的动力学特征均表现为从早期的拉张、裂（断）陷到晚期的挤压（拼贴）、褶皱与推覆造山，并以造山后的剪切走滑运动为结束标志。

二、主要构造−岩浆活动

伴随着地壳形成演化与多期次构造旋回的发生和发展，本区发育多期次的岩浆侵入与火山喷发活动，并构成多期次从基性、超基性到酸性、碱性的岩浆演化旋回。其中在构造旋回的早期，地壳厚度薄、范围小、成熟度低，洋壳分布范围广，构造应力以拉张为主，岩浆活动相对较弱，岩性以基性、超基性为主；在构造旋回的中晚期，随着陆壳增生、增厚，并逐渐聚敛、碰撞，板块边缘的岩浆活动趋于强烈，岩性也向中酸性、碱性方向过渡（丁天府，1996；木合塔尔·扎日和张旺生，2002；王方正等，2002a，2002b；王宗秀等，2003；曾广策等，2004；Chen and Jahn，2004；Chen and Arakawa，2005；王中刚等，2006）。

（一）前震旦期构造-岩浆演化旋回

在原始古陆形成阶段，侵入岩主要出露于库鲁克塔格地区，主要为片麻状花岗岩、眼球状混合花岗岩，与强烈混合岩化的围岩呈过渡关系；随后发育混合质闪长岩-花岗闪长岩-斜长花岗岩，属同造山期深熔型；自联合古陆形成后，伴有火山岩与花岗岩的侵入，变质作用与混合岩化强烈。

该时期的岩浆侵入活动在塔里木盆地东南的阿尔金断块和塔西南地区也广泛出现（胡霭琴和韦刚健，2003）。

（二）加里东期构造-岩浆演化旋回

加里东早-中期以地壳拉张为主，岩浆活动较弱，仅发育中基性火山岩、蛇绿岩套和少量浅成侵入体；加里东晚期板块汇聚，挤压作用强烈，在阿尔泰、东准噶尔和天山西部广泛发育同造山期花岗岩（霍有光，1987；张弛和黄萱，1992；黄萱等，1997；韩松等，2004；陈汉林等，2006；何国琦等，2007；王治华等，2008；Shen et al.，2012；Liu et al.，2016）。

（三）海西期构造-岩浆演化旋回

海西期在本区发生了3期构造-岩浆活动。早海西期以地壳拉张为主，在东西准噶尔和天山南部广泛发育蛇绿岩套和中基性火山岩，在阿尔泰和伊犁南北发育花岗质岩浆侵入；中海西期构造运动频繁、强烈，中基性或中酸性火山岩与花岗质侵入岩广泛分布；晚海西早期发育陆相或海-陆相中酸性或中基性火山岩，上覆磨拉石建造（窦亚伟和孔喆华，1985；郝梓国，1988；许汉奎等，1990；王正云和唐红松，1997；唐红松和王正云，1998；刘志强等，2005；朱永峰等，2006；周晶等，2008；童英等，2010；Xu et al.，2013；Tang et al.，2010，2012）。

（四）印支-燕山期构造-岩浆演化旋回

在印支运动期构造活动不强，仅在喀喇昆仑和东昆仑一带有中酸性侵入岩，伴有低温动力变质作用的发生；燕山期发生2~3幕构造运动，变形不强，火山喷发活动微弱，仅在昆仑山、吐哈、克拉玛依少量出露（金成伟和张秀棋，1993；吴传荣等，1995；徐新等，2008，2010）。

（五）喜马拉雅期构造-岩浆演化旋回

新生代以来的喜马拉雅期，随着印度板块的进一步向北俯冲、挤压，本区发生了五次重要的构造运动，变形强烈；但岩浆侵入活动较弱，仅在托云地区和柯坪地区有碱性辉长岩侵入，在昆仑山地区有火山岩和小型侵入体出露（Zhang et al.，2006；朱如凯等，2009）。

第二节　中亚地区地质概况

一、大地构造

在大地构造上，中亚地区位于中央亚洲造山带（乌拉尔–蒙古造山带）西南部，其南面还包括部分地中海活动带（特提斯造山系）北缘部分地区（涂光炽，1999；Бекжанов и др.，2000；何国琦和李茂松，2000；朱永峰等，2007；刘池洋等，2007；Briggs et al.，2007；肖文交等，2008；Shen et al.，2013；Xiao et al.，2015；Li et al.，2015b）（图1-2-1）。

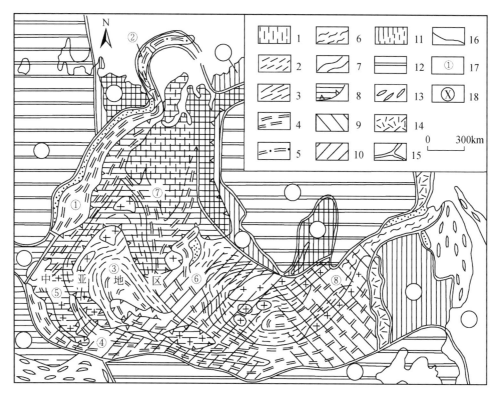

1~7-乌拉尔–蒙古活动带不同时代的褶皱系；1-前贝加尔残余型中间地块；2-萨拉伊尔构造；3-加里东构造；4-海西构造；5-古基米里构造；6-晚基米里构造；7-海西和基米里边缘拗陷；8~11-晚中生代和新生代构造体系；8-遭受沉降作用，并覆盖盖层；9-中生代晚期构造岩浆重造；10-晚新生代后造山作用；11-陆块（a-推断的、b-确定的）；12-古陆块；13-未分的地中海活动带和太平洋活动带；14-晚中生代火山带；15-一级大地构造单元边界；16-二级大地构造单元边界；17-乌拉尔–蒙古造山系大地构造单元：①乌拉尔造山系；②帕伊霍伊–新地；③哈萨克高原；④天山造山系；⑤北图兰陆块；⑥阿尔泰–萨彦造山系；⑦西西伯利亚陆块；⑧外贝加尔–鄂霍次克造山系。18-乌拉尔–蒙古活动带周边大地构造单元：Ⅰ-东欧板块；Ⅱ-西伯利亚板块；Ⅲ-中朝板块；Ⅳ-地中海活动带；Ⅴ-太平洋活动带；Ⅵ-伯朝拉–伦支海陆块；Ⅶ-顿涅茨克–北乌斯秋尔特陆块；Ⅷ-泰梅尔–北基陆块；Ⅸ-萨彦–叶尼塞陆块；Ⅹ-加尔陆块；Ⅺ-布列亚–东北陆块

图1-2-1　中亚地区大地构造位置图

乌拉尔-蒙古造山系分布于亚欧大陆的内陆中部地区，大部分位于俄罗斯、哈萨克斯坦、乌兹别克斯坦、吉尔吉斯斯坦和蒙古国境内，部分分布在中国北部地区。

乌拉尔-蒙古造山带处于西伯利亚板块、俄罗斯板块、印度板块与塔里木-华北板块之间。元古宙晚期以来，几个板块之间多次的聚合-裂解-增生-再聚合，形成了现代由不同时代的褶皱造山系与古老的中间地块组成的复杂地质构造。乌拉尔-蒙古造山带先后经过了萨拉伊尔期、加里东期、海西期、早基默里奇期和晚基默里奇期这几个构造期。如今，整个区域属后造山褶皱环境。在平面图上，乌拉尔-蒙古构造活动带呈似"镰刀"形态。在西北部呈近南北向，西南部变得最宽阔（约2500km），在哈萨克斯坦-天山-萨彦地段出现转折，构造带方向变为以东南方向为主，到东南东天山-蒙古弧段又变得较狭窄，呈略向南突出的近东西延伸，最后，到东部外贝加尔-鄂霍次克弧地段变为北东东走向，而且变为最狭窄，并在其上叠加了燕山期西太平洋活动带。

中亚地区主要包括乌拉尔-蒙古活动带的哈萨克高原隆起、天山造山带中西段、北图兰陆块三个二级大地构造单元，其西北面为乌拉尔造山带，北面为西西伯利亚陆块，东面为阿尔泰-萨彦造山带中西段与天山造山带中东段，南面与地中海造山带相邻。

哈萨克高原隆起为加里东-海西褶皱带，其中夹有一系列大的中间地块（Shen et al.，2013）。

天山造山带为加里东-海西褶皱带，其中夹有一系列小的微中间地块。进入中生代，转化为陆相盆地发育期，但到新生代，该区发生强烈构造活化而形成高山地貌，其中夹有一系列大小不等的山间盆地。

图兰陆块为后造山中-新生代海相陆块，基底为不同时期的褶皱，并被未变形或微变形的中-新生界所覆盖。进入晚新生代后，受印度板块碰撞的远程影响，该区发生新构造运动，在南部地区古生代或中生代褶皱基底发生强烈的突起与凹陷，在靠近地中海造山带处，形成填充了巨厚新生代地层的山前盆地；中北部随构造活化岩层发生掀斜或褶曲，形成一些低山、丘陵。

地中海造山系（特提斯造山系）位于欧亚大陆南面，在中亚地区南部包括土库曼斯坦、塔吉克斯坦及部分哈萨克斯坦、乌兹别克斯坦地区。地中海造山系是中-新生代时期印度大陆与欧亚大陆碰撞，特提斯洋封闭，在中亚地区导致造山-构造活化，并形成高山、山前巨型盆地与一些山间盆地。

二、区域地层特征

中亚地区地层发育齐全，从太古宇到中-新生界都有不同程度的出露，前寒武系主要分布于古老的中间地块内，古生界分布于加里东-海西造山带内，而中-新生界则分布于后褶皱系的年轻陆块与山间盆地内。由于一些地层的岩性变化大，所以在各地区层位的划分很不统一（涂光炽，1999；李智明等，2006；朱永峰等，2007；朱永峰，2009）。

太古宇（AR）：出露于一些古老地块中或其基底内。在科克切塔夫地块为杰连达群，由云母片岩、夕线石榴云母片岩、斜长片麻岩、榴辉岩、麻粒岩构成，厚度大于9km。在乌鲁套地块基底为角闪岩相和绿帘角闪岩相的斜长片麻岩、斜长角闪岩、云母钠长片岩及石英岩。

元古宇（PT）：出露有古元古界与新元古界。古元古界（Pt_1）岩性为绿片岩，原岩属遭受区域变质的巨厚火山–沉积岩系。新元古界（Pt_3）划分为下–中里菲统、上里菲统—文德系与文德系。下–中里菲统（R_{1-2}）主要为弱变质的火山–沉积岩层，岩性为片岩、斑岩和玢岩类岩石，上部有含叠层石的白云质大理岩、石英岩、绢云母石英片岩及千枚岩。上里菲统—文德系（R_3–V）岩性为流纹熔岩、熔结凝灰岩、凝灰岩与砾岩及凝灰质砂岩。上里菲统顶部的火山岩为玄武岩–流纹岩或碱性玄武岩。文德系（V）出露有下统与上统。下统以不整合接触关系覆盖在上里菲统之上，岩性为灰色砾岩、砂岩、凝灰质砂岩、硅质层、凝灰岩及辉绿岩，在有的地方有辉长–辉绿岩次火山岩体侵入。上统下部为碎屑–硅质含磷酸盐岩建造，由石英圆砾岩、碳质–硅质页岩、碳质千枚岩及铝磷酸盐岩组成；上部为杂色砂质泥岩夹有带状–层状灰岩及白云岩、似冰碛砾岩。

下古生界（Pz_1）：多未进行详细分层，而且在不同地区划分并不完全统一，有的地方划为寒武系—志留系，有的地方划为寒武系—奥陶系。

寒武系—志留系（Є—S）：在科克切塔夫–卡拉套地区主要为沉积岩层，局部为火山–沉积岩岩层。在个别带内见有晚寒武–早奥陶世蛇绿杂岩。在拜科努尔和卡尔梅库尔拗陷内，灰岩及磷酸盐–重晶石质岩石超覆于寒武系硅质及含碳–硅质页岩之上。在拜科努尔拗陷内，下奥陶统及中奥陶统底部均由硅质及泥–硅质岩石构成，而在卡尔梅库尔拗陷内，它们更替为巨厚的基性火山岩–碧玉及碎屑岩岩层。中奥陶统顶部及上奥陶统在上述两个拗陷内均为巨厚的次复理石岩层，再向上变为次磨拉石质砂岩–粉砂岩–泥质岩层夹砾岩及安山玄武岩。在中–上奥陶统为碎屑物质的强烈堆积，厚达 4~7km。

寒武系—奥陶系（Є—O）：寒武系下部为碧玉–玄武岩层，向上变为粗面玄武岩–粗面英安岩及安山玄武岩岩层，在剖面底部和上部有白云岩及灰岩分层。下奥陶统为砂岩–碧玉–致密硅质页岩及次复理石陆源碎屑岩岩层（厚达 2km），含牙形石；中–上奥陶统为一套玄武岩、安山玄武岩熔岩及火山碎屑岩组合，厚 5~6km，它们彼此交互并在侧向上过渡为陆源碎屑岩，后者包括有寒武系灰岩的滑塌岩。下志留统为一套红色磨拉石岩层。

上古生界（Pz_2）：泥盆系、石炭系、二叠系发育比较齐全，但不同地区岩性不尽相同。

泥盆系（D）：在哈萨克高原广泛发育，具多样性。下统及中统为陆相火山–沉积岩层。在沿走向上稳定的泥盆纪火山岩外带内，可划分为两套地层。下部由玄武岩、安山玄武岩、安山玢岩，以及少量英安斑岩和凝灰岩、凝灰质碎屑岩、碎屑岩（砾岩和砂岩）构成；上部主要由熔结凝灰岩、凝灰岩、流纹质和流纹英安质熔岩组成，其中偶见安山玄武玢岩、凝灰质砂岩和砾岩，充填半分隔的火山–构造盆地火山岩，厚达 2~2.5km；下部岩层厚度达 1.5~3km，在破火山口内厚度达 5km。中统为陆相火山杂岩，下部由玄武岩、安山岩、流纹岩成分的熔岩和火山碎屑岩（厚 1.3km）组成；上部以流纹英安质、凝灰岩、熔结凝灰岩和熔岩为主，厚 1~2km。在天山地区泥盆系为陆相酸性与基性火山岩、红色碎屑岩、海相碎屑–碳酸盐岩、碳酸盐岩，总厚度为 1~4km。在中央卡兹库姆地区，其岩性主要为灰岩、白云岩，有时为含硅质岩石、辉绿岩薄层，岩层总厚度为 2~4km。

石炭系（C）：下统主要为海相碎屑岩–碳酸盐岩，局部出现较深海的泥质–硅质沉积。在大部分地区，下部主要为深海生物和泥岩状灰岩、硅化灰岩及泥灰岩，厚达 0.5km；顶部为杂色沉积层，厚 1~1.5km。

上石炭统（C_2）及二叠系（P）：在各地区岩相不尽相同，在区内划分出 3 种类型剖面。①在加里东褶皱系范围内，为红色、杂色及灰色以冲积–洪积和湖相碎屑沉积为主的磨拉石岩层，岩性为砂岩、砾状砂岩、粉砂岩，泥岩夹砾岩薄层，还有湖相灰岩、泥灰岩，局部为硫酸盐及氯化物，并构成后加里东中间地块盖层的上构造层。②在准噶尔–巴尔喀什褶皱系巴尔喀什–伊犁火山带盆地，上古生界属巨厚的陆相火山杂岩。下部（卡尔卡拉林群组）在特科图由安山岩及安山–玄武岩熔岩和凝灰岩组成，向上变为英安岩和流纹岩以及凝灰质砂岩和砾岩（厚达 1~1.5km），再向上变为安山岩、安山–玄武岩及玄武岩成分的熔岩和火山碎屑（厚达 0.8km）。根据植物化石和放射性同位素定年，这些岩层属晚石炭世。上石炭统—下二叠统为流纹质和粗面英安质熔结凝灰岩、凝灰岩、熔岩质夹少量安山–玄武岩岩流的岩层（厚达 1~2km），以及粗面流纹质、粗面安山质和粗面玄武岩熔岩和火山碎屑夹砾岩及凝灰砂岩的岩层。③在准噶尔–巴尔喀什褶皱系的北巴尔喀什、北准噶尔带内，上石炭统及二叠系下部为海相碎屑岩层，而在中准噶尔带则为火山–碎屑岩层。

上三叠统（T_3）：主要分布在三叠纪的一系列盆地内，为含煤地层，岩性为洪积、冲积、湖沼成因的砾岩、砂岩、粉砂岩和泥岩，包含有大量褐煤层。

中–新生界（Mz–Kz）：在中亚地区广泛发育，在东部的隆起区形成陆相河–湖相碎屑岩沉积，而在西部图兰陆块则形成海相碎屑岩沉积。

在哈萨克高原和天山地区，个别地段见厚度不大的上白垩统。在其边部既有陆相碎屑沉积，也有海相碎屑沉积，还发育有白垩纪的风化壳。巴甫罗达尔组（N_1^2–N_2^1）为红褐色及杂色泥岩，上新统为以砂质为主的冲积地层。

在图兰陆块，白垩系、古近系古新统及始新统总体为海侵相碎屑岩沉积，在侧向上，从陆相地层（砂岩、粉砂岩、泥岩）开始更替为近岸浅海沉积（灰色砂质、泥质岩夹介壳灰岩、泥灰岩等），并被后者超覆。渐新世—新近世总体变为海退环境，沉积岩从广阔陆内海相地层逐渐转变为陆相地层。渐新统下部为绿色泥岩、粉砂岩，上部则为冲积–三角洲相砂岩及粉砂岩。渐新统红色及杂色泥岩及泥质–粉砂岩。超覆产出的中新统为杂色、红褐色泥岩层、砂质泥岩层。上新统多为盆地相粉砂质–泥岩沉积。

第四系（Q）：主要为冲积、洪积及湖相沉积。

三、岩浆作用

中亚地区岩浆作用发育十分强烈，期次多，强度大（陈家富等，2010）。在哈萨克高原范围内最老的岩浆作用发生于古元古代，主要为原大陆壳出熔产物的英安质、流纹–英安质熔岩和凝灰岩。这一过程一直延续到古元古代末的区域变质作用、花岗岩化作用和花岗正长岩体侵入时期（Лавров и др.，1986；Jahn et al.，2000；Shen et al.，2015）。

早里菲世，在哈萨克高原西部的一些地区有成分反差的火山岩喷发，并结束于中里菲世末的再变质作用、花岗岩化及花岗岩类岩体的侵入定位时期。

在哈萨克高原西部，晚里菲世加里东造山作用开始形成，伴随有流纹岩或流纹质火山岩–玄武岩，偶尔为碱性玄武质火山岩的陆相喷发，局部为碱性花岗岩类的裂隙型侵入体。奥陶纪，在卡尔梅克库尔拗陷内，发生了新的基性火山岩爆发。

在较东部的早加里东构造的草原–基列维拗陷内，寒武纪和晚奥陶世出现玄武质、安山–玄武质、粗面玄武质熔岩最强烈的喷发。在更向东的晚加里东褶皱巨型带的一些拗陷内，寒武纪堆积了玄武岩–硅质岩层。寒武纪末—奥陶纪初，在其他一些带内（包谢库尔带、麦卡因带）发生地壳拉开，形成暗色岩基底，发育蛇绿岩组合的超基性和基性岩。在晚加里东构造的各不同带内，火山岩的喷发，硅质岩–火山岩层的堆积发生在早–中奥陶世和晚奥陶世。奥陶纪末与志留纪，分别在早、晚加里东褶皱巨型带内形成了众多的花岗闪长岩及花岗岩深成岩体，其中最大的是在科克切塔夫地块内的杰连达岩基。

在准噶尔–巴尔喀什海西褶皱系内，早–中奥陶世初，大陆地壳的破坏导致广泛发育蛇绿岩组合的特科图尔曼斯及北巴尔喀什带内暗色岩基底的再次形成。在该褶皱系内玄武岩与一些较酸性火山岩的喷发一直持续到奥陶纪末。

总体上，奥陶纪以出现巨厚的海底火山岩为特征，在加里东与海西褶皱系等范围内占显著地位的是玄武岩及安山玄武岩。与此相反，志留纪则几乎到处出现火山活动结束的标志。

早泥盆世时期发生了强烈的陆相火山岩爆发，主要在叠加于加里东褶皱系弧形带与准噶尔海西褶皱系交界上，形成边缘火山岩带。在中泥盆世特尔别斯构造期之后，在火山岩带内绝大部分地区陆相喷发复活，并持续到晚泥盆世初。泥盆纪火山作用形成的两个旋回均始于"连续的"玄武岩–安山岩–流纹岩建造的堆积，结束于酸性火山岩（流纹–英安岩、流纹岩）喷出和与其同岩浆的花岗闪长岩及花岗岩体的侵入与定位。前者可能是深部玄武岩岩浆分异及其与地壳物质相互作用的产物，而后者则是从壳内岩石熔融的产物。

法门期和石炭纪初，以火山活动的结束或减弱为特征。在准噶尔–巴尔喀什褶皱系北部，早石炭世中期的沙乌尔期褶皱伴随花岗岩类的侵入，继而为长时间（持续到早三叠世）的准噶尔–巴尔喀什火山岩带内强烈陆相造山火山作用期。该火山岩带好似被"嵌入"泥盆纪火山岩带轮廓之中，仅在其西南部叠加在后者之上。该带的火山岩为安山–玄武岩熔岩与英安质和流纹质凝灰岩、熔结凝灰岩及熔岩，在后者总体占优势的条件下，构成多种多样的组合，而在晚古生代火山旋回上部出现碱度增高的趋势。晚二叠世—三叠纪之初，在加里东构造的某些地区也出现了亚碱性火山岩的少量喷发。晚石炭世和二叠纪，在哈萨克高原东部（即在巴尔喀什–伊犁火山岩带）、萨亚克褶皱带（北巴尔喀什和准噶尔阿拉套），以及西北、北及东北侧与准噶尔–巴尔喀什海西褶皱系相连的晚加里东构造褶皱带内形成了诸多花岗岩类岩体。

燕山期与喜马拉雅期的岩浆活动主要发育于南天山与帕米尔高原地区，形成了一些花岗岩、花岗闪长岩及一些中基性小岩体与岩脉。

第二章 铀成矿类型与区带划分

第一节 铀成矿类型划分

一、铀矿床类型划分方案

我国铀矿床类型繁多，不同学者采用的铀矿床分类原则及方案各不相同（陈肇博等，1982；程裕淇等，1983；桑吉盛等，1992；陈戴生等，1993，1996；魏观辉，1993；肖晋等，1994；梅厚钧等，1994；黄世杰，1994；赵瑞全等，1998）。2010年全国铀资源潜力评价项目根据矿床类型和矿床式的划分原则，在文献调研的基础上，系统建立了适合于现阶段我国铀资源评价的铀矿类型划分方案（以下简称方案）（黄志章等，1999；秦明宽等，1999；陈肇博和赵凤民，2002；闵茂中等，2003a；夏毓亮等，2003；毛孟才，2004；周肖华等，2004；姜耀辉等，2004；邵飞等，2004；杜乐天，2005）。方案把我国的铀矿床类型划分为4个大类型9个类型17个亚类型（表2-1-1）。

表 2-1-1 中国铀矿床类型划分表（据张金带等，2012）

序号	大类	类型	亚类	矿床实例
1	岩浆型	伟晶岩型	—	光石沟、红石泉
		碱性岩型	—	赛马
2	热液型	花岗岩型	岩体内带亚类	希望、下庄、黄蜂岭、蓝田
			岩体外带亚类	香草、金管冲
			岩体上覆盆地亚类	黄子洞
		火山岩型	火山角砾岩筒亚类	毛洋头、草桃背、巴泉
			次火山岩亚类	横涧、张麻井、大桥坞、白杨河
			密集裂隙带亚类	邹家山、白西坑
			层间破碎带亚类	大茶园、盛源、差干
3	陆相沉积型（广义砂岩型）	砂岩型	层间氧化带型	库捷尔太、十红滩、皂火壕
			潜水氧化带型	山市、城子山
			沉积成岩型	汪家冲、屯林
			与油气有关的复合成因型	巴什布拉克、萨瓦甫齐
		泥岩型	沉积成岩型	大红山、努和廷
		煤岩型	—	达拉地、麻布岗

序号	大类	类型	亚类	矿床实例
4	海相沉积型 （广义碳硅泥岩型）	碳硅泥岩型	沉积–成岩亚类	麻池寨、铜湾
			沉积–外生改造亚类	坑口、垄头、黄材
			沉积–热液叠加亚类	金银寨、马鞍肚、铲子坪
			沉积–热液–淋积亚类	董坑、保峰源
		磷块岩型	—	金沙岩孔

（一）砂岩型铀矿分类

根据成因，砂岩型铀矿又可细分为层间氧化带型、潜水氧化带型、沉积成岩型和与油气有关的复合成因型，见表 2-1-1（王金平，1998；姚振凯等，1998；向伟东，1999；向伟东等，2000a，2000b；闵茂中等，2003b，2004；彭新建等，2003；Chen et al.，2011；李子颖等，2014）。层间氧化带型砂岩铀矿床系指夹持于不透水岩层（如泥岩）之间的透水砂岩中、由携铀的含氧承压地下水沿透水砂岩向下方运移，在氧化带前锋处铀被还原而沉淀富集形成的铀矿床。如中亚的英凯、布琼诺夫、卡拉穆伦和门库杜克等超大型铀矿床，以及新疆的蒙其古尔、库捷尔太和十红滩等大型铀矿均属于此类矿床。

潜水氧化带型砂岩铀矿床系指由含氧地下水垂直向下迁移并使砂岩层发生氧化的潜水氧化作用把水中铀迁移到隔水层顶板，并在此处使其中所携的铀被还原和/或吸附而沉淀富集的砂岩铀矿床。此类矿床包括煤系地层中某些砂岩层中的潜水氧化带砂岩型铀矿，如中亚伊犁盆地的戈尔贾特和下伊犁铀矿床。

此外，有些砂岩型铀矿床是层间与潜水氧化带共同作用的结果，简称潜水层间氧化带砂岩铀矿（古河道型砂岩铀矿），如俄罗斯的维吉姆、马林诺夫、达尔马托夫和中亚的塞米兹巴伊和库兰等铀矿床。

目前，与油气有关的复合成因型铀矿床发现得也较多，如钱家店铀矿床、塔里木盆地巴什布拉克、萨瓦甫齐、日达里克铀矿床和塔里克铀矿点，以及中亚的乌奇库杜克、萨贝尔萨依等大–超大型铀矿床。

（二）火山岩型铀矿分类

由于火山岩型铀矿床基本上形成于火山盆地及其影响范围内，在火山盆地中超浅成侵入体多呈脉状、筒状、透镜状，其他火山杂岩多呈层状出现，火山成矿作用过程中成矿溶液可以沿断裂裂隙和层间破碎带分布，矿体和各种围岩交错分布，铀矿化可产于各种岩性中。但许多研究者也注意到火山盆地中火山构造（火山口、环状断裂、岩筒等）、断裂构造（各种裂隙带、层间破碎带）和有利岩性带（含亚铁丰富的中、基性火山岩、含碳砂岩）这三者的组合体常形成有利矿液交代沉积的容矿空间，进而形成火山岩特有的成矿构造样式，大部分矿床中的主矿体分布在这些构造环境中。基于此，全国铀资源潜力评价项目组按矿体就位构造环境，将火山岩型铀矿进一步划分出五种火山岩型亚类，即火山角砾岩筒亚类、次火山岩亚类、密集裂隙带亚类、层间破碎带亚类，见表 2-1-1。

火山角砾岩筒亚类：矿体主要分布在熔岩爆发时火山口周围形成的环状角砾岩带中，火山口中间充填各种熔岩或次火山岩组成的岩颈。火山消亡期，断裂再次切穿角砾岩带，成为矿液有利容矿空间。因角砾岩带松散，矿液容易扩散，多形成不规则透镜体，组成厚大矿体，典型矿床是我国毛洋头矿床。另一种形式是次火山岩顶端形成的隐爆角砾岩筒，也是有利容矿空间，可形成柱状或透镜状矿体，如华东相山地区的巴泉矿床。这一亚类是火山岩型特有的容矿构造，并不常见，在中国火山口环境形成的矿床仅占已发现的火山岩型铀矿床的十分之一。究其原因是火山口活动和成矿热液活动不同期，大部分火山口不一定和成矿期断裂相沟通，与成矿热液合拍的机遇有限。该成矿亚类在新疆地区少见，初步认为北金齐火山岩盆地的6号异常点可能属该亚类，但该点目前工作程度低，个别钻孔中虽揭露到隐爆角砾岩，但尚未发现相关铀矿化。

次火山岩亚类：这类矿床的矿体主要分布在小型次火山岩岩体（岩株、岩脉）内部或岩体接触带两侧，成矿次火山岩主要是流纹斑岩，少数为安山玢岩或辉绿岩。次火山岩体均为沿断裂带上侵而形成，晚期断裂再次活动，促使岩体内部产生剪切裂隙带或边缘破碎带，成为热液活动通道和容矿空间。典型矿床，如横涧及张麻井矿床和新疆的白杨河矿床。

密集裂隙带亚类：此亚类矿床中的矿体多呈陡立高倾角群脉状、网脉状产出，脉壁围岩中发育各种近矿和远矿热液蚀变带，单个矿体往往不大，但多呈雁行脉，向深部断续伸展，典型矿床是我国的邹家山、居隆庵矿床，这类矿体主要出现在厚度较大的长英质熔岩或超浅成碎斑流纹熔岩中，特别是多组断裂交汇部位，容易发生剪切裂隙有利于矿体富集。该亚类在新疆广泛发育，但目前尚未发现矿床，精河地区的阿克秋白矿点、鄯善地区的小草湖203矿点、富蕴的伊得克矿点等均属该亚类。

层间破碎带亚类：在成层性良好的火山盆地中，火山活动晚期压扭性和张扭性断裂活动，都会使火山盆地中的软硬相间的火山岩、沉积碎屑岩沿层间错动，产生层间破碎带，部分沉积碎屑岩本身有很强的透水性及含还原性介质（含有机碳及黄铁矿等），更有利于含铀溶液的交代还原而形成富矿体，在火山盆地成为主要成矿构造样式，大约40%火山岩型铀矿床属于这一亚类，典型矿床有我国的盛源、差干、大茶园矿床，该亚类在新疆尚未发现典型矿床，其中冰草沟矿床中心矿区的部分矿体产于玄武岩与砂岩的层间破碎带。

（三）花岗岩型铀矿分类

花岗岩型铀矿是以花岗岩体为中心的热液铀矿床，该方案将花岗岩型铀矿分为三个亚类：①岩体内带亚类；②岩体外带亚类；③岩体上覆盆地亚类。其中岩体内带亚类铀矿化均产于花岗岩体内部，杜乐天等（2010）在《中国铀矿床研究评价第一卷花岗岩型铀矿床》中，将该亚类进一步分为硅化带型、矿脉与暗色岩墙交点型、低温伊利石化蚀变破碎带型、高温绢英岩化蚀变粉碎岩带型和钠交代型等小类。新疆区内产于岩体内带的铀矿化较少，目前主要分布于南天山地区，有十月沟矿点、跃进沟矿点等，在阿尔泰地区也发现有小型异常及矿化点。

岩体外带亚类铀矿化产于花岗岩体外接触带（约2km以内）含铀碳硅泥岩地层顺层构造中，和岩体内矿化同时、同构造、同热液活动。矿体相对较富，强绢英岩化，又可被晚期硅化带成矿叠加。该类型在我国华南西部地区特别发育，也是新疆地区花岗岩型铀成矿的主要亚类，如阿尔泰地区、东准噶尔地区、赛里木地区等花岗岩型铀矿化均属岩体外带亚类。

岩体上覆盆地亚类指花岗岩体基底同时代构造-热液铀矿化向上延伸进入盆地地层。断陷盆地深部总有地幔软流体上隆、地壳减薄、大区域伸展构造拉张环境，伴随地壳快速下降，山麓堆积、磨拉石建造发育。盆地地层中总发现剥蚀区花岗岩体中老的绢英岩化富矿石的砾石堆积形成矿体。另外盆地中多见玄武岩贯入或覆盖，又可称之为热盖盆地型。该亚类在新疆地区少见，目前尚未发现矿化点。

二、新疆主要铀矿类型划分

本书以上述方案为基础，根据新疆砂岩型、花岗岩型和火山岩型铀成矿特征，提出了新疆主要铀矿类型划分方案，将新疆热液型铀矿分为花岗岩型和火山岩型两个类型6个亚类，以及砂岩型铀矿主要分为层间氧化带型和与油气有关的复合成因型（张新春，1985；王之义，1987；林双幸，1995；魏观辉和陈宏斌，1995；李文厚等，1997；逄玮，1997；王保群，2000；王果等，2000；向伟东等，2000a，2000b；李细根和黄以，2001；权志高等，2002；彭新建等，2003；王金平等，2005；张良臣等，2006）（表2-1-2）。

表2-1-2　新疆主要铀矿类型划分

序号	类型	亚类	铀矿（床）点实例	主要或次要类型
1	砂岩型	层间氧化带型	蒙其古尔、十红滩、库捷尔太	主要
		与油气有关的复合成因型	巴什布拉克、萨瓦甫齐、日达里克	主要
2	花岗岩型	岩体内带亚类	跃进沟、十月沟	次要
		岩体外带亚类	杰别特、卡拉达斯马	主要
3	火山岩型	火山角砾岩筒亚类	北金齐火山岩盆地6号异常可能为该亚类	次要
		次火山岩亚类	白杨河矿床、七一工区	主要
		密集裂隙带亚类	阿克秋白、小草湖203、塔尔根、冰草沟矿床202	主要
		层间破碎带亚类	冰草沟矿床中心矿区	次要

新疆砂岩型铀矿主要分布于伊犁盆地、吐哈盆地、塔里木盆地北缘，其中伊犁盆地南缘砂岩型铀矿已成为我国重要的可地浸砂岩铀矿生产基地，吐哈盆地、塔里木盆地也有大型砂岩型铀矿产出。新疆砂岩型铀矿主要为层间氧化带型和与油气有关的复合成因型，中国核工业地质局将该类型划分为复合成因型砂岩型铀矿，其中伊犁盆地库捷尔太、蒙其古尔铀矿床，吐哈盆地十红滩铀矿床属于层间氧化带型；塔里木盆地巴什布拉克、萨瓦甫齐、日达里克铀矿床以及塔里克铀矿点属于与油气有关的复合成因型（表2-1-2）。

火山岩型铀矿是新疆最主要和最具规模的热液铀矿类型。因此本次研究根据前人资料、近年区内铀矿勘查进展及成果，结合本次工作认识，首次对区内主要火山岩型铀矿进行了成矿分类。将白杨河矿床归入次火山岩亚类；冰草沟矿床暂时归入层间破碎带亚类；阿克秋白矿点、小草湖203矿点、伊得克等矿点归入密集裂隙带亚类等。新疆地区火山岩型铀矿以密集裂隙带亚类最为发育，找矿潜力较大；以次火山岩亚类最具规模，已发现有白杨河中型铀矿床，这两种火山岩型成矿亚类是新疆地区最重要和最具找矿潜力的热液铀矿类型。

在火山盆地中，如果火山构造发育齐全，几个亚类铀成矿类型可能共同出现在一个火山盆地或一个矿床中，如我国相山火山盆地北部几个矿床均为次火山岩型，并夹有巴泉火山角砾岩筒型矿床；而西部几个矿床均为密集裂隙带亚类。如庐枞火山盆地虽然都是石英正长斑岩体外接触带控矿，但丁家山矿床为层间破碎带亚类，而大龙山矿床属密集裂隙带亚类。新疆冰草沟矿床的中心矿区产于玄武岩与砂岩接触带上的矿体可能为层间破碎带亚类，而向东侧的202矿点、203矿点和西侧的白希布拉克矿点，矿化则主要受砂岩中的密集裂隙带控制。

另外，阿尔泰地区发育的伟晶岩型铀矿属岩浆岩型大类，红柳河缝合带、赛里木地块及柯坪前陆盆地中分布的碳硅泥岩型铀矿化属海相沉积型大类，大庆沟矿床属于煤岩型铀矿床。

三、中亚主要铀矿类型划分

中亚地区发育的铀矿类型众多，包括砂岩型、花岗岩型、火山岩型、碳硅泥岩型等（Данчев и Лапиская，1965；别列里曼，1995；Ищукова и др.，2005；Bulnaev，2006）。其中砂岩型矿床又可分为层间氧化带型、潜水氧化带型和与油气有关的复合成因型，层间氧化带型铀矿主要包括英凯、布琼诺夫、卡拉穆伦和门库杜克等超大型矿床，潜水氧化带型铀矿包括下伊犁和戈立贾特等大型矿床，与油气有关的复合成因型铀矿主要有乌奇库杜克、萨贝尔萨依等大-超大型矿床，见表2-1-3（舒米林等，1985；Петров и др.，1995；Кисляков и Шеточнкнн，2000；Грушевой и Деченкнн，2003；Reyf，2008；Дьячеко，2011）。砂岩型铀矿资源量在该地区最多，占到总资源量的70%以上。

表2-1-3　中亚主要铀矿类型划分

序号	类型	亚类	铀矿（床）点实例	矿床规模
1	砂岩型	层间氧化带型	英凯、布琼诺夫、卡拉穆伦、门库杜克等	超大型
		潜水氧化带型	下伊犁、戈立贾特等	大型
		与油气有关的复合成因型	乌奇库杜克、萨贝尔萨依	大-超大型
2	花岗岩型	岩体外带亚类	格拉切夫、朱桑达林	中-大型
3	火山岩型	火山角砾岩筒亚类	青年	小型
		次火山岩亚类	科萨钦、波塔布鲁姆	大-超大型
		密集裂隙带亚类	维克托洛夫	中-大型
		层间破碎带亚类	阿克苏、圆形、克孜尔塔斯	小型
4	碳硅泥岩型	沉积-成岩亚类	麦洛沃耶、托马克	中-大型
		沉积-外生改造亚类	塔尔迪克、库鲁姆萨克	小型
		沉积-热液-淋积亚类	江图阿尔	中-大型

热液型铀矿主要包括花岗岩型铀矿和火山岩型铀矿。火山岩型铀矿可细分为五种亚类：火山角砾岩筒亚类、次火山岩亚类、密集裂隙带亚类、层间破碎带亚类和层间破碎带亚类。在这五类中，又以次火山岩亚类为主，典型的矿床实例为科萨钦和波塔布鲁姆大–超大型矿床，其中科萨钦矿床是中亚地区最大的火山岩型铀矿。花岗岩型铀矿以岩体外带亚类为主，包括格拉切夫、朱桑达林等中–大型矿床（表2-1-3）。

在中亚地区，碳硅泥岩型铀矿包括沉积–成岩亚类、沉积–热液–淋积亚类和沉积–外生改造亚类，其中前两者发育有中–大型铀矿床，第三类以小型铀矿床为主。沉积–成岩亚类有麦洛沃耶、托马克等中–大型铀矿床，沉积–热液–淋积亚类有江图阿尔中–大型矿床（表2-1-3）。碳硅泥岩型与热液型铀矿的总资源量约占中亚地区资源量的20%。其他矿床如伟晶岩型、煤岩型及碱性岩型等，其资源量所占的比重非常小，也不是研究的重点（戈利得什金等，1992）。

第二节　铀成矿区带划分

铀成矿区带是指特定地质环境范围内，铀成矿信息浓集、特定时代的铀矿床集中且具有资源潜力的地质单元（Кудлявцев и Шор，2001；马汉峰等，2007；张金带等，2012；李子颖等，2014）。

一、铀成矿带划分的基本原则

（一）铀矿化空间分布和区域构造单元的统一性原则

考虑到区域铀成矿作用与地质构造发展演化的一致性，按照具有相同或相似铀成矿地质背景、矿化相对密集的区带圈定铀成矿带的边界。

（二）地质、铀矿化、物化探、遥感资料的一致性原则

以铀成矿地质背景为基础，结合地球物理、放射性地球物理、地球化学、遥感影像等圈定铀成矿带（带）的边界。

（三）逐级圈定原则

按照中国铀成矿区带的划分方案，采用五级划分方案：Ⅰ级为成矿域、Ⅱ级为成矿省、Ⅲ级为成矿带（成矿区）、Ⅳ级为成矿亚带（矿集区）、Ⅴ级为矿田。

二、新疆铀成矿区带划分

我国铀成矿区带的划分是在程裕淇等（1983）提出的大地构造略图的基础上编制的，将中国铀成矿区带划分出4个成矿域、11个成矿省和49个成矿区带。依据该方案，新疆地区涉及古亚洲成矿域和秦祁昆成矿域两个Ⅰ级成矿单元（表2-2-1）；阿尔泰–准噶尔成矿省、天山成矿省、塔里木成矿省和祁连–昆仑成矿省4个Ⅱ级成矿单元；阿尔泰铀成

远景带、准噶尔盆地铀成矿远景区等 14 个Ⅲ级成矿单元（刘兴忠和周维勋，1990；陈毓
川和朱裕生，1993；陈毓川等，1998，2006；陈毓川，1999，2007；李锦轶等，1992，
2004；何国琦等，1995a；张连昌等，2006；陈宣华等，2011）。

新疆主要铀成矿远景区带自北向南包括（表 2-2-1）：阿尔泰成矿远景带（Ⅲ-1）、准噶
尔盆地成矿远景区（Ⅲ-2）、雪米斯坦成矿远景带（Ⅲ-3）、乌伦古河成矿远景带（Ⅲ-4）、北
天山成矿远景带（Ⅲ-5）、南天山成矿远景带（Ⅲ-6）、伊犁盆地成矿区（Ⅲ-7）、吐哈盆
地成矿区（Ⅲ-8）、塔里木北缘成矿带（Ⅲ-9）、塔里木南缘成矿远景带（Ⅲ-10）、西昆仑
成矿远景带（Ⅲ-11）、祁漫塔格成矿远景带（Ⅲ-12）、柴达木盆地成矿远景区（Ⅲ-13）
和龙首山–祁连山成矿带（Ⅲ-14）。其中伊犁盆地成矿区、吐哈盆地成矿区和塔里木北缘
成矿带以砂岩型铀矿为主，阿尔泰和南天山成矿远景带以花岗岩型铀矿为主，雪米斯坦、
乌伦古河和北天山成矿远景带以火山岩型铀矿为主。

表 2-2-1 新疆铀成矿区带划分表

成矿域编号	成矿域名称	成矿省编号	成矿省名称	成矿带编号	成矿带名称	成矿亚带编号	成矿亚带名称
Ⅰ-1	古亚洲成矿域	Ⅱ-1	阿尔泰–准噶尔成矿省	Ⅲ-1	阿尔泰成矿远景带		
				Ⅲ-2	准噶尔盆地成矿远景区		
				Ⅲ-3	雪米斯坦成矿远景带	Ⅳ-1	雪米斯坦成矿远景亚带
						Ⅳ-2	扎伊尔成矿远景亚带
				Ⅲ-4	乌伦古河成矿远景带		
		Ⅱ-2	天山成矿省	Ⅲ-5	北天山成矿远景带	Ⅳ-3	北天山东段成矿远景亚带
						Ⅳ-4	北天山西段成矿远景亚带
				Ⅲ-6	南天山成矿远景带		
				Ⅲ-7	伊犁盆地成矿区		
				Ⅲ-8	吐哈盆地成矿区		
		Ⅱ-3	塔里木成矿省	Ⅲ-9	塔里木北缘成矿带		
				Ⅲ-10	塔里木南缘成矿远景带		
Ⅰ-2	秦祁昆成矿域	Ⅱ-4	祁连–昆仑成矿省	Ⅲ-11	西昆仑成矿远景带		
				Ⅲ-12	祁漫塔格成矿远景带		
				Ⅲ-13	柴达木盆地成矿远景区		
				Ⅲ-14	龙首山–祁连山成矿带		

注：表中Ⅰ-Ⅲ级成矿单元的划分依据全国铀矿资源潜力评价中的中国铀成矿区带划分表，成矿亚带（Ⅳ级）的划
分为本次研究成果；表内仅表示了新疆及邻区的铀成矿区带划分，其他铀成矿区带未列入。

本书在该区划的基础上，对新疆地区热液型铀成矿区带（Ⅲ级）边界进行了厘定，并进
一步将雪米斯坦成矿远景带和北天山成矿远景带划分到Ⅳ级（铀成矿亚带）（表 2-2-1），为

本区热液型铀成矿远景预测提供了基础。砂岩型铀矿的成矿条件分析和成矿预测主要在伊犁盆地、吐哈盆地和塔里木盆地北缘开展。

三、中亚铀成矿区带划分

关于中亚地区铀矿床的成矿区划未见报道，只有一些关于哈萨克斯坦与乌兹别克斯坦两国铀矿床分布规律与成矿区划的介绍或论述（Аубакиров，2000；陈炳蔚和陈廷愚，2007）。为了便于研究中亚地区的铀成矿规律，与新疆铀成矿条件的对比分析，本书基本根据中国的铀成矿区划分原则，突出大地构造环境因素，按一级构造单元划分铀成矿域，按二级构造单元划分铀成矿省，按三级构造单元划分铀成矿区。另外，考虑铀矿床分布特点，在划分铀成矿区时，并未完全按照构造单元界线，有时将产于相邻单元内的个别分散矿床也划到其中。

根据中亚地区包括乌拉尔–蒙古褶皱带与地中海褶皱带两个一级大地构单元，划分出乌拉尔–蒙古与地中海两个铀成矿域（表2-2-2，图2-2-1）（赵凤民，2013）。

表 2-2-2　中亚地区铀成矿区带划分表

成矿域	成矿省	成矿区	大地构造环境	主矿化类型
乌拉尔–蒙古	北哈萨克斯坦	科克切塔夫	中间地块及周边构造–岩浆活化区	火山岩型
		楚–伊犁	隐伏中间地块构造–岩浆活化区	火山岩型
		巴尔喀什–伊犁	中、新生代陆相盆地	砂岩型
	天山	库拉明	海西期造山带内中间地块构造–岩浆活化区	火山岩型
		费尔干纳	中、新生代山间盆地边缘	砂岩型
		卡拉套	造山带内前中生代隆起	复合成因型
		东吉尔吉斯斯坦	中、新生代山间盆地与前中生代隆起	砂岩型、复合成因型
	近天山	楚–萨雷苏	中、新生代海相盆地边缘	砂岩型
		锡尔达林	中、新生代海相盆地边缘	砂岩型
		中央卡兹库姆	中、新生代海相山间盆地边缘	砂岩型、复合成因型
地中海	帕米尔–吉萨尔	帕米尔	造山带侵入岩内外接触带与盐湖内	火山岩型、蒸发型
		吉萨尔	造山带侵入岩内外接触带与火山洼地内	火山岩型
		塔吉克盆地北缘	产于中、新生代海相盆地边缘	砂岩型
		滨里海	新生代海相盆地边缘	沉积–成岩型

（一）乌拉尔–蒙古铀成矿域

该成矿域是世界上最重要的铀成矿域，向北进入西西伯利亚陆块，向东经中国西北部进入蒙古国。乌拉尔–蒙古造山带经历了长期的复杂演化过程，对铀的分异与富集创造了极其优越的地质环境，在其内形成了一大批中–大型，甚至超大型、巨型铀矿床。

在大地构造上，乌拉尔–蒙古铀成矿域在中亚地区包括哈萨克高原隆起、天山造山带中西段、北图兰陆块三个二级构造单元，正是这三个不同的构造单元的不同地质演化史与形成的地质环境控制着不同时代、不同类型铀矿床的分布。

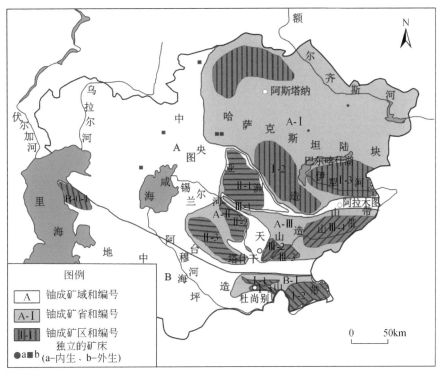

A-乌拉尔-蒙古铀成矿域；A-I-北哈萨克斯坦铀成矿省（I-1-科克切塔夫铀成矿区、I-2-楚-伊犁铀成矿区、I-3-巴尔喀什-伊犁铀成矿区）；A-II-近天山铀成矿省（II-1-楚-萨雷苏铀成矿区、II-2-锡尔达林铀成矿区、II-3-中央卡兹库姆铀成矿区）；A-III-天山铀成矿省（III-1-卡拉套铀成矿区、III-2-库拉明铀成矿区、III-3-费尔干纳铀成矿区、III-4-东吉尔吉斯斯坦铀成矿区）；B-地中海铀成矿域：B-I-帕米尔-吉萨尔铀成矿省（I-1-帕米尔铀成矿区、I-2-吉萨尔铀成矿区、I-3-塔吉克盆地北缘铀成矿区）；B-0-1-滨里海铀成矿区

图 2-2-1 中亚地区铀成矿区划图

　　哈萨克高原隆起在元古宙岩浆演化期，随着地壳内岩石中铀的不断分异与富集，在一些伟晶岩中形成伟晶岩型铀矿化。寒武纪—志留纪陆壳裂解期，在中间地块周围被动边缘形成了沉积-成岩型富铀、钒、钼等黑色页岩系，铀含量最高达 0.01%～0.02%。后来，该地区进入长时期强烈的造山隆起期，加里东-海西期造山带内构造-岩浆活动强烈，形成了大量富铀的酸性侵入岩与火山岩，为形成热液型铀矿奠定了基础，并形成个别小型的岩浆型铀矿床。在岩浆期后，热液活动强烈，形成了大量热液型铀矿床与其他金属矿床。进入中、新生代稳定发展期，在古陆块上或周边形成一些古河道型铀矿床与风化壳型铀矿床。

　　天山造山带中西段：在白垩纪前，与哈萨克高原隆起为同一构造体系，具有相同的演化史，同样在寒武纪—志留纪陆壳裂解期，在中间地块周围被动边缘形成了富铀、钒、钼等黑色页岩系，铀含量最高达 0.01%～0.02%。加里东-海西期，造山带内构造-岩浆活动相对强烈，在其中一些小型的微地块内形成了大量富铀的酸性侵入岩、火山岩和热液型铀矿床与其他金属矿产（Баташев и др.，1991）。不同的是到侏罗纪—古近纪，出现了一些陆相含煤盆地，在其内沉积了砂-泥岩互层的岩层，新近纪开始的造山构造活动，使岩层发生掀斜与出露地表，形成承压水盆地，在大气降水的作用下，形成砂岩型铀矿床；在一些地势平坦的第四纪河谷盆地内形成煤岩型铀矿床。与此同时，寒武系—志留系富铀、钒、钼等黑色页岩抬升出露地表，沿其层间破碎带或裂隙带形成渗入型铀矿床。

北图兰陆块在白垩纪前与天山造山带为同一构造体系，具有相同的演化史，但进入晚白垩世，该地区变为海洋环境，在褶皱基底上沉积了砂岩与泥岩互层的岩层，由于后期构造活动弱，岩石微变形或未变形。进入新近纪后，中亚地区受印度板块的碰撞发生造山运动，天山山脉形成，而图兰陆块仅东部边缘受到一定影响，出现了东高西低的地貌景观。在水文地质方面，形成了以天山山区为补给区、图兰陆块东部为径流区、咸海与基底出露区和断裂为排泄区的巨型区域性水文地质单元，并在靠近图兰陆块边缘形成了巨大的层间氧化带与砂岩型铀矿床。在远离天山山脉西部未遭受构造活动影响的里海边缘，形成沉积-成岩型碳硅泥岩型铀矿床。另外，在一些地势平坦的第四纪河谷盆地内形成煤岩型铀矿床，在陆块中部的干旱地区还形成一些钙结岩型表生铀矿化。

根据以上所述，相应划分出北哈萨克斯坦、天山、近天山三个铀成矿省。

北哈萨克斯坦铀成矿省分布于加里东-海西造山带期后的哈萨克高原隆起区，广泛发育沉积-火山岩层与酸性侵入岩，其中包含一些古老的中间地块。由于构造-岩浆活动强烈，中间地块上与周边分布着大量热液型铀矿床，其中科克切塔夫中间地块是世界上最重要的热液型铀成矿区，并在其周边发育中生代古河道型铀矿床。在隆起区东南部的中-新生代陆相盆地（巴尔喀什-伊犁盆地）内产有层间氧化带型砂岩型与煤岩型铀矿床。北哈萨克斯坦铀成矿省进一步划分出科克切塔夫铀成矿区、楚-伊犁铀成矿区和巴尔喀什-伊犁铀成矿区。

天山铀成矿省分布于天山造山带内。在白垩纪前，天山造山带与哈萨克高原隆起为同一加里东-海西构造体系，不同的是其内产有一系列侏罗纪—古近纪陆相盆地。在褶皱内的构造-岩浆活动强烈的古地块区产有热液型铀矿床，在山间盆地的边缘产有层间氧化带型铀矿床。另外，在基底隆起区发育富铀、钒、钼等元素的寒武系—志留系黑色页岩系，铀含量局部为 0.01%~0.02%，在其内产有裂隙渗入型铀矿床。天山铀成矿省进一步划分出卡拉套铀成矿区、费尔干纳铀成矿区、库拉明铀成矿区和东吉尔吉斯斯坦铀成矿区。

近天山铀成矿省产于图兰陆块东缘靠近天山山脉处。该地区为在加里东-海西褶皱系基底上形成的中-新生代陆块，边缘弱活化的海相碎屑岩带控制着层间氧化带型铀矿床的分布，形成了世界上最大的砂岩型铀成矿省。近天山铀成矿省进一步划分出楚-萨雷苏铀成矿区、锡尔达林铀成矿区和中央卡兹库姆铀成矿区。

另外，在这些成矿省之外还分散一些零星的小铀矿床或矿点，由于其重要性不大，故在进行铀区划时未予以考虑。

（二）地中海铀成矿域

该成矿域沿欧亚大陆南缘展布，向西延伸到欧洲南部，向东进入中国西南地区。区内构造-岩浆活动也很发育，可能是由于工作环境差、找矿程度低，到目前为止，所探明的大型铀矿床不多，多为小型。在中亚地区仅在里海盆地东北部探明有新生代沉积-成岩型碳硅泥岩型铀矿床集中区。在塔吉克斯坦境内发现有热液型、盐湖型等中小规模的铀矿床，在干旱的塔吉克斯坦盆地北缘还探明有外生铀矿床、矿点。根据铀矿床的分布特征，在该成矿域内划分出帕米尔-吉萨尔铀成矿省和滨里海铀成矿区。

第三节　铀矿床分布及基本特征

一、新疆铀矿床分布及地质特征

新疆砂岩型铀矿床主要分布于伊犁盆地南缘、吐哈盆地西南缘和塔里木盆地西北缘。火山岩型、花岗岩型铀矿床主要分布在天山、西准噶尔、东准噶尔地区和阿尔泰地区（高俊杰等，1997；牛贺才等，2006；杨富全等，2010）。主要成矿带有雪米斯坦铀成矿远景亚带、扎伊尔铀成矿远景亚带、东天山南段火山岩带、中天山冰草沟–鄯善地区和北天山火山岩带等。

（一）伊犁盆地南缘

1. 构造

伊犁盆地是在石炭纪—二叠纪裂谷基础上发展演化而成的内陆中、新生代山间断陷–拗陷复合型盆地，呈西宽东窄的三角形夹持于天山造山带内。

从大地构造位置上来看，伊犁盆地归属于哈萨克斯坦–准噶尔板块南部中天山隆起带中的伊犁–中天山微地块（张国伟等，1999）。盆地南邻哈里克–那拉提中南天山板块间的早、中古生代碰撞造山带，北以科古琴–博罗科努早、中古生代陆内造山带为界，其东端在南北天山交汇处收敛，西端向哈萨克斯坦撒开，与中亚的楚–萨雷苏盆地相接。

2. 成矿区带特征

伊犁盆地南缘铀矿田整体位于伊宁凹陷南部斜坡带之上，自西向东由洪海沟矿床、库捷尔太矿床、乌库尔其矿床、扎吉斯坦矿床、蒙其古尔矿床以及达拉地矿床组成，东西长约60km，是构成中亚地区南巴尔喀什–伊犁铀成矿区的重要组成部分（图2-3-1）。依据全国铀资源潜力评价对于我国铀成矿域、成矿省和成矿区带的最新划分方案，伊犁盆地隶属于天山–北山成矿带内的伊犁盆地成矿区。

3. 地层

前震旦纪结晶基底、震旦纪—寒武纪初始盖层基底和古生界褶皱基底共同构成盆地的基底；盆地盖层自下而上发育有三叠系、侏罗系、白垩系、古近系、新近系以及第四系。

三叠系（T）：零星出露于科古琴山南麓、察布查尔山北坡和阿吾拉勒山西端巴斯尔干，除伊宁凹陷外，昭苏、尼勒克断陷和巩乃斯凹陷内三叠系主体均缺失。自下而上由下三叠统上仓房沟群和中–上三叠统小泉沟群组成。

下三叠统上仓房沟群（T_1ch）：以角度不整合上覆于二叠系，为一套棕红色冲、洪积粗碎屑岩沉积（磨拉石建造），沉积厚度为150~650m。

中–上三叠统小泉沟群（T_{2-3}xq）：为一套灰色、深灰色湖相和扇三角洲相沉积。南部斜坡带上、下段以泥岩、粉砂岩和泥质砂岩为主，中段砂体发育，以砂岩、砂砾岩夹泥岩

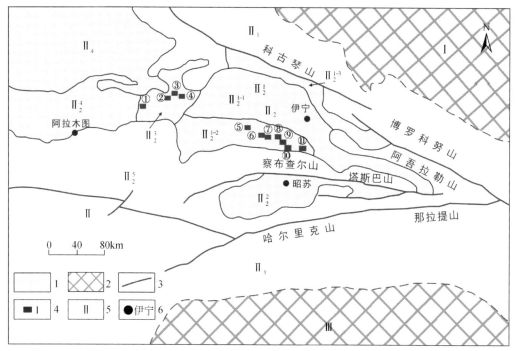

1-沉积盆地区；2-古陆块区；3-断裂；4-铀矿床；5-构造单元；6-城市。构造单元：Ⅰ-准噶尔地块；Ⅱ-中天山造山带；
Ⅱ₁-科古琴-博罗科努晚古生代造山带；Ⅱ₂-伊犁盆地；Ⅱ₂¹-伊宁（-贾尔肯特）拗陷；Ⅱ₂¹⁻¹-伊宁凹陷，Ⅱ₂¹⁻²-南部斜
坡带，Ⅱ₂¹⁻³-北部背斜-断陷；Ⅱ₂²-昭苏凹陷；Ⅱ₂³-苏卢切津隆起（T-J）；Ⅱ₂⁴-西部拗陷；Ⅱ₂⁵-察布查尔逆冲推覆山地；
Ⅱ₃-哈尔克-那拉提早古生代造山带；Ⅱ₄-南巴尔喀什盆地；Ⅲ-塔里木地块。铀矿床：①马拉伊-萨雷②卡尔卡纳；
③苏卢切津；④阿克套；⑤噶尔扎特；⑥洪海沟；⑦库捷尔太；⑧乌库尔其；⑨扎吉斯坦；⑩蒙其古尔；⑪达拉地

图 2-3-1　伊犁盆地构造单元与铀矿床分布示意图

为主。总沉积厚度为 300～500m。

侏罗系（J）：广泛分布于伊犁盆地内，出露盆地南北两缘，不整合上覆于不同时代地层之上。位于中央洼陷带南部的伊参 1 井揭露厚度达 1656m。自下而上划分为中-下侏罗统水西沟群和中-上侏罗统艾维尔沟群。

中-下侏罗统水西沟群（$J_{1-2}sh$）：以微角度不整合、平行不整合上覆于中-上三叠统小泉沟群，为一套暗色含煤碎屑岩建造，伊参 1 井中揭露厚度达 1323m。自下至上可分为八道湾组、三工河组和西山窑组。水西沟群碎屑物质主要来源于蚀源区中酸性火山岩、火山碎屑岩和花岗岩，其铀含量高出砂岩克拉克值（2.9×10^{-6}）3～5 倍。

中-上侏罗统艾维尔沟群（$J_{2-3}aw$）：上下两分为头屯河组和齐古组。与下伏西山窑组不整合接触，为一套冲积扇相红色碎屑沉积，基本不含煤层。沉积厚度为 330m。

白垩系（K）：与侏罗系角度不整合接触，为干旱气候下的红色碎屑岩沉积。岩性主要为棕红色、红色泥岩夹石英砂岩、砾质砂岩。沉积厚度为 130～350m。

古近系和新近系（E—N）：与白垩系假整合接触，或超覆不整合于侏罗系之上。为干旱气候条件下形成的冲、洪积产物，以褐红色、红色砂岩、砾质泥岩、泥岩及砂砾岩为主，底部的钙质砂砾岩为区域标志层。沉积厚度为 350～800m。

第四系（Q）：广布全区，多为冲、洪积砾石、砂土、亚砂土及黏土等。盆地边缘厚几米至百余米，盆地中心沉积厚度多大于500m。

4. 矿产特征

研究区主要矿产为铀、煤，金属矿产主要有铜和金。铀矿具近源产出和带状分布特点，在盆地南北缘都形成铀成矿带。南缘铀成矿带由达拉地、蒙其古尔、扎吉斯坦、乌库尔其、库捷尔太、噶尔扎特（属哈萨克斯坦）6个矿床及众多矿（化）点组成，长约90km。矿床（点）产出部位距盆地边缘古生界露头均不超过10km。铀矿化均赋存于中–下侏罗统水西沟群，矿化类型有砂岩型、煤岩型及泥岩型三类，规模上以砂岩型矿化为主。

煤是盆地最丰富的矿产，产于中–下侏罗统水西沟群，分布于全盆地，储量大，煤层总厚度约42m，煤质好，发热量高，目前工作成果显示，仅盆地南缘的煤储量就超过$1.50×10^{10}$t。

金属矿产以金和铜为主，分布于盆地北缘和中北部，产有数个金矿床及多金属（铅、锌、镍等）伴生的铜矿床。非金属矿产石膏和膨润土产于盆地北部与中北部。石灰石在全区均有产出。

（二）吐哈盆地西南缘

1. 构造

吐哈盆地在大地构造上位于哈萨克斯坦、西伯利亚和塔里木三大板块的交接复合部位，为一个南浅北深非对称型箕状拗陷和叠合式泛盆沉积的山间盆地（图2-3-2）。依据大地构造特征，将吐哈盆地划分为三个一级构造单元，即北部拗陷、艾丁湖斜坡带和南湖隆起，其中艾丁湖斜坡带是构造相对较为稳定的构造单斜区，中、新生代地层总体上向北缓倾。斜坡带构造活动较弱，一般西部相对较强东部相对较弱，仅局部发育少量北西西向和北东向断裂和褶皱，这些断裂和褶皱附近是地下水的变异部位也常常是砂岩型铀矿的产出部位。

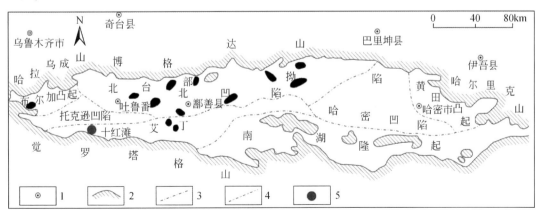

1-城镇；2-二级构造带；3-一级单元分界；4-亚一级单元分界；5-铀矿床

图2-3-2 吐哈盆地构造单元图

2. 地层和侵入岩

1）基底

吐哈盆地具有深层基底和直接基底的双重基底。深层基底为中元古界、古元古界变质岩系和下古生界，地表出露在南部觉罗塔格山中央部位。古元古界兴地塔格群为一套裂谷沉积，岩性为黑云母石英片岩、片麻岩夹混合岩及大理岩系；中元古界杨吉布拉克群为一套变质碎屑岩系；下古生界为陆表海沉积；下古生界志留系为石英片岩、石英云母片岩类。

直接基底为上古生界泥盆系、石炭系及少量二叠系。其岩性为浅海相火山碎屑岩系、中基-中酸性火山岩系及浅变质的海相碎屑岩、碳酸盐岩。处于石炭系顶部不整合面之上的主要是陆相沉积的二叠系，可归属于基底与盖层之间的"过渡层"。上二叠统在全盆地均有分布。下部为火山碎屑岩组成的海陆交互相沉积；上部为砾岩、砂泥岩夹泥灰岩组成河湖相沉积，厚450~1165m。与下伏石炭系呈不整合接触。

2）侵入岩

在基底岩系中，有大量的花岗岩类侵入。其中有加里东期的片麻状花岗岩（同位素年龄422±5Ma），大量海西-燕山期中酸性侵入岩，其岩性主要为二长花岗岩、辉长岩、闪长岩、花岗闪长岩、斜长花岗岩、钾长花岗岩和花岗斑岩。这些基底地层和花岗岩类构成了铀成矿的铀源体和铀源层（图2-3-3）。

3）盖层

盆地盖层包括三叠系、侏罗系、白垩系、古近系、新近系和第四系。中生代和新生代地层在盆地北部发育齐全，厚度大；而在南部厚度较小，发育不全。

三叠系分布于盆地北部博格达山前地带，与下伏地层呈假整合或超覆不整合接触。岩性为河湖相砂砾岩、砂泥岩夹灰岩及煤线，厚达千米。盆地南缘无三叠系分布。

侏罗系沉积遍及全盆地。在盆地北缘与三叠系为整合-假整合接触，在盆地南缘超覆于古生界之上。可分为下侏罗统八道湾组、三工河组，中侏罗统西山窑组、三间房组、七克台组，上侏罗统齐古组、喀拉扎组等。八道湾组、三工河组、西山窑组又被合称为水西沟群。

八道湾组：主要岩性为湖沼相的灰白色砾岩、灰绿色砂岩及灰黑色砂泥岩、碳质泥岩的不等厚互层，夹可采煤层和菱铁矿透镜体，厚30~1000m。

三工河组：以浅湖相沉积为主，为灰绿色、暗灰色泥岩、泥页岩，夹灰绿色中-厚层状细砂岩、粉砂岩、薄层叠锥灰岩、菱铁矿透镜体及碳质泥岩，厚50~1200m。

西山窑组：河流-湖沼相沉积，与下伏地层为连续沉积。主要岩性为灰白色、灰黄色、黄褐色厚层粗砂岩、砂岩与灰绿色、灰黑色泥岩互层，夹薄层菱铁矿、碳质泥岩、煤线和煤层，厚64~972m。

三间房组：河湖相沉积，与下伏西山窑组呈假整合接触。主要岩性为由粗到细的正旋回碎屑岩沉积，厚45~387m。

七克台组：下段灰黄色、灰绿色厚层介壳砂岩与灰绿色、灰黑色砂泥岩互层；上段为绿色、灰黑色泥岩、泥页岩夹粉砂岩、细砂岩及泥灰岩薄层，厚39~185m。

齐古组：为一套由杂色过渡到红色的砂泥岩，厚297~733m。

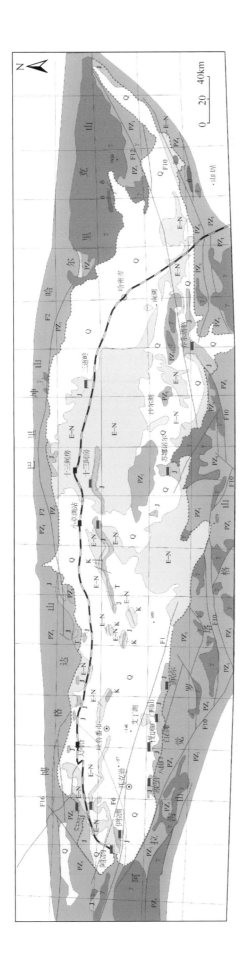

图2-3-3　吐哈盆地铀矿地质图

☒1　☒2　☒3　☒4　☒5　☒6　☒7　☒8　☒9　☒10　☒11　☒12

1-第四系砂、砾石堆积；2-古近系—新近系红色碎屑岩；3-白垩系红色碎屑岩；4-侏罗系煤及碎屑岩；5-三叠系灰色碎屑岩；6-上古生界碎屑岩、火山岩；7-花岗岩；8-闪长岩；9-断裂；10-不整合线；11-铀矿床及铀矿化点；12-湖泊

喀拉扎组：河流相沉积，与下伏齐古组呈假整合或整合接触。主要岩性为紫红色、灰紫色、灰黑色块状砂岩与棕红色砂质泥岩互层，夹砾岩和泥灰岩薄层；常见干裂构造和钙质结核，厚 35 ~ 655m。

白垩系出露较零星，分布于盆地中部的火焰山、鄯善、七克台陆块区及东部的三间房–了墩–三道岭一线以南地区。属干燥气候条件下的河湖相沉积，厚度可达 1200m，与下伏侏罗系呈不整合接触。

古近系和新近系分布广泛，盆地周边和中部火焰山一带均有出露；厚度变化较大，为 20 ~ 2976m；与下伏白垩系呈假整合或不整合接触，为河湖相沉积。

第四系沉积遍及全盆，为冲、洪积砂、砾石沉积，厚 0 ~ 300m。

3. 矿产特征

吐哈盆地矿产资源极为丰富，主要有铀矿、石油、煤、黏土、盐及芒硝等资源。砂岩型铀矿床主要有十红滩铀矿床，迪坎儿、八仙口铀矿点，苏纳诺尔、乔乐塔格铀矿化点。大型煤矿有三道岭煤矿、煤窑沟煤矿，小型煤矿有托克逊煤矿、哈密煤矿、南湖煤矿，近期发现了亚洲最厚的煤矿沙尔湖煤矿。此外，在艾丁湖斜坡带中、下侏罗统也发现了多层厚度为 7 ~ 30m 不等的煤层，其既是砂岩铀矿床勘探过程中重要的找矿标志层，也是伴生矿产资源。油气田从西至东主要有伊拉湖、胜金口、七克台、鄯善、柯柯垭和桃树园子、哈密等油矿，主要储油层为中侏罗统七克台组、三间房组、西山窑组，少数为上侏罗统齐古组、下侏罗统八道湾组。

（三）塔里木盆地西北缘

1. 构造

研究区位于塔里木板块与天山造山带两个构造单元过渡部位，北部为天山造山带，南部为塔里木盆地。

塔里木盆地北缘冲断带是在古生代洋盆及被动大陆边缘陆棚–陆坡相沉积建造的基础上发展起来的，经过了晚古生代南天山洋盆的关闭和褶皱冲断、中生代天山夷平和泛湖发育以及新生代陆内俯冲造山成盆的演化过程。特别是古近纪末，受印度板块与欧亚板块碰撞影响，塔里木板块向天山褶皱带下部俯冲，致使天山迅速隆升。新生代逆冲断裂活动主要发生在山前带，山麓大断裂强烈逆冲，构成新生代盆山分界线，盆地大幅度俯冲沉降，致使天山高隆，造山带下部构造层叠加了上部构造层成分。上新世以来，南天山造山带剧烈背冲、隆升，在塔北形成成排成带的冲断带。

1）构造分区

塔北冲断带西起阿图什，经柯坪、乌什、拜城、库车至轮台，呈北东东向延伸，长近1000km，宽 50 ~ 100km，呈一狭长条带。根据各地构造演化和特征的差异可分为柯坪冲断带、乌什冲断带和库车冲断带（图 2-3-4）。

库车冲断带：东起库尔勒，西至塔克拉，长 470km，宽 40 ~ 90km，面积约为 $2.5 \times 10^4 km^2$。该带在纵向上发生构造变形，由北向南依次迁移，从而形成了构造时期北早南晚、构造幅度北大南小以及现今地表海拔北高南低的构造–地貌景观。现今的地表构造带

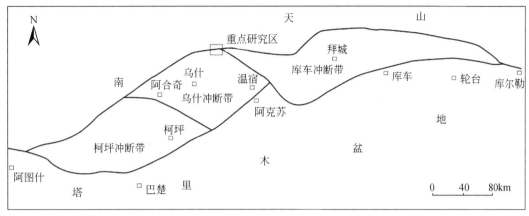

图 2-3-4 塔里木盆地北缘构造分区（据贾承造，2004）

分为北部单斜带、克-依构造带（包括西段的克拉苏构造亚带和东段的依奇克里克构造亚带）、乌什-拜城-阳霞凹陷带（包括乌什凹陷、拜城凹陷、阳霞凹陷）、秋里塔格构造带、南部平缓背斜构造带和轮台-牙哈前缘隆起带；冲断带在横剖面上的形成时间从北部的中新世到南部的第四纪，逐渐变新。

乌什冲断带：东起温宿以东，西至阿合奇以西，东西长达 180km，宽 30～40km。它的西端楔入南天山和柯坪冲断带之间，东端位于库车冲断带的西端以南，与柯坪和库车两个冲断带均呈左行排列，反映塔里木盆地西北边界断层某种程度的左行走滑性质。

柯坪冲断带：以印干断裂为东界，向西延伸至阿图什地区。该带古生代地层出露完整，但中生代和新生代几乎没有沉积，表明该区中生代和新生代一直隆起，处于剥蚀和无沉积状态，仅在西端有少量白垩系和古近系沉积。

2）断裂

塔北地区断裂十分发育，众多不同期次、不同性质、不同级次的断裂组成了复杂的断裂体系（图 2-3-5），形成了该区南北分带、东西分割的构造格局。断裂主要分为两组，即东西—近北东东向断裂系统与北西向断裂系统。前者断裂性质以逆冲为主，为区域主体断裂；后者断裂性质以走滑为主。

A. 控盆断裂（南天山山前逆冲断裂带）

该断裂带东端位于库尔勒市北侧，西端交于乌恰北侧的库孜贡苏断裂，沿天山南缘断续延伸 950km 以上。断裂带的走向自西而东依次为北东—北东东—东西—南东东向，整体呈向北凸出的弧形。自西向东分为五段，分别为喀拉铁克断裂、老虎台断裂、克孜勒阔坦断裂、北轮台断裂和艾西买依根断裂。该断裂带断面均倾向天山褶皱系，地表倾角较陡（50°～60°），往深延伸变缓。断裂上盘由元古宇变质岩、震旦系及古生界构造层组成，往南逆冲推覆在中-新生界碎屑岩之上。断裂下盘地层由于受强烈的挤压作用而出现直立或倒转现象。沿断裂带还发育大量海西期酸-中基性侵入岩及火山碎屑岩。该断裂带属现存的基底断裂，长期活动（尤以海西晚期和喜马拉雅晚期活动最为强烈），且具有规模大、形成时间早、活动历史长、切割层位深、推覆距离大以及沿断裂带岩浆活动强烈等特点，构成了塔里木盆地与天山的分界线，对地层展布、构造发育、岩浆活动和盆地演化都有明显的控制作用。

B. 东西—近北东东向逆冲断裂系统

该断裂系统由索格当他乌–温宿北断裂带、柯坪塔格–沙井子逆冲断裂带、亚南断裂带和轮台–沙雅逆冲断裂带组成。其中，除温宿北断裂具正断层性质外，其余均为逆冲断裂。与逆冲断裂带和走滑断裂带相比，塔北地区正断层不甚发育，主要分布于大型逆冲断裂的顶部或基底隆起的两翼。

索格当他乌–温宿北断裂带和柯坪塔格–沙井子逆冲断裂带并非东西向展布，而是近北东东向展布，反映了塔北地区所受区域应力场的方向并非一致。这由两个因素造成，其一，天山在其演化过程中并非与盆地呈平行展布，即盆山缝合线并非直线，由图 2-3-5 可知，盆山缝合线（南天山山前逆冲断裂）整体呈向北凸出的弧形，这就使塔北地区在统一的南北向挤压构造应力场作用下，产生了与盆山缝合线近平行的东西—近北东东向逆冲断裂系统，而并非完全呈东西向；其二，由于北西向的走滑断裂带的存在，塔北逆冲断裂带的分布存在东西差异。逆冲断裂带由于各种原因在各地区产生不同的地层缩短量，走滑断裂则调节了各地区不同缩短量的矛盾，从而使塔北地区的逆冲断裂带的展布发生变化。

东西—近北东东向的逆冲断裂系统作为该区主体构造形迹，具长期发育、多阶段发展、性质多变等特点，它们控制构造的南北分带性，在塔北地区形成隆凹相间的构造格局。

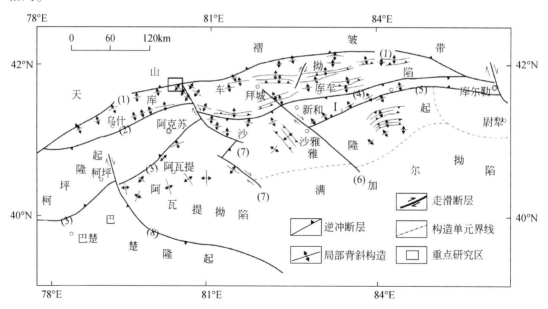

（1）南天山山前逆冲断裂带；（2）索格当他乌–温宿北断裂带；（3）柯坪塔格–沙井子逆冲断裂带；（4）亚南断裂带；（5）轮台–沙雅逆冲断裂带；（6）拜城–沙雅走滑断裂带；（7）喀拉玉尔滚–柯吐尔走滑断裂带；（8）阿恰–吐木休克走滑–逆冲断裂带

图 2-3-5 塔里木盆地北缘构造纲要图（据汤良杰，1989）

C. 北西向走滑断裂系统

该断裂系统主要包括拜城–沙雅走滑断裂带、喀拉玉尔滚–柯吐尔走滑断裂带和阿恰–吐木休克走滑–逆冲断裂带。它们是构成区内总体构造格架的重要断裂类型之一，基本控制塔北东西向构造格局，具有以下主要特征。

（1）断裂规模及断距大。如阿恰–吐木休克走滑–逆冲断裂带最大断距达 4320m，延伸长达 200km，向南一直延伸至盆内腹地。

（2）喀拉玉尔滚–柯吐尔走滑断裂带附近，受断层牵引影响，原先与断裂走向近乎垂直展布的地层，在靠近断裂带时产状发生畸变，其走向逐渐与断裂带走向一致，在平面上呈弧形展布，地层倾角变陡甚至直立或倒转。

（3）断裂切割深度大，活动时间长，沿断裂带岩浆活动发育。钻井和航磁资料表明沿柯吐尔断裂有海西期基性岩浆活动；地质、地震和航磁资料揭示沿阿恰断裂带、喀拉玉尔滚断裂都有岩浆岩分布。

（4）断裂带具多期活动特征，在不同的活动时期可能伴随断裂力学性质的转化。如阿恰–吐木休克走滑–逆冲断裂带与现存基底断裂有关，早期在前震旦纪发育一组扭破裂，海西晚期，由于南北向挤压作用，在先存断裂上产生南北向追踪张裂，造成沿断裂发育二叠纪玄武岩，喜马拉雅期以来断裂又以扭性为主，具左行扭动特点。

由于上述走滑断裂系统的存在，可沿喀拉玉尔滚–柯吐尔走滑断裂带将塔北分为东西两个变形区。东区的变形带较宽，以逆冲推覆为主，受两侧走滑断裂的控制，总体向南凸出；而西区变形带宽度明显较窄，构造规模较小，变形程度明显较弱。造成塔北地区变形分区的主要原因可能是沉积层厚度的变化。东区沉积厚度较西区大，在拜城附近可达9000m，西区最厚仅 6000m，在其他条件（如滑脱程度、后推负荷边界形态）一致的情况下，沉积厚度发生较明显变化可导致横向断层发育，并使沉积层较厚区向前陆方向推进、凸出（Calassou et al.，1993）。

盆地内发育柯坪断隆南大断裂带、色力布亚–玛扎塔格大断裂带、于田河大断裂、且末–若羌大断裂带、轮台–尉犁大断裂带等十三条主控断裂带。

盆地新构造活动较强烈，褶皱和断裂发育。通过分析塔里木盆地新构造运动表现形式发现，库车拗陷、阿瓦提拗陷、塔西南拗陷、东南拗陷等构造区为新构造运动剧烈活动区；巴楚隆起、车尔臣隆起、塔东浅拗、塔北隆起等构造区为新构造运动中等活动区；满加尔拗陷为新构造运动相对稳定区；在盆地腹部及东部地区，新构造运动表现较弱，总体表现出一个大型平缓的向斜构造。

2. 地层

盆地北缘前中生代地层构成中–新生代拗陷的基底，中–新生代地层构成盆地的盖层。

盆地基底古元古界变质岩系结晶组成的基底，是一套浅变质的绿片岩；震旦系为一套巨厚的以碎屑岩为主夹冰碛岩沉积；寒武系—奥陶系为广海碳酸盐岩建造，寒武系底部多以硅质含磷层假整合在震旦系之上；志留系—泥盆系为一套海退系列的杂色碎屑岩建造；石炭系—二叠系为一套由海侵向海退发展的沉积建造，二叠系在东部为海陆交互相的含煤碎屑岩及火山岩，在西部为浅海相碳酸盐岩及碎屑岩（图 2-3-6）。

中–新生代盖层沉积几乎全为陆相碎屑沉积物（仅在晚白垩世及古近纪西部边缘有小范围的海相碎屑岩、石灰岩），各层位的发育差异较大。总体上中–新生界可分为以下五套沉积建造：上二叠统至下三叠统为一套粗碎屑的红色类磨拉石建造；中–上三叠统至侏罗系为一套灰色含煤建造（上侏罗统演变为干旱条件下的红色泥岩层）；白垩系为一套红色

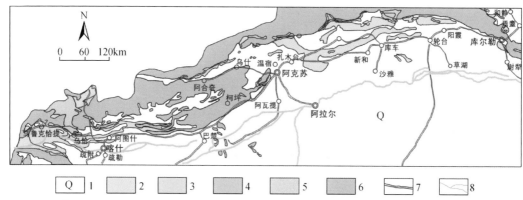

1-第四系；2-古近系和新近系；3-白垩系；4-侏罗系；5-三叠系；6-前中生界；7-公路；8-水系

图 2-3-6　塔里木盆地北缘简明地质略图

碎屑建造；古近系和新近系为红色含膏盐碎屑岩建造（底部具海相夹层）；第四系为各种堆积物（下更新统西域组为一套山麓相砾岩）。

3. 岩浆岩

岩浆岩主要分布于北部山区，以深成岩为主，浅成岩和脉岩次之。从时代上看，花岗岩侵入于石炭系中，而被二叠系暗红色厚层花岗质砾岩不整合覆盖，碱性脉岩则侵入在上二叠统砾岩中，被上三叠统覆盖。因此，区内侵入岩时代主要为海西中期和晚期。早期有斜长花岗岩、黑云母（二长）花岗岩、二云母（钾长）花岗岩、白云母花岗岩、花岗斑岩带，中期有花岗闪长岩、二长花岗岩、钾长花岗岩序列，晚期有基性-超基性杂岩、石英二长岩、石英正长岩、花岗岩等小型侵入体。

4. 矿产特征

塔北盆地主要矿种有铀、石油、天然气、煤、铜及铅锌矿等，石油、天然气主要分布在库车拗陷和塔北隆起带上，与侏罗系煤成烃有关；煤主要产于下-中侏罗统中，多分布于盆缘地带，有许多小型煤矿沿盆缘分布。

区内大小铀矿点、铀矿床40余处，主要有萨瓦甫齐矿床、日达里克矿床、巴什布拉克铀矿床、卡拉布拉克矿点、8116矿点、巧克塔格矿化点、苏干矿化点等，铀矿化类型有煤岩型、泥岩型及砂岩型。铀矿化主要集中产于下侏罗统、下白垩统、古近系和新近系中。在下二叠统、石炭系、泥盆系、下寒武统和元古宙花岗岩、混合岩、变质岩，以及加里东期花岗岩或闪长花岗岩中，也发现较好的铀矿化。

（四）西准噶尔地区

西准噶尔是西准噶尔-巴尔喀什火山岩的东延部分。区内出露的地层主要有泥盆纪、石炭纪、二叠纪火山碎屑岩建造。从老到新为海相向陆相转化，海相火山岩主要有钠长石玄武岩、玄武岩、玄武安山岩、火山碎屑岩（包括火山集块岩、火山角砾岩、晶屑凝灰岩）；陆相火山岩主要有流纹岩、流纹质熔结凝灰岩、玄武岩；其他二叠纪火山岩类还有变玄武安山岩、变玄武岩、凝灰岩等（周良仁，1987a，1987b；陈晔等，2006；徐芹芹等，2008；Chen et al.，2010，2015；尹继元等，2011；Zhang et al.，2011；Choulet et al.，2012；Mao et al.，2014；Zhang et al.，2014）。

西准噶尔发育大面积的侵入岩，花岗岩岩体的平均铀含量为 $2.35×10^{-6}$，钍含量为 $10.16×10^{-6}$，均低于地壳花岗岩克拉克值；钾含量为 4.13%，高于地壳花岗岩克拉克值。总体为非产铀岩体，属于贫铀、钍，富钾花岗岩。

西准噶尔晚古生代处于由造山挤压环境向拉张环境转换时期。地幔上隆及产生的深大断裂控制了区域花岗岩、火山岩呈带状产出，主要有扎伊尔火山岩带、雪米斯坦火山岩带，火山岩厚度大，岩性复杂，岩浆演化系列完全，从基性到酸性的各类火山碎屑岩和熔岩均很发育，从而具备了形成火山岩型铀矿化的有利构造环境（韩宝福等，1998a，1999a，2006；扎日木合塔尔和韩春名，2002；刘希军等，2009；徐芹芹等，2009；Geng et al.，2009，2011；辜平阳等，2011；Ma et al.，2012；Yang et al.，2012；Yin et al.，2013）。

1. 雪米斯坦火山岩带

铀、铍矿为雪米斯坦火山岩带的主要矿产，自西向东已发现白杨河铀铍矿床和雪米斯坦工区、七一工区、十月工区、阿尔肯特铍、铀矿点及大量的异常点，形成了长约120km的铍−铀成矿带（图2-3-7）。目前，白杨河铀铍矿床已提交铀矿资源量1000余吨。在2010年左右，核工业二一六大队通过进一步的勘查工作，新增铀资源量1000余吨，控制铍矿资源量20000余吨，钼矿资源量数百吨，其他矿点由于工作程度低，均未估算资源量。

该地区已成为一个大型铀、铍矿产地，代表性的矿床为白杨河铀矿床。该铀矿床矿体受杨庄岩体的控制，杨庄岩体出露面积约为 $6.9km^2$，长约6000m，平均宽1200m，目前在其周边已落实两个铀矿床，并发现9个铍、铀矿点。矿体赋存在杨庄岩体底界面附近，矿体分布于岩体底部的次花岗斑岩和下部与之交界的哈尔加乌组中，由于岩体顺层侵入后冷凝，靠近边缘部位易形成原生节理，为后期热液充填提供了良好的条件。因此，杨庄岩体顶、底界面是成矿的有利部位。

2. 扎伊尔火山岩带

扎伊尔火山岩带位于玛依勒深大断裂（发育蛇绿岩套）以南，玛依勒深大断裂横贯全区近60km，该断裂配套的北次级断裂具有张扭性特征，深切泥盆系基底，为后期晚古生代特别是晚石炭世—二叠纪火山喷发和次火山岩的形成提供了通道，控制着晚石炭世—二叠纪一系列中心式火山机构的分布，同时该断裂带还夹持着本区主要富铀的酸性偏碱的次火山岩、火山岩的范围，使之成为区域火山岩型铀矿化出现的一个特定区间，是控岩、控矿（成矿热液）的主要构造通道。区内已发现的塔尔根矿点、北金齐矿化点等一批矿点及铜矿点均分布在该区域深大断裂的旁侧，铀矿体赋存于低级别断层、裂隙及与不同性质火山岩火山接触带附近（图2-3-8）。

目前发现的铀矿化主要产于上石炭统中，以卡拉岗组为主，其次是乌尔禾群。分为塔尔根和北金齐两个矿化集中分布区。

图2-3-7　雪米斯坦火山岩带铀矿床（点）分布示意图

1-第四系；2-新近系；3-古近系；4-侏罗系；5-三叠系；6-二叠系；7-石炭系；8-泥盆系；9-志留系；10-奥陶系；11-花岗闪长岩；12-碱长花岗岩；13-花岗岩；14-超基性岩；15-闪长岩；16-辉绿岩；17-花岗斑岩；18-霏细斑岩；纳长斑岩，钠闪长斑岩；19-断裂，隐伏断裂；20-铀矿床、矿点；21-煤岩型铀矿（化）点

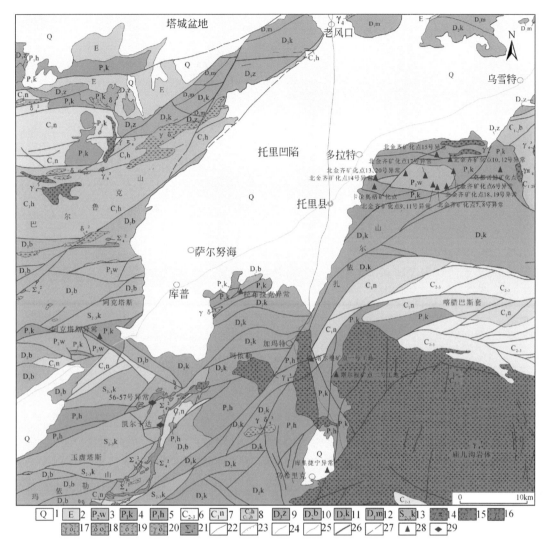

1-第四系；2-古近系；3-乌尔禾群；4-卡拉岗组；5-哈尔加乌组；6-上石炭统；7-南明水组；8-黑山头组、包古图组；9-朱鲁木特组；10-巴尔鲁克组；11-库鲁木迪组；12-芒克鲁组；13-克克雄库都克组；14-海西晚期花岗斑岩；15-海西晚期花岗岩；16-海西中期花岗岩；17-海西中期花岗闪长岩；18-海西中期石英闪长岩；19-海西中期闪长岩；20-海西早期闪长岩；21-海西中期超基性岩；22-整合接触地质界线；23-角度不整合接触地质界线；24-酸性岩脉；25-基性岩脉；26-断裂；27-推测断裂；28-压扭性断裂；29-火山岩型铀矿点

图 2-3-8 扎伊尔火山岩带铀矿点分布示意图

塔尔根矿化分布区以卡拉岗组环形火山机构为产矿空间，已经发现有塔尔根矿点一号工地和二号工地，矿化与流纹状石英斑岩相关。南部哈尔加乌组中发现有库里捷宁异常点（氢气异常为主），雅玛图花岗岩体中发现有伽马异常。

北金齐矿化分布区有卡拉奥格矿化点、北金齐矿化点、莫都诺娃矿化点和其他异常组成，处于北金齐陆相火山断陷盆地中，在卡拉岗组和乌尔禾群中均有产出。铀矿化赋存在安山玢岩、霏细岩、英安斑岩、闪长玢岩、酸性凝灰角砾岩、砂岩和灰岩中，均受断裂破碎带、裂隙带、岩性接触带的控制，热液改造明显，热液蚀变发育。

（五）北天山地区

北天山东部地区的主体是博罗科努山-科古尔琴山-赛里木湖-博格达山-哈尔里克山一线以北。主体是晚古生代沉积变质岩、沉积碎屑岩、中基性火山岩、火山碎屑岩、中酸性火山岩建造（高计元，1991）。西部出露元古宇、下古生界、泥盆系、石炭系和二叠系。东部出露中-下奥陶统、下泥盆统、中泥盆统和下石炭统、上石炭统。

北天山东部铀矿化集中在冰草沟、七泉湖、坎尔其、西盐池、车库泉五个地区，冰草沟是以下二叠统为主的火山岩型铀成矿区、七泉湖为砂岩型铀成矿区、坎尔其为砂岩型-火山岩型铀成矿区、西盐池为硬砂岩型铀成矿区、车库泉为火山岩型-硬砂岩型铀成矿区。

北天山西部铀矿化主要分布在温泉、库尔杰列克、库松木切克、阿克秋白一带。温泉地区是以海西晚期花岗岩为主的花岗岩型铀成矿区；库尔杰列克为下二叠统火山岩型铀成矿区；库松木切克为碳硅泥岩型铀成矿区；阿克秋白为火山岩型铀成矿区。

（六）东天山地区

东天山地区包含桑树园子铀成矿区、阿齐山铀成矿区、卡瓦布拉克铀成矿区和大水、星星峡铀成矿区，其中以卡瓦布拉克铀成矿规模最大。

卡瓦布拉克地区位于东天山中部的卡瓦布拉克-阿拉塔格一带，大面积出露长城系（Chc）、蓟县系（Jx）、泥盆系（D）、下石炭统（C_1y）和元古宙晚期、海西期花岗岩，以海西中期花岗岩为主。局部有海西早期橄榄岩（已经全部蚀变）；海西中期辉长岩、斜长岩；海西晚期的浅成石英斑岩、石英钠长斑岩、闪长玢岩、安山玢岩出露。本区为以花岗岩型为主的铀成矿区，局部有火山岩型、碳硅泥岩型和变质岩型铀矿产出。该成矿带早期由于交通不便，铀矿地质工作程度较低，20世纪60年代由新疆区域地质调查大队在1：200000地质调查过程中开展伽马测量，发现了部分异常。20世纪70年代由核工业一八二大队二十九队对部分异常进行了地表揭露（7011矿点、7020矿化点），证实该区具有较好的铀矿找矿前景。

该地区发现铀矿点5个，矿化点10个，异常点17个，分布在东西长125km，南北宽50~60km的范围内。其中以7011矿点揭露程度最高。

（七）南天山东段

南天山东段指霍拉山-乌什塔拉地区，西起轮台县策大雅北部，东到和硕县榆树沟一带，东西长约260km，南北宽度约100km。由霍拉山、塔木特赛、盲起苏、乌什塔拉四个成矿区组成，铀矿化类型以花岗岩型为主，其次是变质岩型和砂岩型。

二、中亚铀矿化特征

苏联时期，在中亚地区开展了大规模铀矿勘查，共探明铀矿床160多个（图2-3-9）和大量铀矿点与矿化点，集中于8个铀成矿区，即哈萨克斯坦南部的楚-萨雷苏铀成矿区、锡尔达林铀成矿区；东南部的楚-伊犁铀成矿区、巴尔喀什-伊犁铀成矿区；北部的科克切

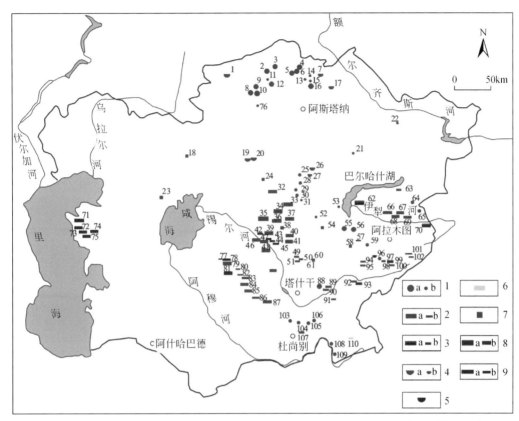

1-内生热液型（a-矿田或大型矿床，b-中小型矿床）；2-层间氧化带砂岩型（a-矿田或大型矿床，b-中小型矿床）；3-层间与潜水氧化带煤铀型（a-矿田或大型矿床，b-中小型矿床）；4-古河谷型（a-大型矿床，b-中小型矿床）；5-含铀泥炭型；6-咸水湖型；7-表生蒸发型；8-含鱼骨碎片泥页岩型（a-大型矿床，b-中小型矿床）；9-黑色页岩型（a-矿田或大型矿床，b-中小型矿床）。铀矿田与铀矿床名称：1-托鲍里；2-格拉切夫矿床（科萨钦、格拉切夫、二月）；3-恰格林矿田（恰格林、斯拉维杨、阿巴伊）；4-沙特矿田（沙特-Ⅰ、沙特-Ⅱ、深部、阿加什）；5-十月矿田（十月、多日德里沃耶）；6-科克森基尔矿田（扎奥泽尔、塔斯斗科列、东塔斯斗科列、科克索尔）；7-塞米兹巴伊；8-伊申姆矿田（伊申姆、中央）；9-契斯托波列（青年、维克托夫夫、杜勃洛夫）；10-绍克帕克-卡梅什夫矿田（绍克帕克、卡梅什夫）；11-阿卡布尔鲁克；12-巴尔卡申矿田（巴尔卡申、东方、星辰、吐申、奥利根、杰尔卡切夫）；13-捷列克斯；14-多姆勃拉里；15-克尔巴伊；16-马内巴伊矿田（马内巴伊、南马内巴伊、阿克苏、圆形）；17-托尔弗扬；18-丘柳萨伊；19-鲁诺耶；20-拉扎列夫；21-克孜尔；22-乌利坎-阿克扎尔；23-鲍兹沙科里；24-库拉别；25-别纳缅；26-塔斯别；27-格拉尼特；28-吉杰里；29-绍尔雷；30-科斯别列；31-达伊；32-热迪科努尔；33-扎尔巴克；34-门库杜克；35-英凯；36-绍拉克-艾斯佩；37-乌伐纳斯；38-巴尔斯；39-布琼诺夫；40-莫英库姆；41-甘茹坎；42-塔尔迪克；43-巴拉苏斯康迪克；44-库鲁姆萨克；45-潘；46-伊尔科斜；47-卡拉穆伦；48-哈拉桑；49-克孜尔科利；50-恰杨；51-月亮；52-卡拉瓦尔；53-梅纳拉尔；54-库莫泽克；55-克孜尔萨伊矿田（Ⅱ矿段、Ⅳ矿段、Ⅶ矿段、Ⅷ矿段、Ⅸ矿段、阿拉塔格尔、克孜尔塔斯、乌仲萨伊、查曼塔斯、特尔金）；56-波塔布鲁姆矿田（波塔布鲁姆、朱桑达林）；57-科巴雷萨伊；58-卡梅沙诺夫；59-库尔塔甲；60-阿萨；61-杰巴格雷；62-下伊犁；63-科沙格尔；64-芝升基；65-潘菲洛夫；66-马拉伊萨雷；67-苏鲁契金；68-卡尔坎；69-阿克套；70-戈尔贾特；71-麦洛沃伊耶；72-托马克；73-塔斯穆伦-阿希伊耶；74-塔伊波加尔；75-萨迪尔内恩；76-库巴萨迪尔；77-巴哈雷；78-赫扎赫马德纳群（赫扎赫马德、诺沃耶、洛佐沃耶）；79-乌奇库杜克矿田（乌奇库杜克、肯塔庇秋别、马伊利索伊、夫斯列特）；80-苏格拉雷矿田（阿克套、苏格拉雷）；81-江图阿尔矿田（江图阿尔、鲁德诺耶、科斯场卡、吉季姆）；82-阿乌别克；83-利夫里亚康-别什卡克矿田（利夫里亚康、别什卡克）；84-捷列库杜克；85-布吉纳伊-卡尼缅赫矿田（北布吉纳伊、南布吉纳伊、北卡尼缅赫、南卡尼缅赫、阿连德、托洪姆别特）；86-肯特缅奇矿田（肯特缅奇、图特雷、北马伊扎克）；87-萨贝尔赛矿田（萨贝尔赛、阿尔雷、沙尔克）；88-库拉明铀矿田（卡乌利、阿拉培尼加、卡塔萨伊、马伊利卡坦矿、列扎克、培波沙雷、安德拉斯曼、金伊塔-塔尔、切尔卡萨伊）；89-马伊里萨甲；90-马伊里苏；91-丘雅穆尤恩；92-萨鲁卡姆什；93-图拉卡瓦孜；94-阿特热伊廖；95-乌托克-尤克；96-卡夏纳乌斯纳耶；97-科尔托克；98-卡克-马伊诺克；99-吉利；100-杰提姆；101-萨雷贾；102-热尔加兰；103-拉贾康；104-恰那加；105-卡拉捷金；106-巴伊达拉；107-共青城；108-霍多尔日夫；109-纳曼库姆；110-萨伊库里

图 2-3-9　中亚地区铀矿床分布图（据赵凤民，2013）

塔夫铀成矿区；西部的滨里海铀成矿区；乌兹别克斯坦中部的中央卡兹库姆铀成矿区；东部的费尔干纳铀成矿区。在吉尔吉斯斯坦、土库曼斯坦和塔吉克斯坦三国内，有零星分布的铀矿床和成矿远景区，但尚未构成铀成矿区的规模。各个铀成矿区有自己主导的铀矿床类型和独特的成矿大地构造剖面结构，反映出各自的成矿学特征。应当指出的是，楚–萨雷苏铀成矿区、锡尔达林铀成矿区和中央卡兹库姆铀成矿区，在空间上相互毗邻，主导的矿床类型均为可地浸的层间氧化带砂岩型矿床，成矿大地构造剖面结构相似，故也将此并为东土兰巨型铀矿省（Рыбалов и Омельяненко，1989；Разыков и др.，2002）。

（一）铀矿床分布广而集中

铀矿床分布广表现在中亚地区几乎到处都产有铀矿床或见有铀矿化，在造山带内的古老中间地块与褶皱–断裂区、年轻稳定区的海相盆地与陆相盆地中都形成大型铀矿床。铀矿床分布集中表现在铀矿床和铀资源量分布十分集中，分别聚集于楚–萨雷苏、锡尔达林、中央卡兹库姆与科克切塔夫（位于北哈萨克斯坦铀矿省）四个地区内，每个地区内探明的铀资源量都在 $2×10^5 t$ 以上，其中楚–萨雷苏地区的可地浸砂岩型铀资源量估计在 $1×10^6 t$ 以上（Вольфсон，1993；Солодов и др.，1994）。

（二）大型、超大型矿床多

该地区铀成矿作用十分强烈，形成了一批万吨级以上的大型与超大型铀矿床，初步统计铀资源量大于或接近 $2×10^4 t$ 的矿床达 31 个（Тарханов и Шаталов，2002；赵凤民，2013），其中 $5×10^4 t$ 以上的矿床有门库杜克、英凯、布琼诺夫、卡拉穆伦、莫英库姆、哈拉桑、乌奇库杜克、科萨钦矿床，最大的英凯与布琼诺夫矿床铀资源量分别达 $3.8×10^5 t$ 和 $4×10^5 t$（Лавров и др.，1965，1998；Максимова и Шмариович，1993）。

（三）铀矿成因类型多

在中亚地区发育的铀矿成因类型有伟晶岩型、热液脉型、钠交代型、花岗岩型、火山岩型、外生渗入型（包括层间氧化带型、潜水氧化带型、古河谷型、裂隙渗入型等）、沉积–成岩泥岩型、黑色页岩型、含铀泥炭型、盐湖卤水型矿床和重砂矿型矿化（Каримов и др.，1996；Власов и Воловикова，1997）。

（四）赋矿岩层时代跨度大

中亚地区铀矿床的赋矿岩层时代跨度十分大，从第四系到新元古界内都有铀矿床产出，但由于类型不同，外生渗入砂岩型与泥岩型都产于中–新生界内，而热液型则主要产于古生界与新元古界内。

（五）铀矿化的分布与构造演化关系密切

中亚地区的构造演化经历了三个基本阶段：基底形成阶段、加里东–海西期造山阶段和中、新生代陆块–新构造运动阶段，不同演化阶段形成的矿床类型有明显差异。该地区主要铀成矿期基本可划分为前加里东期、加里东–海西期、燕山期与喜马拉雅期。成矿演化的序列是岩浆岩型→沉积–成岩型→岩浆岩型+热液型→潜水氧化带型→层间氧化带型+

沉积成岩型+表生钙结岩型+盐湖水型；成矿规模越来越大，成矿类型也有增加的趋势（表2-3-1）。

表 2-3-1　中亚地区铀成矿期与成矿演化序列

成矿期	前加里东期	加里东-海西期		燕山期	喜马拉雅期
		加里东早期	加里东晚期-海西期		
地质环境	古陆块岩浆作用与花岗岩化	陆块裂解期的被动边缘	造山带内古陆块及周边构造-岩浆活化区	相对稳定的陆块发展期，局部发育弱的构造-岩浆活动	强烈造山活动区的中、新生代山间盆地与其相邻的巨型陆块型海相盆地边缘
赋矿围岩	元古宇变质岩	黑色页岩	花岗岩、火山岩、火山-变质岩、灰岩	砂岩、褐煤	砂岩、褐煤、泥岩、钙结岩
主成矿作用	岩浆	沉积-成岩	岩浆、热液	外生渗入	外生渗入、沉积-成岩、表生蒸发
成矿类型	岩浆岩型	沉积-成岩型	岩浆岩型、热液型	潜水氧化带型	层间氧化带型+沉积成岩型+表生钙结岩型+盐湖水型
成矿年龄	1400～1250Ma、850～540Ma	寒武纪—奥陶纪	410～360Ma、270～260Ma	140～135Ma	25～20Ma、<20Ma
矿化强度	极弱	广泛、较强	广泛、极强烈	局部、较弱	广泛、特别强烈
典型矿床/矿点	杜勃洛夫矿床内古矿化	杰巴雷	科萨钦、格拉乔夫、马内巴伊、扎奥泽尔	谢米兹巴伊	英凯、乌奇库杜克、麦罗沃耶、下伊犁

（六）多种铀矿化类型与多种矿产共存

这表现在两个方面：第一是不同铀矿化类型共存，即在一个成矿区内有多种成因类型与不同矿石建造共存，如科克切塔夫成矿区岩浆型、热液型（火山岩型、花岗岩型）、潜水氧化带型（古河道型）等共存；第二是不同金属矿产共存，如科克切塔夫为钨、铜、金成矿区，而中央卡兹库姆成矿区的隆起区为金成矿区，其中穆龙套金矿为亚洲最大的金矿。

第三章 砂岩型铀矿成矿条件剖析及成矿模式

新疆与中亚地区砂岩型铀矿以层间氧化带型和与油气有关的复合成因型为主（朱夏，1986；马克西莫娃和什玛廖维奇，1993；秦明宽，1997；王金平，1998；王金平等，2003，2005；夏希凡等，2006）。因此，对于砂岩型铀矿成矿规律的对比分析也是基于这两类铀矿床开展的，包括伊犁盆地蒙其古尔矿床、吐哈盆地十红滩矿床、塔里木盆地萨瓦甫齐矿床，以及中亚楚–萨雷苏成矿区的英凯矿床、锡尔达林成矿区的卡拉穆伦矿床、中央卡兹库姆成矿区的乌奇库杜克矿床和萨贝尔萨依矿床。

第一节 伊犁盆地蒙其古尔矿床

一、成矿条件

（一）矿区构造条件

蒙其古尔矿床地处伊犁盆地南缘斜坡带中西段构造稳定区与东段构造活动区的过渡部位，该区整体上呈西南方向翘起、向北东方向敞开的向斜构造，向斜轴部位于扎吉斯坦河河谷部位，倾向为45°~48°，倾角为6°~8°。该区构造特征、层间氧化带以及铀矿体的空间展布形态主要受新构造运动影响。本区主要发育 F_1、F_2、F_3 三条断层，受 F_3 断层阻水断裂控制，断层北西盘与断层南东盘在补–径–排水动力系统、层间氧化带前锋线和铀矿体空间展布形态、矿体厚度及矿体品位等方面具有明显的差异性，F_1 断层与 F_3 断层组合使得蒙其古尔矿床完全独立于扎吉斯坦矿床而自成一体，形成完善、独立的成矿体系（图3-1-1）。

矿区范围内，中生代地层呈向北东倾的单斜产出，产状相对平缓，倾角为3°~9°，平均为6°。受盆缘新生代挤压逆冲作用影响，矿区东南边缘中生代地层直立甚至倒转，局部古生代地层逆冲于中生代地层之上。

（二）岩性条件

蒙其古尔矿床现有查明的铀矿化带和铀矿体分别赋存在三工河组下段（J_1s^1）、三工河组上段（J_1s^2）、西山窑组下段（J_2x^1）和西山窑组上段（J_2x^2）4层砂体中，整体分布在第五煤层（M5）~第八煤层（M8）之间（图3-1-2）。

这些砂体厚度适中（3~39m），平均厚度为7.8~20.6m；砂体连通性较好，延伸稳定；砂体顶底板多发育较为稳定的不透水的泥岩隔水层；岩性多为粗砂岩、含砾粗砂岩，局部为中砂岩；胶结疏松，局部发育钙质胶结，较致密；多发育正韵律，可归属于辫状河、辫状河三角洲平原亚相至曲流河三角洲相沉积，反映沉积物不断向湖泊推进的沉积环境；其微相识别和划分有待今后的深化研究。砂体埋深于140~660m，西南部埋深较浅，向东北方向目标层砂体埋深逐渐增大。

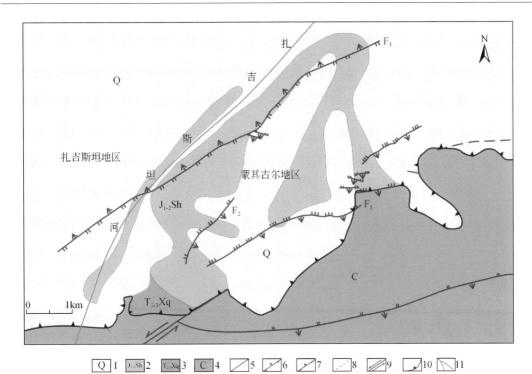

1-第四系松散堆积物；2-中–下侏罗统水西沟群灰色砂砾岩、含砾粗砂岩夹泥岩及煤层；3-中–上三叠统小泉沟群灰色、杂色砂砾岩及泥岩；4-石炭系中酸性火山岩、火山凝灰岩；5-区域断裂；6-逆断层；7-逆冲断层；8-推测断层；9-走滑断层；10-盆地边界；11-河流

图 3-1-1　蒙其古尔地区地质简图（据修晓茜等，2015，修改）

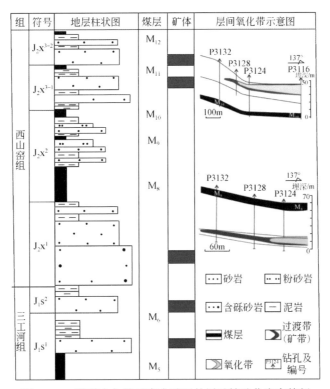

图 3-1-2　蒙其古尔铀矿床含矿目的层及铀矿化发育特征

（三） 矿区水文条件

蒙其古尔矿区主要发育F_1断层、F_2断层和F_3断层，这3条断层控制并造就了蒙其古尔地段独特而复杂的补-径-排水动力系统。总体上自南西至北东方向的水动力系统与盆缘F_1断层带局部构造破碎带处形成的近南北向或是北西向水动力系统的叠加作用控制着本区层间氧化带前锋线及铀矿化的空间展布形态；此外，F_1断层与F_3断层形成的对冲还造成含矿目的层中-下侏罗统水西沟群相对其他层位而言具有较高的层间承压性（图3-1-3）。

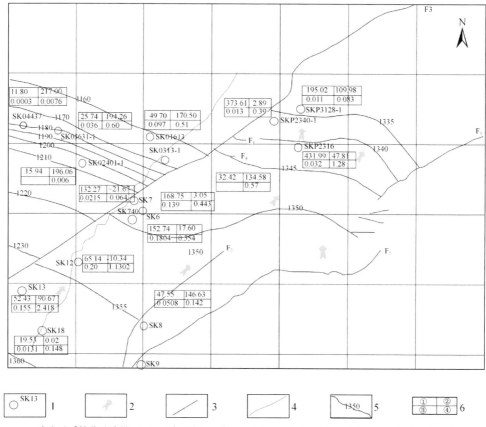

1-水文地质钻孔及编号；2-地下水流向；3-断层；4-河流；5-地下水等水位线；6-水文地质参数：
①-承压水头高度（m）；②-水位埋深（m）；③-单位涌水量［L/（s·m）］；④-渗透系数（m/d）

图3-1-3　蒙其古尔地区构造及含矿含水层水文地质参数图

根据核工业二一六大队水文研究资料，蒙其古尔矿区中下侏罗统含矿目的层地下水水位埋深为-50.28～110.40m，水力坡度为0.02%～0.20%，地下水流速为0.01～0.11m/d，导水系数为0.47～42.78m²/d，在P23线附近其层间承压水头高最高可达431.99m，局部地段下部三工河组下段水头压力大于上部三工河组上段。

从盆地南缘补给区到盆地内部，沿层间氧化带推进方向，地下水水质类型逐渐转变为SO_4·HCO_3、SO_4·HCO_3·Cl和SO_4·Cl型水带；矿化度逐渐增高、溶解氧降低、Eh急剧下降、还原性气体（主要是酸解烃）含量增高、地下水由弱碱性水逐渐转变为弱酸性和中性水。

另外，根据核工业二一六大队统计资料，目的层三工河组下段含水层的底板隔水层泥岩较厚大，一般为5.0~10.0m，平均为9.0m，延展非常稳定。而三工河组上段含水层顶板隔水层最薄处为0m（表3-1-1），平均为8.3m。在蒙其古尔矿区西南部P32线和P16线之间以及矿区东北部P15线和P39线之间存在大面积的隔水层减薄区，局部隔水层甚至缺失，上下含水层连为一体而形成层间水动力窗口（图3-1-4）。在下部含水层水头压力大于上部含水层水头压力的情况下，下部含水层层间水向上越流，与上部含水层之间形成水动力联系，并在三工河组上段含水层中形成小而富的铀矿体（图3-1-5）。这一矿体是在叠加原有砂体中沉积预富集以及早期成矿作用的基础上形成的铀矿化。

表 3-1-1 蒙其古尔矿区三工河组各段砂体顶、底板隔水层厚度统计简表（单位：m）

层位	最大值	最小值	一般	平均值
J_1s^1底板隔水	20.9	2.4	5.0~10.0	9.0
J_1s^1顶板隔水	17.4	0.0	3.0~12.0	8.3
J_1s^2顶板隔水	23.0	0.8	5.0~15.0	10.0

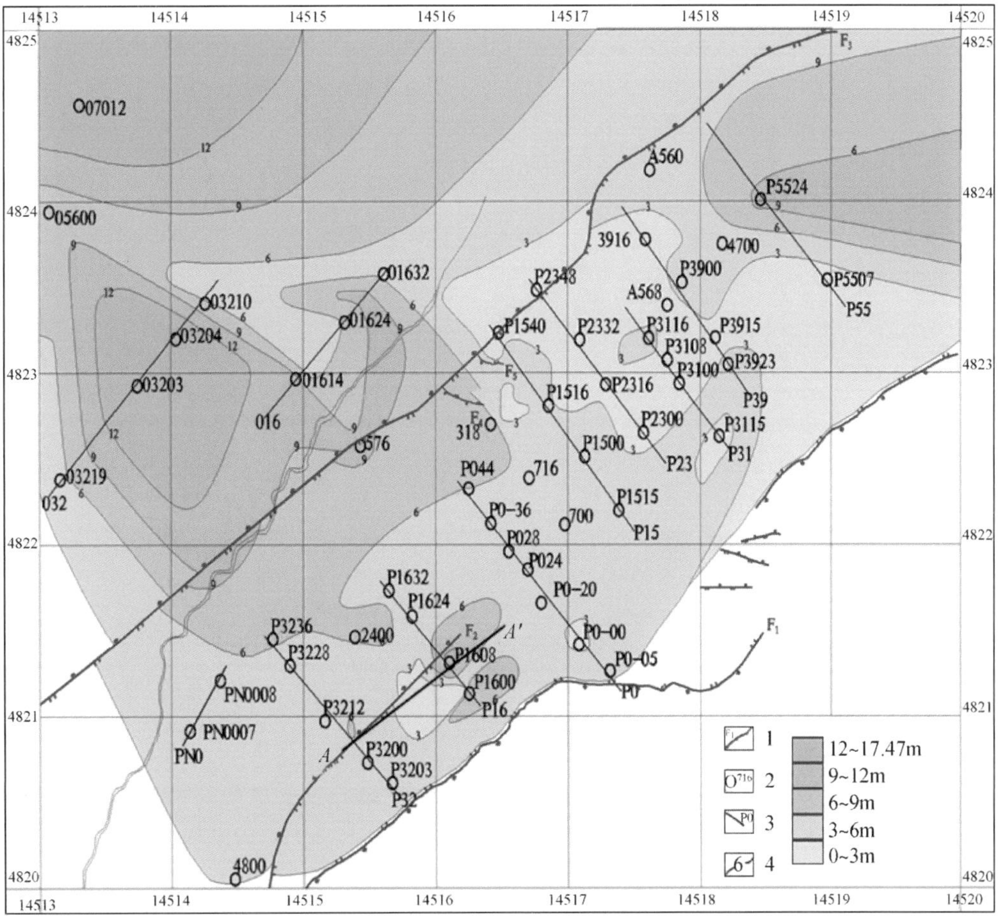

1-断层；2-钻孔及编号；3-勘探线及编号；4-厚度等值线及厚度值（m）

图 3-1-4 蒙其古尔矿区 J_1s^1 含水层顶板泥岩隔水层厚度等值线图

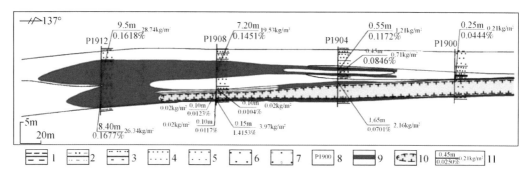

1-泥岩；2-泥质粉砂岩；3-粉砂岩；4-细砂岩；5-中砂岩；6-粗砂岩；7-含砾粗砂岩；8-钻孔；9-铀矿体；
10-氧化带前锋线；11-矿体厚度、品位及平方米铀含量

图 3-1-5　蒙其古尔矿床 P19 线钻孔剖面图

目前，这种越流叠加富集成矿的现象仅限于蒙其古尔矿床 P15～P39 线之间的三工河组上段，而其他部位尚未发现。此外，这种高承压性的水动力系统在某种程度上对于含矿层中的水–岩作用也起到积极作用，使得成矿流体在含矿层中与岩石矿物的物理化学反应作用更加深入、彻底，有利于铀的充分沉淀与富集成矿。

本区地下水主要接受扎吉斯坦河上游与 F_1 断层错断部位蒙其古尔沟的补给，径流区受控于 F_1 和 F_3 两条阻水断层之间所夹持的单斜构造，矿区地下水由南西向北东方向径流（图 3-1-6）。

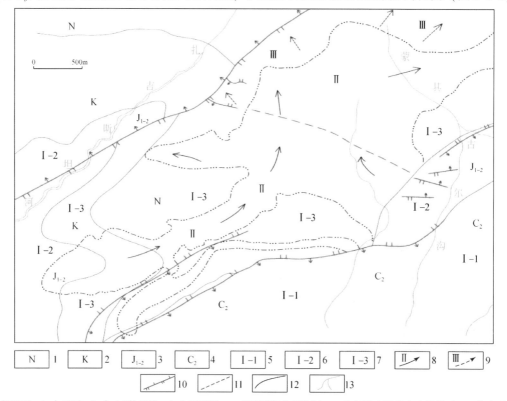

1-新近系；2-白垩系；3-中–下侏罗统；4-上石炭统；5-基岩裂隙水补给区；6-大气降水及地表水补给区；7-构造裂隙
水补给区；8-径流区及水流方向；9-排泄区及地下水汇集方向；10-逆断层；11-推测断层；12-地层界线；13-河流

图 3-1-6　蒙其古尔铀矿床地下水补–径–排水动力系统示意图

　　蒙其古尔矿床水文地质条件控制了层间氧化带前锋线及铀矿体空间展布形态，而层间氧化带的发育程度与地下水氧化能力、含水层厚度、含水层渗透性等有关，故可利用氧化砂体厚度及变化情况来指示地下水的补给及径流方向，并大致推断地下水径流的特点。不同层位因含水层补给条件的不同，产生了径流条件的差异。

　　蒙其古尔矿床含矿含水层氧化砂体等厚度统计结果显示，三工河组下段层间氧化砂体厚度在平面上存在两个明显的增厚区：扎吉斯坦河上游增厚区，主要位于 F_2 断层外围，向北东向变薄；F_1 断层中部构造破碎窗氧化带增厚区，向北西及北东两个方向逐渐变薄，平面上表现为一向北凸的"几"字形（图 3-1-7）。

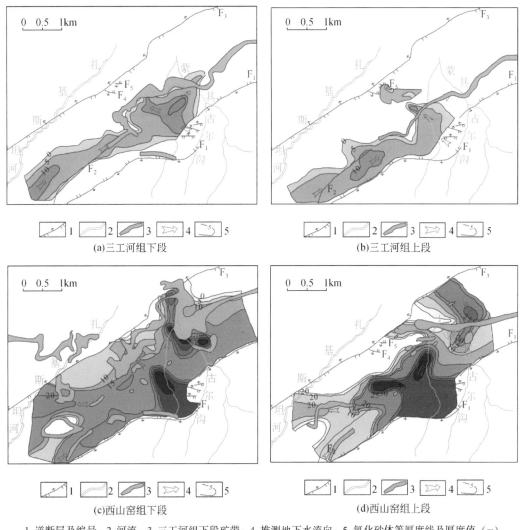

1-逆断层及编号；2-河流；3-三工河组下段矿带；4-推测地下水流向；5-氧化砂体等厚度线及厚度值（m）

图 3-1-7 蒙其古尔矿床不同含矿目的层氧化砂体厚度图

　　三工河组上段层间氧化砂体厚度分布特征基本与三工河组下段氧化砂体厚度分布相似，增厚区主要分布在 F_1 断层与 F_2 断层夹持地段，收敛于北北东方向（图 3-1-6）。西山窑组上段与下段层间氧化砂体厚度分布情况相近，增厚区主要位于 F_1 断层中部构造破碎窗附近，在扎吉斯坦河下游与蒙其古尔沟下游亦有两片小范围的增厚区；在该区西南部形成了一个"环状"的灰色残留体（图3-1-7），推测可能与该部位砂体的胶结程度、孔渗条件或者是有机质含量有关。

在 F_1 断层和 F_3 断层所夹持的径流范围内，地下水在近断层（F_1、F_2 和 F_3）部位流速相对较小，这些部位地下水径流受阻，水–岩作用时间较长，形成了层间氧化–还原过渡带和铀矿体，而中部流速相对较快，氧化砂体分布较厚。受上述层间水径流影响，氧化–还原过渡带、氧化带前锋线以及铀矿（化）带沿地下水径流方向呈条带状展布，在矿区西南部（P32～P0线）存在分叉，尤以三工河组下段表现最为明显。

蒙其古尔矿区三工河组地下水主要来源为矿区西南部扎基斯坦河上游的入渗水，其次来自于矿床东南部 F_1 断层错断部位的补给。而西山窑组层间地下水主要来源为矿床西南部 F_1 断层错断部位，其次为扎吉斯坦河上游补给区。此外，从氧化砂体的分布情况可初步推断蒙其古尔沟对中–上侏罗统含矿含水层具有一定的补给作用，可能是一个不可忽视的重要补给源。

地下水在 F_1 断层和 F_3 断层所夹持的径流范围，近断层（F_1、F_2 和 F_3）部位流速相对较小，这些部位地下水径流受阻，水岩作用时间较长，形成了层间氧化–还原过渡带和铀矿体，而中部流速较大，氧化砂体分布较厚。受上述层间水径流特点影响，氧化–还原过渡带和铀矿（化）带沿地下水径流方向呈双条带状展布，这一铀矿（化）带呈双翼的现象在矿区西南部（P32～P0线）得以保留，尤以三工河组下段表现最为明显。

总体来说，在上述水文地质环境和自流水径流局部环境联合作用下，构成了矿床含矿含水层的自流水径流总体由南西向北东、局部由南东朝北西方向径流格局。

在后期新构造运动过程中，本区以断块差异升降运动为主，断块活动主要发生在新近系超覆基底流纹岩之后的新近系—更新统，标志是沿与基底断裂平行的次级近东西向断裂、自南而北阶梯状冲洪积扇前移和由南部基底向北部盆地中心方向逐渐降低的阶地的形成。在这些构造地貌形成演化过程中，新近系被卷入了其中，然而大部地段新近系又未遭受到强烈构造变形，基本保持沉积期的近水平状态，说明该区的构造变动强度较小。受其影响，断块构造形成的自流斜地，多以正地形和交替缓慢自流水盆地及斜地形式构成排泄区。

由于矿床范围内，自流水上方覆盖层水文地质条件复杂，侵蚀网下切深度达不到自流水含水层；只有依靠下切深度达到自流水含水层的断裂构造，如阶地和冲洪扇的边界断裂、下切河谷的深断裂、次级隆起或断陷的边界断裂，以上升泉的方式（压差大引起）向上方岩石层中排入自流水或潜水当中。如扎吉斯坦河与 F_3 断层交界处，西山窑组氧化砂体厚度增大，但根据水文地质资料，西山窑组出露点地形标高较附近西山窑组水文孔水位低，推断其主要为北东向径流排泄区；而位于蒙其古尔沟下游河床内西山窑组水文参数孔其水位低于两侧水文孔水位，亦为有利的排泄区。

总体来说，蒙其古尔铀矿床阻水逆冲断裂组合、岩性地层出露情况以及伴生的充水和含水断层共同决定了矿床内的地下水补–径–排体系，控制了层间氧化带和铀矿体的空间产出范围和规模，并在铀的后期富集成矿过程中起着重要的作用。

二、铀矿化特征

（一）矿体分布

蒙其古尔铀矿床含矿目的层中–下侏罗统水西沟群共揭露 4 个层位、6 个层段的层间氧化带及铀矿化带。层间氧化带前锋线及铀矿化带主要产在扎吉斯坦向斜南东翼的中部斜坡带，主要受控于 F_1 断层与 F_3 断层，整体呈北东向 S 形蛇曲状展布，且在垂向上不同层位氧化带前锋线，即铀矿体相互叠置。现已控制的铀矿化带长近 6km，宽约 2km。工业矿化层位多、规模大的矿段分布在矿床东南半部（图 3-1-8）。

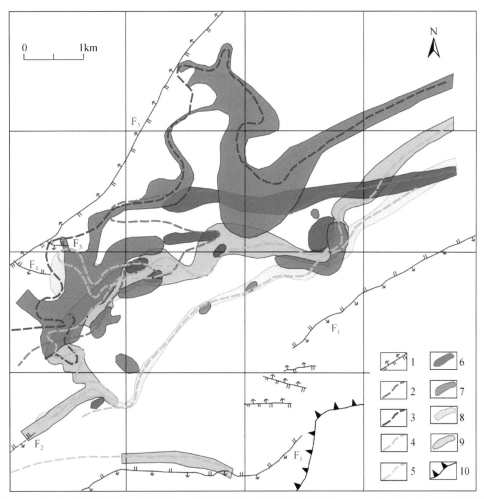

1-断层；2-西山窑组上段层间氧化带前锋线；3-西山窑组下段层间氧化带前锋线；4-三工河组上段层间氧化带前锋线；
5-三工河组下段层间氧化带前锋线；6-西山窑组上段铀矿体；7-西山窑组下段铀矿体；
8-三工河组上段铀矿体；9-三工河组下段铀矿体；10-盆地边界

图 3-1-8　蒙其古尔矿床矿体空间展布特征

在剖面上，本区工业铀矿化主要分布在中–下侏罗统水西沟群第五煤层与第八煤层之间的三工河组上段和下段以及西山窑组上段和下段砂体层间氧化带前锋线的附近（图3-1-9）。

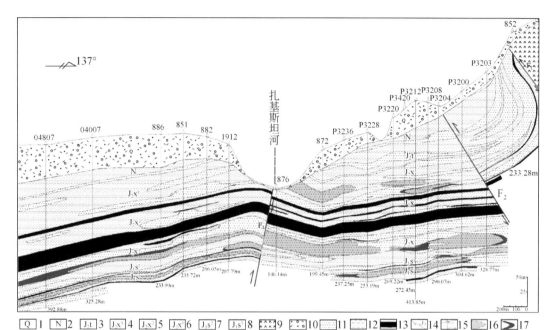

1-第四系；2-新近系；3-头屯河组；4-西山窑组上段；5-西山窑组中段；6-西山窑组下段；7-三工河组上段；
8-三工河组下段；9-安山岩；10-第四纪松散沉积、洪积物；11-砂体；12-隔水层；13-煤层及编号；
14-断层及编号；15-钻孔；16-层间氧化带；17-矿体

图3-1-9　蒙其古尔–扎吉斯坦矿床纵剖面图（据张占峰等，2010）

三工河组下段铀矿体在平面上呈北东向条带状展布，主要由卷状矿体的卷头段组成，铀矿体延伸稳定，沿倾向长大于1600m，走向宽为90～400m，总体走向北东，倾角为5°～8°，表现为中部平缓，东部和西部略陡，埋深为425～522m，由西南向北东方向其埋藏深度逐渐加大；矿体在控盆断裂F_1断层错断部位呈现向北西方向凸出的形态，表明该层为层间氧化带前锋线以及铀矿体受F_1断层错断部位水动力系统影响明显，在层间氧化带前锋线转折部位以及双向水动力系统作用的部位其铀矿体相对较宽，且矿体品位及平方米铀含量较高。

三工河组上段铀矿体，平面上有两条铀矿体，东南部矿体呈近北东东向带状延伸，矿体品位相对较低；而北西侧因三工河组西段含铀含氧水向上越流而形成近东西向的"纺锤状"或"豆瓣状"展布的铀矿体，由卷状矿体的翼部和卷状矿体的卷头组成，工业铀矿体的外侧一般不发育铀矿化带，该矿体具有面积小、矿化集中连续、品位高、总体资源量大的特点。根据核工业二一六大队钻探勘查资料，该层位铀矿体长约77m，宽为240～505m，总体倾向为北东向，倾角为5°～6°，产状平缓，矿体埋深为385～475m，由南西向北东方向矿体埋藏深度逐渐加大。

西山窑组下段铀矿体，矿体受控于层间氧化带，主要集中分布在北部和中部，矿体形态呈板状、似层状和卷状（图3-1-10），沿走向已控制的宽度达1200m以上。该层铀矿体整体连续，形态复杂，明显受盆缘 F_1 断层错断部位的水动力系统影响，层间氧化带及矿体展布呈明显的北凸形态，P39～P51 线之间的转折部位铀矿体最为宽大。少量工业铀矿化散布于工业铀矿带南侧，呈残留状部分，应是盆缘 F_1 断层错断部位水动力系统后期改造而形成的翼部残留矿体。

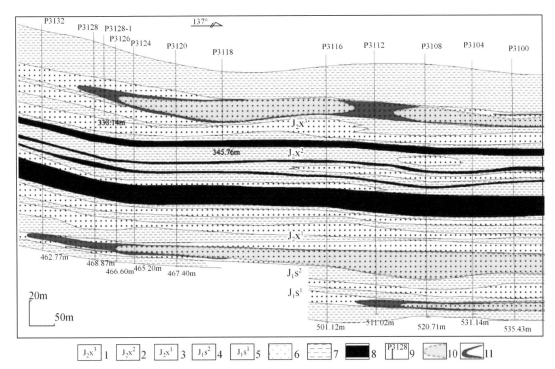

1-西山窑组上段；2-西山窑组中段；3-西山窑组下段；4-三工河组上段；5-三工河组下段；6-砂岩；7-泥岩；
8-煤层；9-钻孔；10-氧化带前锋线；11-卷状铀矿体

图 3-1-10　蒙其古尔矿床 P31 线钻孔剖面图

西山窑组上段铀矿体，分布相对零散，规模较小，以似层状矿体为主，工业铀矿体分布在层间氧化带的顶、底板及氧化带尖灭线附近，矿体相对其他层位而言其品位相对较低。工业铀矿体沿倾向长 200m 以下，宽 70～80m，倾角为 4°～8°，由南西向北东方向其矿体埋藏深度逐渐加大。西山窑组上段层间氧化带前锋线及铀矿体受盆缘 F_1 断层错断部位的水动力系统影响显著，P21～P39 线层间氧化带及矿体展布呈明显的北西向凸出形态。

综上所述，蒙其古尔矿区不同含矿层位中的铀矿体发育具有明显的不均一性，其中以三工河组下段铀矿体发育最为稳定，三工河组上段铀矿体最为连续和集中，西山窑组下段工业铀矿化展布面积最大，西山窑组上段的铀矿化规模小且分散，这与不同含矿层位当中砂体的连通性以及后续的水动力条件有关。

（二）富矿体分布

蒙其古尔铀矿床不同含矿目的层中铀矿化的富集程度具有明显的差异性。西山窑组上段（Ⅶ旋回）铀矿化富集程度整体较低，富矿相对集中在 6～10kg/m²，而其他三个层位

均发育铀含量为 $10\sim20kg/m^2$ 的富大铀矿体，其中三工河组下段（V_1）铀含量大于 $20kg/m^2$ 的矿体最为发育（图 3-1-11）。

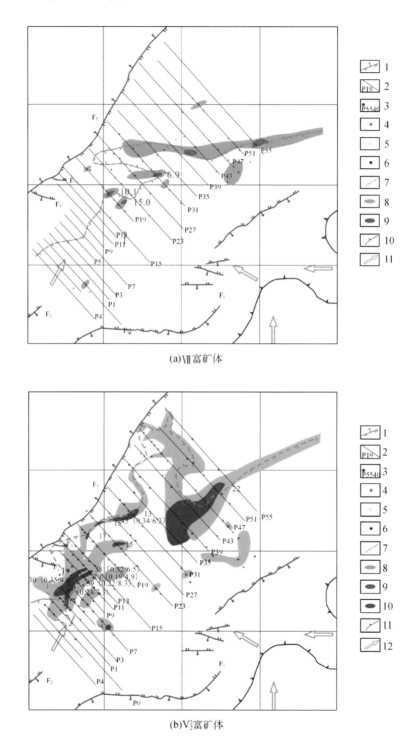

(a)Ⅶ富矿体

(b)V_2^1富矿体

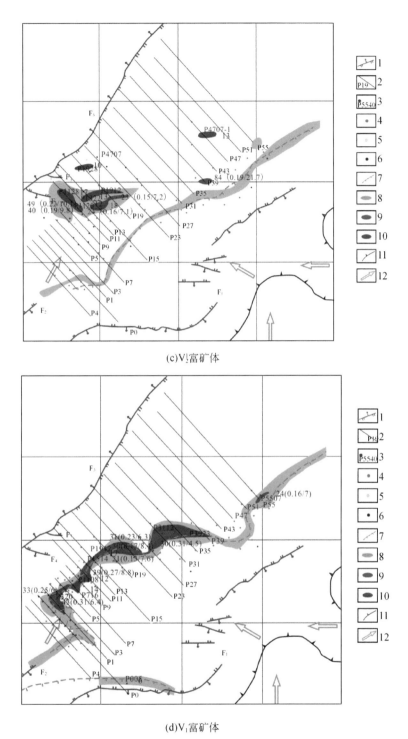

(c)V$_2^1$富矿体

(d)V$_1$富矿体

1-断裂；2-勘探线及其编号；3-工业孔及编号；4-矿化孔；5-异常孔；6-无矿孔；7-氧化带前锋线；8-工业矿体。Ⅶ图例：9-平方米铀含量≥6kg/m^{2}的矿体，10-盆地边界，11-水流方向。V$_2^2$、V$_2^1$、V$_1$图例：9-平方米铀含量≥10kg/m^{2}的矿体；10-平方米铀含量≥20kg/m^{2}的矿体；11-盆地边界；12-水流方向

图3-1-11　蒙其古尔铀矿床各旋回富矿体空间分布简图

　　蒙其古尔矿床各含矿层中富大矿体的空间分布大体集中分布在层间氧化带的转折端，或者是北东向水动力系统与F_1错层部位形成的近南北向或北西向水动力系统的叠加混合部位。转折端是岩性、地球化学环境或是水动力条件发生变化部位，有利于铀的沉淀富集；而双向水动力交汇混合部位则是物质充分交换作用区域，对于铀成矿富集的作用明显，直接控制着蒙其古尔矿区层间氧化带前锋线及其铀矿体的空间展布形态。

　　从整个伊犁盆地南缘砂岩型铀矿化发育情况来看，晚侏罗世末期—古近纪期间，受区域性挤压构造应力场控制，伊犁盆地南缘整体处于构造挤压抬升状态。另外，早-中侏罗世温热潮湿古气候到晚侏罗世—古近纪半干旱-干旱古气候的转变也为铀成矿作用提供了有利条件。在铀源、地层、构造、古气候、地下水动力等诸多成矿条件满足的情况下，标志着伊犁盆地南缘中-下侏罗统大规模铀成矿作用的开始。新生代以来，新构造运动活动的不断加强，蒙其古尔矿区南部蚀源区不断抬升，使得来自蚀源区的地下水动力也随之加强，造成含矿目的层中早期形成的铀矿体不断向前（北西向、北东向）迁移、叠加，铀矿体在矿卷内侧不断叠加富集，最终在特定的地球化学环境下形成富大铀矿体。

（三）蚀变特征

1. 蚀变分带特征

　　根据现有研究资料，伊犁盆地南缘层间氧化带砂岩型铀矿具有明显的地球化学分带，其中氧化还原过渡带部位的近矿蚀变与铀矿化关系密切（表3-1-2）。

表3-1-2　蒙其古尔铀矿床层间氧化带各地球化学分带特征

分带指标	氧化带			过渡带	还原带
	强氧化亚带	中等强度氧化亚带	弱氧化亚带		
岩石颜色	红色、浅红色、黄褐色	黄色、浅黄色	黄白色、灰白色、黄灰色、斑点状黄色	灰色、灰黑色、灰白色	灰色、灰绿色
铁矿物特征	赤铁矿、褐铁矿	褐铁矿、部分赤铁矿、黄铁矿残留	褐铁矿、少量黄铁矿、偶见磁铁矿和针铁矿	黄铁矿、偶见褐铁矿	黄铁矿、磁铁矿、少量菱铁矿
蚀变类型	赤铁矿化、褐铁矿化、高岭石化、碳酸盐化			黄铁矿化、高岭石化、铀矿化、硅化	高岭石化、绿泥石化
U/10^{-6}	4.059	6.504	10.607	1476.527	9.596
有机碳含量/%	0.059	0.077	0.110	0.590	0.200
Fe^{3+}/Fe^{2+}	1.09（>0.9）	0.78（0.6~0.87）	0.56（0.3~0.75）	0.47（>0.28）	0.39（0.2~0.4）

　　根据岩石颜色、铁矿物特征及其他化学指标综合分析，可将伊犁盆地南缘层间氧化带划分为氧化带、过渡带、还原带，其中氧化带还细分为三个亚带——强氧化亚带、中等强度氧化亚带、弱氧化亚带，各氧化亚带之间呈渐变过渡关系。

　　强氧化亚带：主要分布于层间氧化带后靠近地下水入口一侧。砂岩强烈氧化，多呈现红色、浅红色、黄褐色。低价铁矿物被完全氧化为褐铁矿，并且大部分褐铁矿脱水转化为赤铁矿，岩石中普遍发育浸染状及斑点状赤铁矿化，局部存在赤铁矿胶结砂岩颗粒的现象，Fe^{3+}/Fe^{2+}平均为1.09，普遍大于0.9。黏土化蚀变强烈，其中高岭石含量约为63.5%，伊利石为10.5%，伊蒙混层为26%。石英颗粒多具溶蚀现象，有机碳含量仅为0.059%。宏观上，炭屑等有机物质完全被氧化分解，但在显微镜下观察可发现局部有残留。

中等强度氧化亚带：岩石氧化程度稍弱，多呈黄色、浅黄色。以褐铁矿化为主，部分褐铁矿转化为赤铁矿，偶见细分散浸染状黄铁矿残留，褐铁矿具黄铁矿假象，Fe^{3+}/Fe^{2+}平均值为0.78，其变化范围为$0.6 \sim 0.87$。有较强烈的黏土蚀变，大部分为高岭石化，黏土矿物中高岭石平均含量占73.5%，伊利石平均含量为6.5%，伊蒙混层平均含量为20%。煤线及炭屑等有机物质大部分被氧化分解，有机碳含量较强氧化带略有增加，为0.077%。镜下石英颗粒表现为明显的溶蚀现象。

弱氧化亚带：岩石氧化程度较弱，以黄白色、灰白色、黄灰色、斑点状黄色为主。黄白色氧化一般为中等强度氧化亚带的延续，再向前则为黄灰色、斑点状黄色，距氧化带前锋线越近，氧化强度越低。此带内一般可见未被完全氧化的黄铁矿，并与褐铁矿共存，偶见磁铁矿和针铁矿，Fe^{3+}/Fe^{2+}变化较大，变化范围为$0.3 \sim 0.75$，平均为0.56。长石黏土化较强，以强烈的高岭石化为主要特征，黏土矿物中高岭石含量最高可达85%，其平均含量占黏土矿物总量的77.27%。炭屑等有机物质被氧化程度较低，只在其外围有一定程度氧化。还可见少量黄铁矿化和碳酸盐化。

过渡带：铀矿物的主要富集带，岩石呈灰色、灰黑色、灰白色，富含炭屑等有机物，有机碳含量较高，平均为0.590%，最高可达1.930%，多见有机质条带及碎屑状有机质。铁矿物以黄铁矿为主，偶见褐铁矿，形态多样，以自形、半自形、他形结晶体为主，呈结核状、草莓状、星点状及胶状分布。黏土化蚀变较强烈，高岭石平均含量占黏土矿物的72%，扫描电镜下石英有次生加大现象。该带总体上分布于氧化带前锋线处，其中有机质及黄铁矿的含量大量增加，这是还原作用造成的，由于处于氧化带前锋线处，铀含量一般都增高，部分铀矿体也分布于其中。在铀矿体发育的部位，除铀富集外，也是有机质聚集部位。铀矿体前方一般都存在一定规模的铀异常带。

还原带（原生带）：岩石颜色以灰色、灰绿色为主。砂岩基本未受后生改造和蚀变，大体上可代表成岩时的原生环境。有机质较为丰富，铁矿物有黄铁矿、磁铁矿及少量菱铁矿，Fe^{3+}/Fe^{2+}普遍较低，变化范围为$0.2 \sim 0.4$，平均为0.39，黄铁矿多呈自生草莓状，长石黏土化较为普遍，见高岭石化及少量绿泥石化，应主要为成岩期的蚀变产物。

2. 蚀变矿物组合特征

蒙其古尔矿床与砂岩型铀矿相关的蚀变类型大体可划分为黏土化蚀变、碳酸盐化蚀变、硅化蚀变及金属矿化蚀变四类，其中以黏土化蚀变为主。

黏土化蚀变：伊犁盆地南缘砂岩型铀矿含矿目的层砂岩的黏土化蚀变主要包括高岭石化蚀变、伊利石化蚀变、蒙脱石化蚀变以及绿泥石化蚀变（图3-1-12），其中高岭石为本区最为常见的蚀变矿物，统计结果显示氧化-还原过渡带部位的高岭石含量普遍偏高。

根据含矿目的层砂岩中黏土矿物统计结果（以蒙其古尔矿床三工河组和西山窑组下段为例），蒙其古尔矿床含矿目的层砂体黏土化蚀变强烈，层间氧化带砂岩中黏土矿物总量变化较大（$7.2\% \sim 30.4\%$），其中强氧化亚带为$13.7\% \sim 19.7\%$，中等强度氧化亚带为$7.2\% \sim 14.3\%$，弱氧化亚带为$11.4\% \sim 24.7\%$，过渡带为$11.7\% \sim 13.7\%$，还原带为$10.3\% \sim 26.1\%$。黏土矿物以高岭石（K）为主，伊蒙混层（I/S）和伊利石（I）次之（表3-1-3）。

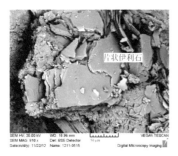

P3515-4，灰白色粗砂岩，粒间片
状伊利石

P115-5 灰色中砂岩，粒间蠕虫状
高岭石

P2922-6，黄色粗砂岩，粒表蜂窝
网状蒙皂石

P2926-10，灰白色粗砂岩，粒间
片状绿泥石

P1704-6，灰色中砂岩，粒间
片絮状伊蒙混层

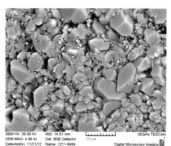

P2524-1 浅红色粗砂岩，自生
石英及微晶高岭石

图 3-1-12　伊犁盆地蒙其古尔矿床含矿目的层砂岩黏土蚀变特征

表 3-1-3　蒙其古尔铀矿床水西沟群部分砂岩样品黏土矿物一览表

地化分带		样品	位置/m	岩性	黏土矿物相对含量/%			绝对含量/%					
					K	I	I/S	石英	钾长石	斜长石	方解石	白云石	黏土
氧化带	强氧化亚带	P115-1	425.8	浅红色中砂岩	69	11	20	76	4.3	—	—	—	19.7
		P312-1-7	415.0	浅红色粗砂岩	58	10	32	80.6	4.5	—	—	1.2	13.7
	中等强度氧化亚带	P620-2	417.0	黄色细砾岩	80	7	13	89.2	3.6	—	—	—	7.2
		P1336-1	364.0	黄色含砾粗砂岩	67	6	27	78.3	7.4	—	—	—	14.3
	弱氧化亚带	P115-6	458.0	灰白色含砾粗砂岩	75	13	12	81.3	7.1	—	—	1.1	10.5
		P312-1-9	389.8	灰白色粗砂岩	83	5	12	70.5	9.9	—	—	3.1	16.5
		P1340-2	320.0	灰白色粗砂岩	83	6	11	63.9	9.7	—	—	1.7	24.7
		P4335-15	623.0	灰白色粗砂岩	76	6	18	83.8	6.1	—	0.9	1.2	10.1
		P4738-2	439.6	灰白色粗砂岩	82	7	11	72	10.8	—	—	2.2	15.0
		P5508-1-2	599.5	灰白色粗砂岩	78	7	15	74.5	7.0	—	1.3	2.1	15.1
		P5516-15	594.8	灰白色含砾粗砂岩	85	4	11	77.1	10.2	—	—	1.3	11.4
过渡带		P4335-2	456.5	灰色砂砾岩	64	14	22	58.6	11.3	10.2	5	2.1	12.8
		P4335-9	573.0	灰白色砂砾岩	73	10	17	79.9	7.3	—	—	1.1	11.7
		P5516-13	604.9	灰白色含砾粗砂岩	74	11	15	79.4	5.4	—	1.5	—	13.7
		P5516-14	594.4	灰白色含砾粗砂岩	79	6	15	77.6	8.8	—	—	1.7	11.9

续表

地化分带	样品	位置/m	岩性	黏土矿物相对含量/%			绝对含量/%					
				K	I	I/S	石英	钾长石	斜长石	方解石	白云石	黏土
还原带	P312-1-5	430.0	含炭屑灰色粗砂岩	77	6	17	74.4	2.0	—	6.4	6.9	10.3
	P620-4	453.9	灰色细砾岩	86	5	9	72.0	8.4	—	2.3	1.7	15.6
	P1336-3	367.0	灰色中砂岩	68	9	23	71.1	7.2	—	—	1.5	20.2
	P4736	463.0	灰色粗砂岩	80	7	13	73.9	—	—	—	—	26.1
	P5516-9	588.0	含炭屑灰色粗砂岩	87	6	7	65.9	10.5	—	—	1.5	22.1

注：该数据由核工业北京地质研究院分析测试研究中心完成，其中K-高岭石；I-伊利石；I/S-伊蒙混层，—为未检出。

　　蒙其古尔矿床各地球化学分带中黏土含量的对比结果显示，灰白色砂岩中高岭石的含量最高，其含量高达75.93%。不同地球化学分带砂岩中高岭石的含量由强氧化亚带到弱氧化亚带有明显增高的趋势，到过渡带和还原带其含量又略有降低，但总体变化幅度不大（图3-1-13），这在一定程度上反映了本区含矿目的层砂体中的高岭石蚀变作用具有一定的普遍性。

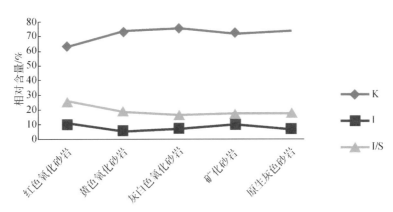

图3-1-13　蒙其古尔铀矿床不同地球化学分带砂岩中黏土矿物含量对比图

　　据此分析，在蒙其古尔矿区含矿目的层水西沟群成岩期后，砂体遭受了强烈的水-岩作用，在pH较低的酸性介质环境下，砂岩中的长石发生强烈水解作用而形成高岭石，从而造成目的层砂体漂白化这一现象。另外，考虑到目的层属于煤系地层，这种漂白化与煤系地层中流体多富含有机酸等物质而呈酸性有直接关系。

　　通常情况下，高岭石的形态与酸性水介质条件（有机酸和二氧化碳或与表生地下水淋滤作用）有直接关系。在盆地构造-沉降过程中，因构造环境稳定，故而在地层中形成的高岭石晶形整体较好，而多呈书页状或蠕虫状；而在表生作用下，因地表水的淋滤渗入导致水岩作用强烈，其形成的高岭石多呈分散状、颗粒状、碎片状分布在粒间孔隙或溶蚀孔隙当中，其晶形较小，结晶度也较差。扫描电镜结果显示，蒙其古尔矿床容矿砂岩中自生高岭石最为发育，高岭石占黏土总量的65%以上，且高岭石多以自生成因为主，少见原生成因，表明蒙其古尔矿床容矿砂岩水循环作用及水岩反应强烈，在酸性含铀含氧水的作用下，容矿砂岩中的长石多发生水解而形成高岭石，其中的铁以Fe^{2+}的形式迁出，使得容矿砂岩多发生褪色而变白。

$$4KAlSi_3O_8 + 4H^+ + 8H_2O \Longrightarrow Al_4[Si_4O_{10}](OH)_8 + 8H_4SiO_4 + 4K^+$$

$$CaNaAl_3Si_5O_{16} + 4H_2O + Al^{3+} + 2H^+ \Longrightarrow Al_4[Si_4O_{10}](OH)_8 + SiO_2 + Na^+ + Ca^{2+}$$

$$2AlO_2O_3 + 4SiO_2 + 4H_2O \Longrightarrow Al_4[SiO_4O_{10}](OH)_8$$

蒙其古尔矿床容矿砂岩中长石溶蚀作用比较显著［图 3-1-14（f）（k）］，高岭石多以

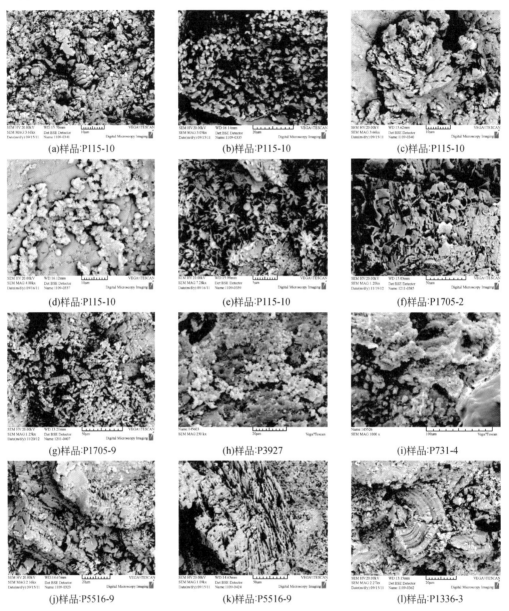

(a)样品:P115-10　　　　(b)样品:P115-10　　　　(c)样品:P115-10

(d)样品:P115-10　　　　(e)样品:P115-10　　　　(f)样品:P1705-2

(g)样品:P1705-9　　　　(h)样品:P3927　　　　(i)样品:P731-4

(j)样品:P5516-9　　　　(k)样品:P5516-9　　　　(l)样品:P1336-3

P115-10 为黄褐色、红色氧化砂岩：（a）大量粒间不规则片状高岭石无序充填，次生孔隙发育；（b）粒间自生石英晶体及片状高岭石；（c）粒间条状石膏及片状高岭石；（d）石英加大Ⅲ级，粒表针叶状和球状针铁矿、片状高岭石；（e）粒间束状、球状针铁矿和片状高岭石。P1705-2 为黄色含砾粗砂岩：（f）长石淋滤，长石溶孔中片状高岭石。P1705-9 为灰白色砂砾岩：（g）粒表、粒间层片状高岭石和微晶高岭石。P3927 为矿石：（h）长石表面片状高岭石及铀矿物（发白处）。P731-4 为灰白色砂砾岩：（i）粒间高岭石与沥青铀矿（发白处）及石膏。P5516-9 为灰白色粗砂岩：（j）层片状高岭石柱状集合体；（k）长石淋滤、粒间及溶孔中片状高岭石。P1336-3 为灰色砂岩：（l）粒间蠕虫状、片状、叠片状高岭石及石英自生晶体

图 3-1-14　蒙其古尔矿床黏土矿物显微特征

书页状、片状、叠片状和蠕虫状分布在粒间 [图3-1-14 (b) (c) (j) (l)]，部分沿岩石裂隙或颗粒孔隙间，呈分散颗粒状、不规则状分布 [图3-1-14 (a) (d) (e) (g)]，局部可见粒间高岭石与铀矿物共生 [图3-1-14 (h) (i)]。通过横向对比，蒙其古尔矿床含矿砂体的高含量高岭石化特征与准噶尔盆地西北缘克拉玛依地区油浸砂岩黏土矿物特征极为相似（表3-1-4）。克拉玛依地区油浸砂岩典型黏土矿物组合为K+I+I/S（+C）（K为高岭石；I为伊利石；S为蒙脱石；I/S为伊蒙混层；C为绿泥石），其中的黏土矿物同样以高岭石为主，这种特征一般认为是有机酸总含量与高岭石含量呈正相关（赵杏媛等，1994），并认为克拉玛依地区侏罗系具典型的酸性还原水介质蚀变。

表3-1-4　克拉玛依地区侏罗系岩石中黏土矿物相对含量分析结果

序号	样品号	取样位置	岩性	黏土矿物相对含量/%						混层/%	
				S	I/S	I	K	C	C/S	I/S	C/S
1	DH03-17	16001 孔 331m	灰白色砾岩		10	17	58	15		40	
2	DH03-22	15001 孔 218m	含稠油砂岩		15	20	54	11		45	
3	DH03-28	15002 孔 146m	含稠油致密中砂岩		10	17	66	7		45	
4	DH03-30	47001 孔 104m	蓝灰色砾岩		25	15	60			45	
5	DH03-37	47002 孔 96.5m	灰白色粗砂岩		14	8	78			30	
平均值					14.8	15.4	63.2			41	

此外，在我国另外一个产铀、煤炭及石油天然气的多能源盆地——鄂尔多斯盆地也存在类似现象和规律。马艳萍等（2007）通过对鄂尔多斯盆地东北部地区侏罗系延安组漂白砂岩的岩石学特征、元素组成分析以及与邻近砂岩的对比研究发现，侏罗系砂岩中黏土含量较高（12.46%~21.95%），胶结物以发育高岭石为特征，其中 Al_2O_3 含量普遍偏高（16.43%~21.95%），Fe^{3+}/Fe^{2+}值较低（0.43），砂岩中的黏土多表现为自生高岭石，初步确定该区漂白砂岩形成于酸性还原环境，而砂岩中碳酸盐胶结物 C、O 同位素结果亦指示砂岩中的碳酸盐成因与有机质降解有关，进而认为这种富含高岭石的砂岩指示了天然气的迁移逸散途径，为天然气还原、水-岩反应的综合作用结果，且这一认识与吴柏林等（2007）的观点较为一致。与鄂尔多斯盆地东北部砂岩型铀成矿特征对比来看，伊犁盆地南缘砂岩型铀成矿也具有类似特点。

黄铁矿化：黄铁矿为矿石中最为常见的金属矿物。根据镜下观察结果，蒙其古尔铀矿床含矿目的层砂岩中的黄铁矿按成因可以分为碎屑成因黄铁矿、成岩自生成因黄铁矿以及成矿期黄铁矿三类。碎屑成因黄铁矿多为岩屑中的黄铁矿，有自形、半自形和他形，且以后者为主；成岩自生成因黄铁矿多为自形-半自形结核状、草莓状，呈分散状嵌布在粒间孔隙或植物炭屑胞腔中；成矿期黄铁矿主要分布在氧化还原过渡带，以自形、半自形为主，与铀矿化关系密切，一般认为其形成时间稍早于铀矿化的形成时间。一般情况下，氧化带中黄铁矿大部分被氧化成为褐铁矿，往往保留其黄铁矿假象；弱氧化带中的黄铁矿，其边部多为褐铁矿化，中心部位多有残留。

褐铁矿化：褐铁矿是含铁氧化物的混合体，其成分以针铁矿为主，并含有少量的黄钾铁矾及其他铁的氧化物。在扫描电镜下可看到粒表、粒间针状针铁矿，且与高岭石、石膏等共生。褐铁矿主要存在于氧化带内，是后生氧化的产物，绝大部分由黄铁矿氧化而来，部分脱水转化为赤铁矿。褐铁矿化导致岩石多呈红褐色、黄褐色、浅红色等。

白钛石化：目的层砂岩中富含钛铁矿、黄铁矿等Fe-Ti氧化物，在层间渗入水作用下，Fe-Ti氧化物蚀变形成白钛石或似白钛石（图3-1-15）。现有研究认为，蚀变的Ti-Fe氧化物是铀成矿的重要富集剂，在氧化还原过渡带部位，一部分U^{4+}以细分散状氧化物形式存在于海绵状多孔的Fe-Ti氧化物中；而另一部分U^{4+}则以化学吸附形式存在于钛酸盐中，从而在电子显微镜下可观察到铀呈近似于钛铀矿的胶状析出物形式存在，这也是目前有学者认为存在钛铀矿的原因之一。

铀矿化：铀矿化主要发生在层间氧化带的氧化–还原过渡带附近。扫描电镜结果显示，蒙其古尔矿床铀矿石中的铀主要以吸附态和独立铀矿物的形式存在于粒间孔隙、填隙物以及矿物的微裂隙中，分布不均匀，且铀矿物颗粒细小，仅有数微米，少数达数十微米，常规显微镜下多不能够分辨。其中吸附态铀被砂岩中有机质或黏土矿物所吸附，其独立铀矿物主要为沥青铀矿，多分布在品位较高的矿石中，且铀矿物多与黏土矿物、黄铁矿、钛铁矿、炭屑、方解石及石膏等矿物共（伴）生，多分布在碎屑颗粒间、胶结物、黏土矿物层间（图3-1-16）。

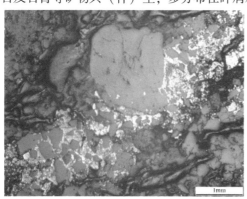

P3720-1，含砾中粗砂岩，反光，黄铁矿沿裂隙浸染于炭化植物碎屑裂隙中，泛白处为铀矿物

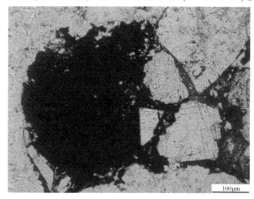

P4103-1，浅黄色含砾中粗砂岩，20×10，正交偏光，粒间褐铁矿

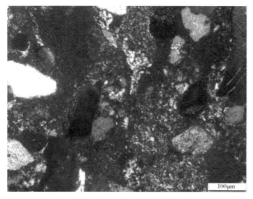

P4319-2，灰色细砂岩，正交偏光，左侧深褐色褐铁矿；右侧褐色、黄褐色为白钛石

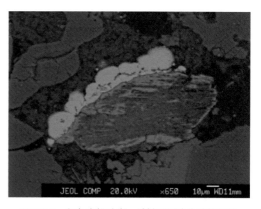

P5515-5，灰色中粗砂岩，钛铁矿周边为球粒状黄铁矿

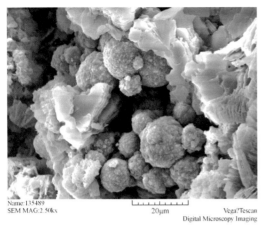

P2926-5，灰色含砾粗砂岩，扫描电镜，粒间草莓状黄铁矿

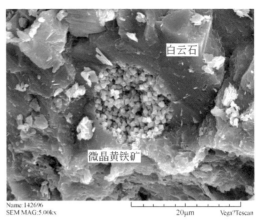

P4319-6，灰色中砂岩，扫描电镜，粒间微晶黄铁矿集合，见白云石

P731-8，浅黄色粗砂岩，扫描电镜，粒间锐钛矿

P2922-6，浅黄色粗砂岩，球粒状菱铁矿

图 3-1-15 蒙其古尔矿床容矿砂岩显微照片

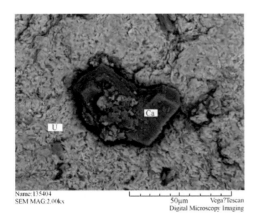

P731，灰色中粗砂岩，扫描电镜，铀矿物与方解石

P824，浅灰色粗砂岩，扫描电镜，高岭石与铀矿物

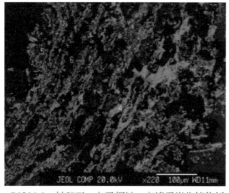
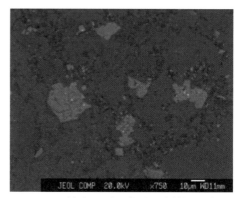

P1316-1，铀矿石，电子探针，充填于炭化植物纤
维内的沥青铀矿

P1316-1，铀矿石，电子探针，沥青铀矿分布于
黄铁矿内部及边部

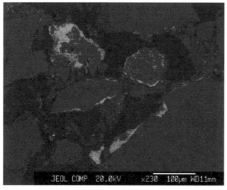
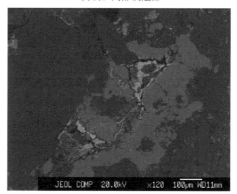

沥青铀矿位于石英颗粒边部

分布于颗粒间胶结物中的沥青铀矿

图 3-1-16　蒙其古尔矿床容矿砂岩中铀矿物分布特征

需要特别提及的是钛铁矿蚀变产物与铀矿物之间存在着紧密的联系，这在国内外砂岩型铀矿床中均有类似的报道（郑一星，1986；马克西莫娃和什玛廖维奇，1996；陈祖伊等，2004）。伊犁盆地蒙其古尔矿床与鄂尔多斯盆地北部纳岭沟矿床、大营矿床较为典型。电子探针及能谱分析结果显示，鄂尔多斯盆地北部纳岭沟铀矿床中与钛铁矿或锐钛矿共生关系密切的铀矿物集合体呈似环状分布，含钛铀矿物围绕钛铁矿产出，钛铁矿遭受不同程度的蚀变，其边缘多为锐钛矿，并含有少量的铀，亮灰色的铀矿物以胶状形式或呈短柱状环绕锐钛矿产出（图 3-1-17）。

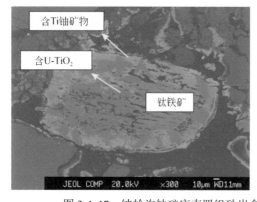

图 3-1-17　纳岭沟铀矿床直罗组砂岩含 Ti 铀石环绕锐钛矿并与钛铁矿共伴生
（钻孔 ZKN8-23，384.2m，灰色中细砂岩）

　　容矿岩石铀价态、电子探针以及扫描电镜测试结果显示，伊犁盆地南缘砂岩型铀矿床容矿岩石中的铀以独立铀矿物以及分散吸附状态两种存在形式为主（图3-1-18）；不同地球化学分带中铀价态测试结果显示（表3-1-5），低价态的铀矿物在容矿岩石中占65.87%～69.90%，而高价态铀矿物则占30.10%～34.08%，二者比例在2∶1左右（图3-1-19）。

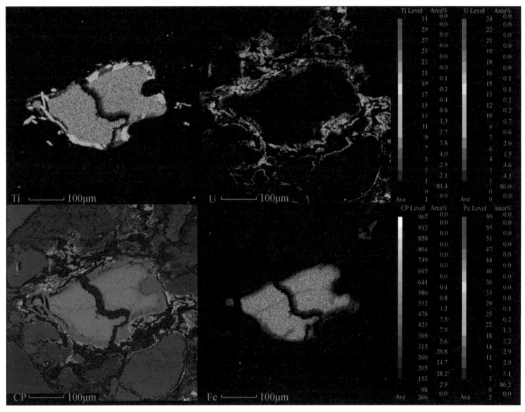

图3-1-18　Fe-Ti氧化物与铀矿物背散射图像及U、Ti、Fe元素分布特征

表3-1-5　伊犁盆地南缘不同地球化学分带中 U^{4+} 与 U^{6+} 平均值、相对值对比表

地球化学分带（样品数）	$U^{4+}/10^{-6}$	$U^{6+}/10^{-6}$	$U^{4+}/\%$	$U^{6+}/\%$
强氧化带（12）	2.164	1.045	67.44	32.56
中等强度氧化带（30）	2.275	1.179	65.87	34.13
弱氧化带（32）	3.062	1.583	65.92	34.08
过渡带（16）	57.319	24.681	69.90	30.10
还原带（32）	3.829	1.907	66.75	33.25

　　伊犁盆地含矿砂岩样品电子探针数据结果显示（表3-1-6），UO_2含量较高，变化范围为80.1%～88.96%，SiO_2含量较低，变化范围为0.32%～4.17%，可判定为沥青铀矿。其铀矿物中均含有一定量的Fe、Ti氧化物（TiO_2含量为0.03%～1.73%），说明沥青铀矿与

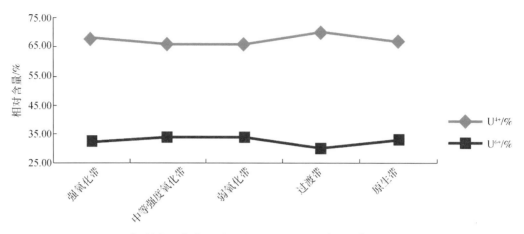

图 3-1-19　伊犁盆地南缘不同地球化学分带中 U^{4+} 与 U^{6+} 相对含量变化图

黄铁矿及钛铁矿共伴生，在沥青铀矿的形成过程中黄铁矿、钛铁矿可作为还原剂或吸附剂；铀矿物中 ThO_2、PbO 含量均较低，分别为 $0\sim4.71\%$ 和 $0\sim0.79\%$，表明沥青铀矿的形成年代较新，这也与伊犁盆地南缘现有测年结果相吻合。

表 3-1-6　伊犁盆地容矿砂岩沥青铀矿电子探针数据　　　　　（单位:%）

成分	K1607-3		K1607-7				P3720-1		
	测点 1	测点 2	测点 1	测点 2	测点 3	测点 4	测点 1	测点 2	测点 3
Na_2O	0.32	0.11	0.90	0.75	0.54	0.77	0.16	0.17	0.21
MgO	0.06	—	0.06	0.05	0.01	—	0.07	—	0.04
TiO_2	0.07	0.03	0.46	—	—	—	1.73	0.45	2.06
UO_2	84.6	78.93	87.48	88.96	88.41	85.57	80.10	88.36	80.37
Al_2O_3	0.46	0.63	0.31	0.18	0.14	0.89	0.16	0.07	0.17
SiO_2	3.08	4.17	0.92	1.86	1.82	1.12	0.79	0.76	0.32
FeO	0.27	0.62	0.21	0.05	0.16	0.15	2.63	1.86	2.94
ThO_2	—	—	—	—	0.04	—	3.90	0.25	4.71
SeO_2	—	—	—	—	—	0.04	0.09	—	—
MnO	0.50	0.58	—	0.06	0.06	—	0.15	0.29	0.18
PbO	0.79	0.49	0.05	—	—	—	0.69	—	—
NiO	—	—	0.04	0.05	0.04	—	0.05	—	—
K_2O	0.14	0.14	0.37	0.33	0.25	0.23	—	0.02	0.04
La_2O_3	0.08	0.14	0.11	—	0.07	0.05	—	0.19	—
CaO	7.74	10.53	3.90	4.57	3.96	4.60	0.58	0.19	0.40
Ce_2O_3	0.02	0.16	0.39	0.11	0.13	0.01	0.12	0.10	0.39
P_2O_5	—	0.01	1.17	1.47	1.26	1.33	1.71	4.06	1.41

续表

成分	K1607-3		K1607-7				P3720-1		
	测点1	测点2	测点1	测点2	测点3	测点4	测点1	测点2	测点3
CoO	0.01	0.04	0.01	0.01	—	0.01	—	—	—
SnO$_2$	—	—	—	—	—	—	—	—	—
合计	98.14	96.58	96.38	98.45	96.89	94.77	93.58	97.37	94.54

注：该数据由核工业北京地质研究院分析测试研究中心完成。

另外，砂岩中的有机质与铀矿物关系密切，对铀具有一定吸附还原作用。电子探针测试结果证实，在部分炭屑中 UO_2 的相对含量为 0.160%~11.180%（表3-1-7），反映有机质在铀成矿过程中起了重要作用。

表 3-1-7 蒙其古尔矿床有机质中铀含量（电子探针） （单位:%）

成分	P1316-1		P4335-7	P1316-2
	测点5	测点6	测点1	测点1
Na$_2$O	0.140	0.004	0.038	0.233
SiO$_2$	0.051	0.030	0.002	0.021
K$_2$O	0.021	0.002	0.009	0.035
UO$_2$	11.180	0.160	0.038	1.914
As$_2$O$_5$	0.033	—	0.015	0.003
MgO	0.289	0.006	0.232	0.050
CaO	4.731	0.011	1.643	0.600
P$_2$O$_5$	0.025	0.071	—	—
Al$_2$O$_3$	0.033	0.010	—	0.016
FeO	—	0.017	0.056	0.404
SO$_3$	18.122	0.004	2.326	4.547
Y$_2$O$_3$	—	0.013	0.030	0.006
PbO	—	0.006	0.014	0.028
TiO$_2$	0.088	0.001	0.143	0.022
Cr$_2$O$_3$	0.087	0.009	—	0.023
ThO$_2$	—	0.044	—	—
MnO	0.081	—	—	—
合计	34.881	0.388	4.546	7.902

注：该数据由核工业北京地质研究院分析测试研究中心完成。

另外关于蒙其古尔矿床铀矿物的类型，有研究者认为伊犁盆地南缘含矿目的层氧化还原过渡带部位的含矿岩石电子探针能谱结果显示有钛铀矿（表3-1-8，图3-1-20），一般情况下钛铀矿形成于中高温环境下，由此推断伊犁盆地南缘砂岩型铀成矿作用过程中存在深部中高温流体的介入，认为有深部热流体参与铀成矿。

表 3-1-8　蒙其古尔矿床 P4724-2 钻孔样品电子探针微区成分

成分	质量/%	阴离子	K/%	K-raw/%	ZAF	Z	A	F
Na$_2$O	0.491	0.0703	0.276	1.041	1.7813	0.7892	2.2503	1.0030
SiO$_2$	1.936	0.1429	1.659	5.529	1.1673	0.9383	1.2442	0.9998
K$_2$O	0.243	0.0229	0.291	2.406	0.8332	0.7932	1.0522	0.9983
UO$_2$	85.490	1.4040	77.161	68.017	1.1079	1.1345	0.9766	1.0000
Y$_2$O$_3$	0.156	0.0061	0.131	0.720	1.1847	0.8962	1.3222	0.9998
MgO	0.121	0.0133	0.097	0.771	1.2538	0.7956	1.5675	1.0053
CaO	4.161	0.3290	3.600	7.459	1.1557	0.7924	1.4590	0.9997
PbO	0.237	0.0047	0.238	0.339	0.9972	0.9399	1.0609	1.0000
Al$_2$O$_3$	1.814	0.1578	1.338	4.689	1.3557	0.7903	1.6940	1.0126
MnO	0.343	0.0215	0.342	0.853	1.0043	0.8063	1.2454	1.0000
ThO$_2$	0.000	0.0000	0.000	0.000	0.0000	0.0000	0.0000	0.0000
TiO$_2$	0.603	0.0335	0.517	0.517	1.1662	0.8332	1.4003	0.9996
FeO	1.810	0.1117	1.966	16.073	0.9208	0.7797	1.1815	0.9996
P$_2$O$_5$	0.426	0.0266	0.519	1.872	0.8211	0.9049	0.9070	1.0004
合计	97.831	2.3443	88.134	110.285	合计 O=4.0　版本=3			

注：该数据由核工业北京地质研究院分析测试研究中心完成。K-raw 为未校正数据，ZAF 为修正参数。

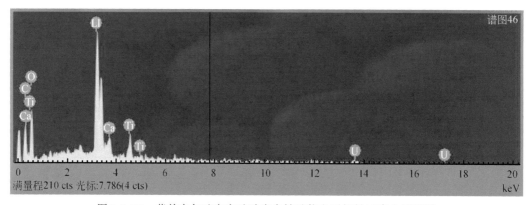

图 3-1-20　蒙其古尔矿床容矿砂岩含铀矿物电子探针元素含量图谱

　　蒙其古尔矿床容矿砂岩主量分析结果、扫描电镜、流体包裹体测温结果以及电子探针微区成分分析结果显示：伊犁盆地南缘蚀源区源岩以及含矿目的层砂岩中 Ti 氧化物含量一般为 0.2%~0.6%，最高可达 1.6%。从蒙其古尔矿床含矿岩石中所存在的钛铀矿的形态上来看，这些钛铀矿多为碎屑状，反映其来源为盆缘蚀源区的源岩。在盆地含矿目的层的形成阶段，盆地蚀源区中酸性火山岩、花岗岩经风化剥蚀，钛铀矿以及钛铁氧化物以碎屑物的形式经搬运进入到盆地目的层当中，属于典型的"碎屑钛铀矿"的沉积预富集，这在库捷尔太矿床以及吐哈盆地十红滩矿床的研究当中也有类似发现。根据显微照片矿物存在特征分析，砂岩中沥青铀矿多与钛铁矿或 Fe-Ti 氧化物呈混合物的形式存在（图 3-1-18），表明钛铁氧化物与铀的富集成矿关系较为密切。另外，也不可能排除其在探针测试过程中，测点周边有金红石或是钛铁矿的存在，而导致探针能谱测量结果中有 Ti 存在，而误认为是钛铀矿（表3-1-9）。

表3-1-9　伊犁盆地南缘容矿砂岩 Fe-Ti 氧化物含量　　　　（单位:%）

序号	样品	岩性	层位	SiO$_2$	Al$_2$O$_3$	TFe	TiO$_2$
1	K1200-1			70.27	8.89	4.05	0.336
2	ZK3001-1	灰色泥岩	T$_{2-3}$xq	45.96	14.33	7.63	0.531
3	ZK3600-9	灰色中砂岩		69.85	12.90	3.25	0.468
4	ZK12673-5	灰色粗砂岩		76.95	13.48	1.13	0.23
5	ZK533109-2	浅黄色中砂岩	J$_2$t	77.29	11.19	1.81	0.24
6	ZK11-07-3	灰色粗砂岩	J$_2$t	70.50	12.07	1.88	0.28
7	P1704-9	灰白色粗砂岩	J$_1$s	77.15	13.36	1.08	0.814
8	P2922-10	灰色碳质泥岩		64.21	14.99	3.73	0.783
9	P3504-1	灰色中砂岩	J$_2$x^2	59.87	16.09	8.05	0.896
10	P3504-9-2	灰白色砂砾岩	J$_2$x^1	65.72	12.72	0.934	1.14
11	P4100-7	灰色泥岩		58.39	23.85	3.39	0.875
12	P5155-2	红色砾岩	J$_1$s^2	87.73	6.42	0.912	0.246
13	P5519-5	灰色粗砂岩	J$_2$x	63.93	19.21	2.37	1.10
14	L6001-9	灰色泥岩	J$_1$s	58.94	22.30	1.02	0.973
15	G12-1-2	熔结凝灰岩	C$_2$n	62.95	15.22	7.29	1.06
16	YL12-29	英安岩	C$_2$n	58.51	15.51	7.45	1.17
17	YL12-33	安山岩	C$_2$n	49.42	15.69	11.02	2.35
18	G12-16	安山岩	C$_1$d	49.64	12.95	8.20	0.742
19	G12-15	钾长花岗岩	γP	74.64	12.30	2.24	0.36

另外，根据含矿砂岩流体包裹体测温结果，蒙其古尔矿床属于典型的表生后成铀矿床，不存在中高温流体，现有目的层中见到的钛铀矿应多为蚀源区碎屑物中的钛铀矿。根据显微照片矿物存在特征分析，砂岩中铀矿物多与钛铁矿、锐钛矿或 Fe-Ti 氧化物呈混合物或伴生关系存在，表明钛铁氧化物与铀的富集成矿关系较为密切。而所谓的"钛铀矿"很可能是在探针测试过程中，测试样品测点周边有锐钛矿存在，而导致探针能谱测量结果中有 Ti 的存在，进而误认为是钛铀矿。

（四）成矿流体性质

1.S同位素组成特征

蒙其古尔矿床含矿砂岩硫同位素 δ^{34}S 分布范围为 -1.73‰~0.12‰（表3-1-10），变化较大，平均值为 -0.639‰，极差值为 1.85‰，对应现代沉积物中生物成因区域。一般情况下，电价低（即还原形式）的硫倾向于富集轻同位素，即 $\delta^{34}S$ 值偏低，所以分析结果表明层间砂体中含有大量有机质作为还原剂，将层间流体中携带的高价 S^{6+} 还原为 S^{2-}，且相对富集 ^{32}S，并以黄铁矿的形式沉淀下来。这种 $\delta^{34}S$ 分布特点反映其硫的来源具有煤（固体有机质）、煤层气等有机质混合来源的特点，黄铁矿在形成过程中存在明显的细菌催化作用，即以生物成因硫为主，说明成矿环境为还原性环境。

表 3-1-10　蒙其古尔矿床含矿砂体硫同位素组成

样品号	砂体成因	岩性	埋深/m	$\delta^{34}S_{V\text{-}CDT}/\%$
P1312-1	氧化砂体	灰白色中砂岩	432.0	−0.39
P5511-3		灰白色中砂岩	490.4	−0.75
P5515-9		灰白色砾岩	498.8	−1.73
P5516-8		灰白色含砾粗砂岩	586.7	−0.14
P111-4		砾岩，见褐铁矿化	437.3	−1.03
P111-5	原生砂体	灰色、灰黑色中细砂岩	438.3	−0.66
P1324-10		灰色中细砂岩	433.2	0.12
P1324-11		灰色粗砂岩	459.4	−0.92
P5516-3		灰色中砂岩	581.4	−0.92
P4736		灰色细砂岩，含炭屑	461.6	−0.35
P5132-3		灰色细砂岩	416.3	−0.26

注：该分析测试由核工业北京地质研究院分析测试研究中心完成。

2. H-O 同位素组成特征

蒙其古尔矿床含矿砂岩中高岭石 $\delta^{18}O_{V\text{-}SMOW} = 1.18\% \sim 1.37\%$，平均值为 1.263%；$\delta D_{V\text{-}SMOW} = -4.83\% \sim -9.3\%$，平均值为 −6.67%；高岭石平衡流体 $\delta^{18}O_{V\text{-}SMOW} = -0.955\% \sim -0.489\%$。在 $\delta D_{V\text{-}SMOW} - \delta^{18}O_{V\text{-}SMOW}$ 图解中（图 3-1-21），代表高岭石蚀变成矿流体中氢、氧同位素组成大部分落入大气降水区域，说明蒙其古尔矿床含矿目的层砂岩中与铀矿化关系密切的高岭石化，主要来自地表大气降水。

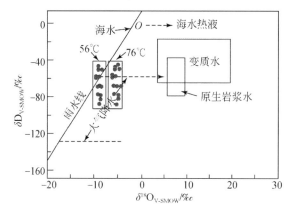

图 3-1-21　蒙其古尔矿床容矿砂岩中高岭石氢、氧同位素组成特征

3. C-O 同位素组成特征

蒙其古尔铀矿床 13 件容矿砂岩胶结物为 $\delta^{13}C_{V-PDB} = -1.09\% \sim -0.72\%$，平均值为 -0.921%；$\delta^{18}O_{V-SMOW} = 1.76\% \sim 2.49\%$，平均值为 2.026%，$\delta^{18}O_{V-SMOW}$ 和 $\delta^{13}C_{V-PDB}$ 图解中有 12 个样品落入沉积有机质脱羟基范围内（图 3-1-22），有一个样品落入沉积有机质的范围内，说明砂岩中方解石胶结物的形成与沉积有机质的氧化和脱羟基作用有关，此过程能产生大量的有机酸及 H_2O、CO_2、CH_4、H_2S 流体。CO_2、CH_4 能为方解石胶结的形成提供碳源，CH_4、H_2S 能使 U^{6+} 被还原为 U^{4+} 而沉淀成矿，氧化剂很可能为从盆地南侧古老地层区渗入的含 U^{6+} 地下水溶液中的氧。

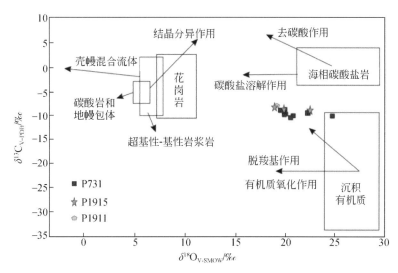

图 3-1-22 蒙其古尔铀矿床含矿层砂体中方解石胶结物 C、O 同位素组成

（底图引自刘建明等，1997）

蒙其古尔矿床容矿砂岩包裹体鉴定及统计结果显示，油气包裹体发育丰度（GOI）在 1%~5% 的样品占总数的 5.6%，GOI<1% 的样品占总数的 94.4%，可见该区基本上不存在大规模的油气（有机烃类）充注史，或只存在少量的油气（有机烃类）充注，鉴于该区含矿目的层有机质热演化成熟度情况，可判断该区曾经发生过煤成气的充注或是迁移逸散。

综上所述，蒙其古尔矿床的成矿流体具两方面来源：①表生含氧含铀流体，为铀成矿提供铀；②地层中有机质产生的煤成烃类 CH_4（需在微生物的作用下）、H_2S、CO、H_2 等，还原蚀变容矿砂岩，提高了砂岩的还原容量。

（五）成矿年代

层间氧化带砂岩型铀矿床铀成矿时序具有幕式特征已达成普遍共识，但正是因为成矿的多阶段、年龄新，再加上该类型矿床矿石中很难精选出纯度较高的、可供 U-Pb 同位素组成测定的单颗粒铀矿物，所以很难精确获得砂岩型铀矿床铀成矿年龄数据。本书主要是选取含矿岩石全岩样品和部分沥青铀矿的 U-Pb 同位素测年，以及 U-Ra 平衡系数校正、等时线拟合方法，系统厘定了蒙其古尔矿床铀成矿年代学。并结合伊犁盆地南缘其他铀矿床的成矿年龄（秦明宽，1997），以及我们认为伊犁盆地南缘蒙其古尔铀矿床成矿时代具多期性，将成矿年代分为以下四期（图3-1-23）。

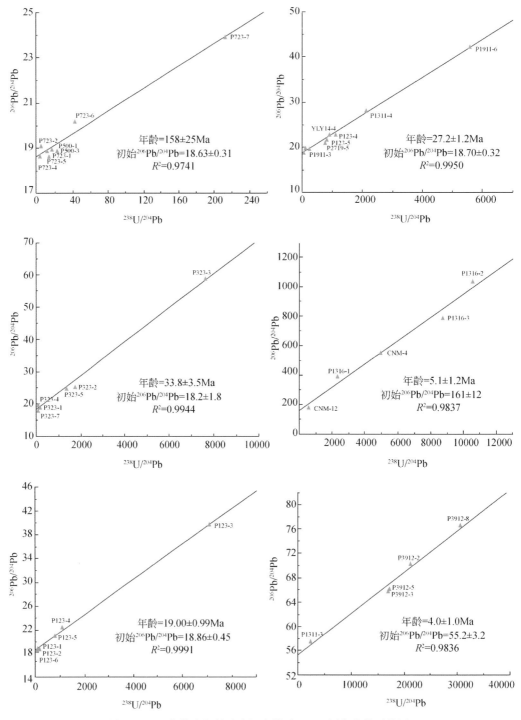

图 3-1-23　蒙其古尔铀矿床沥青铀矿 U-Pb 同位素等时线图

1. 铀的预富集期

该期年龄为 158 ~ 153Ma，主要为成岩时期年龄，表明在含矿目的层形成期伴随有铀的早期预富集作用。中–下侏罗统水西沟群为一套含煤碎屑岩系，砂体中富含有机质、炭化植物碎屑等还原物质。通过有机质吸附、离子交换等作用，在同生沉积阶段吸附了大量的铀元素。之后成岩阶段随着埋深加大，上覆地层压力增加，机械压实作用开始出现，使碎屑颗粒接触趋向紧密，砂岩孔隙减少。随着压实作用的持续，在泥质砂岩、泥岩、有机质及孔隙水中预富集的吸附铀，会随着孔隙水的排出而迁移，并在邻近的富含有机质的砂岩或泥岩中，与成岩矿物发生作用，形成铀的预富集。夏毓亮和刘汉彬（2005）曾多次强调沉积预富集的重要性，认为这是砂岩型铀矿床后生改造成矿的基础。

2. 铀初始富集期

该期年龄为 34 ~ 27Ma，主要为喜马拉雅运动早期。该阶段以早期潜水氧化带和小规模层间氧化为主，局部地段伴随铀矿化的初始富集，层间氧化带发育规模扩大，形成铀成矿初始富集，在氧化带上下两翼砂岩与泥岩界面形成以碳质泥岩、煤岩为主的铀矿化。

3. 主成矿期

该期年龄主要包括 20 ~ 15.5Ma、12 ~ 8.8Ma、6.3 ~ 2Ma 三个时间段，相当于整个新近纪，并与喜马拉雅运动第三期相对应，这一时期层间氧化带及铀成矿作用呈多期脉动式发育。20 ~ 15.5Ma（相当于喜马拉雅中期）与伊犁南缘其他矿床及中亚地区主成矿期一致，秦明宽（1997）通过铅同位素数据曾得出相邻的扎吉斯坦铀矿床层间氧化带主要发育时期为 25 ~ 15Ma，同样可以肯定的是此时间段也是蒙其古尔铀矿床铀矿化快速发育形成的主要时期之一，三工河组多个钻孔 U-Pb 同位素年龄集中分布在 19Ma 左右，即是有利的证据；12 ~ 8.8Ma、6.3 ~ 2Ma 这两个时间段反映，因构造变动及水动力条件的改变或调整，先期形成的铀矿化在原有的基础上改造并迁移，进而再次富集成矿。层间氧化带的迅速发展受到了一定程度的限制，加大了氧化–还原地球化学环境的反差，提高了地球化学障的聚铀能力，富集成矿并形成卷状矿体。

4. 矿后叠加富集改造期

该期年龄为 2Ma 至今，相当于上新世以来，受喜马拉雅构造运动的影响，盆缘断裂（F_1）继承性复活，在蒙其古尔地区形成构造补给窗，成为承压性含水层的重要补给源；盆缘逆冲挤压作用致使含矿层快速抬升，伴随有煤层中煤层气的逸散，且挤压过程中形成大量的裂隙及微裂隙，为游离气的渗出提供了良好的运移通道，极大地增加了含矿层砂体的还原容量，从而形成巨大的地球化学反差。与此同时，来自蚀源区的含铀含氧水不断地从构造补给窗处渗入至砂岩层中，在强大水头压力作用下，局部地段伴随有越流补给现象；在层间水作用下，早期形成的铀矿体遭受不同程度的改造，铀不断发生活化、迁移、沉淀、富集，并逐步向盆地内部方向迁移，最终在强地球化学还原障部位再次沉淀、富集，形成富大铀矿体（1Ma 以来）。

砂岩型铀成矿作用本身是一个复杂的、多阶段的、多期叠加富集改造的动态成矿作用过程，不同于热液型铀矿。先期形成的砂岩型铀矿化在后续含铀含氧水的持续改造作用过程中不断地氧化、沉淀、富集成矿，所以最后保留下来的铀矿化多为最近一次成矿作用的产物，这在铀成矿年代学上表现较为突出。

三、控矿因素

伊犁盆地南缘蒙其古尔等砂岩型铀矿的控矿因素主要体现在如下几个方面。

1. 铀源

在伊犁盆地，铀的来源存在两种途径：一种是外部铀源，即在成矿作用阶段，来自盆地蚀源区的各类岩（层）体的地表淋滤；另一种是内部铀源，即含矿建造形成时碎屑物本身所含的铀。根据含矿岩石碎屑组成，盆地蚀源区以石炭纪—二叠纪中-酸性火山岩、火山碎屑岩以及海西期花岗岩为主，岩石中铀含量高达 $6.2×10^{-6} ~ 12.9×10^{-6}$，在后期的风化剥蚀过程中，铀被含氧地下水搬运至盆地内富集成矿。含矿建造本身铀含量较高，据统计，灰色砂岩铀含量为 $5×10^{-6} ~ 6×10^{-6}$，灰色泥岩铀含量为 $7×10^{-6} ~ 8×10^{-6}$，都明显高于同类岩性的平均铀含量。

2. 构造

构造对伊犁南缘砂岩型铀矿的控制主要体现在以下 3 个方面：①盆地基底构造格局及中、新生代构造演化过程控制了伊犁盆地南缘斜坡带的发育，同时也控制了后期层间氧化带的空间定位；②构造控制了伊犁盆地南缘水动力系统格局，形成了完善而复杂的补-径-排水动力体系，矿区北部断裂构成矿区地下水的区域性排泄带，局部构造的发育强化了矿区地下水循环系统，强化了水岩反应，成矿物质交换充分，有利于层间氧化带以及铀成矿作用的发育；③含矿建造形成期（J_{1-2}）弱伸展的构造环境为含矿目的层的沉积充填、沉积相带展布、砂体空间分布创造了有利条件，含矿建造形成期后的挤压构造环境为含矿目的层的后期改造以及地下水的长期渗入创造了有利条件。

3. 含矿建造

冲积扇-河流-三角洲-湖泊沉积体系为铀成矿提供了有利的岩相条件和良好的泥（煤）-砂-泥（煤）岩性组合，砂体的有效厚度、稳定性以及连通性决定了层间氧化带的发育规模，水动力系统以及砂体的还原容量最终控制了铀矿体的空间定位及展布形态。

4. 成矿流体

伊犁盆地属渗入型承压盆地，盆缘地下水 $HCO_3^- - SO_4^{2-} - Cl^-$ 水化分带明显，完善的补-径-排渗入型水动力系统控制了不同含水层中层间氧化带的空间展布，对于形成层间氧化带型铀矿化十分有利。此外，盆地热演化过程中形成的煤成气等渗出性还原性流体参与铀成矿作用，为铀的快速沉淀富集以及矿体的后期保存起到了积极作用。

5. 层间氧化带

层间氧化带对铀矿化有着最为直接的控制作用，工业铀矿体的产出一般定位在层间氧化带前锋线前后 500m 范围内，在层间氧化带上下发育翼部矿化，在前锋线附近多发育卷状或似层状矿体。在含铀含氧水的渗入改造作用下，铀矿体随着层间氧化带前锋线的迁移而发生改变，氧化带前锋线的弯曲多变造就了铀矿体分布的复杂形态，如蒙其古尔矿床和洪海沟矿床。

四、成矿机理与成矿模式

（一）成矿机理

深入开展砂岩型铀成矿作用模拟实验研究，研究有机流体和无机流体耦合作用与铀沉淀、富集成矿的关系、成矿作用中地球化学背景条件、成矿流体物质成分、漂白带的成因，可揭示砂岩型铀成矿中关键的成矿过程的作用机理。

通过对比分析不同类型低熟烃源岩生烃系数的差异性，评价低熟烃源岩在铀的迁移、富集过程中的影响，初步揭示成矿地质背景下有机成矿流体与铀的相互作用关系。

低熟烃源岩生烃模拟实验目的：世界能源矿产的勘探实践表明，油（煤）铀同盆共存富集普遍，含矿层位联系密切、空间分布复杂有序、赋存环境和成藏（矿）作用有机相关、成藏（矿）-定位时期相同或相近，在成因上具有密切的关联性。在铀的沉淀富集过程中，有机-无机相互作用。一方面有机质、煤等提供了强大的吸附作用和络合作用；另一方面为铀的沉淀提供了有利的还原环境，促进铀的富集。通过实验模拟比较不同类型低熟烃源岩生烃系数的差异性，进一步评价低熟烃源岩对铀迁移、富集过程中的影响，初步揭示成矿地质背景下有机成矿流体与铀的相互作用。

实验设计方案：比较不同类型低熟烃源岩在不同条件下受热分解的产物。

实验原理：低熟烃源岩在加温（200℃、250℃、300℃、350℃、400℃、450℃）加压条件下，主要发生以下化学反应。

$$RCH_2CH_2CH_3+4H_2O \longrightarrow R+2CO_2+CH_4+5H_2$$

$$C_{20}H_{42}+4H_2O \longrightarrow C_{16}H_{34}+2CH_4+2CH_3COOH$$

$$C_nH_{2(n+1)}+2nH_2O(l) \longrightarrow nCO_2(aq)+(3n+1)H_2(aq)$$

$$CH_3COOH(aq)+2H_2O(l) \longrightarrow 2CO_2(aq)+4H_2(aq)$$

$$CaCO_3+2H^+ \longrightarrow Ca^{2+}+CO_2(aq)+H_2O$$

样品：碳质泥岩（YL01）、煤岩（ER01）和含铀煤岩（ER01U）等。

只要有碳存在，氧化产物（有机酸和二氧化碳）和甲烷就能源源不断地生成。CO_2是影响碳酸铀酰沉淀的关键因素，气烃和H_2是铀还原沉淀重要的还原剂。通过热模拟实验比较不同类型低熟烃源岩（碳质泥岩 YL01 和煤岩 ER01）分别在250℃、300℃、350℃、400℃、450℃这五个温度点下的生烃系数差异性（表3-1-11）。

由于碳含量本身的区别，碳质泥岩和煤的生烃系数随温度升高差异变大。单位质量的碳质泥岩总排烃量是煤岩的 1/7 ~ 1/4，且这一比值随模拟温度的升高而减小。碳质泥岩和煤岩作为典型的低熟烃源岩，为铀的迁移沉淀提供了重要的介质条件和还原剂。

表 3-1-11　烃源岩热模拟生烃实验产物明细表

样品号	气产量 /（mL/g）	CO_2 /（mL/g）	H_2 /（mL/g）	气烃 /（mL/g）	凝析油 /（mg/g）	轻油 /（mg/g）	总排烃 /（mg/g）	出水 pH
YL01-250	4.97	4.18	0.19	0.08	0.13	0.06	0.28	4.5
YL01-300	6.65	5.27	0.63	0.35	0.25	0.14	0.92	4.5
YL01-350	9.88	6.44	1.07	1.46	0.55	0.18	2.48	5.0
YL01-400	13.54	6.97	2.69	3.33	0.51	0.18	3.92	9.0
YL01-450	17.73	7.01	4.37	5.88	0.34	0.19	5.54	9.5
ER01-200	7.35	3.73	0.12	0.18	0.45	0.34	1.03	5.0
ER01-250	9.19	5.43	0.35	0.28	0.47	0.51	1.27	5.0
ER01-300	15.04	11.68	0.74	1.26	0.98	2.11	4.41	7.0
ER01-350	25.65	16.83	2.59	4.79	2.22	9.38	17.13	8.0
ER01-400	47.50	21.85	6.73	16.53	2.52	5.13	24.90	8.0
ER01-450	80.47	29.75	16.13	32.65	1.07	2.03	35.28	9.5
ER01U-200	6.84	2.34	0.05	0.23	0.47	0.60	1.47	7.0
ER01U-250	8.55	5.27	0.41	0.48	0.48	0.78	1.75	6.0
ER01U-300	13.93	7.69	1.22	2.58	0.92	2.70	6.38	8.0
ER01U-350	26.88	16.40	2.85	6.96	2.49	8.38	19.53	9.0
ER01U-400	45.60	23.30	5.48	15.13	2.33	3.22	21.74	9.5
ER01U-450	82.65	30.41	16.04	35.58	1.84	1.92	39.38	9.5

　　有机质在热演化处于 80～120℃时，会产生大量的羧酸分子，羧酸阴离子基团不稳定，在高于 120℃时便会热脱羧作用破坏掉，因而环境中的有机酸浓度降低，pH 随之变大。

　　对低熟烃源岩 ER01 和 ER01U 两组配比的样品分别在 200℃、250℃、300℃、350℃、400℃和 450℃这 6 个温度下进行了生烃模拟实验。根据生烃模拟实验中样品 ER01 及 ER01U 所得的相关分析测试数据做对比分析（图 3-1-24，图 3-1-25），来评价铀在烃源岩烃类生成中的作用。铀的加入对烃源岩生烃模拟实验产物及有关参数有着比较明显的影响。铀的存在提高了烃源岩的总生烃量，对于具体不同产物，影响并不相同。

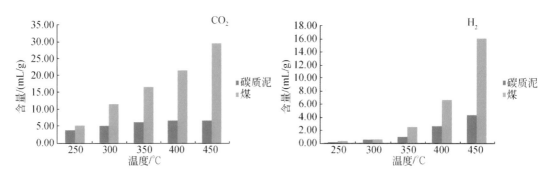

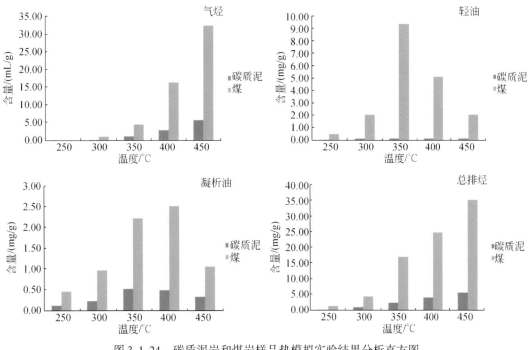

图 3-1-24 碳质泥岩和煤岩样品热模拟实验结果分析直方图

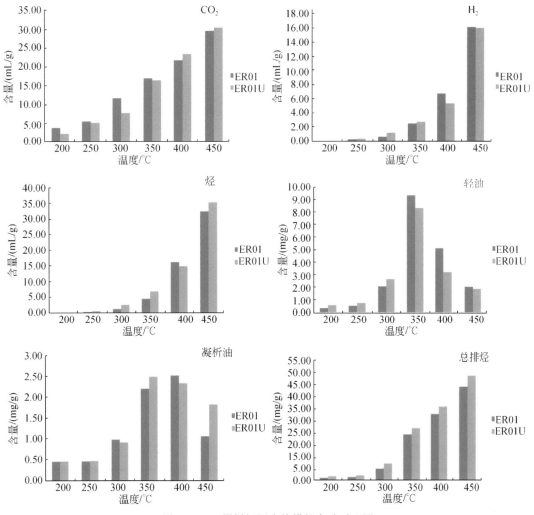

图 3-1-25 煤样烃源岩热模拟实验对比图

模拟实验结果表明，铀可以促进烃源岩热生烃反应中 H_2 和气态烃类产生；在 350℃ 以下，抑制了 CO_2 的产生，但在高于 350℃ 时，铀促进了 CO_2 的生成；轻油类物质与之相反，在低于 300℃ 时起促进作用，高于 300℃ 时起抑制作用。

在盆地形成过程中，同沉积断裂不断扩张，伴随着埋藏深度的不断加大，压力增加，温度升高，沉积物中有机质不断成熟。在这个排酸排烃的过程中，酸类物质对部分矿物进行溶蚀，使孔隙度增加，为铀矿物的运移提供了通道；烃类物质等不断释放为铀酰离子的还原提供了足够的还原环境。

通过电子探针、扫描电镜观察发现层间氧化带砂岩型铀矿床中铀矿物类型，针对不同铀矿物成因特征分析其形成环境。

UO_2^{2+} 只在 pH<4 的强酸性介质中稳定存在。当 pH>4 时，铀酰发生水解，形成 UO_2OH^+。在 pH>7.9 的碱性介质中，UO_2OH^+ 进一步水解形成铀酰氢氧化物沉淀，具体化学方程式为

$$UO_2^{2+} + H_2O \Longrightarrow UO_2OH^+ + H^+ \qquad\qquad pH = 4 \qquad (25℃)$$

$$UO_2OH^+ + H_2O \Longrightarrow UO_2(OH)_2 + H^+ \qquad pH = 7.9 \qquad (25℃)$$

故在 Eh 为负的还原环境中，UO_2^{2+} 和 UO_2OH^+ 可以直接被还原为 UO_2，铀石则形成于强还原的碱性溶液，硅的浓度为 $10^{-3.5} \sim 10^{-2.7}$ mol/L，揭示了成矿过程中的地质环境。

以典型矿床漂白带和绿色蚀变带为研究对象，基本确定蚀变现象与煤层和矿化层之间的空间关系，通过水-岩实验模拟，还原地质历史时期的流体——岩石的耦合作用过程。

漂白带主、微量元素和扫描电镜分析表明，影响蒙其古尔铀矿床漂白带形成的几个因素可能有铁离子的迁移（表 3-1-12）、有机碳的氧化和岩石的高岭石化等（图 3-1-26）。

表 3-1-12　漂白砂岩与研究区其他砂岩主量元素含量表　　　（单位：%）

序号	岩性	SiO$_2$	TiO$_2$	Al$_2$O$_3$	Fe$_2$O$_3$	MnO	MgO	CaO	Na$_2$O	K$_2$O	P$_2$O$_5$	LOI	总计
1	漂白砂岩	73.84	0.41	18.00	0.44	0.01	0.17	0.11	0.06	0.45	0.01	6.76	100.26
2	漂白砂岩	74.50	0.49	16.43	0.39	0.01	0.14	0.08	0.07	3.00	0.03	4.84	99.97
3	漂白砂岩	76.6	0.78	17.49	0.53	0.01	0.17	0.10	0.25	2.87	0.02	1.30	100.12
4	微红砂岩	76.22	0.57	16.39	2.02	0.01	0.19	0.09	0.18	2.83	0.01	1.04	99.55
5	砂岩矿石	62.02	0.55	13.07	4.05	0.11	1.73	4.69	1.64	2.98	0.10	8.77	99.71
6	灰色砂岩	71.83	0.57	13.40	3.35	0.04	1.30	0.67	1.79	3.34	0.09	3.54	99.92

漂白带/绿色蚀变带成因的水-岩耦合模拟实验目的：通过对成矿流体与岩石的耦合作用的研究，对比反应前后岩石颜色、矿物组成和元素含量等方面变化情况，分析矿化带附近漂白带/绿色蚀变带形成原因。

实验设计方案：根据前期研究成果，设定实验所需的温度、压力、pH 等条件。

实验原理：硫代乙酰胺水解产生还原性气体 H_2S 与岩石样品进行耦合作用。

$$(CH_3CSNH_2 + 2H_2O \Longrightarrow CH_3COOH + H_2S + NH_3)$$

样品：弱氧化带砂岩。

试剂：0.0025mol/L CH_3CSNH_2、0.25mol/L Na_2SO_4、0.25mol/L $NaHCO_3$。

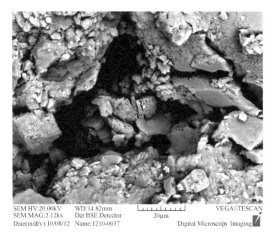
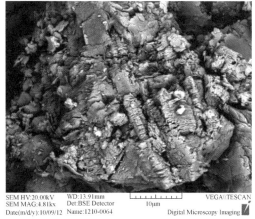

(a)粒间层片状高岭石 (b)蚀变成层片状高岭石

图3-1-26 蒙其古尔漂白砂岩扫描电镜照片

温度：120℃、100℃、80℃。

压力：2000psi① （约15MPa）。

反应前后岩石样品褪色现象明显（图3-1-27），其反应前后矿物相对含量，元素相对含量变化对比情况（表3-1-13，表3-1-14）。

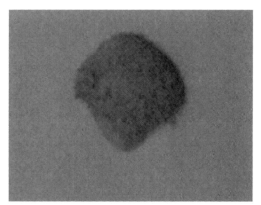

(a)反应前样品颜色 (b)反应后样品颜色

图3-1-27 漂白实验样品颜色照片

表3-1-13 漂白实验反应前后样品中矿物相对含量变化表 （单位：%）

矿物	反应前	反应后
石英	62.46	72.04
钾长石	32.08	23.99
锂辉石	1.82	0.61
白云母	1.50	2.16

① 1psi=6.89476×10³Pa。

矿物	反应前	反应后
磷灰石	0.06	0.06
钠长石	0.98	0.56
含锰钛铁矿	0.09	—
铁辉石	0.04	—
金红石	0.09	0.04
赤铁矿	0.24	0.20
锆石	0.02	—
钙铝榴石	0.04	—
黄铁矿	0.10	0.11
铬铁矿	0.01	—
黑云母	0.46	—
独居石	0.01	—
钾长石变体	0.00	0.05

表 3-1-14　反应前后固体样品的元素含量变化表　　　　（单位:%）

元素	反应前	反应后
Al	3.82	2.92
Ca	0.04	0.03
Fe	0.28	0.20
K	4.69	3.58
Li	0.07	0.02
Mg	0.07	0.00
Mn	0.02	0.00
Na	0.08	0.05
Si	40.2	41.76
Ti	0.07	0.04
Zr	0.01	0.00
C	0.00	0.05
F	0.02	0.02
H	0.01	0.01
O	50.54	51.21
S	0.05	0.01

可以看出，实验后样品钾长石相对含量由 32.08% 降低到 23.99%，部分钾长石有水融现象，但仍保留钾长石的假象，Al、K 等元素矿物成分有较大流失，由于钾长石晶格相对不太稳定，当溶液中 H^+ 离子达到一定浓度时，则与钾长石发生反应，使得钾长石中的 K^+ 不断迁出，从而向高岭石转化。

高岭石化：

$$2KAlSi_3O_8(钾长石) + H_2O + 2H^+ \Longrightarrow Al_2Si_2O_5(OH)_4(高岭石) + 4SiO_2 + 2K^+$$

钾长石高岭石化析出大量 K^+，在孔隙介质中聚集为富钾的碱性环境，将有利于伊利石（水云母化）的形成，实验后白云母相对含量由 1.50% 升高到 2.16%。

伊利石化：

$$2.9KAlSi_3O_8+11.2H_2O+2H^+ \Longleftrightarrow K_{0.9}Al_{2.9}Si_{3.1}O_{10}(OH)_2+5.6H_4SiO_4+2K^+$$

除钾长石含量有较大幅度降低，含铁副矿物、黑云母、辉石类等暗色镁铁质矿物含量均有所减少，具体表现在 Fe、Mg、Mn 等元素的含量变化上。

而绿色蚀变带形成是由于古生界天然气向东北部运移耗散与早期红色或黄色的氧化砂岩的还原蚀变作用的结果。主要表现为该地区黏土矿物绿泥石和绿帘石较多，砂岩相对富含 Fe^{2+}。

（二）成矿模式

蒙其古尔铀矿床层间氧化带型砂岩铀矿床为长期地质演化的产物，其形成共经历了 4 个演化阶段：沉积成岩期预富集阶段、表生后生改造成矿早期弱成矿阶段、主成矿阶段和后生改造叠加富集阶段（图 3-1-28）。

1. 沉积成岩期预富集阶段（J_{1-2}）

沉积成岩期主要为含矿建造中-下侏罗统的形成时期，水西沟群为一套陆相暗色含煤碎屑岩系地层。该群自下而上由 8 个旋回韵律层组成，多数旋回具煤-泥-砂-泥-煤或泥-砂-泥结构，砂体上、下均有稳定的或相对稳定的泥岩隔水层，易形成容矿构造，为后生改造期层间水的流动及矿石的沉淀提供了充足的空间。层间砂体含有丰富的有机质、炭化植物碎屑（有机碳含量最高可达 2.87%，并含有烃类等有机气体以及各种微生物），并在成岩期形成了大量的黏土矿物及黄铁矿，为后生成矿作用准备了还原剂和吸附剂。沉积成岩阶段，通过吸附、离子交换等作用，砂体中铀发生一定的预富集，其总体上富集程度不高，铀含量总体不高，尚未达到矿化程度。

2. 表生后生改造成矿早期弱成矿阶段（K_2-E）

晚白垩世—古近纪矿区经历了燕山晚期、喜马拉雅 Ⅰ 期、Ⅱ 期等地质构造运动。该时期矿区总体处于弱挤压的构造环境，矿区南部地层抬升并出露地表，接受剥蚀，造成 J_3、K_1 的缺失。K_2 与 J_{1-2} 的不整合面可作为后生成矿作用开始的标志。随地质构造活动的发展，上白垩统与新近系覆盖于中-下侏罗统之上，来自南部蚀源区的含铀含氧承压水渗入到层间砂体中，形成层间氧化带并伴有较弱的铀成矿作用。

3. 主成矿阶段（N_1-N_2）

中新世早期，矿区内向斜和 F_2、F_3 等断层开始形成。F_3 断层发育期略早于主成矿期，其逆冲阻水性质使得该矿床处于相对独立稳定的构造成矿系统，F_2 断层的形成，将地表潜水与层间承压水沟通，加快了层间氧化带的发育。总体而言，该地区的阻水逆冲断裂组合构成了较完整的地下水补-径-排系统，控制了层间氧化带和铀矿体的发育。

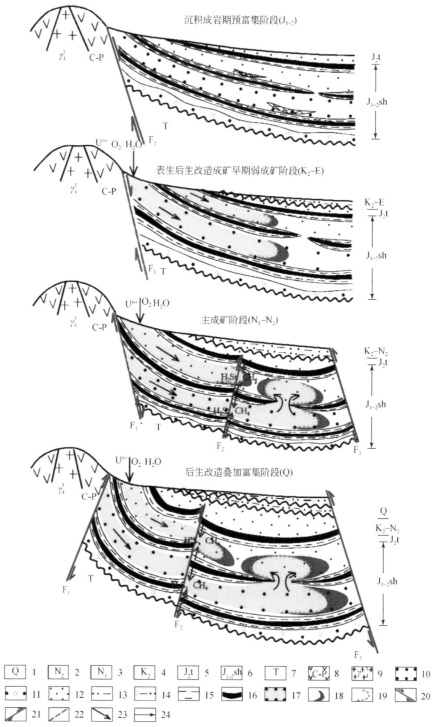

1-第四系；2-中新统；3-上新统；4-上白垩统；5-中侏罗统头屯河组；6-中-下侏罗统水西沟群；7-三叠系；8-石炭纪—二叠纪中酸性火山岩；9-燕山期花岗岩；10-粗粒砂岩；11-砂砾岩；12-中、细粒砂岩；13-泥质粉砂岩；14-泥质杂砂岩层；15-泥岩；16-煤岩；17-氧化带；18-铀矿体；19-氧化带前锋线；20-正断层；21-逆断层；22-推测断层；23-含铀含氧水入渗方向；24-煤层气逸散方向

图 3-1-28 蒙其古尔铀矿床成矿模式

中新世晚期—上新世即为该矿床的主成矿期。在此之前，层间氧化带得到大规模的发育，层间氧化带各亚带分带明显，自南部蚀源区渗入的含铀含氧地下水顺着层间砂体流动，同时将含矿建造本身的 U 等金属元素活化迁移，在这个过程中，层间水中的氧气不断被消耗，至氧化带前锋线氧气消耗殆尽，氧化还原过渡带含铀水溶液处于还原性含有大量有机质、硫化物等还原性物质的环境下，U 被还原沉淀富集成矿，并形成卷状矿体。在该阶段由于 F_2 断层的导通作用，含矿砂体顶底板煤层释放出的烃类气体进入到含矿层，在一定程度上提高了砂体的还原容量。在含矿建造透水"天窗"发育的地段，因承压作用，地下水产生越流补给，并形成形态"孤立"的铀矿体。

4. 后生改造叠加富集阶段（Q）

上新世末以来，盆地南缘断裂（F_1 断层）继承性复活并向盆地方向逆冲，发生了强烈的隆升与沉降作用，屉形向斜形成，造成矿区南部石炭纪火山岩逆冲于中–下侏罗统之上。向斜南翼抬升剥露地表，遭受风化剥蚀，产生一个天然的构造天窗，成为承压含水层的重要补给源，含铀含氧水的继续补给使早期形成的铀矿体继续受到叠加改造，使其矿化厚度、规模不断增大，品位不断增高，且该成矿作用一直持续至今。

第二节　吐哈盆地十红滩矿床

一、成矿条件

（一）矿区构造条件

十红滩铀矿床位于构造较稳定的艾丁湖斜坡带上，其内部发育次级褶皱和断裂构造。

1. 褶皱

受基底构造的影响，在中–下侏罗统中出现了一些平缓的背斜、向斜构造。一类为基底断块差异升降作用形成的背斜穹窿（鼻状隆起）和向斜；另一类为基底逆冲断裂引起的断褶背斜（或挤压挠曲背斜）。前者如十红滩背斜（下详述），以及东西两侧的凹陷构造等；后者在该区受北西向隐伏断裂控制，如鹰嘴崖北西向背斜、八仙口一带北西向背斜等。鹰嘴崖北西向隐伏逆冲断裂（下详述）引起的北西向背斜，对北矿带层间氧化带及铀矿体的展布方向有明显的控制作用。

十红滩背斜为一宽缓短轴鼻状背斜，长约 4km，宽 2km；轴向为 NE45°；翼部倾角为 15°~25°；核部为较老的八道湾组。西山窑组出露地表并部分被剥蚀，成为后期地下水补给、渗入的窗口，对南矿带的形成起到了直接的控制作用。它的隆起、掀斜作用，也牵动了东、西、北部 20~30km 范围内地层产状的变化；使地下水动力增强、流向变化，对中、北矿带形成的控制作用也不可忽视。

2. 断裂

十红滩铀矿区及其附近主要发育两组断裂：一组为北西西走向；另一组为北东向。北西西向断裂有两组：一组为艾丁湖南断裂，它是一条复活了的基底断裂，是盆地南缘斜坡带地下水区域性的排泄源；另一组为鹰嘴岩断裂及其南部直至盆缘与之平行的两条断裂，吴伯林等（2003）认为是"断裂挠曲""坡折带"，其特点是它虽然也是基底断裂的复活断裂，但强度较弱，时而切穿盖层，但多数情况下又未切穿盖层（当地层柔性时）。它们使容矿层系形成了一系列负向凹地，这些凹地在盖层沉积时期就使地势低凹处沉积了厚层砂体，在后期宽缓褶皱翼部变缓处或地层产状坡折处，地下水活动时，产生水动力和水化学变化梯度带，有利于地下水中铀的迁移和富集。

北东向断裂在盆地内多为基底隐伏断裂，其性质为压扭性或张扭性，延伸长十至几十千米，对次级构造起一定的控制作用。如十红滩背斜东西两翼部的北东向隐伏断裂及苏巴什、八仙口西、白嘴山西部北东向隐伏断裂等。

（二）岩性条件

构成吐哈盆地南缘的盖层主体和赋矿地层为中-下侏罗统水西沟群。该群在艾丁湖斜坡带厚度一般<500m，钻探控制最大厚度为780m（艾1井）。总体为一套河湖相灰色含煤碎屑岩建造，以砂泥（煤）互层结构为特征。主要发育中侏罗统西山窑组，而下侏罗统八道湾组和三工河组在矿区大部分地段缺失，致使中侏罗统直接不整合超覆在石炭系基底之上。

西山窑组由下而上进一步划分为四个岩性段，各岩性段的层序格架、沉积体系及其岩性岩相特征如下。

第一岩性段（J_2x^1）与三工河组整合接触，为辫状河相含煤碎屑岩建造，厚度为35~85m。中下部以砾岩、砂质砾岩、含砾粗砂岩为主，向上过渡为中粒、中细粒砂岩，富含大量炭化植物碎屑及铁质结核，顶部为第二煤层组（M2）。该段由砾岩-砂质砾岩-砂岩-泥岩及煤层组成良好的韵律层，砂岩中发育各种交错层理及平行层理，辫状河相沉积特征明显，为矿床南矿带赋矿层位。

第二岩性段（J_2x^2）为河流-三角洲相沉积，厚度为0~210m。下部由泥岩、粉砂岩和砂岩组成倒韵律层，产昆虫化石，属三角洲相沉积；中、上部为泥岩、粉砂岩和砂岩互层，见多层薄煤或煤线，组成第三煤层组（M3），属河流亚相沉积。为矿床中矿带赋矿层位。

第三岩性段（J_2x^3）为一套河流-沼泽相含煤碎屑岩建造，厚度为0~215m。下部为辫状河亚相含砾粗砂岩、砂质砾岩，局部夹薄层泥岩；上部为两层煤夹一层砂岩及泥岩组成第四煤层组（M4），煤层厚4~32m，主要为沼泽亚相沉积。该段为矿床北矿带的赋矿层位。

第四岩性段（J_2x^4）与第三岩性段整合接触，为一套河流-沼泽相沉积体系，厚度为0~100m，下部以粗砂岩、砂质砾岩为主，砂体厚度不大，一般为2~6m，但层数多；上部以浅黄色、紫红色、玫瑰色等彩色泥岩、粉砂岩为主，夹薄层砂岩。该段内尚未发现工业铀矿化。

（三）水文地质条件

1. 含水层

十红滩铀矿区属于吐哈盆地内艾丁湖斜坡带Ⅱ₂水文地质单元，可划分出四个含水岩组，即泥盆—石炭系含水岩组、侏罗系含水岩组、古近—新近系含水岩组和第四系含水岩组。侏罗系含水岩组与区内层间氧化带发育和铀矿化形成关系最为密切。侏罗系水西沟群含水岩组可划分为八道湾含水层组-Ⅰ、Ⅱ含水层、三工河含水岩组-Ⅲ含水层、西山窑含水岩组-Ⅳ、Ⅴ、Ⅵ、Ⅶ、Ⅷ含水层。

2. 水动力条件

艾丁湖斜坡带Ⅱ$_2$具有完整的地下水补给、径流、排泄系统。

补给条件：容矿含水层中地下水的主要补给来源是南部觉罗塔格山前侏罗系基岩裂隙水，是通过第四系潜水及断层裂隙水间接侧向补给的。在局部地段，大气降水通过上部第四系潜水垂直补给容矿含水层。

径流条件：工作区容矿含水层接受补给区地下水后沿含水层由南向北径流，由于构造及岩性的影响，容矿含水层各部位的透水性和富水性差异较大。据十红滩地区资料，第Ⅳ容矿含水层（J$_2$x^{1}含水岩组），在鼻状隆起的影响下，隆起东翼至15号勘探线以西地下水由西向东流动，水力坡度为0.58%，径流速度为1.96×10^{-3}m/d；到15号勘探线以东，地下水流动方向为南北向，渗透系数由西到东有减小趋势；鼻状隆起东翼附近渗透系数为0.527m/d，单位涌水量为0.163L/（s·m）；到15号勘探线附近，渗透系数为0.138m/d，单位涌水量为0.076L/（s·m）。J$_2$x^{3}含矿含水层组第Ⅵ含水层，在39号勘探线附近渗透系数0.27m/d，单位涌水量为0.096L/（s·m），两层承压水头均大于80m。

排泄条件：艾丁湖斜坡带承压地下水排泄区主要分布在斜坡带以北最低处艾丁湖呈东西展布的区域。排泄方式有以下几种：①容矿含水层顺层径流，最后通过艾丁湖底部断裂向艾丁湖排泄；②通过隐伏断裂带垂直向上部含水层及潜水排泄，如十红滩北F$_1$断层；③层间水通过弱透水层以分散的形式排泄——越流排泄。

3. 水文地球化学特征

工作区基岩和径流区水化学类型基本以SO$_4$·Cl-Na·Ca或SO$_4$·Cl-Na·Ca型水为主；到艾丁湖附近的排泄区，水化学类型变为Na-Cl型；而地下水矿化度在基岩山区为3～8g/L，在径流区为8.3～9.7g/L。

十红滩矿区地下水中铀含量一般为20.36～81.49μg/L。地下水中铀以UO$_2$（CO$_3$）$_3^{4-}$和UO$_2$（CO$_3$）$_2^{2-}$的形式存在并迁移。受补给条件、蒸发作用和径流条件的影响，北矿带地下水中的ΔEh和Fe^{3+}浓度明显高于南矿带，而Fe^{2+}和Ca^{2+}浓度明显偏低。

二、铀矿化特征

（一）矿体分布

层间氧化带的分布控制了十红滩铀矿床矿化的分布，区内找矿目的层中-下侏罗统水西沟群各岩组、段均程度不同地发育层间氧化带。主要发育层位为西山窑组第一、二、三岩性段（图3-2-1）。层间氧化带沿走向断续延伸百余千米，倾向延伸500m以上，最大可达5km；西至苏巴什和东至迪坎儿，均已被钻探揭露证实。

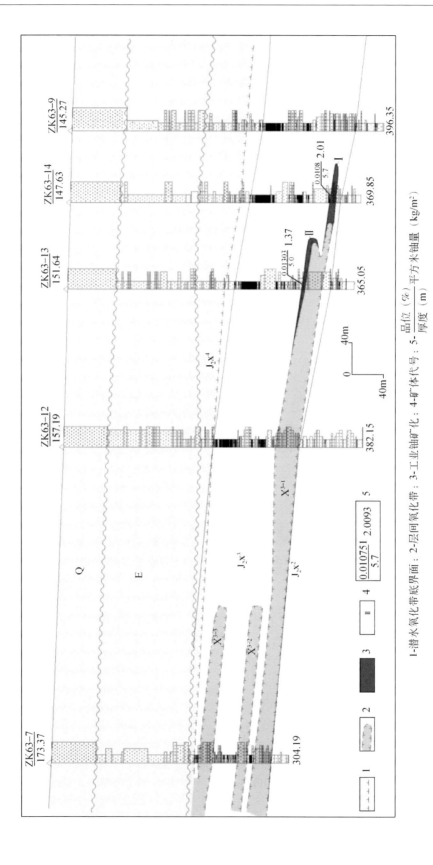

图3-2-1 十红滩地区63号勘探线层间氧化带与铀矿化

1-潜水氧化带底界面；2-层间氧化带；3-工业铀矿化；4-矿体代号；5- $\dfrac{\text{品位（%）}}{\text{厚度（m）}}$ 平方米铀量（kg/m²）

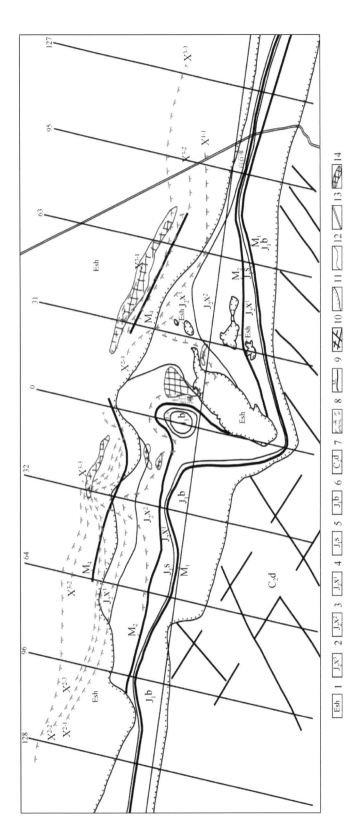

图3-2-2　十红滩矿床128—127线地质层前锋线平面分布图（据李保华等，2003）

1-鄯善群：棕红、砖红色砂质砾岩、泥岩，含石膏；2-西山窑组上段：灰白、褐黄色泥岩，砾岩与灰色泥岩互层，含2-3层厚煤层；3-西山窑组中段：褐黄、灰白色中细砂岩，夹砾岩或透镜体及薄煤层；4-西山窑组下段：灰白、褐黄色砂质砾岩，中粗砂岩夹薄层泥岩及煤线；5-三工河组：灰绿色泥岩灰白色砂岩、黄褐色中粗砂岩互层，夹碳质泥岩及薄煤层；6-八道湾组：灰白色砂岩、砾岩与灰绿色细砂、泥岩互层，含数层煤层及煤线；7-迪坎孜组细砂、粉砂岩夹薄层灰岩、黄褐色中粗砂岩；8-层间氧化带前锋线及编号：灰白色砂岩，生物碎屑灰岩；9-煤层界线及编号：10-断裂；11-角度不整合界线；12-地层界线；13-公路；14-铀矿体

层间氧化带发育具有多层性特点，西山窑组层间氧化带主要有10层，其中第一岩性段2层、第二岩性段5层、第三岩性段3层。单层的层间氧化带呈不规则的板状，其形状及厚度随着前进方向上岩相的变化和岩石的渗透性差异而变化。多层层间氧化带的组合在剖面上呈前伸羽列式展布；在纵剖面上，层间氧化带的形状取决于层间氧化带前锋线的位置和形状，呈板状或透镜状。平面上，层间氧化带前锋线呈蛇曲港湾状（图3-2-2）。

区内层间氧化带岩石呈玫瑰红色和褐黄色，在钻孔剖面上，单层层间氧化带主要有三种表现形式：①纯玫瑰红色或浅玫瑰红色；②纯褐黄色；③玫瑰红色和褐黄色以不同比例的组合。

矿区内层间氧化带具有较明显的地球化学分带现象。根据氧化带中岩石矿物颜色、成分的变化，低价铁矿物的转变，炭屑、有机质的存在情况，ΔEh、$S_全$ 及 Fe^{3+}/Fe^{2+} 等地化参数，铀、钍、镭等元素在各亚带的分布特征，沿承压水的流动方向，将层间氧化带分为完全氧化亚带、不完全氧化亚带、氧化—还原过渡带（前锋区；铀矿石带）和还原带（表3-2-1，图3-2-3）。

表3-2-1　吐哈盆地西南缘含矿层间氧化带岩石、矿物特征一览表

氧化带		氧化–还原过渡带	还原带
完全氧化亚带	不完全氧化亚带	铀矿石及铀扩散晕亚带	原生岩石带
黑云母褐铁矿呈撕裂状，褐铁矿呈团斑状，粉末状分布于杂基中，不保留黄铁矿 赤铁矿呈粉末状分布于杂基中 炭屑完全氧化消失 无黄铁矿	黑云母轻微褐铁矿化，矿物边缘氧化为浅褐色，碳屑未氧化，与褐铁矿、水针铁矿伴生，绿泥石常与褐铁矿伴生，个别被褐铁矿穿插 褐铁矿呈团斑状，粉末状，分布于杂基中 少数保留草莓状黄铁矿晶形假象 无黄铁矿	黑云母无变形及褐铁矿化 绿泥石主要分布于杂基中，部分为黑云母蚀变而来，常与黄铁矿共生 黄铁矿呈草莓状、胶状，主要分布于杂基中 铀矿物主要为沥青铀矿、铀石，常与黄铁矿共生，个别岩石中见到炭屑	黑云母无变形撕裂现象，部分绿泥石化，与黄铁矿共生 绿泥石多分布于杂基中，主要由黑云母蚀变而来 黄铁矿多为胶状、粒状，呈五角十二面体及立方体晶形，个别见草莓状黄铁矿，矿物表面干净 炭屑未发生氧化，具木质边腔结构

矿物组合特征（行标签，对应第一数据行）

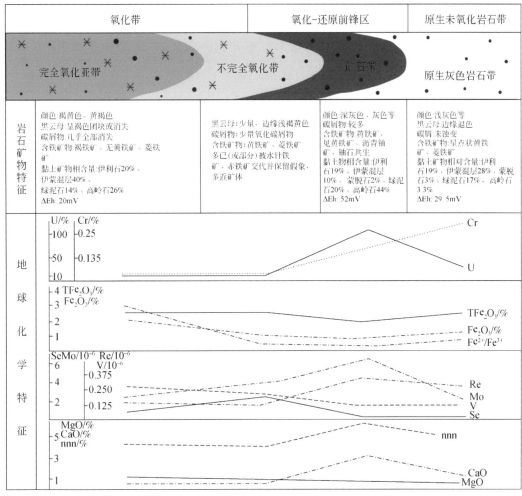

图 3-2-3 吐哈盆地西南缘中下侏罗统含矿层间后生氧化蚀变矿物地球化学分带图
（nnn 为烧失量，主要成分为 CO_2）

1. 完全氧化亚带

此亚带砂岩主要呈深浅不一的黄褐色、褐黄色，间或夹浅玫瑰红色，色泽有陈旧、沉重感。该亚带的上、下两侧有时可见砂岩褪色蚀变成灰白色。亚带内低价铁矿物（如黄铁矿、菱铁矿）几乎全部氧化，褐铁矿大量浸染岩石中的碎屑矿物和胶结物，并沿着孔隙、裂隙广泛发育，黑云母呈褐色团块或消失，很难见到炭屑。岩石中 $C_有$ 为 0.08%、Fe^{3+}/Fe^{2+} 为 5.1、$\sum S$ 为 0.047%、ΔEh 为 20mV。

2. 不完全氧化亚带

此亚带砂岩多为亮黄色、玫瑰红色，有时为杂红色或血红色。此亚带常位于层间氧化带的中、前部位，距矿体位置较近。岩石颜色新鲜均匀。亮黄色表示水针铁矿、褐铁矿等矿物，杂红色是在亮黄色基础上分布着较多的星点状血红色赤铁矿或水针铁矿所致。此类氧化岩石多为疏松中细粒砂岩。氧化砂体上、下两侧有时见已氧化成星点状的黄铁矿或薄膜状黄铁矿（褐铁矿化），有时见灰黑色粉末状碳质物呈不规则脉状产于黄色岩石中。岩石中还可见黑云母，但其边缘多已呈浅褐（黄）色。本亚带内 $C_{有}$ 为 $0.08\% \sim 0.72\%$，Fe^{3+}/Fe^{2+} 为 $1.76 \sim 1.45$。

3. 氧化-还原过渡带

位于层间氧化带的前端和上下两翼。岩石颜色多为深灰色、灰色、灰白色，有时为淡黄色或灰黑色（含黄色斑点、色晕）。多见粉末状、微粒状黄铁矿，同时见少量玉髓状石英、粉末状碳质物。矿石中广泛发育溶蚀交代现象，黏土矿物溶蚀交代岩屑、长石甚至石英。矿石中存在大量吸附状铀及沥青铀矿等，$C_{有}$ 为 0.75%，Fe^{3+}/Fe^{2+} 为 0.53，$\sum S$ 为 0.68%，ΔEh 为 $52mV$。

4. 原生未氧化岩石带

由灰色、浅灰色、灰白色砂岩、含砾砂岩、砂质砾岩等组成。岩石中星点状黄铁矿、炭屑物、菱铁矿未发生明显变化，仅见长石有轻微的水解现象（高岭石化），黑云母边缘有褪色。其中 $C_{有}$ 为 0.93%，Fe^{3+}/Fe^{2+} 为 0.34，$\sum S$ 为 0.03%，ΔEh 为 $29.5mV$。

铀矿体的埋深在 $100 \sim 375m$。其中产于第一岩性段中的矿体埋深相对较浅，为 $100 \sim 189m$；第二岩性段中的矿体埋深属中等，为 $129 \sim 212m$；第三岩性段中的矿体埋深最大，为 $239 \sim 348m$。矿体在剖面上的形态多为板状（翼部矿体），其次是卷状（图3-2-4）。在勘探线上延伸长 $40 \sim 950m$。不规则的板状矿体常随控矿砂体的厚度变化而变化。卷状矿

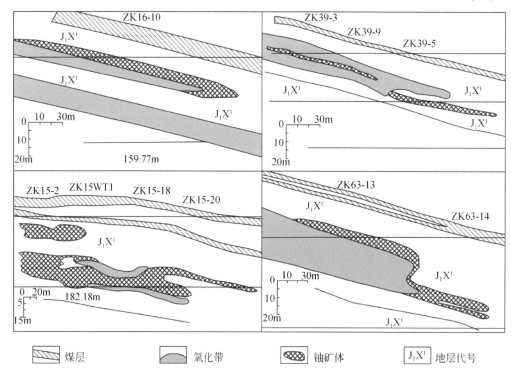

图 3-2-4　十红滩铀矿床铀矿体剖面形态（据李保侠等，2003）

体形态更复杂,多见一头分叉,另一头呈舌状尖灭。卷状矿体的卷头最厚可达16.8m,在倾向上延伸30~60m,卷的两翼长度多在100~300m,厚度不等。

矿体的倾角多小于10°,变化于0.5°~9.6°。铀矿体在各粒级岩性中均有分布。在所有的含矿岩性中:砾岩占19%,粗砂岩、中砂岩和细砂岩分别占32%、19%和21%,其余钙质岩石及粉砂岩等占10%。在线储量分布上,砾岩占12.6%、粗砂岩占34.1%、中砂岩占22%、细砂岩占26.3%,其余呈夹石产出的钙质胶结砂砾岩、粉砂岩占4%,即区内矿体的线储量主要分布在砂岩之中,其次为砾岩。矿床内共圈定15个工业铀矿体,厚度变化为0.8~16.8m,平均为4.84m,厚度变异系数为73%。

区内矿体的厚度加权平均品位变化为0.0108%~0.1686%,铀矿体的平方米铀量值变化为1.026~12.036kg/m²,其中平方米铀量平均值最高的是I-7号矿体,为5.889kg/m²;最低的是I-3号矿体,为1.042kg/m²;而I-4号矿体和III-1号矿体的平方米铀量平均值相对比较大,分别为4.271kg/m²和3.051kg/m²,其品位和平方米铀量变异系数分别为85%和63%。

(二) 铀赋存形态

十红滩矿床的铀矿石依据其赋矿主岩可分为疏松-次疏松砂砾岩型和致密钙质胶结砂砾岩型与泥岩型三类。其中疏松-次疏松砂砾岩型矿石占80%以上,为铀矿体的主要组成部分;泥岩型及致密钙质胶结砂砾岩型矿石不超过20%,且品位较低。

赋矿岩石主要为疏松-次疏松灰色、深灰色长石岩屑砂岩、岩屑砂岩,不等粒-等粒砂状结构。根据岩石粒度不同可分为砾岩、砂质砾岩、粗砂岩、中砂岩、细砂岩等,以中粗粒砂岩占优势;胶结类型以接触式为主,少量溶蚀孔隙式;胶结物主要为黏土、微屑杂基,少量为碳酸盐,含矿砂岩中碎屑占90%,胶结物不足10%。

矿石中孔隙发育,主要孔隙类型为粒间溶孔和粒间(粒内)裂隙复合型。致密钙质胶结砂砾岩型矿石及组成部分粒间容孔和粒间裂缝基本各占一半,总面孔率(ω)为14.7%;溶孔孔径为50~120μm,少量达1800μm;裂缝宽10~100μm,孔-缝呈网状连通,连通性好。

砂屑物在含矿砂岩中所占比例达90%以上,由单矿物碎屑和岩屑构成,各占50%。单矿物碎屑主要为石英(包括集晶和多晶石英),含量为30%~40%,平均为32.1%;长石(钾长石、钠长石、斜长石)含量为20%~25%,平均为22%。岩屑种类较多,以泥岩、粉砂岩、板岩和中酸性火山岩、花岗岩为主,含量为37%~46%,平均为42.6%。黏土矿物包括粒间自生黏土和长石岩屑水解蚀变产物的黏土,总量可达20%。根据X射线衍射矿物相定量分析和扫描电镜观察,黏土矿物主要为高岭石,其次有伊利石、伊/蒙混层、蒙脱石和少量绿泥石。此外,在矿石中还见有少量黄铁矿(0.9%左右)、白铁矿、碳酸盐(0.3%左右),偶见赤褐铁矿。

矿石中铀主要以沥青铀矿存在,少量铀石和含铀矿物以胶结物形态和吸附态存在。胶结物形态主要存在于碎屑孔隙、裂隙等中;吸附状态铀主要与矿石中黏土矿物、粉末状黄铁矿、炭屑密切相关。

(三) 成矿年代

十红滩铀矿床成矿期次为三期,南矿带U-Pb法等时线年龄为104Ma、24Ma、7Ma;北矿带为84Ma、24Ma、8.8Ma。表明十红滩铀矿床铀成矿时间演化基本一致，具三期成矿。

1. 第一期

104~84Ma成矿年龄段，相当于白垩纪中晚期；表明当时盆地抬升隆起，气候干旱，含铀含氧地下水渗入容矿层中，开始了第一期的层间氧化–还原成矿作用。

2. 第二期

24Ma年龄段相当于古近纪渐新世末期，反映盆地又一次强烈隆起，含铀含氧地下水再次渗入容矿层，进行第二期氧化–还原成矿作用。

3. 第三期

8.8~7Ma成矿年龄段相当于新近纪中新世晚期，表明盆地再次抬升，含铀含氧水继续下渗，铀及其他成矿元素一部分对原已形成的矿体叠加改造、富集，另一部分继续迁移，在氧化带的前锋区沉淀，形成新的矿体。

三、控矿因素

十红滩铀矿床的控矿因素为构造、古气候、沉积体系、渗入水文条件。

（一）构造

十红滩铀矿床发育在吐哈盆地南缘西段的艾丁湖斜坡带上，适中的构造强度使铀矿得以形成，且被保存。首先是早–中侏罗世沉积时的弱伸展构造体制使沉积相带发育齐全，西山窑期河流–湖沼相砂泥互层的岩性组合为随后的层间氧化带的发育奠定了成矿空间。其次，发生在侏罗纪与白垩纪之交的构造运动使容矿层掀斜，为随后含铀含氧水的渗入和氧化带的发育创造了必要的前提。再次，斜坡带上的局部隆起褶曲或断裂构造带定位了矿床、矿点的空间，如十红滩矿床南矿带定位在十红滩背斜东西两翼，北矿带定位于鹰嘴崖断裂北侧的挠曲背斜处。最后，晚白垩世、始新–渐新–中新世和上新世，三次盆地隆升和沉积间断使容矿的西山窑组多次抬升掀斜，其中层间水的水动力体制多次被破坏和重建，与其相关的层间氧化和铀成矿作用也多次再现和叠加。

（二）古气候

早–中侏罗世该地区气候温湿，沉积形成了一套富含有机质的含煤碎屑岩系地层——水西沟群，为铀成矿准备了主岩基础。随后在晚侏罗世，特别是晚白垩世以来持续干旱、炎热的气候环境，加上掀斜抬升使盆地南缘侏罗系长期处于隆升剥蚀状态，有利于富铀含氧水直接渗入主岩，并发育层间氧化带及铀矿化。

（三）沉积体系

十红滩地区西山窑组发育辫状河沉积，河道砂体渗透性良好，横向、纵向上连通性良好，发育"泥–砂–泥"结构，利于成矿流体流通。砂岩富有机质，利于铀的沉淀富集。

厚度大、品位高的矿体定位于河道砂体中。

(四) 渗入水文条件

艾丁湖斜坡带具备完善补–径–排地下水动力体系，这种渗入型盆地承压地下水的动力机制，使得蚀源区的铀溶入水中渗入盆地，在透水的砂岩中径流，氧化、还原成矿。

四、成矿模式

十红滩铀矿床成矿模式划分为四期（图3-2-5）。

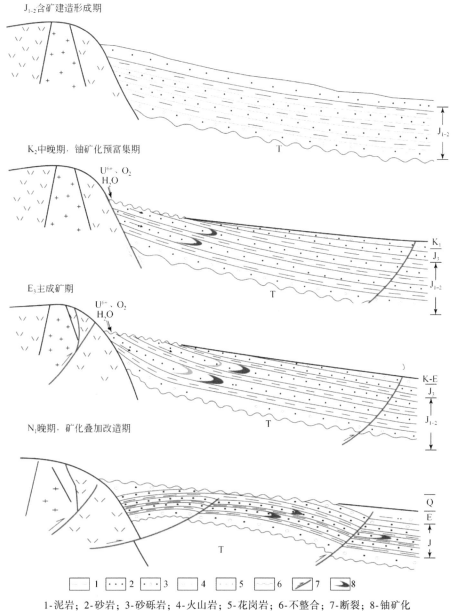

图 3-2-5 吐哈盆地十红滩铀矿床成矿模式

1. J_{1-2} 含矿建造形成期

吐哈盆地在早-中侏罗世（J_{1-2}）处于稳定板内伸展构造期，形成了北深南浅的箕状拗陷式盆地，盆地西南缘处于北部拗陷南翼斜坡区的构造位置，其物源主要来自南部觉罗塔格山隆起区，形成了一套辫状河、辫状河三角洲及滨浅湖相含煤碎屑岩沉积，构成该区重要的含铀建造层。

2. K_2 中晚期，铀矿化预富集期

晚白垩世（K_2）中晚期，随着喜马拉雅地体的北向挤压拼贴，盆地西南缘进一步抬升、隆起，盆缘早期地层（J_{1-2}）遭受到剥蚀、淋滤作用的改造，表生含氧含铀流体层间渗入 J_{1-2} 地层，砂岩铀矿化初始富集。

3. E_3 主成矿期

渐新世盆地南部觉罗塔格山系以缓慢抬升为主，总体呈丘陵、缓坡地貌，多数地区处于隆起剥蚀区，早期盖层遭受长期的剥蚀、淋滤改造，表生含氧含铀流体大规模层间渗入含矿层，发育大规模铀矿化。

4. N_1 晚期，矿化叠加改造期

中新世，觉罗塔格山以断块差异抬升、掀斜运动为主，垂向抬升幅度为 500 ~ 1500m。同时，伴生有基底卷入式逆冲断裂活动，在局部盖层中形成宽缓穹窿背斜及断展背斜构造，使盆缘盖层进一步抬升掀斜，遭受到进一步的剥蚀、淋滤改造；第四纪后期该区表现为整体隆升的特点，形成多级第四纪河谷阶地地貌，砂岩型铀矿进一步叠加改造。

第三节　塔里木盆地北缘萨瓦甫齐矿床

一、成矿条件

（一）矿区构造条件

萨瓦甫齐铀矿区整体轮廓表现为向北凸出的弧形，呈狭长条状。矿区地层（矿层）展布主要受断层控制，褶皱不发育。矿区断层可分为两组：一组为近东西向逆冲断层，均为压性，呈密集性平行分布，时代较老；另一组为平移断层，它们大都切割逆冲断层，时代较新。近东西向逆冲断层按断面倾向又可分为两组，一组断面北倾，另一组断面南倾，但以前者规模较大，两组逆冲断层多成组出现，断面平行或近乎平行，表现为叠瓦状。北倾断层倾角一般为 45° ~ 60°，南倾断层断面倾角较小，为 20° ~ 30°。平移断层按其走向不同，也可分为两组：一组为北西向，规模和断距较大，分布于矿区东部；另一组为北东向，断距较小，分布于 II 矿段中西部。矿区内所有北西向和北东向平移断层东盘均向南推移，这是由这些平移断层全部分布在矿区向北凸出的弧形弯曲中东部，受不均衡侧向挤压

作用，东部地层向南推进所致。可见，矿区地层呈向北凸出的弧形，主要受区内平移断层的控制，这些平移断层应为近东西向逆冲断层的派生，北东向和北西向两组平移断层正好构成共轭的 X 形断裂系，反映本区断层是南北向挤压应力环境下的产物。矿区所有断层切割地层深度较浅，延伸范围不大，从整个区域构造环境看，应该形成于新构造运动时期。

从南北方向看，以靠近矿区北侧边部较发育，可见，矿区断层主要受盆地北缘山前大断裂的影响，它们由盆缘控制性大断裂所派生；从东西方向看，以矿区东部 II 矿段最发育，而西部 I 矿段几乎未见断裂出现，这可能是前者靠近盆缘，受盆缘控制性断裂影响大，所遭受的挤压作用强的缘故。

矿区内所有断层几乎全部切割了矿区的砂岩型铀矿层，破坏了铀矿层的连续性，局部造成矿层缺失或重复，使矿体形态复杂化；矿区内部断层对后生淋积煤岩型铀矿体的形成起控制作用，主要是为含矿溶液运移提供通道，如 F_6 断层切割第九煤层（M9）时，在断层下盘的煤层中形成了较富的后生铀矿体。目前矿区所发现的断层控矿作用都是在逆冲断层中，平移断层切割煤层时尚未发现铀矿化出现，可能是平移断层发育时间较晚。

（二）岩性条件

萨瓦甫齐铀矿床铀产于中-下侏罗统铁米尔苏组，为一套温湿气候条件下形成的含煤碎屑岩建造。以三个分布稳定、宏观特征明显的煤层（M1、M9、M12）为标志，将该组分为上、下两个岩性段，两个岩性段又可根据沉积旋回特征，划分为四个岩性亚段（图 3-3-1）。

铁米尔苏组旋回结构明显，共发育 7 个完整的旋回，每个旋回具三层结构，即旋回下部为颗粒较粗的河道底部透镜状砾岩或砂砾岩，其下通常发育冲刷面；往上为具大、中型板状或楔状斜层理的河道砂体；再往上斜层理消失，出现水平层理或波状层理的细砂、粉砂和泥或煤层与碳质泥岩。由此可见，每个旋回河流相砂体有明显向上变细的半粒度韵律，砂体在剖面上呈透镜体组合。铁米尔苏组各旋回叠置构成很好的"泥-砂-泥"结构，且这种结构相间出现，尤其在该组上段砂体与泥岩（煤）层厚度大，延伸稳定，这种"泥-砂-泥"结构为后期层间氧化带的发育提供了很好的地层条件。而该组下段处于近山前辫状河相沉积环境，水动力条件较强，沉积环境相对动荡，旋回底部多冲刷，造成下部旋回顶层沉积（隔水顶板）很薄，且砂体呈透镜体产出，延伸不稳定。

铁米尔苏组以浅灰白色及浅灰色砂砾岩、砂岩为主，粉砂岩、泥岩和煤层仅占地层厚度的 1/4 ~ 1/3。大于 0.1m 以上的煤层共有 12 层，除 M1、M9 和 M12 三层煤厚度大于 1.5m，在全区分布稳定外，其余各煤层很薄。砾岩主要由变质石英、脉石英与燧石砾组成，砾石分选中等，直径为 2 ~ 5mm，次棱角-次圆状，其他岩屑含量极少，孔隙式胶结。河道砂岩类型以岩屑砂岩与岩屑石英砂岩为主，石英含量为 50% ~ 70%，岩屑含量为 20% ~ 30%，长石含量很低，只有 1% ~ 5%，岩屑类型以火山细碎屑岩为主，次为变质岩和沉积岩岩屑，颗粒分选较差，具次棱角-次圆状，粒度分布宽，多为不等粒砂岩，胶结物主要为泥质，次为硅质。各种碎屑岩中普遍含炭屑、有机质脉体和分散状、团块状黄铁矿，地表可见浸染状、团块状黄钾铁矾与褐铁矿。

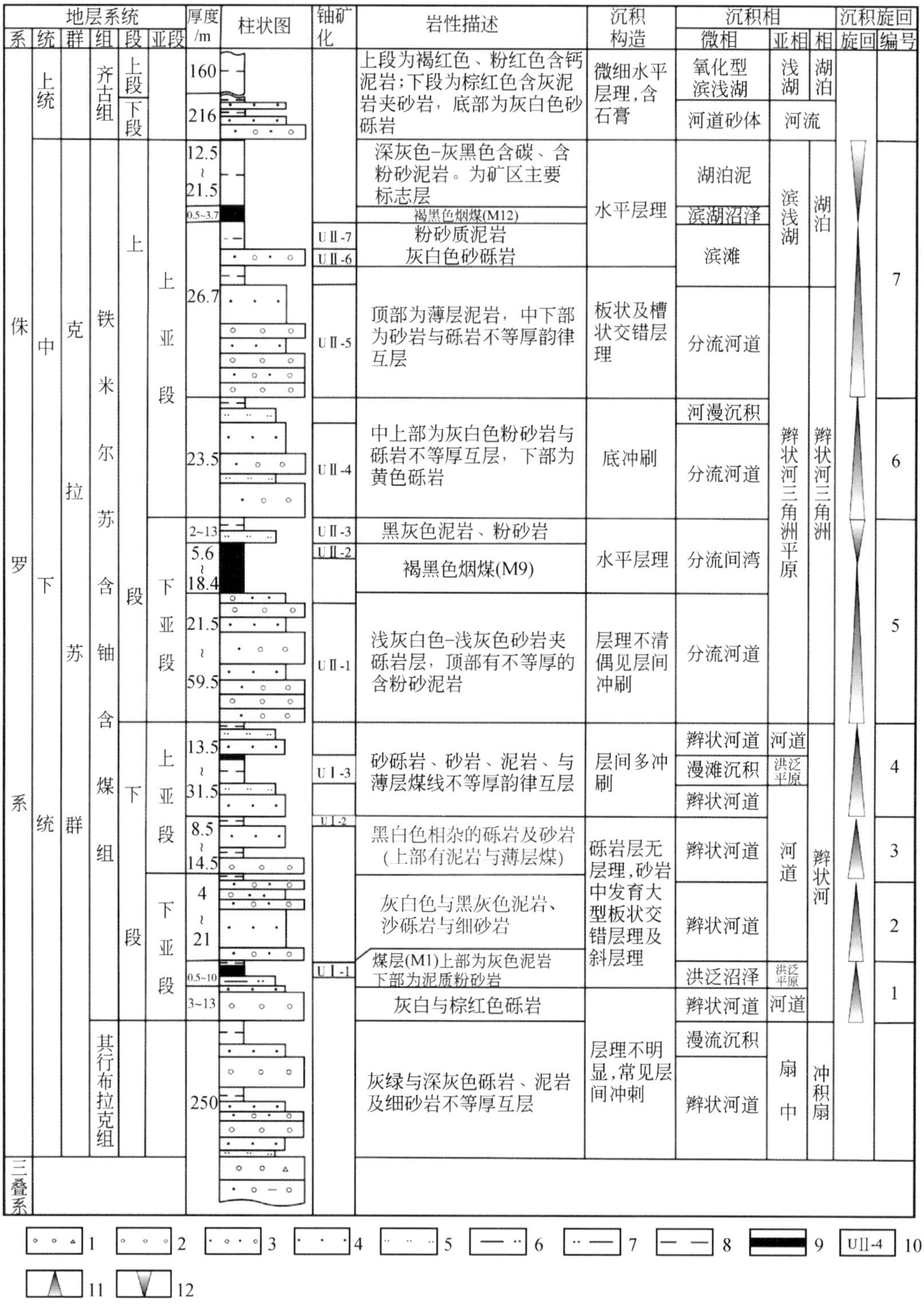

地层系统						厚度/m	柱状图	铀矿化	岩性描述	沉积构造	沉积相			沉积旋回	
系	统	群	组	段	亚段						微相	亚相	相	旋回	编号
侏罗系	上统	克拉苏群	齐古组	上段下段		160			上段为褐红色、粉红色含钙泥岩;下段为棕红色含灰泥岩夹砂岩,底部为灰白色砂砾岩	微细水平层理,含石膏	氧化型滨浅湖	浅湖	湖泊		
						216					河道砂体	河流			
	中统		铁米尔苏含铀含煤组	上段	上亚段	12.5~21.5			深灰色-灰黑色含碳、含粉砂泥岩。为矿区主要标志层	水平层理	湖泊泥	滨浅湖	湖泊		7
						0.5~3.7			褐黑色烟煤(M12)		滨湖沼泽				
								UⅡ-7	粉砂质泥岩		滨滩				
								UⅡ-6	灰白色砂砾岩						
						26.7		UⅡ-5	顶部为薄层泥岩,中下部为砂岩与砾岩不等厚韵律互层	板状及槽状交错层理	分流河道	辫状河三角洲平原	辫状河三角洲		
						23.5		UⅡ-4	中上部为灰白色粉砂岩与砾岩不等厚互层,下部为黄色砾岩	底冲刷	河漫沉积				6
											分流河道				
	下统				下亚段	2~13		UⅡ-3	黑灰色泥岩、粉砂岩		分流河道				
						5.6~18.4		UⅡ-2	褐黑色烟煤(M9)	水平层理	分流间湾				5
						21.5~59.5		UⅡ-1	浅灰白色-浅灰色砂岩夹砾岩层,顶部有不等厚的含粉砂泥岩	层理不清偶见层间冲刷	分流河道				
			下煤群组	上段	上亚段	13.5~31.5		UⅠ-3	砂砾岩、砂岩、泥岩、与薄层煤线不等厚韵律互层	层间多冲刷	辫状河道	河道	辫状河		4
											漫滩沉积	洪泛平原			
											辫状河道				
				下段	下亚段	8.5~14.5		UⅠ-2	黑白色相杂的砾岩及砂岩(上部有泥岩及薄层煤)	砾岩层无层理,砂岩中发育大型板状交错层理及斜层理	辫状河道	河道			3
						4~21			灰白色与黑灰色泥岩、沙砾岩及细砂岩		辫状河道				2
						0.5~10		UⅠ-1	煤层(M1)上部为灰色泥岩下部为泥质粉砂岩		洪泛沼泽	洪泛平原			1
						3~13			灰白与棕红色砾岩		辫状河道	河道			
			其行布拉克组			250			灰绿与深灰色砾岩、泥岩及细砂岩不等厚互层	层理不明显,常见层间冲刺	漫流沉积	扇中	冲积扇		
											辫状河道				
三叠系															

图例:

1-含角砾砾岩;2-砾岩;3-砂砾岩;4-砂岩;5-粉砂岩;6-泥质粉砂岩;

7-粉砂质泥岩;8-泥岩;9-煤层;10-铀矿层及编号;11-上升半旋回;12-下降半旋回

图3-3-1　萨瓦甫齐地区侏罗系综合柱状图

铁米尔苏组下段在剖面上，砂砾岩、砂岩、粉砂岩及泥岩多呈大透镜体组合产出；横向上，相变急剧，常见层间冲刷，发育大中型板状层理；纵向上，薄层泥岩和煤线与厚层状砾岩和含砾砂岩互层，构成明显下粗上细的二元结构，二元结构的下部组分由辫状河河道亚相含砾砂岩组成，上部为洪泛平原沉积，由泥岩夹煤线组成，是细粒沉积物在洪水期由洪水漫出河道沉积而成。因此，铁米尔苏组下段总体表现为山前辫状河相沉积特点。到了上段（$J_{1-2}tm^2$）沉积时期，泥岩和煤层明显增厚，沉积了在全区可对比的两个煤层（M9 和 M12），砂岩横向延伸稳定，发育水平层理和斜波状层理。另外，下细上粗的反韵律与下粗上细的正韵律交互出现，表明该组上段具辫状河三角洲平原亚相沉积特征。本区辫状河三角洲前缘亚相和辫状河前三角洲亚相不发育。

二、铀矿化特征

（一）矿体分布

全矿区分为 3 个矿段，10 个铀矿化层，即铁米尔苏组上段 7 个、下段 3 个，其中具工业价值的矿化层有 7 个：UⅠ-1、UⅡ-2、UⅡ-3、UⅡ-4、UⅡ-5、UⅡ-6 和 UⅡ-7，其中以 UⅡ-4 最富，约占总储量的 68%，UⅡ-5 次之，约占矿区储量的 11.3%，UⅠ-1 和 UⅡ-7 规模很小，所占不到 1%。UⅠ-1 和 UⅡ-2 为煤岩型铀矿化，其余为砂岩型铀矿化。

1. 矿体分布层位

砂岩型铀矿体主要赋存于铁米尔苏组上段 5~7 旋回砂体中，铀矿体的空间分布明显受岩性、岩相与地层结构的控制（表 3-3-1）。层间氧化带砂岩型铀矿化主要产于辫状河三角洲相砂体，辫状河相砂体和冲积扇相砂体不含砂岩型铀矿化，这是由于辫状河三角洲沉积环境相对稳定，形成的砂体厚度适中（10~30m），延伸稳定，且砂岩比较疏松，有效孔隙度较高（27% 左右），为铀成矿作用提供了良好的容矿空间。另外，由于辫状河三角洲相砂体含有丰富的有机质碎屑、硫化物（以黄铁矿为主）等吸附、还原剂。砂体有机碳含量为 0.50%~0.54%，硫化物硫含量为 0.35%~0.39%（表 3-3-2）。从岩性组合看，稳定的"泥-砂-泥"结构明显控制着层间氧化带型铀矿化的空间产出，这是由于"泥-砂-泥"岩性序列组合为层间氧化带砂岩型铀矿化提供了良好的地下水径流系统，当来自蚀源区含铀含氧地下水在砂岩中流经富含有机质、硫化物等聚铀剂地段时，水溶液中的 Eh、氧浓度显著降低，促使高价铀被还原沉淀，铀呈沥青铀矿或呈分散状赋存于炭化植物碎屑及其周围黏土矿物中，并对陆源碎屑起到胶结作用，形成胶结状、斑点状、浸染状与层状铀矿石。

表 3-3-1　萨瓦甫齐地区铀矿化层位

铀矿体	矿化类型	品位/%	沉积旋回	沉积相
UⅠ-1	煤岩型（M1）	贫（分布不稳定）	1	辫状河
UⅡ-2	煤岩型（M9）	贫（分布不稳定）	5	辫状河三角洲
UⅡ-3	砂岩型	0.0058~0.0219	5	辫状河三角洲

铀矿体	矿化类型	品位/%	沉积旋回	沉积相
UⅡ-4	砂岩型	浅部：0.0015～0.0082 深部：0.0273～0.3289	6	辫状河三角洲
UⅡ-5	砂岩型	浅部：0.0028～0.0066 深部：0.0607～0.1960	7	辫状河三角洲
UⅡ-6	砂岩型	0.0341～0.0870	7	湖泊

表 3-3-2　铁米尔苏组砂岩中铀、有机碳及硫化物硫含量

沉积相	沉积旋回	砂体特征	$U/10^{-6}$	有机碳/%	硫化物硫/%
辫状河	1～4	厚度为 4～13m，延伸不稳定，相变快，有效孔隙度只有 16%	5.3（6）	0.52	0.46
辫状河三角洲	6	厚度为 18～21m 且延伸稳定，有效孔隙度达 27%	3289.3（3）	0.50	0.39
	7		561.3（7）	0.54	0.35

注：（ ）中数字为样品数量。

2. 矿体特征

由于后期强烈的构造抬升作用，本区铀矿层被抬升至地表，遭受剥蚀与后生改造，致使原先产状平缓矿层变成陡倾状，倾角为 55°～85°（图 3-3-2），并在矿区北部矿层发生倒转。砂体中古层间氧化带部分在盆地挤压抬升过程中被剥蚀殆尽，现砂体中残留的后生蚀变带主要为古氧化–还原过渡带，在地表可见铀矿体（UⅡ-4）出露；砂体中 $Fe_2O_3/FeO \leqslant$ 1 也印证了这一观点。砂岩型铀矿体呈现为厚薄不等的层状、似层状和板状，个别呈透镜状，矿体产状与地层砂体产状一致，走向总体呈东西向（表 3-3-3）。煤岩型铀矿体分布在煤层顶（底）部，呈薄层状，分布不稳定。由于目前钻探控制深度在 300m 左右，故矿体延伸数据尚不够准确。

表 3-3-3　主要矿体形态、产状和规模一览表

矿层号	形状	产状			规模/m		分布
		倾向	倾角	长度	延伸	厚度	
UⅡ-2	透镜体或层状	NE	50°～73°	413	187	5.81～7.13	西陡东缓，沿断裂带或地表浅部分布
UⅡ-3	层状	SE-S	64°～80°	1400	95	0.42～1.71	向东变陡，中段厚度大
UⅡ-4	层状	NE	60°～89°	1300	286	0.52～4.85	中段厚向东、西变薄，垂向增厚，东段倒转
UⅡ-5	层状	NE	60°～83°	1957	108	0.52～3.64	西薄东厚，东段部分倒转
UⅡ-6	透镜体状	NE	44°	263	231	4.13	厚度稳定
UⅡ-7	层状	S	72°～78°	525	159	0.3～0.4	与 UⅡ-5 平行产出

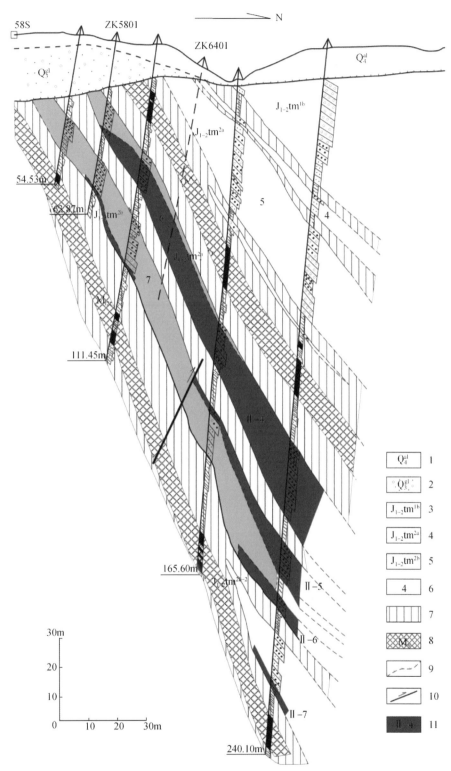

1-全新统冲–洪积层；2-上更新统冰碛层；3-铁米尔苏组下段上亚段；4-铁米尔苏组上段下亚段；5-铁米尔苏组上段上
亚段；6-沉积旋回编号；7-隔水层；8-煤层及编号；9-后生氧化–还原边界；10-断层；11-铀矿体及编号

图 3-3-2　萨瓦甫齐铀矿床 58 号勘探线剖面图

（二）铀赋存形态

通过显微 α 径迹照相和 X 射线粉晶分析，得出本区铀主要以胶状铀矿物、吸附态铀及类质同象（含量甚微）三种方式存在，在富矿石中铀主要以铀矿物形式存在，在贫矿石中则以吸附态为主。

（1）铀矿物以沥青铀矿最为常见，次为晶质铀矿（在本次所磨薄片中未见），两者部分氧化为铀黑等次生铀矿物。沥青铀矿主要分散于砂岩和砂砾岩颗粒间［图3-3-3（a）和（b）］，

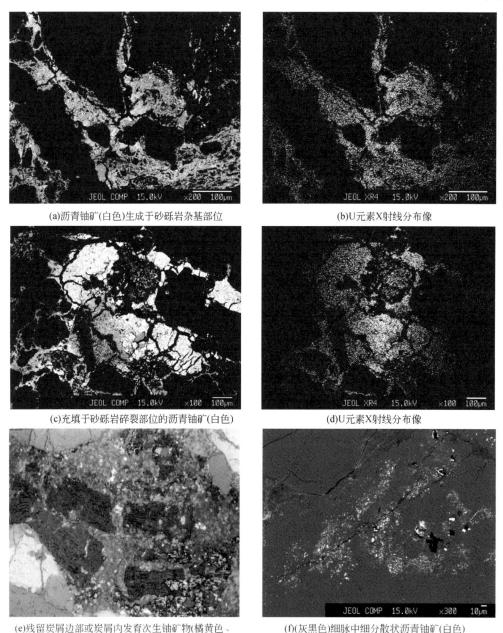

(a)沥青铀矿(白色)生成于砂砾岩杂基部位　　　　　　(b)U元素X射线分布像

(c)充填于砂砾岩碎裂部位的沥青铀矿(白色)　　　　　　(d)U元素X射线分布像

(e)残留炭屑边部或炭屑内发育次生铀矿物(橘黄色、
橘红色，正交偏光)　　　　　(f)(灰黑色)细脉中细分散状沥青铀矿(白色)

图3-3-3　铀矿物分布照片

有的充填于砂砾岩破碎部位 [图 3-3-3（c）和（d）]，有时胶结状沥青铀矿与黄铁矿共生。

（2）吸附态铀主要分布在有机质炭屑边部 [图 3-3-3（e）] 和有机质脉体内呈带状分布 [图 3-3-3（f）]，以及高岭石和蒙脱石等一些黏土矿物内。

（三）成矿年代

据蔡根庆等（2006）沥青铀矿 U-Pb 同位素测年结果，成矿年龄为 39Ma，相当于古近纪始新世末。还有一个 6.6Ma 成矿年龄，相当于新近纪中新世。前者可能为主要成矿时期，后者为改造叠加时期。

三、控矿因素

（一）富铀环境

盆地周围山地–隆起区分布着含铀丰富的古元古界、上震旦统及二叠系铀源层，特别是北部的富铀花岗岩体。使得中–下侏罗统在沉积–成岩阶段就有了铀的预富集，而容矿层在晚侏罗世、白垩纪及古近纪长期隆起、风化剥蚀，也为层间氧化成矿作用在后生阶段提供了充足的成矿物质——铀。

（二）干旱气候条件

从晚侏罗世、白垩纪直至新近纪、第四纪，该地区均处于干旱气候条件下，这有利于铀元素的活化、迁移，并提高其在地表、地下水中的浓度，有利于在盆地中发生层间渗入氧化和成矿。

（三）有利的岩相、岩性组合

赋矿地层克拉苏群主体为山间盆地内的河流相沉积，形成泥–砂–泥的有利岩层组合。其中的河床亚相发育砾岩、砂岩，孔隙度大，渗透性好，有利于含铀含氧水的下渗与碎屑的充分氧化，使铀淋出。漫滩和牛轭湖亚相形成的泥岩和煤层起到了隔水层作用；更为重要的是提供了丰富的有机质还原剂，使铀还原成矿。

（四）渗入型盆地

两侧隆起夹持的卡勒克–塔克盆地为渗入型盆地，加上渗入盆地内的有利的岩层组合，导致了层间氧化带的形成，对铀成矿起到了关键性的控制作用。

四、成矿模式

综合对萨瓦甫齐地区铀源体的判别、基本构造特征、天山隆升及夷平面发育状况、中–新生代构造–沉积演化和铀成矿基本特征等因素，总结了萨瓦甫齐地区三期五阶段铀成矿模式（图 3-3-4）。

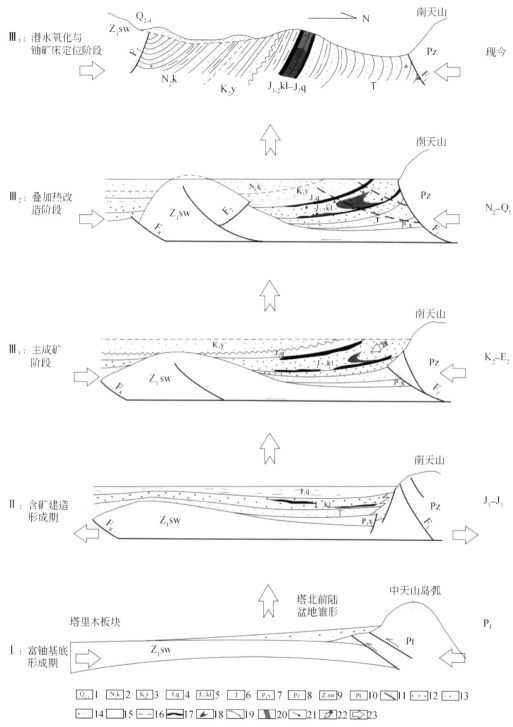

1-第四系；2-上新统库车组；3-下白垩统亚格列木组；4-上侏罗统齐古组；5-中-下侏罗统克拉苏群；6-三叠系；7-下二叠统小提坎立克组；8-古生界；9-下震旦统萨瓦甫齐群；10-元古宇；11-断裂；12-砂岩；13-砂砾岩；14-含角砾砂砾岩；15-凝灰质火山岩；16-泥岩；17-煤层；18-铀矿体；19-后生潜水氧化边界；20-与淋滤作用有关的矿体；21-有机脉贯入方向；22-含铀含氧水流向；23-构造应力作用方向

图 3-3-4　萨瓦甫齐地区铀成矿模式图

Ⅰ：富铀基底形成期。早二叠世，南天山洋业已俯冲消亡，塔里木板块向中天山岛弧俯冲，造成火山活动频繁，形成了本区的主要铀源体之一，即下二叠统小提坎立克组中酸性火山岩；并且导致塔里木盆地北部的前陆变形，形成前陆盆地雏形。

Ⅱ：含矿建造形成期。侏罗系沉积时，本区处于断陷山前带，在稳定下陷和温湿的古气候条件下形成了富有机质及还原物质的灰色含煤碎屑岩建造。

Ⅲ：铀矿体形成期。本区铀矿体的形成大致经历了三个阶段，即主成矿阶段（Ⅲ₁）、叠加热改造阶段（Ⅲ₂）和潜水氧化与铀矿床定位阶段（Ⅲ₃）。

Ⅲ₁：主成矿阶段。塔里木盆地北缘白垩纪末转为挤压构造环境，南天山于古新世发生一次强烈隆升，本区有利建造开始掀斜。始新世，南天山构造活动趋于稳定，在适宜的古气候和充足的铀源供给条件下，形成了本区多个层间氧化带及铀矿化。

Ⅲ₂：叠加热改造阶段。上新世末，本区进入新构造运动变形阶段，山前断裂再次强烈活动，并向盆地方向逆冲，造成含矿砂岩中发育众多裂隙。另外，侏罗系煤层在构造热改造作用下，加快了其成烃的热演化速度，形成煤成烃的中间液态组分沿裂隙贯入含矿层，影响了铀元素的重新分布，从而形成板状、层状铀矿体，并在被断层穿过的煤层边缘形成煤岩型铀矿化。

Ⅲ₃：潜水氧化与铀矿床定位阶段。铀矿体在新构造运动期间被抬升至山间，部分矿体剥失，并遭受了后期地表水的淋滤，发育较深的面状表生氧化带。

第四节　楚-萨雷苏盆地英凯矿床

一、成矿条件

（一）地质概况

英凯矿床是哈萨克斯坦已查明最大的层间渗入砂岩型铀矿床，铀的探明资源量约 $3.3 \times 10^5 t$。矿床位于楚-萨雷苏盆地的西北部，受上白垩统层间氧化带前锋线控制。矿带从北东向南西延伸长 55km，宽 7~17km（图 3-4-1）。

矿床所在地区花岗-变质岩基底埋深为 2~3km，为寒武纪—奥陶纪陆源硅质建造。其上覆有中晚古生代海陆过渡型沉积建造，系红色陆源碎屑岩（杰兹卡兹甘组 C_2d^2 和日杰利萨伊组 P_1zd）及碳酸盐-陆源碎屑岩（肯吉尔组 $P_{1-2}kn$）。

中-新生代沉积从杂色的细砾-砂-泥质沉积开始。容矿组合为上白垩统的门库杜克组（K_2t^1）和英库杜克组。门库杜克组在垂直剖面上为河流（河床）相中粗粒砂岩和漫滩-牛轭湖相泥岩-粉砂岩沉积的交替，最大厚度为 90m。英库杜克组可分为 3 个韵律层。下部韵律层以浅绿色、灰色含卵石细砾砂岩为主，向上变为不等粒砂岩，厚 30~35m。中部韵律层为浅绿色、灰色不等粒砂岩，含细砾和卵石，向上渐变为含泥岩、粉砂岩夹层的细粒、中粒砂岩层，厚 55~60m。上部韵律层为分选较好的中粒砂岩，厚 25~35m。

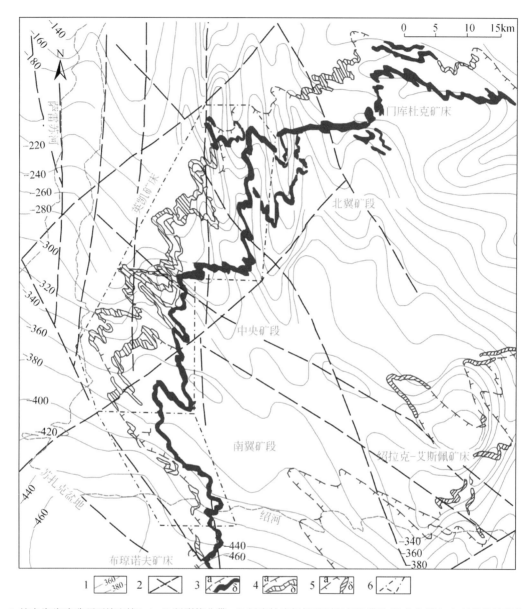

1-前中生代建造顶面等高线(m)；2-断裂挠曲带；3-门库杜克组控矿层间氧化带边界（a）及与之有关的铀矿化
（δ）边界；4-英库杜克组控矿层间氧化带边界（a）及与之有关的铀矿化（δ）边界；5-查尔巴克组
（$K_2st^2-E_1^1$）控矿层间氧化带边界（a）及与之有关的铀矿化（δ）边界；6-勘探范围

图 3-4-1　英凯矿床矿化分布平面图

（二）容矿层位

　　门库杜克组和英库杜克组是矿床主要的容矿层组，其中有机碳的含量一般不高，平均
为 0.02%~0.05%，硫化物矿物的含量也不高，为 0.1%~0.4%。

二、矿体特征

铀矿化的定位受控于容矿层的层间氧化带前锋线。由于容矿层的岩性–岩相变化大，前锋线和赋存于其中的铀矿化在平面和剖面上均显示出极为复杂的形态。平面上表现为氧化带前锋线和矿带的急剧弯曲转折，剖面上出现多种矿卷，如单卷、串联卷、共轭卷等（图3-4-2）。这些"卷"的规模巨大，已知的7个铀矿体其轴向延伸为9～31km，平均宽度为250～350m，平均厚度为5.0～7.5m。铀矿化常显示出多层性，赋存在门库杜克组和英库杜克组的多个砂岩层中。矿体在平面上的投影宽达17km，其氧化带前锋线（连同其中容存的铀矿化）距容矿层地下水的补给区远达150～200km。已知的7个铀矿体的平均铀品位为0.045%～0.063%，许多矿段的品位可达千分之几。由于矿体的厚度大，品位较高，其平米铀量多在4.0～7.5kg/m^2。

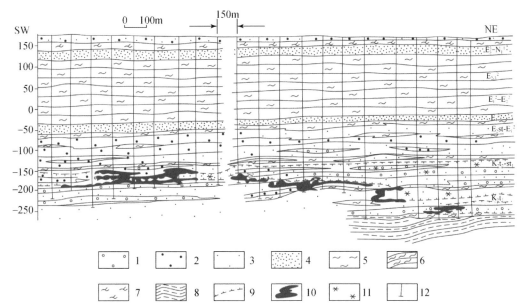

1-细砾质砂岩；2-不等粒砂岩；3-中砂岩；4-细砂岩；5-泥岩；6-层状泥岩；7-钙质泥岩；8-古生代建造：泥岩、
　　粉砂岩；9-层间氧化带边界；10-铀矿化；11-褐铁矿化；12-钻孔

图3-4-2　英凯矿床地质横剖面（1-1线）上铀矿化的位置图

矿床的矿石基本上为单铀矿石，有少量的硒和铼伴生。铀矿物为沥青铀矿和铀石，两种矿物的比例为87∶13。它们多富集在砂体的泥质或粉砂质填隙物中。与沥青铀矿共生的有极少量黄铁矿（白铁矿）、菱铁矿和方解石。

三、控矿因素

英凯为超大型砂岩型铀矿床，其控矿因素主要有如下几点。

（一）巨大的滨海三角洲相砂体，多个透水的砂岩层

英凯铀矿床连同其南延的南英凯矿床、布琼诺夫矿床、卡拉穆伦矿床和哈拉桑矿床，以及其东延部分的门库杜克（含西蒙床杜克、中门库杜克、东门库杜克和阿克达拉）矿床是古楚河和古锡尔河注入古咸海的滨海（水上和水下）三角洲所在地区，此处形成一个规模极其巨大的（水上和水下）三角洲砂体。如同三角洲砂体是大型油气藏的储层一样，这里就是一个巨型的潜在"铀藏"，可以容存比其他矿床大得多的铀资源。从阿克达拉到哈拉桑，发育绵延长达 800km 的层间氧化带，只可能发育在如此巨大的滨海三角洲砂体中。在总厚度为 230m 的门库杜克组和英库杜克组中发育有十多层透水性良好、单层厚度适中的砂体，这些都是潜在的容矿层。容存于其中的铀矿化在平面上的投影宽度达到 17km，彰显着大矿必须有足够充分的容矿空间。显然，容存于河道相（无论是辫状河道或曲流河道）砂体中的铀矿化绝不可能有与之相比的规模。

（二）长时间、稳定的适于铀迁移富集的构造水动力体系

砂岩型铀矿床与热液铀矿床在成矿作用上最大的区别是成矿溶液中有用元素（铀）的浓度低（比热液中要低几个数量级），需要更长的铀沉淀富集时间以形成足量铀的堆积，而长时间稳定的构造-水动力体系则是其主要保障。或者说，在有利于成矿的补-径-排地下水系统建立起来之后，必须有较长时间的稳定期，以便利于铀成矿作用的持续。具体到英凯铀矿床，容矿的门库杜克组、英库杜克组形成之后，从英斗马克期（E_3^1）开始，本区就进入了缓慢隆升的"次造山"期，来自天山西端地下水补给区的含铀含氧水就源源不断地渗入到上述容矿层，把来自补给区和容矿层砂岩中的活化铀输送到层间氧化带前锋线附近沉淀堆积。这一作用大概延续到上新世中期（N_2^2），粗略概算一下其延续时间大概有 25Ma（37～12Ma）。这一时间与潜水氧化带砂岩型铀矿上容矿砂体堆积，直到其被上覆沉积岩层完全覆盖所需的时间相比（潜水渗入容矿河谷沉积并发生潜水氧化和铀矿化）要长得多。自始新世（E_2）之后，位于成矿区东面天山山脉的西端不断隆起（在天山山脉主体是强造山活动区），使盆地区（次造山区）缓慢倾斜，补给区的地下水连续不断地通过容矿层位流向咸海排泄区，在此过程中同时将铀持续地送往氧化带前锋线附近富集。

（三）强大的卸铀能力

砂岩中铀成矿的实质是把溶解于层间水中的铀有效地卸载，并堆积起来形成矿化体。因此，氧化带前锋线的卸铀能力便成为除了容矿砂体规模、成矿延续时间之外，决定砂岩型铀矿规模的重要因素。众所周知，层间水中铀的浓度相当低，大致为 $n×10^{-4}～10^{-6}$ g/L，而铀矿石中的铀品位即使在可地浸砂岩铀矿床上也至少要达到 0.01%。如果不能高效地（浓缩两个数量级以上）把溶液（地下水）中的大部分铀都卸载下来，就很难形成铀矿。

通过对比英凯矿床氧化带中层间水和未氧化岩石中层间水的铀浓度，可以很好地了解英凯矿床的层间氧化带前锋线具有强大的卸铀能力：

氧化带层间水中的铀浓度——Co　　　$2×10^{-4}$ g/L

未蚀变砂岩层间水中的铀浓度——Cs　　　$1×10^{-8}$ g/L

两者之比 $Co/Cs = 2000$。

氧化带层间水中的铀浓度比未蚀变砂岩层间水中的铀浓度高出近 2000 倍，在通过前锋线时，层间水中的铀有 99.95% 被卸载而沉淀富集。目前，对于该矿床的高效卸铀机制还没有合理的解释。

（四）容矿砂岩自身所含的铀成为矿床铀源的重要组成部分

楚-萨雷苏和锡尔河盆地容矿主砂岩为一个巨型滨海三角洲相砂体，其层间氧化带前锋线距层间水补给区为 150~200km，容矿层总厚度约 200m。在发生层间氧化作用时，主砂体中的铀被大部分溶于当时的地下水，并随其向前锋线方向迁移。

现假设被氧化的主砂体面积为 150km×150km=22500km²，被氧化的（能透水的）主砂体厚度为 20m，主砂体的密度为 1.7g/cm³（t/m³），则被氧化的主砂体的质量应为

$$150000m×150000m×20m×1.7t/m^3 = 7.65×10^{11}t$$

设该主砂岩中的铀含量为 3.0g/t（采用一般陆相砂岩中铀的含量），则砂岩在未氧化前共含铀：

$$7.65×10^{11}t×3.0×10^{-6} = 2295000t$$

假设氧化过程中有 80% 的铀被溶解并进入地下水，溶解的铀中有 75% 在前锋线附近沉淀富集，则：

$$2.295×10^6t×80\%×75\% = 1.377×10^6t$$

即在前锋线附近应该堆积有大约 $1.377×10^6t$ 铀。

上述假设中只假定 20m 的砂体被氧化，这是比较保守的估计；80% 的铀被溶解和 75% 的铀被卸载富集也并不算夸张。计算得出的 $1.377×10^6t$ 铀与实际探明的 $1.42×10^6t$ 铀相差不多。这个计算表明，即使没有表生成矿作用阶段来自蚀源区岩石所释放的铀供给，仅靠容矿主岩自身中的铀作为铀源就足以形成英凯超大型铀矿床。

综上四条要素可知，巨大的主砂体是最为重要的因素，它既决定了层间氧化带的巨大规模，又汇集了砂体中可释放的铀量，再加上长时间稳定（或同一方式、方向）的构造运动，造就了当今世界上独一无二的巨型砂岩铀矿省和巨大的砂岩型铀矿床群。

四、成矿模式

英凯矿床为典型外生层间渗入型铀矿床，其成矿作用可划分为三个阶段（图3-4-3）。

Ⅰ：K_2-E_2 含矿建造形成期。盆地在弱伸展的构造背景下缓慢沉降，堆积了有利于砂岩型铀矿容存的冲积扇-河流-三角洲沉积体系，同时由于当时沉积物的堆积速度大体补偿了蚀源区的隆升速度，从晚白垩世到中始新世盆地内保持了该沉积体系的广泛发育和稳定分布。

Ⅱ：E_2-N_1 主成矿期。从始新世末（E_2^3-E_3^1）开始的"次造山"运动（弱挤压构造体制）使前始新统（K_2-E_2）发生掀斜，部分主岩接近或裸露地表，接受来自西天山西端的大气降水渗入改造，导致目的层砂岩发生大规模的层间氧化，并伴随有与其相关的铀成矿作用。

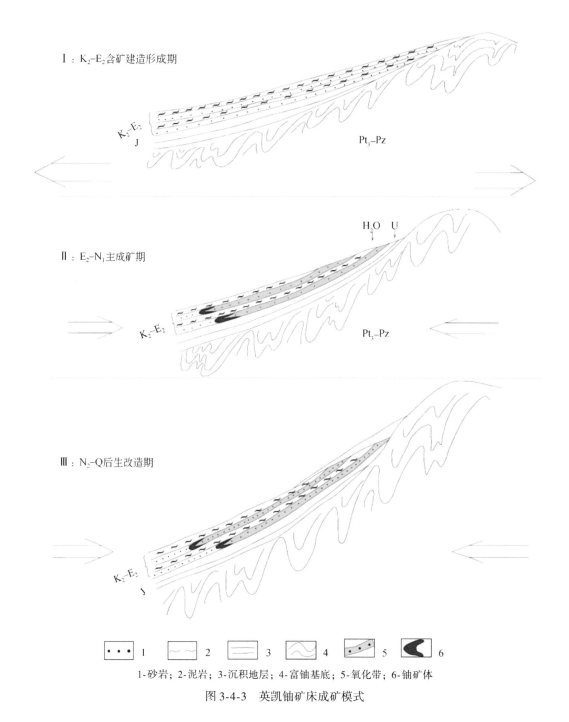

Ⅰ：K_2-E_2含矿建造形成期

Ⅱ：E_2-N_1主成矿期

Ⅲ：N_2-Q后生改造期

1-砂岩；2-泥岩；3-沉积地层；4-富铀基底；5-氧化带；6-铀矿体

图 3-4-3　英凯铀矿床成矿模式

Ⅲ：N_2-Q后生改造期。早上新世晚期（N_1^2）开始的强活化造山运动延续到第四纪，破坏了E_3-N_1的地下水系统，层间氧化作用和与其有关的铀成矿作用终止。此阶段的沉积响应是$N_1^2-N_2^1$的陆相磨拉石。

第五节 锡尔达林盆地卡拉穆伦铀矿床

卡拉穆伦铀矿床位于锡尔达林盆地东北部，分为北卡拉穆伦和南卡拉穆伦两个铀矿床。

一、成矿条件

（一）地质概况

矿区盆地前中生代基底建造为中泥盆统陆源岩系与上泥盆统—下石炭统石灰岩和白云岩。这套岩层发育有晚古生代的花岗岩侵入。主要的前中生代构造是卡拉套复背斜，矿区位于复背斜的西南翼，此翼又被北西向延伸稳定的构造带体系所复杂化。

中–新生代盖层有上白垩统、古近系、上渐新统和第四系。

上白垩统（K_2）：分为赛诺曼组（K_2sm）、土仑组（K_2t）、康尼亚克组（K_2kn）、桑顿组（K_2s）、坎潘组（K_2km）、马斯特里赫特组（K_2m）。

赛诺曼组：厚达50m，为杂色细砾质卵石沉积。

土仑组：分为下、上两亚组。下土仑组主要为砖红色泥岩和粉砂岩（厚度达50m），并相变为海相灰色泥岩和细砂岩；上土仑组为灰绿色不等粒冲积砂岩（厚度达40~50m）。

康尼亚克组：为灰白色–亮灰色砂质细砾沉积，夹细砂、暗灰色泥岩和粉砂岩薄层，厚60m。

桑顿组：为杂色砂质泥岩沉积，厚约80m。

坎潘组：为冲积相泥质–砂质沉积，厚约20m。

马斯特里赫特组：滨海相砂，向上变为杂色泥岩沉积。上白垩统总厚度达40m。

古近系（E）：由达特组与古新统（E_1）和始新统（E_2）组成。

达特组与古新统：岩性为白云岩、白云质泥岩、粉砂岩、钙质砂岩、石膏、硬石膏、灰岩，厚达30~45m。

始新统：分为下、中、上段。下段（E_2^1）岩性为海绿石砂岩、暗灰色泥岩，厚度达30~34m；中段（E_2^2）岩性为褐灰色泥灰岩、钙质泥岩，厚达50m；上段（E_2^3）岩性为灰绿色粉砂岩、泥岩，厚度达220m。

上渐新统—下中新统（E_2^3–N_1^1）：为红色泥岩。

上新统—第四系（N_2–Q）：为淡黄色–砖红色泥岩和粉砂岩、褐黄色砂和砂岩、风成沙，夹泥岩和粉砂岩薄层，厚度为100m。这套岩系以明显的侵蚀面和角度不整合覆于下伏沉积之上。

大地构造背景上，矿区东北侧是隆起超过1km的大卡拉套山脉，北西面为卡拉穆伦长垣。卡拉穆伦拗陷被北西向的断裂–挠曲系所复杂化，另外在北西部还发育北东向断裂（图3-5-1）。

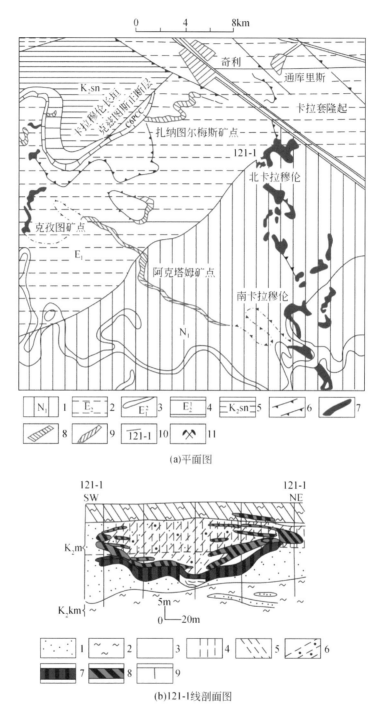

(a)平面图

(b)121-1线剖面图

（a）图例：1-中新统红色粉砂岩；2-始新统灰色和绿色泥岩及泥灰岩；3-上古新统石灰岩和白云岩；4-达特组–下古新统，石膏和杂色泥岩；5-赛诺组砂和杂色泥岩；6-垂直断距为50～100m和小于50m的断裂；7～9-不同层中层间氧化带前锋线及与之有关的铀矿化：7-马斯特里赫特组；8-坎潘组；9-康尼亚克–土仑组；10-地质剖面线；11-矿山。（b）图例：1-砂岩；2-泥岩；原生灰色和绿色岩石；4-灰白色岩石（古层间氧化带）；5-原生红色（杂色）岩石；6-层间氧化带；7-铀矿化；8-硒矿化；9-钻孔

图3-5-1　卡拉穆伦矿床地质图

（二）容矿层位

现有铀矿化主要发育在上白垩统土仑–康尼亚克组、桑顿组和坎潘–马斯特里赫特组，其中马斯特里赫特组为主要含矿层，在岩相上三角洲沉积相向水下三角洲沉积相的交替部位是有利赋矿地段（图3-5-2）。

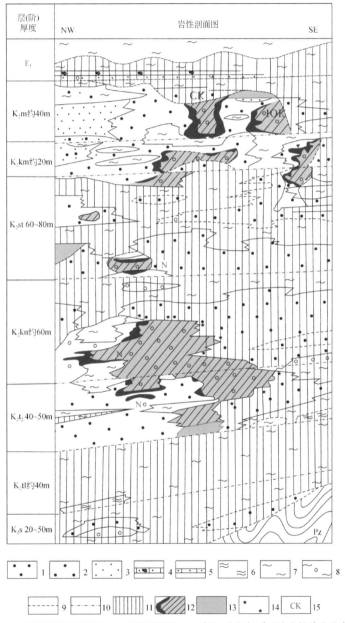

1-河床相砾–细砾沉积；2-不同粒度的冲积砂；3-细粒海相砂；4-滨海–海相钙质砂岩含螺旋状贝壳；5-钙质砂岩；6-坡积非层状泥质砂岩；7-坡积，漫滩–湖相泥岩和粉砂岩；8-海相泥岩含贝壳印痕；9-岩性类型变换界线表现明显；10-界线表现不明显；11-原生和弱还原的岩石；12-层间氧化岩石和与其相邻的铀矿化；13-还原的灰色岩石；14-锰–铁质赭石；15-铀矿床；N-伊尔科立、CK-北卡拉穆伦、IOK-南卡拉穆伦

图3-5-2　卡拉穆伦–卡拉克套成矿带赋矿层位图（据别特罗夫等，1997）

(三) 水文地质条件

矿区处于锡尔达林承压盆地东北翼的层间水自流区和部分排泄区，排泄是通过卡拉穆伦高地和雅南库尔干背斜实现的，所有含矿层的水流方向均为北西向，流速为 1 ~ 10m/d。但德米娜提供的锡尔达林盆地北西部白垩系含水层水动力图显示（图3-5-3），白垩系含水层中水流方向主要为南西方向。矿区内层间氧化带的展布方向也表明含水层中水流方向主要为南西方向。层间水的化学成分为硫酸–氯–重碳酸–钠–钾型。矿化度为 0.5 ~ 0.98g/L、pH＝7.0 ~ 8.5，Eh 在氧化带内为+360 ~ 30mV，未氧化的灰色原生岩石 Eh 降为负值。水中铀浓度在层间氧化带和铀矿带中为 2.6×10^{-5} ~ 2.4×10^{-4} g/L，往西到无矿岩石中降为 $n\times10^{-8}$ g/L。矿带水中硒含量为 7.5×10^{-6} ~ 5.5×10^{-5} g/L，沿水流继续向下到一定距离后，硒含量快速降低，变得极微。

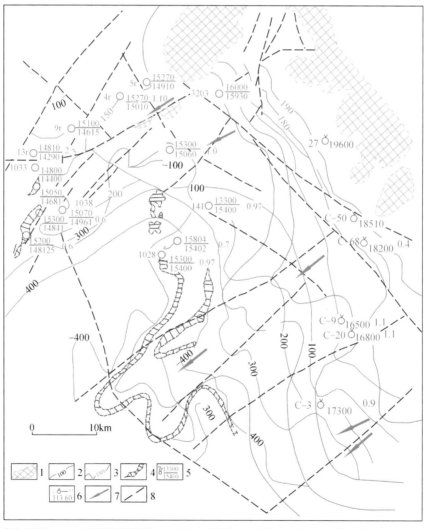

1-基底建造出露区；2-白垩系顶板等深线；3-地下水等压线；4-矿体；5-水文地质孔，孔口绝对标高（m）/
等水压面水位（m），6-自流孔，矿化度（g/L）；7-层间水流方向；8-断裂

图 3-5-3　锡尔达林盆地北西部白垩系含水层水动力图

二、铀矿化特征

(一) 铀矿体分布

铀矿化受层间氧化带前锋线控制，产于上白垩统土仑-康尼亚克组、桑顿组和坎佩尼-马斯特里赫特组内，其中马斯特里赫特组为主要含矿层，从岩相上来看，三角洲平原亚相向前缘亚相的过渡交替部位是有利的赋矿地段。

铀矿体在平面上呈宽窄不等的蛇曲状和带状。矿体长 750~5500m，宽 25~50m 到 300~450m，厚度为 0.1~24.6m，矿体埋深为 300~400m，向南矿体深度逐渐增大。矿体在剖面上以透镜状和不规则状为主、卷状矿体为次。矿石铀品位为 0.01%~0.07%，最高品位 (2.0%) 见于富含碳质碎片的岩石中，矿石铀品位多为 0.03%~0.07%。

(二) 铀矿石特征及铀赋存形态

含矿砂岩成分为石英 65%~80%、长石 7%~15%、硅质岩碎屑 10%、云母类矿物 1%~2%，另外还有炭化植物碎片和一些重矿物。黏土矿物为水云母和蒙脱石，含量一般为 1%~5%，少量可达 10%~20%。矿石为无碳酸盐型和少碳酸盐型 (CO_2 含量为 0.05%~1%)。

铀矿物为沥青铀矿和铀石，两者含量相当，各占 50% 左右。

(三) 伴生元素

该矿床的特点之一是发育良好的硒矿石亚带，它位于铀矿亚带与无矿层间氧化岩石之间。在平面图上，硒矿体相对于铀矿体更偏向于层间氧化带，并常常重叠在铀矿体之上。硒矿段的厚度和矿石中硒品位变化总体上与铀一致，有时其变化比铀的还大。硒矿化带硒含量>0.01%。

卡拉穆伦矿床为硒铀矿床，富含碳质有机质的区段含量较高。其他元素还有 Re (达 $19×10^{-6}$)、V (达 4%)、Ni 和 Co (达 0.06%)、As (达 0.2%)、Ge (达 0.3%)、Cu (达 0.02%)、Mo (达 0.03%)、Ag (达 $4×10^{-6}$)。

三、控矿因素与成矿模式

锡尔达林盆地卡拉穆伦铀矿床与楚-萨雷苏盆地英凯铀矿床具有相似的控矿因素、成矿模式，这里不再赘述。

第六节 中央卡兹库姆成矿区乌奇库杜克矿床

乌奇库杜克是苏联发现的第一个大型砂岩型铀矿床。早在 1952 年 1:5 万航空放射性测量和放射性水化学测量时就发现了铀异常，随后的揭露评价工作和普查工作 (1953 年) 证实有原生铀矿化。1957~1960 年进行了详细勘探，至 1964 年提交了大型铀矿床；提交总储量为 95 000t 铀，其中 B 级铀为 20701t；C1 级铀为 62013t，C2 级铀为 12911t。早期矿床主要采用井下开发（至 1990 年），1990～1994 年改为露天坑采，自地浸采铀工艺在苏联试验成功以后，1995 年起便采用地浸法开采。矿床的开采一直延续到 1998 年，目前尚有 1200t 铀储量因主砂岩渗透性太低等原因停止了采矿作业而被废弃。

一、成矿条件

（一）矿区地质

乌奇库杜克铀矿床位于中央卡兹库姆铀矿省布坎套隆起南侧的别什布拉克拗陷中，距古生代基底出露区仅 1～8km。布坎套隆起在靠近矿区一侧出露一花岗闪长岩体。构成矿区盖层沉积主体的上白垩统（从赛诺曼组至森诺组）和古近系在此处形成一个向南和向南西缓倾斜的单斜构造（图 3-6-1），地层倾角在东部为 4°～6°，在西部只有 2°左右。构成盆地盖层的主要是陆相（偶夹滨海相）的冲积扇–河流–三角洲沉积体系（图 3-6-2）。总体特征是单层砂体厚度不大，呈频繁的砂泥互层，少胶结物（有时有碳酸盐胶结），常含植物残屑，成岩度不高，为随后铀随地下水渗入成矿创造了良好的条件。

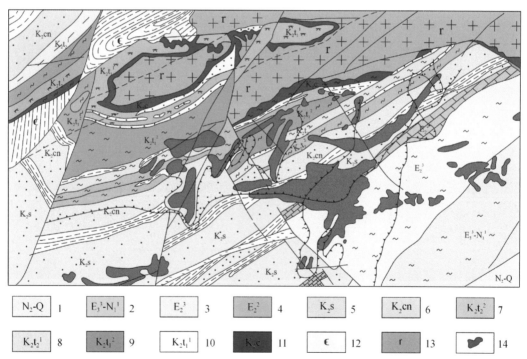

N₂-Q 1	E₃³-N₁¹ 2	E₂³ 3	E₂² 4	K₂s 5	K₂cn 6	K₂t₂² 7
K₂t₂¹ 8	K₂t₁² 9	K₂t₁¹ 10	K₂c 11	Є 12	r 13	14

1-上新统—第四系；2-上渐新统—下中新统；3-上始新统；4-中始新统；5-上白垩统桑顿组；6-上白垩统康尼亚克组；7-上白垩统上土仑组托尔特库杜克层；8-上白垩统下土仑组肯塔克秋别层；9-上白垩统下土仑组扎兰图依层；10-上白垩统下土仑组乌奇库杜克层；11-上白垩统赛诺曼组；12-前寒武系；13-晚古生代花岗闪长岩；14-铀矿体

图 3-6-1　乌奇库杜克铀矿床地质略图

系	统	阶	地层柱	厚度/m	岩性简述
第四系 (Q)				0~15	亚砂土、亚黏土
新近系 (N)					砂、含细砾和砾夹层
古近系 (E)				200~250	黏土
				40	含沥青泥灰岩
				2~8	钙质黏土
白垩系 (K)	上统	桑顿-康尼亚克 (K₂st-cn) (阿依迪姆层)		20~60	灰色冲积砂和碳酸盐胶结砂岩 常含灰色漫滩相粉砂质黏土
		上土仑 (K₂t²) (塔依卡尔申层)		90~105	上段：无层理红色洪积相粉砂夹红色砂岩 下段：河床相冲积相斜层理细砂、偶夹碳酸盐胶结砂岩、含植物残屑
		下土仑 (K₂t¹)		20~25	肯塔克秋别层：滨海相细砂岩、灰色粉砂岩、绿灰色细砂、粉砂、蓝灰色砂、粉砂质黏土
				40	扎兰图依层：蓝灰色粉砂质黏土和黏土质粉砂、底部含薄层磷灰石化骨化石
				10~35	乌奇库杜克层：水下三角洲细砂岩与浅水海相粉砂质黏土互层
		赛诺曼 (K₂c)		30	杂色高岭石黏土、含砂、卵石和古生代片岩砾石

图 3-6-2 乌奇库杜克铀矿区地层柱状图

(二) 容矿层位

乌奇库杜克铀矿床主要的容矿层位有 4 个，即上白垩统赛诺曼组（K₂c）、下土仑组（K₂t¹，乌奇库杜克层和肯塔克秋别层）、上土仑组（K₂t²，塔依卡尔申层）和桑顿-康尼亚克组（阿依迪姆层），其中更为主要的是下土仑组（乌奇库杜克层和肯塔克秋别层），它们集中了矿床 50% 的工业铀储量。

容矿的主岩一般为灰色海相或水下三角洲相含海绿石的石英砂或砂岩，细粒，分选良好；成分上主要是石英（40%～70%），其余为长石（5%～20%）、硅质岩岩屑（2%～10%）、云母（白云母、黑云母、绢云母，1.5%～2.0%），还含少量硅质片岩、花岗岩岩屑以及磁铁矿、赤铁矿、榍石、金红石、锐钛矿、电气石、锆石、石榴子石、磷灰石等副矿物。通常为泥质胶结或泥-碳酸盐和碳酸盐胶结，胶结类型为基底式。陆相砂岩由磨圆度较差的碎屑物组成，并含细砾和粉砂，其矿物成因与海相砂岩相似，主要碎屑物为石英（70%～90%），常含长石、硅质岩岩屑、云母及副矿物。容矿主砂岩在化学成分上属硅酸盐类岩石，杂质中 CO_2 为 0.5%～3%，P_2O_5 为 0.1%～0.2%，总硫为 0.12%～0.7%。

（三）水文地质条件

矿区的地下水相当发育，可区分出三类水：基底岩石中的裂隙水、白垩系—古近系中的层间水和新近系—第四系中的潜水。

构成阿尔登套岩体的各种岩性普遍发育有裂隙水，含裂隙水最丰富的是阿尔登套花岗岩类岩体。这些裂隙水属 $SO_4 \cdot CO_3$-Na 型，矿化度为 0.7～3.0g/L，pH＝7.1～8.4，水中铀浓度为 1×10^{-5}～3×10^{-5}g/L（最可高达 2×10^{-3}g/L）。基底地下水的总体流向是沿断裂构造向南西方向流动。

白垩系—古近系中的层间水多赋存在砂岩层。乌奇库杜克层中的富水层是厚度不大（2～5m）的砂层，砂层之间还有水力联系。最为厚大的含水层是塔依卡尔申含水层和阿依迪姆含水层（K_2sn-K_2cn），两含水层被一层红色粉砂岩分隔，并被古近系厚层泥岩所覆盖。这些层间水具承压性质，有时自溢。当白垩系含水层被剥露至地表，一些层间水则会转成非承压水（潜水）。

矿区的层间水化学成分大体相似，但矿化度存在较大的差别。在矿区东北部，地下水的矿化度在花岗岩体中最低（1.0～1.5g/L），而在其埋深稍大处则可达最大的 100g/L，随着含水层继续向深处延伸，矿化度逐渐降低。

矿区层间水主要属 $Cl \cdot SO_4$-Na 型，少量 Cl-Na 型。邻近古生代岩体的层间水一般含氟 0.2～4.2mg/L，而深部层间水有时含 H_2S。水中铀浓度在前锋线之前可达到 $n \times 10^{-4}$g/L，在深部越过前锋线之后下降到 $n \times 10^{-6}$g/L。含水层的渗透系数变化很大，从 0.01～2m/d（乌奇库杜克层）、0.004～0.5m/d（肯塔克秋别层）到 2.8～7.1m/d（塔依卡尔申层和阿依迪姆层）。矿区所有 8 个含水层同时也是容矿层。

二、铀矿化特征

（一）铀矿体分布

乌奇库杜克矿床位于布肯套双倾轴背斜和阿尔登套构造阶地"鼻状隆起"的翼部，赋存在最高隆起部向相对下降部分的过渡带，即构造块段的脊线附近，有的矿体产于靠近古生代基底出露地表的地方（1～8km）。铀矿化产于白垩系中，受层间氧化带前锋线控制。含矿带走向北东，延伸 15km，宽达 8km。含矿层为赛诺曼组、下土仑组的乌奇库杜克和肯塔克秋别层、上土仑-康尼亚克组的塔衣卡席尔和阿衣德木层的砂层。乌奇库杜克矿床共探明 93 个铀矿体，总面积达 24km²。矿体长度从 100m 到 6km 不等，宽度从 25m 到 2000m 不等。矿体埋深在北部为 8～110m，到南部变为 280m。矿体形态最常见的呈卷状，有时为发育不完全的卷状或复杂的卷状组合（图3-6-3）。在平面上，铀矿体呈带状，赋存于层间氧化带前锋线处。卷头厚度一般与含水层厚度一致，翼部厚度为 0.0n～8m，矿体平均厚度为 0.5～6m。矿床平均品位为 0.03%～0.1%，最高品位可达 n%。

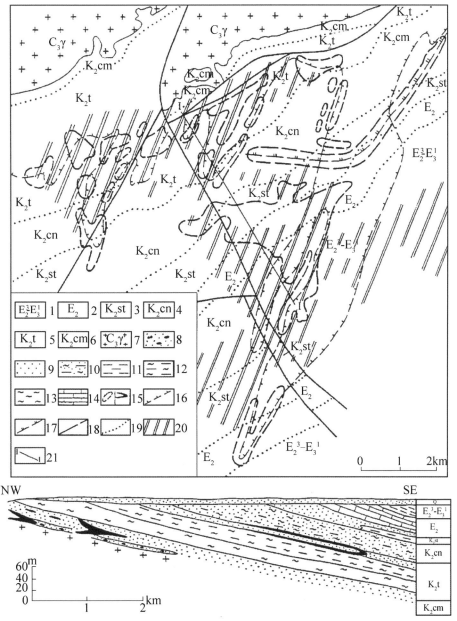

1～7 地　层 1-上始新统—下渐新统；2-始新统；3-桑通组；4-康尼亚克组；5-土仑组；6-赛诺曼组；7-晚古生代花岗岩；8～14 岩性（剖面图）：8-砂岩、细砾岩、砾岩；9-砂、砂岩；10-砂、粉砂、泥岩互层；11-粉砂岩；12-泥质粉砂岩；13-泥岩；14-灰岩；15-矿体；16～17 层间氧化带前锋线：16-乌奇库杜克层；17-肯塔克秋别层；18-断裂；19-地质界线；20-后生热还原显示区（石英–碳酸盐–硫化物脉，碳酸盐化，潜育化等）；21-地质剖面位置

图 3-6-3　乌奇库杜克矿床地质图

　　矿体内可划分出两种工业矿化类型：贫矿型（氧化沥青铀矿型），产于与褐铁矿化交界的原生灰色岩石之中，相当于还原带内，是层间氧化带的产物，受层间氧化带前锋线控制；普通矿石型到富矿石型（0.n%~n%），为赤铁矿（针铁矿）–沥青铀矿–硫化物型，形成于流体还原障内氧化的针铁矿化（铁化）的岩石中，分布于断裂附近，受后生还原蚀变控制（图3-6-4）。

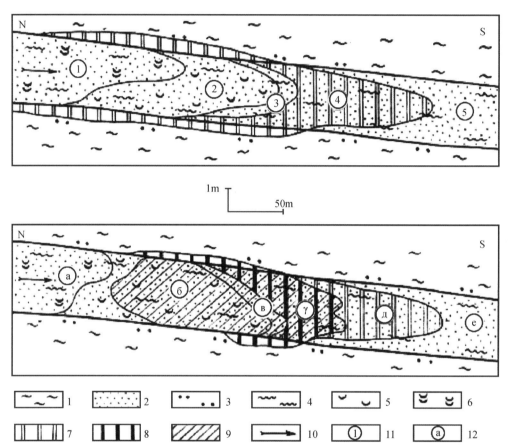

上图为19号矿体西侧产普通铀矿石的层间氧化带分带；下图为19号矿体东侧产富铀矿石的矿化与层间氧化带分带；1-泥岩；2-砂岩；3-泥岩中的砂质团块；4-砂岩中的泥岩薄层和透镜体；5-褐铁矿化砂岩；6-褐铁矿化砂岩和泥岩；7-一般品位铀黑型矿石；8-针铁矿–沥青铀矿–硫化物型矿石；9-带漂白晕的铁化泥岩发育区；10-含氧水的渗入方向；11-氧化带分带（圆圈中数字）：①-全层褐铁矿化、②-部分褐铁矿化、③-含铁矿物未氧化的铀浸出区、④-铀矿石新生区、⑤-未氧化的岩石；12-氧化带岩石特征分带：a-褐铁矿化砂岩和泥岩、б-黄–灰色砂和带次生还原晕的亮黄色泥岩、в-黄色砂岩和泥岩、γ-含富矿的黑或暗灰色砂和亮黄色泥岩、д-含贫矿的灰色砂和无矿灰色泥岩、e-无铀矿化的灰色砂和泥岩

图3-6-4　乌奇库杜克矿床土仑组内后生蚀变与铀矿化分带

（二）铀赋存形态

　　铀矿物有沥青铀矿、铀的氧化物、铀石，含铀物质有磷骨碎屑和含铀碳质碎屑。在氧化矿石中有硅钙铀矿、β-硅钙铀矿、钙铀云母和矾钙铀矿。

　　沥青铀矿颗粒极小，产在未氧化的砂岩层中的矿体卷头内，主要呈胶状析出物，常与碳质物以及黄铁矿共生。

铀的氧化物分布在矿床翼部与矿体卷头靠近氧化带处,沿矿物碎屑表面、层理、裂隙和孔隙分布,呈极细的黑色粉末、薄膜状,或以细分散状浸染于泥质和碳酸盐质胶结物中。含铀氧化物矿石强烈偏铀,呈黑色或暗灰色,明显区别于远离层间氧化带颜色较浅不含铀氧化物矿石。

铀石与细分散的炭化植物碎屑和黄铁矿共生,具棕色色调。

含铀碳质物是一些炭化植物碎屑和碎块,以及浸染于岩石中的微细胶状析出物。泥岩中有机质平均含量为 0.2%~0.3%,砂岩中为 0.1%~0.15%。按类型可将有机质分为镜煤化型、丝炭型、鳞片型和树脂型,其中以镜煤化型最富铀,含量达 0.n%。伴生元素有硒和钼,但未达到工业品位,一般含量为 0.00n%。

(三) 层间氧化带特征

乌奇库杜克矿床产矿层发育有明显的后生地球化学分带,划分为地表氧化带、层间氧化带、铀矿化(深部)带、未经后生蚀变的无矿岩石带。

地表氧化带:包括沉积盖层剖面上部 40~100m 或更深的岩石,与氧化风化壳、包气带及含氧潜水的发育吻合。地表氧化带又分为上亚带和下亚带。上亚带表现为土壤石膏化,铀矿化被淋滤破坏,又再次沉淀形成新的铀矿化;下亚带中则没有铀矿化,但岩石的放射性强度偏高,表明这里曾经存在过铀矿化。

层间氧化带:从地表氧化带结束开始,沿透水砂层向南东方向发育,可达离含水层地表露头 10~13km 的地段,在矿床南部其深度达 290m。层间氧化带的垂直厚度与透水层的厚度有关,一般为 2~60m。层间氧化带的岩石为黄色,含铁的氢氧化物、锰的氧化物、被氧化的有机物,有时还有自然硫。

铀矿化(深部)带:多为灰色岩石,富含铀。除铀矿物外,还有铁的硫化物(黄铁矿、白铁矿、胶黄铁矿)。在氧化带和铀矿化带之间还可划分出含残余镭放射性强度高的淡白色岩石带与含氧化残余物的富矿石带,后者与还原环境叠加在层间氧化带矿石有关。

未经后生蚀变的无矿岩石带:为还原环境,岩石呈灰色调,多含有机物质和铁的硫化物,水中含硫化氢。

(四) 还原蚀变特征

含矿层中广泛发育热还原蚀变。在隔水泥岩层中含有大量的重晶石-石英-碳酸盐脉和硫化铁。它们都产于断距不大的陡产状的构造裂隙带或顺层裂隙之中。在透水的砂岩中,它们则呈较大的似透镜状、层状、巢状和似柱状的碳酸盐化、硅化(有时见萤石和重晶石)、黄铁矿化和少量可溶的地沥青(图 3-6-5)。脉状矿物包裹体均一法测量结果表明,其形成温度为 170~300℃。这表明在渗入成矿过程中有还原性渗出溶液参与,并在流体地球化学障上形成富的铀矿化(Bühn et al., 2002)。

乌奇库杜克矿床后生热还原蚀变可分为以下几期:Ⅰ期有石英、玉髓、重晶石、萤石、水云母、黄铁矿;Ⅱ期有白云石、黄铁矿;Ⅲ期有方解石、白铁矿、黄铁矿、闪锌矿;Ⅳ期有方解石、黄铁矿、地沥青、针铁矿和锰的氧化物。包裹体均一法测得矿物形成温度为Ⅰ期为 290~300℃;Ⅱ期和Ⅲ期为 170~210℃。石英包裹体测量含 (mol/kg H_2O)

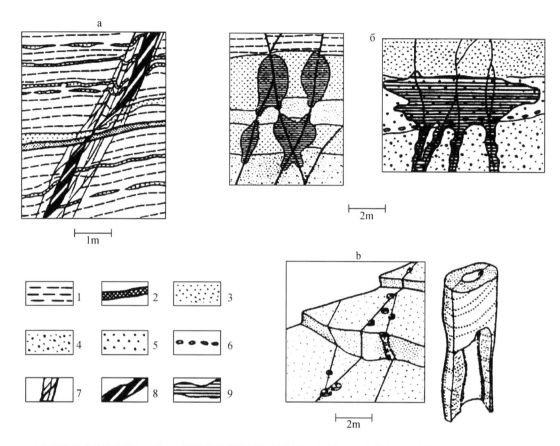

a-土仑组泥岩中的脉状新生矿物；б-赛诺曼组砂岩中脉–板状新生碳酸盐；b-赛诺曼组砂岩中柱状新生碳酸盐。1-泥岩；2-含菱铁矿泥岩；3-细砂岩，4-不等粒砂岩；5-粗砂岩；6-含卵石的细砾岩；7-构造裂隙；8-重晶石–石英–碳酸盐–硫化物脉；9-碳酸盐化岩石

图 3-6-5　乌奇库杜克矿床新生的后生热还原作用示意图

S（0.3~2.4）、Ca（0.9~4.3）和 CO_2（0.4~1.7）。

三、控矿因素

乌奇库杜克矿床为最早确定的外生后成渗入型铀矿床。后生热流体本身不带入铀，但形成的地球化学还原障有利于形成富矿石。另外，该矿床需要讨论的问题是为什么在距基底隆起几百米以外的地段集中形成近十万吨级的巨型铀矿床？初步分析主要是以下几点原因：①布肯套隆起区有丰富的铀源，广泛发育富铀的黑色页岩系和黑色页岩型铀矿床，以及富铀的花岗岩体，可为成矿提供充足的铀源；②稳定的构造地质环境，古风化壳发育，有利于岩石中铀的活化迁移，其地下水的铀含量高，从 $1×10^{-5}g/L$ 到 $2×10^{-5}g/L$；③海相和水下三角洲相的规模化砂岩层有利于铀的集中富集成矿（图 3-6-6）；④该区为地热增高区，地温增高有利于水岩反应进行，可能对铀成矿也有一定贡献；⑤沿断裂发育热流体还原障，有利于形成铀的富集。

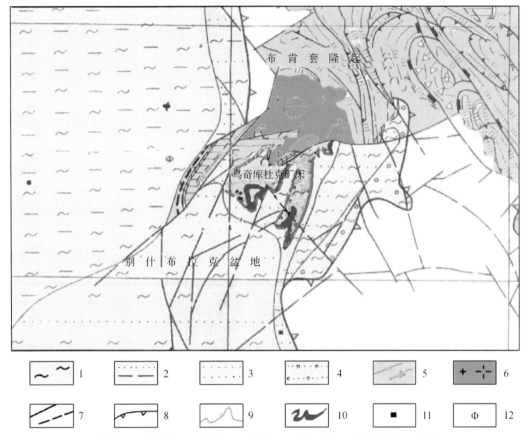

1-泥岩；2-砂质泥岩；3-砂岩；4-砂砾岩；5-下古生界；6-花岗岩类；7-断裂；
8-古隆起边界；9-层间氧化；10-铀矿体；11-黄铁矿化；12-磷

图 3-6-6　乌奇库杜克矿区岩相与铀矿化分布图

四、成矿模式

乌奇库杜克铀矿床成矿模式可以总结如下（图 3-6-7）。

1. Ⅰ：挤压隆升，基底遭风化剥蚀

三叠纪—侏罗纪区域强挤压构造体制下的隆升，形成长垣状背斜隆起，前中生代基底全面暴露地表遭受风化剥蚀，这一状况可能延续到早白垩世晚期的阿尔布期（K_1al）。

2. Ⅱ：伸展期，形成隆起-断陷相间格局

晚白垩世赛诺曼期至桑顿-康尼亚克期的弱伸展构造体制下，长垣状穹状隆起开始裂解（很可能在早土仑期的晚些时候），出现隆起-断陷相间的构造格局。隆起上继续着基底岩石的风化侵蚀，断陷（拗陷）盆地内沉积了河流-三角洲体系的砂泥岩建造。一些具有良好泥-砂-泥结构的层序随后成了理想的砂岩型铀矿主岩。

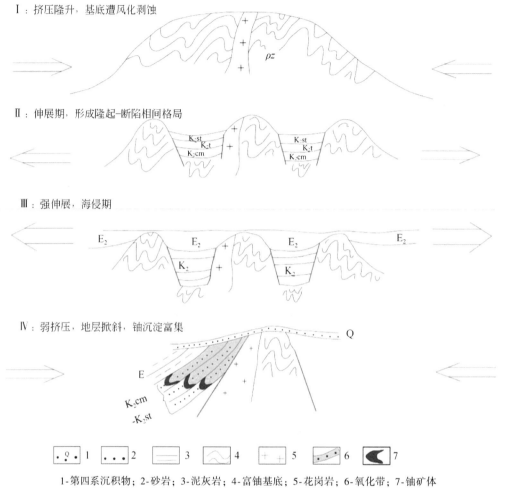

1-第四系沉积物；2-砂岩；3-泥灰岩；4-富铀基底；5-花岗岩；6-氧化带；7-铀矿体

图 3-6-7　乌奇库杜克铀矿床成矿模式

3. Ⅲ：强伸展，海侵期

古近纪（大概的时段是 E_2-E_3^1）时区域强伸展导致区域的全面海侵，白垩系被掩覆。矿区地层剖面中常常缺失上白垩统马斯特里赫特组和古新统，此间可能曾有一次微弱隆升，但古近纪的构造主流是海侵，区域上沉积了近 300m 厚的海相泥页岩和泥灰岩（这一构造环境与邻区哈萨克斯坦的楚-萨雷苏铀成矿区截然不同，那里从始新世晚期开始了弱挤压的"次造山"运动）。

4. Ⅳ：弱挤压，地层掀斜，铀沉淀富集

从渐新世晚期直到第四纪（E_3^2-Q），中央卡兹库姆铀成矿区从强伸展转入弱挤压构造体制下的次造山区，随着西天山和帕米尔的急速隆升，断陷盆地沉积范围不断收缩，盖层沉积发生平缓的掀斜，接近或剥露地表的潜在主岩随之接受大气降水（含氧含铀水）的渗入改造，开始了层间氧化作用和与之相关的铀成矿作用。来自深部的热流体进入含矿层，促进了铀的沉淀富集。

第七节　中央卡兹库姆成矿区萨贝尔萨依矿床

红色丘陵地质大队于 1958～1959 年间在下土仑组和赛诺曼组中见到偏高的放射性强度而发现萨贝尔萨依铀矿床。1961～1964 年，红色丘陵地质大队第 54 地质勘探队对其进行了勘探，1965 年提交工业部门进行开采，1965～1970 年曾用常规（井下）法开采，1970 年转入地浸开采。

一、成矿条件

（一）矿床地质

萨贝尔萨依矿床位于中央卡兹库姆铀成矿区东南端的卡拉捷宾与齐拉布拉克–齐阿特金地垒式背斜构造间的乌鲁斯–贾姆斯克拗陷内，与布哈拉–席文油气盆地毗邻（图 3-7-1）。萨贝尔萨依矿区整体呈一东西向的似圆轴状隆起，其内部被一组近 EW 向断层分割成一些彼此近似平行的地块，断层垂向断距为几十米到几百米，有些断层水平位移达 200～400m。隆起轴部是霍扎林和巴卡雷赛断层之间的挤压地块，在其内部以及南北相邻地块中，集中了矿床的主要产矿层。

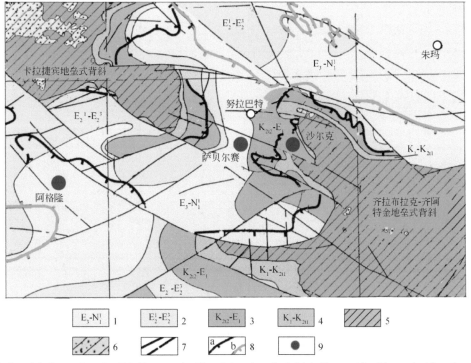

1-渐新统—中新统；2-古近系—始新统；3-上白垩统土仑组上段—古近系古新统；4-下白垩统—上白垩统土仑组下段；
5-元古宇—古生界杂岩；6-航空测量的铀异常场；7-断裂；8-层间氧化带：a-K_1-K_2t^1，b-K_2t^2-E_1；9-砂岩型铀矿床

图 3-7-1　萨贝尔萨依矿区地质图

基底岩石为中上古生界的变质砂岩和页岩，以及海西期的酸性侵入岩，在其上发育前中生代古风化壳。

盆地盖层有白垩系、古近系、新近系和第四系（图 3-7-2）。

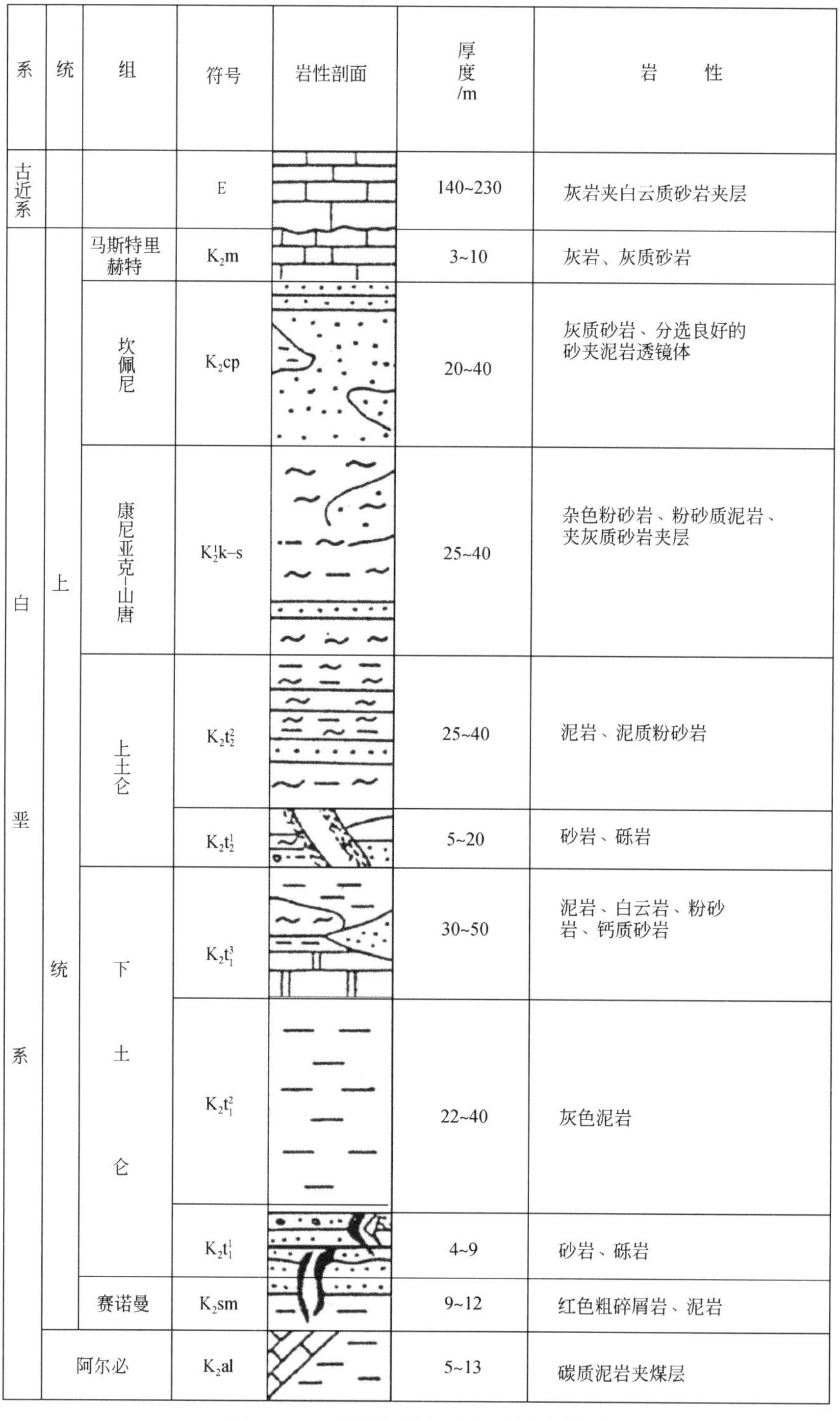

系	统	组	符号	岩性剖面	厚度/m	岩　性
古近系			E		140~230	灰岩夹白云质砂岩夹层
白垩系	上统	马斯特里赫特	K_2m		3~10	灰岩、灰质砂岩
		坎佩尼	K_2cp		20~40	灰质砂岩、分选良好的砂夹泥岩透镜体
		康尼亚克山唐	K_2^1k-s		25~40	杂色粉砂岩、粉砂质泥岩、夹灰质砂岩夹层
		上土仑	$K_2t_2^2$		25~40	泥岩、泥质粉砂岩
			$K_2t_2^1$		5~20	砂岩、砾岩
		下土仑	$K_2t_1^3$		30~50	泥岩、白云岩、粉砂岩、钙质砂岩
			$K_2t_1^2$		22~40	灰色泥岩
			$K_2t_1^1$		4~9	砂岩、砾岩
		赛诺曼	K_2sm		9~12	红色粗碎屑岩、泥岩
		阿尔必	K_2al		5~13	碳质泥岩夹煤层

图 3-7-2　萨贝尔萨依矿床岩层柱状图

上白垩统（K_2）：分为阿尔必组（K_2al）、赛诺曼组（K_2sm）、土仑组（K_2t）、康尼亚克–山唐组（K_2kn-st）、坎佩尼组（K_2kp）和马斯特里赫特组（K_2m），总厚为 140～230m。

阿尔必组：含煤的砂岩、泥岩层，厚度为 5～13m。

赛诺曼组：原生红色的洪积相粗碎屑岩，厚度为 9～12m。

土仑组：下土仑组可划分为三层。下层为乌奇库杜克层的钙质胶结的砾岩和细砾岩，厚 4～9m；中层为杰伊兰图伊层细的灰色泥岩，偶尔为粉砂岩，厚 40m；上层为肯塔克秋别层的白云岩、泥岩、粉砂岩和钙质砂岩，厚度为 30～50m。上土仑组分为两层，下层为萨贝尔萨依层，由粗和细的角砾状洪积和冲积物组成，厚 20m；上层为乌鲁斯层，由泥岩、泥质砂岩类贝壳层组成，厚 25～40m。

康尼亚克–山唐组：杂色粉砂岩和泥岩，厚 22～40m。

坎佩尼组：由分选良好的海相砂岩组成，厚 20～40m。

马斯特里赫特组：由介壳灰岩、钙质砂岩组成，厚 3～10m。

古近系（E）：灰色泥岩类的白云岩、泥灰岩和砂岩薄层，厚度为 140～230m。

新近系（N）：主要为红色粉砂岩夹砾岩和砂岩薄层，厚度为 100～300m。

第四系（Q）：为类黄土的亚黏土，厚度很小，有时为 5～30m。

（二）容矿层位

容矿层位萨贝尔萨依层分为两个沉积韵律层，都从粗碎屑岩开始到细粒泥质物结束。粗粒相由棱角和半棱角状石英颗粒和硅质片岩碎屑组成。岩石的胶结物主要为含蒙脱石和拜来石混入物的水云母，岩石胶结性差。未蚀变的岩石中有石英、长石、水云母、白云母、黑云母、榍石、电气石、绿帘石、石榴子石、锆石、重晶石、磷灰石等，自生矿物有白铁矿、黄铁矿、黄铜矿、磁黄铁矿等。岩石的铀含量为克拉克值级，其中碳酸盐岩铀含量为 1.4×10^{-6}、泥质岩为 3.1×10^{-6}，所有原生灰色岩石皆富硒，比相应岩石的克拉克值高 8～10 倍。容矿的萨贝尔萨依层曾遭受明显的矿前次生还原蚀变。次生还原的岩石具有蓝色、灰色直到黑色，显著富集次生有机物（地沥青），特别是对于那些渗透性较好的岩性。如岩石的有机质含量在次生还原蚀变岩石中达到 0.80%，比未蚀变岩石中的 0.08% 高出 10 倍，这对于随后在容矿层中发育层间氧化带以及与之伴生的铀矿化有着决定性的意义。

（三）水文地质条件

萨贝尔萨依矿床处于泽拉夫尚和布哈拉–卡尔申两个大的自流盆地的分界线上。主要含水层为萨贝尔萨依组，由从卡拉捷平山来的水通过松散的古近系和第四系岩石渗流补给，另外，也可能有深部循环的裂隙水沿断裂进入萨贝尔萨依层。含水层渗透系数大（1～11m/d，主要为 4～6m/d）。水化学类型为 SO_4^{2-}-Cl^--HCO_3^--Na 型。矿化度沿水流方向增高，从 1.03～1.08g/L 到 1.6g/L，个别地段达 2.49g/L。补给区水中氧含量为 2～5mg/L，Eh 为 50～250mV。铀含量为 $n \times 10^{-5}$g/L。随着远离水的补给区，水中 Eh 降低、铀增高，到层间氧化带前锋线处，水中氧消失，Eh 降到 -250mV，铀含量也降到 1×10^{-6}～2×10^{-6}g/L。

二、铀矿化特征

（一）铀矿体分布

铀矿化产于层间氧化带前锋线处，在平面上为两个平行排列的矿带，北带长达 20km，中带东西延伸约 11km（图 3-7-3）。矿化最强的是在砂质岩与泥岩接触部位。在所有岩性层中都见到铀矿化，但 70% 的矿化赋存在泥-砂质和砂-细砾质岩性中。

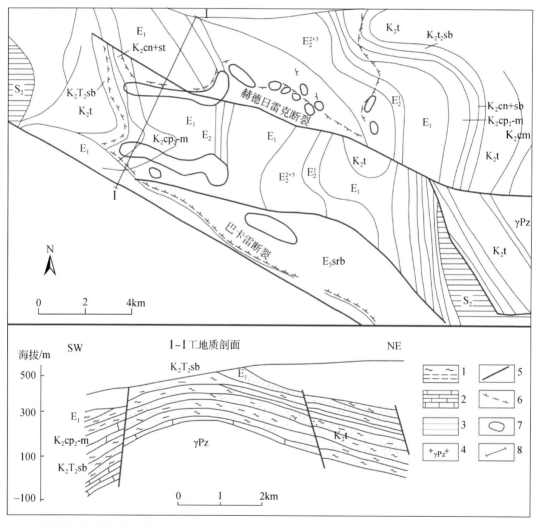

1-古近系灰岩、泥灰岩、泥岩；2-上白垩统砂岩、泥岩、粉砂岩；3-志留系灰岩、片岩；4-花岗岩；5-断裂；
6-上白垩统萨贝尔萨依层层间氧化带前锋线；7-铀矿体；8-剖面线位置

图 3-7-3　萨贝尔萨依矿床地质简图

矿体形态主要为层状、简单卷状、复杂卷状（大多数为双卷状）（图 3-7-4）。在平面上简单的卷状矿体呈带状沿层间氧化带前锋线分布，长 400 ～ 3000m，宽 100 ～ 350m。层状与复杂的卷状矿体平行于层间氧化带方向延伸，长 1000～3000m，宽度比简单的卷状矿体大两倍，一般为 450～700m。它们都由翼部与卷头组成，简单的卷状矿体卷头部分的宽度为 50～75m，复杂的卷状矿体卷头部分的宽度约大两倍，厚度为 5～7m。在靠近卷翼与卷头联结处，铀含量有规律地增高（从 0.03%～0.076% 到 0.15%～0.2%）。西翼矿体埋深为 50～150m，东翼矿体埋深为 200～250m，在乌鲁克–扎姆拗陷中部埋深达 350～400m。

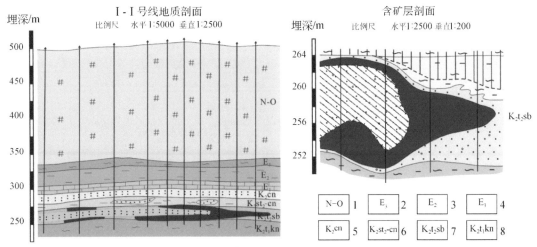

1-新近系—第四系；2-渐新统；3-始新统；4-古新统；5-上白垩统康尼亚克组；6-上白垩统康尼亚克–桑顿组；
7-上白垩统上土仑组萨贝尔萨依层；8-上白垩统上土仑组肯塔克秋别层

图 3-7-4 萨贝尔萨依矿床勘探线剖面示意图（据核工业地质局赴乌考察培训报告，2002）

（二）铀赋存形态

矿石铀品位为 0.054%～4.000%，平均品位为 0.15%。矿石在化学成分上为硅酸盐型，含碳酸盐（0.97%）、磷（0.07%）和硫（1.04%）。主要铀矿物为再生的铀氧化物，只有在富矿石中可见到沥青铀矿，常呈肾状或不规则状析出体。铀矿物多趋附于炭化有机质残屑。除沥青铀矿外，矿区还见到不溶于有机溶剂的硬沥青。有些见矿段硬沥青含量达 15%～20%。硬沥青多以细微水滴状析出物产出（0.3～0.5mm），呈黑色，贝壳状断口，高孔隙率，其密度波动于 1.21～1.27g/cm^3。

与铀伴生的其他元素中有硒。独立的硒矿体规模很小，其中的硒品位为 $0.0n\%$～（0.1～0.2）%，以自然硒形式产出，偶尔见白硒铁矿（斜方硒铁矿）。

（三）后生蚀变特征

在萨贝尔萨依铀矿床中可以明显地划分出地表氧化带、后生还原岩石带和层间氧化带。地表氧化带分布于矿床整个范围内，在拗陷边缘部位其发育深度达 100～200m，在乌鲁斯–扎姆拗陷轴部深达 350～400m。岩石强烈褐铁矿化，不含铀矿化。后生还原作用发育在所有白垩系内，但在上土仑组萨贝尔萨依层位中表现得最为强烈。仅在乌鲁斯–扎姆拗陷的边缘部位才可以见到原生的红色岩石；后生还原作用发育于拗陷中部河床相范围内，岩石呈浅蓝色、灰色，有时呈黑色，并强烈地沥青化、硫化物化。

（四）成矿年代

渐新统与始新统之间有一个非常重要的不整合（约29Ma），大体上相当于天山新构造运动的阿尔卑斯晚期（或欧洲的鲁珀利期 E_3）。这次运动造成了前渐新统（最主要的是上白垩统和古新–始新统）的掀斜，并重新塑造了一套有利于层间氧化作用发育的地下水动力系统。渐新世以后，中央卡兹库姆地区大体上维持了"次造山"的构造体制，即复背斜的隆起区持续、缓慢抬升和盆地区的持续沉降。这一构造背景为中央卡兹库姆铀成矿区的构造动力和地下水系统提供了驱动力，使得处于该隆起上的众多拗陷（山间盆地）中都发生了铀成矿作用。乌兹别克斯坦砂岩铀矿的成矿年龄都集中在 10Ma 左右（相当于中新世）。

三、控矿因素

萨贝尔萨依铀矿床为外生后成渗入型与油气还原作用复合成因型矿床，其控矿因素包括：①基底有丰富的铀源，可为成矿提供充足的铀源；②稳定的构造地质环境，古风化壳发育，有利于岩石中铀的活化迁移，其地下水的铀含量高，$n \times 10^{-5}$ g/L；③海相和水下三角洲相的砂岩层有利于铀的集中富集成矿；④沿断裂发育热流体还原障，有利于形成铀的富集。

四、成矿模式

萨贝尔萨伊铀矿床成矿模式表述如下（图3-7-5）。

Ⅰ 晚白垩世时期，在弱伸展构造体制下沉积了局部夹海相碳酸盐岩的陆相杂色（呈红色）河流–三角洲相沉积。

Ⅱ 可能在白垩—古新世之交的沉积间断期，强烈的断裂构造活动，使邻区（位于矿区东南侧）油气田的烃类气体和硫化氢气体沿断裂构造导入上白垩统主岩，生成"次生还原砂体"，其中的有机质（包括地沥青）含量大幅增加，岩石呈现蓝灰色、灰色乃至暗灰色。

Ⅲ 发生在渐新—中新世之间的"次造山运动"造成上白垩统杂色建造掀斜，地表含氧含铀水沿白垩系露头（或通过透水的新近—第四系）渗入白垩系主岩，使其发生层间氧化和与其相关的铀成矿作用，在次生还原砂体中形成砂岩铀矿化。

Ⅳ 随着差异升降运动的加剧，层间氧化作用不断向岩层倾斜方向推进，在氧化–还原前锋区不断形成"新"的矿体而在其后生的氧化矿体中留下没有被完全氧化的"残留矿体"。

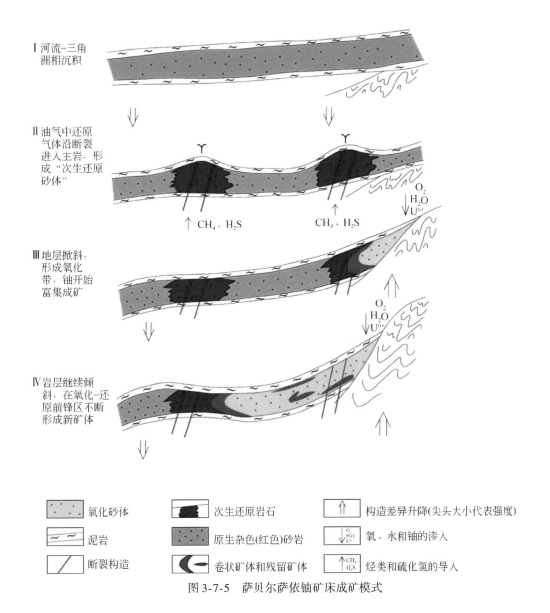

Ⅰ 河流-三角洲相沉积

Ⅱ 油气中还原气体沿断裂进入主岩，形成"次生还原砂体"

↑ CH_4、H_2S　　↑ CH_4、H_2S

O_2
H_2O
U^{6+}

Ⅲ 地层掀斜，形成氧化带，铀开始富集成矿

O_2
H_2O
U^{6+}

Ⅳ 岩层继续倾斜，在氧化-还原前锋区不断形成新矿体

氧化砂体	次生还原岩石	构造差异升降(尖头大小代表强度)
泥岩	原生杂色(红色)砂岩	氧、水和铀的渗入
断裂构造	卷状矿体和残留矿体	烃类和硫化氢的导入

图 3-7-5　萨贝尔萨依铀矿床成矿模式

第四章　火山岩型铀矿成矿条件剖析及成矿模式

新疆火山岩型铀矿主要分布于雪米斯坦成矿远景带（Ⅲ-3，表2-2-1）、乌伦古河成矿远景带（Ⅲ-4）和北天山成矿远景带（Ⅲ-5），如白杨河矿床、冰草沟矿床等。中亚火山岩型铀矿主要集中于科克切塔夫铀成矿区和楚-伊犁铀成矿区，如科萨钦矿床、波塔布鲁姆矿床等都是大型-超大型火山岩型铀矿床，除这两个铀矿床之外，其他个别铀成矿区也发育少量中小型火山岩型铀矿，如费尔干纳铀成矿区的卡乌利矿床、卡塔萨伊-阿拉培尼加矿床等。

第一节　雪米斯坦成矿远景带

雪米斯坦成矿远景带（Ⅲ-3）位于准噶尔微板块的西北缘，是新疆重要的火山岩型铀多金属成矿带，根据构造和铀成矿特征可进一步划分为雪米斯坦成矿远景亚带（Ⅳ-1）和扎伊尔成矿远景亚带（Ⅳ-2）（图4-1-1）。此外，巴尔鲁克山、塔尔巴哈台山-萨吾尔山、科克森套也有少量铀异常发现，但工作程度较低。本次研究对雪米斯坦和扎伊尔两个成矿远景亚带，开展了较为系统的铀成矿条件、成矿规律及矿床解剖等工作。

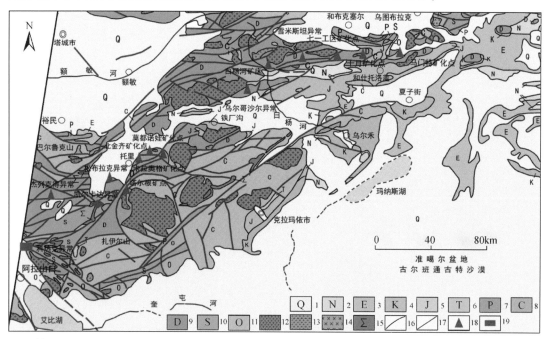

1-第四系；2-新近系；3-古近系；4-白垩系；5-侏罗系；6-三叠系；7-二叠系；8-石炭系；9-泥盆系；10-志留系；11-奥陶系；12-花岗岩；13-闪长岩；14-辉长岩；15-超基性岩；16-地质界线；17-断裂；18-火山岩型铀矿；19-砂岩型铀矿

图 4-1-1　雪米斯坦铀成矿远景亚带地质图

一、成矿条件

（一）大地构造条件

雪米斯坦成矿远景带位于新疆北部西准噶尔地区，属于西准噶尔古生代增生造山带的一部分，亦是中亚造山带的重要组成部分。西准噶尔地区据岩石建造及构造属性可进一步划分为南、北两部分：西准噶尔北部主要表现为岛弧建造（Xu et al.，2012），构造线以近东西向为特征，北有扎尔玛-萨吾尔岩浆弧，南有博什库尔-成吉斯岩浆弧，两者以库吉拜-洪古勒楞蛇绿岩缝合拼贴；西准噶尔南部主要为一套古生代增生杂岩体，以多条蛇绿岩带（唐巴勒、玛依勒、达尔布特及克拉玛依蛇绿岩）为特征。南部与北部之界线为雪米斯坦山南缘断裂（李辛子等，2004；陈庆和张立新，2009；张元元和郭召杰，2010；王金荣等，2011）。

研究区所处的大地构造位置决定了本区属于稳定陆块边缘的活动区，处于准噶尔板块北缘古生代陆缘活动带内晚古生代成熟岛弧之上。该区古生代早期地壳稳定，自泥盆纪早期开始，受古亚洲洋向南俯冲的影响，沿深大断裂喷发有大量的中酸性火山岩，形成了新疆西北部重要的火山岩带。区内两个最主要的铀矿化集中分布区（雪米斯坦和扎伊尔）均分布于该构造单元，并产出有新疆目前规模最大的火山岩型铀矿床——白杨河矿床。

（二）火山岩岩性岩相条件

区内出露的火山岩以晚古生代最为发育，分布范围广，早古生代火山岩仅在局部地区出露。中-新生界主要分布在准噶尔盆地西北部边缘及山间盆地中，见图4-1-1。

1. 下古生界

西准噶尔地区下古生界缺失寒武系，仅出露奥陶系和志留系，分布在唐巴勒、拉巴、玛依勒、洪古勒楞、布龙果尔一带。

奥陶系：主要分布在唐巴勒、拉巴、洪古勒楞、布龙果尔一带。自下而上地层发育齐全，分别为拉巴组（O_1l）、图龙果依组（O_1t）、科克沙依组（O_2k）、布鲁克其组（O_2b）和布龙果尔组（O_3b）。前人在拉巴河上游地段发现有赋存于科克沙依组（O_2k）蛇绿岩带内的小规模放射性异常及铀矿化，铀钍矿化常与沉积型铁锰矿相伴生，但无工业价值。

志留系：主要分布在玛依勒、唐巴勒、石奶闸一带，以及布林村北、沙布尔提山、塔城西北、塔尔巴哈台山脉西段。自下而上地层发育齐全，分别为布龙组（S_1b）、恰尔尕也组（S_1q）、沙尔布尔组（S_2s）、玛依勒山群（$S_{2-3}my$）和克克雄库都克组（S_3kk）等。在玛依勒早古生代蛇绿岩套的橄榄岩中发育小规模异常，无工业价值。

2. 上古生界

泥盆系：主要发育下泥盆统马拉苏组（D_1m）、中泥盆统库鲁木迪组（D_2k）、巴尔雷克组（D_2be）和上泥盆统铁列克提组（D_3tl）。雪米斯坦-沙布尔提山一带主要发育下泥盆统和布克赛尔组（D_1h）、中泥盆统查干山组（D_2c）、呼吉尔斯特组（D_2h）、上泥盆统朱鲁木特组（D_3z）、洪古勒楞组（D_3h）。塔尔巴哈台山、萨吾尔山一带缺失下泥盆统，主要发育中泥盆统萨吾尔山组（D_2s）、上泥盆统塔尔巴哈台组（D_3t）。中-上泥盆统是区内最主要的含矿层位。

马拉苏组（D_1m）：主要分布在巴尔鲁克山-额敏一带，为紫灰色、灰紫色安山岩、安山玢岩、玄武玢岩、流纹斑岩、灰绿色晶屑岩屑凝灰岩、火山灰凝灰岩、凝灰质砂岩、粗砂岩、粉砂岩及灰色钙质砂岩及灰岩团块。

和布克赛尔组（D_1h）：仅分布于沙尔布尔提山东段，为一套浅海相钙质碎屑岩及碳酸盐岩沉积，主要岩性为钙质砂岩、砂质灰岩、泥质灰岩与生物碎屑灰岩，化石丰富。

萨吾尔山组（D_2s）：分布于萨吾尔山-塔尔巴哈台山一带，主要为一套浅海-半深海环境基性-酸性火山碎屑岩、碎屑岩、放射虫硅质岩夹火山岩及碳酸盐岩。沿走向岩性变化较大，自东向西火山物质减少，正常沉积的碎屑岩及硅质岩增多。

查干山组（D_2c）：为一套浅海相灰绿色凝灰质砂岩、凝灰质粉砂岩、砂砾岩、砾岩夹灰色生物碎屑灰岩。

呼吉尔斯特组（D_2h）：分布于沙尔布尔提山一带，为一套陆相灰褐色、黄色、灰绿色、紫灰色、灰色、灰紫色凝灰质砾岩、凝灰质粗-细粒砂岩、凝灰质粉砂岩、砂砾岩、砂岩、泥质粉砂岩、碳质泥岩、安山玢岩、英安斑岩、流纹斑岩、安山质-英安质-流纹质凝灰岩、角砾凝灰岩、凝灰角砾岩、火山角砾岩、熔结凝灰岩、熔结角砾凝灰岩、熔结凝灰角砾岩、熔结火山角砾岩夹灰岩透镜体，含丰富的植物化石。自东向西，火山物质逐渐增多，地层厚度增大。该组为雪米斯坦异常，雪米斯坦 1 号、2 号、3 号、4 号异常及十月工区矿点的含矿层位。

库鲁木迪组（D_2k）：分布于玛依拉山-白杨河西南一带，属滨海-浅海环境，岩石组合为灰色、灰绿色、暗绿色安山质-流纹质火山灰凝灰岩、岩屑晶屑凝灰岩、火山角砾岩、沉凝灰岩、粗面质岩屑晶屑凝灰岩夹凝灰质砂岩、凝灰质粉砂岩、粗-细粒砂岩、长石砂岩、凝灰质泥岩及少量安山玢岩、钠长斑岩、流纹岩、粗面岩、硅质岩。顶部常见紫红色碧玉岩透镜体，厚 2～94m。

巴尔雷克组（D_2be）：分布于玛依勒山-白杨河西南一带，为一套滨海-浅海相灰色、灰绿色夹紫红色碳质、硅质泥质粉砂岩、硅质岩、石英长石砂岩、长石石英砂岩、凝灰质砂岩、粉砂质泥岩夹安山质凝灰岩、结晶灰岩及大理岩化灰岩。

塔尔巴哈台组（D_3t）：分布于萨吾尔山-塔尔巴哈台山一带，呈近东西向延伸，属浅海及滨海相，岩石组合由碎屑岩、火山碎屑岩及基性-酸性火山岩组成，含植物及腕足类等化石。在萨吾尔山一带，该组由滨海相-浅海相碎屑岩、火山碎屑岩、硅质岩夹中酸性火山岩组成，产植物和腕足类化石，硅质岩中普遍含放射虫，为一套类复理石建造。该组在白杨河一带为一套陆相基性-中酸性火山岩及火山碎屑岩建造夹正常碎屑岩建造，下部以中基性山岩及火山碎屑岩为主，上部以中酸性火山岩及火山碎屑岩为主，发育碳质泥岩；该组上部在杨庄一带剥蚀较强，与白杨河岩体（P_1Y）呈侵入接触关系，为白杨河矿床的主要铀、铍含矿层位。

朱鲁木特组（D_3z）：分布于沙尔布尔提山一带，为一套陆相碎屑岩、凝灰质碎屑岩、中基性-中酸性火山岩及其火山碎屑岩夹少量碳酸盐岩沉积，呈近东西向延伸；由东向西，火山物质逐渐增加，在和布克河以西完全变为火山岩及火山碎屑岩沉积。在朱鲁木特以东一带为一套凝灰质碎屑岩类夹正常碎屑岩沉积，产丰富的植物化石。向西在布龙果尔、赛力克特哈洛托洛盖-和布河东岸一带，为一套灰色、灰绿色粗-细砂岩、砂砾岩、砾岩、泥质粉砂岩、碳质泥岩与中基性灰绿色辉石安山玢岩、安山质角砾熔岩、杏仁状玄武安山岩、安山质凝灰岩互层，产丰富植物化石。和布河-白杨河一带，该组为一套基性-酸性灰绿色、灰紫色、肉红色玄武岩、玄武玢岩、安山岩、安山玢岩、英安斑岩、流纹岩、流纹斑岩、霏细斑岩、玄武质-流纹质火山角砾岩、凝灰岩、熔结凝灰岩夹砂岩、粉砂岩及砂质灰岩，局部见植物化石，可见厚度为 918～2943m。该组为七一工区矿点的赋矿围岩。

洪古勒楞组（D_3h）：呈近东西向分布于沙尔布尔提山一带，为一套浅海相杂色碎屑岩、碳酸盐岩夹硅质岩、中基性火山岩及火山碎屑岩沉积，在局部地区其上部为滨海或海陆交互相沉积。

铁列克提组（D_3tl）：分布于额敏-塔勒艾勒克以南一带，为一套海陆交互相黄绿色、灰绿色、绿灰色、灰色钙质长石砂岩、凝灰质砂岩-粉砂岩、细砾岩、粗砂岩夹粉砂岩、凝灰岩及生物灰岩。可见厚度为 300～800m。

石炭系：主要分布于萨吾尔山、扎伊尔山和玛依勒山一带，在布尔津县那林卡拉他乌南坡和克拉玛依西南部。自下而上地层发育齐全，分为黑山头组（C_1h）、姜巴斯套组（C_1j）、那林卡拉组（C_1n）、希贝库拉斯组（C_1x）、包古图组（$C_{1-2}b$）、吉木乃组（C_2jm）、恰其海组（C_2q）和太勒古拉组（C_2t），在沙尔布尔提山中段黑山头组（C_1h）产出有马门特矿点。

二叠系：广泛分布，自下而上地层发育齐全。

哈尔加乌组（P_1h）：以中性火山岩及碎屑岩为主，夹酸性及基性火山岩。由哈尔加乌向西至和布克赛尔拉斯特南，该组上部出现深灰色杏仁状玄武岩。向南至托里一带，该组上部也出现橄榄玄武玢岩、杏仁状安山玄武玢岩，继续向西至塔尔巴哈台山奥勒塔喀木斯特一带，该组下部及上部均出现橄榄玄武岩。含有植物化石。

卡拉岗组（P_1k）：为一套紫色、黄褐色酸性火山岩及碎屑岩夹绿色、灰绿色中性火山岩，底部为灰绿色含砾粗砂岩夹黑色粉砂岩。黑色粉砂岩中含大量植物化石。卡拉岗组在西部额敏林场南为灰紫色流纹岩，含角砾流纹斑岩夹珍珠岩。向南至托里库吉尔台地区，卡拉岗组未见底，上与库吉尔台组为平行不整合接触。该组是塔尔巴哈台、萨吾尔、托里一带及南部博乐、精河一带的主要含矿层位，在托里地区有塔尔根矿点、北金齐矿化点的大部分异常点均分布于该组中。

佳木河组（P_1jm）：分布于哈拉阿拉特山南侧及克拉玛依、乌尔禾一带中-新生界盖层之下。为一套陆相中基性火山岩、火山碎屑岩、碎屑岩组合。据克拉玛依一带井下资料，该组为陆相杂色粗碎屑岩夹安山岩、流纹岩、凝灰岩、凝灰质碎屑岩。

乌尔禾群（P_2W）：该群分布于准噶尔盆地西北缘克拉玛依、乌尔禾地区井下，岩性为河湖相灰绿色、棕灰色砂质泥岩、细砂岩粉砂岩、砾岩呈不等厚互层，是克拉玛依油田最重要的生储油层。

库吉尔台组（P_2k）：分布于托里县库吉尔台、阿希列、朗格特、布尔可斯台及柳树沟地区，呈断块和小型盆地产出，主要岩性为灰绿色、灰紫色砾岩、砂砾岩与岩屑砂岩、细砂岩互层，厚 83～2757m。在托里县西南阿希列地区该组上部夹中-基性熔岩透镜体，下部夹煤层。北金齐矿化点的 9 号、11 号、12 号、14 号等异常点分布于该组。

（三）岩浆活动

1. 火山活动

该成矿区带古生代属构造活动区，岩浆活动发育，晚古生代规模较大。带内主要发育古生代岛弧岩浆岩组合，尤以晚古生代泥盆和石炭纪火山岩为多，并有石炭纪、二叠纪和中生代的陆相火山岩，缺少前寒武纪和新生代火山岩（周刚等，1999，2002；白正华和于学元，2003；周涛发等，2006a，2006b，2006c；谭绿贵等，2006，2007a，2007b；袁峰等，2006a，2006b；程丽红，2006；Zhou et al.，2008）。

区内奥陶纪火山岩主要属于构造活动区的产物，部分属于稳定构造区和碱性火山岩区的产物，多数为钙碱性系列和拉斑玄武岩系列火山岩。雪米斯坦一带中-晚志留世为安山岩-英安岩组合，可能是继承奥陶纪岛弧并进一步发展的产物。萨吾尔地区中-晚奥陶世为玄武岩-安山岩组合；中-晚志留世为安山质、英安质的火山碎屑岩。

区内泥盆纪火山岩主要属钙碱性岩石，雪米斯坦、扎伊尔地区中泥盆世有少量钙碱性岩石。主要为玄武岩-安山岩-英安岩-流纹岩组合，在中酸性岩类中 Na_2O、K_2O 偏高，CaO、MgO 偏低；在酸性岩类中 Na_2O、SiO_2 偏高，其他成分偏低。泥盆纪雪米斯坦一带形成环境主要为岛弧近大陆一侧，次为岛弧中部。扎伊尔地区石炭纪火山岩属于稳定构造区，为岛弧近海沟一侧和大洋岛屿，部分为大洋底部。

西准噶尔泥盆纪—石炭纪时期以雪米斯坦一带陆壳成熟度最高，是在早古生代岛弧基础上，海西早、中期多次叠加的成熟岛弧，向两侧的萨吾尔和扎伊尔逐渐过渡为不成熟的岛弧环境。火山岩为海相、海陆交互相的裂隙式、中心式喷发，总体上均以岛弧型钙碱系火山岩为主。

区内晚石炭世—早二叠世火山活动较强烈，以陆相中心式喷发为主，具双峰式火山建造特征，以钙碱性系列为主，有时出现拉斑玄武岩系列，常出现橄榄玄武玢岩、粗玄岩、粗面岩和超浅成-浅成岩。

中-新生代新疆北部进入大陆板内发展阶段，火山活动微弱，区内仅在克拉玛依—百口泉地区的钻孔中见中-晚三叠世的碱性玄武岩和流纹岩组合，侏罗纪火山岩由火山熔岩及粗玄岩组成。

2. 岩浆侵入

该成矿带内除南部有少量的加里东中期岩体分布外，广泛分布着海西期岩体，尤其是海西晚期酸性岩体。其次还有超基性-基性岩、中性岩等，分布受北东向区域构造控制。侵入时间具南北早、中部晚的特点。火山岩以钙碱性岩石为主，从基性到酸性岩类均较发育，尤以中基性岩类为多。

加里东中期侵入岩（Σ_3^2，γ_3^2）：以基性-超基性杂岩体为主，偶有花岗岩体伴生。受北东东、北西向区域构造联合控制，形成略向西南凸出的凯依阿恩—唐巴勒基性-超基性杂岩带，岩体侵入于早-中奥陶世地层。早期为辉长岩，中期主要为超基性岩类（包括斜辉辉橄岩和纯橄榄岩），晚期仅有零星斜长花岗岩和花岗闪长岩出露。岩石组合属镁质超基性岩类。

海西期：是区内侵入岩主体部分。以酸性岩为主，岩体规模大，并具富碱、富钾的特点。海西中晚期花岗岩是西准噶尔地区铀成矿的主要岩体之一，其叠加成矿作用是区内火山岩型铀矿形成富矿的主要因素。

海西早期侵入岩（$\sum_4^1$，δ_4^1）：仅见于北部科克森套以南，以超基性岩为主，次为辉石闪长岩及花岗岩类，以脉状分布为主，受近东西向区域构造控制。花岗岩属铝过饱和系列，并以 SiO_2 过饱和、适度富碱为主，化学成分中 $K_2O>Na_2O$。

海西中期侵入岩（$\sum_4^2$，γ_4^2，$\gamma\delta_4^2$，δ_4^2）：以酸性岩分布为主，其次为超基性岩。岩体产状以岩基和岩株为主，并侵入于石炭纪地层。早期阶段以超基性岩为主，次为中酸性岩，中-晚期阶段则以酸性岩为主。区内自北向南呈雁行状依次分布有和布克赛尔-洪古勒楞、巴尔鲁克和玛依勒山三条超基性岩带，属高铝型含长超基性岩-斜辉辉橄岩组合岩体。

中-晚期阶段以中酸-酸性岩为主，侵入界线清楚，围岩蚀变微弱。主要岩石类型为似斑状黑云母花岗岩、角闪黑云母花岗岩，岩石化学成分为铝过饱和系列，以 SiO_2 过饱和、富碱或适度富碱为主。

海西晚期侵入岩（$k\gamma_4^3$，γ_4^3，$\gamma\delta_4^3$，$\sum_4^3$）：分布广泛，以酸性（偏碱性）岩类为主，其次为超基性-基性岩类。以岩基为主，受北东东向区域构造控制。岩体侵入早二叠世地层，在托里东部晚二叠世底砾岩中见有大量的该亚期花岗岩砾石。超基性岩类有达拉布特和白碱滩两个超基性岩带（苏玉平等，2006）。

酸性岩类含钾质高，深成岩约占90%，岩石类型主要为红色钾质花岗岩、黑云母钾质花岗岩、花岗闪长岩等。浅成岩为花岗斑岩、石英斑岩、钠长斑岩等，多分布在早二叠世喷发岩内或其附近，岩体一般较小，围岩蚀变不明显。该时期的深成岩、浅成岩或喷发岩，是同源岩浆在不同阶段、不同环境及不同条件下形成的不同产物。属铝过饱和系列和正常系列，以 SiO_2 过饱和与过碱性岩石为主，相当碱性花岗岩或碱土花岗岩类型。物质成分以 SiO_2 含量偏高、暗色矿物含量偏低、碱性长石含量较多为特点。

二、雪米斯坦成矿远景亚带铀矿化特征及成矿模式

雪米斯坦成矿远景亚带大地构造上处于准噶尔微板块和哈萨克斯坦板块交界的边缘活动带上，东西向的海西期查干陶勒盖-巴音布拉克区域性深大断裂切穿山脉（Lykhin et al., 2010; Yarmolyuk et al., 2011）。发育的火山岩型铀矿床、矿（化）点有白杨河铀铍矿床、雪米斯坦工区、七一工区、十月工区及马门特等矿（化）点（表4-1-1），其中以白杨河铀铍矿床最为典型（李久庚，1991; Li et al., 2015a）。

表4-1-1　新疆雪米斯坦成矿远景亚带铀矿床、矿（化）点分布情况

火山岩带		矿床、矿点、矿化点名称	含矿岩性
雪米斯坦山火山岩带	西段	白杨河矿床	微晶质花岗斑岩，凝灰岩，碳质泥板岩
		雪米斯坦工区	凝灰岩
		Ⅳ号异常	凝灰岩，角砾凝灰岩

火山岩带		矿床、矿点、矿化点名称	含矿岩性
雪米斯坦山火山岩带	西段	Ⅲ号异常	钾长花岗岩
		Ⅱ号异常	花岗斑岩，凝灰岩
		Ⅰ号异常	凝灰岩
	中段	七一工区矿点	花岗斑岩，凝灰岩，凝灰角砾岩
	东段	十月工区矿化点	晶屑凝灰岩
		马门特矿化点	凝灰岩，流纹岩

（一）成矿地质条件

白杨河铀铍矿床位于新疆塔城地区和布克赛尔县城西南 140km，铁厂沟镇以北 80km。白杨河铀铍矿床主要出露地层有北部的上泥盆统塔尔巴哈台组紫红色熔结凝灰岩、凝灰熔岩、流纹岩、紫红色气孔状安山岩、绿色的杏仁状玄武岩，西部和南部的下石炭统和布克河组（C_1hb）砂岩、泥质砂岩、砂砾岩、生物碎屑灰岩、岩屑凝灰岩、角砾熔岩、安山玢岩、橄榄玄武岩，中间夹有煤线，以及南部的黑山头组（C_1h）粗砂岩、砂岩、生物碎屑灰岩、火山碎屑岩、流纹岩等（图 4-1-2）。

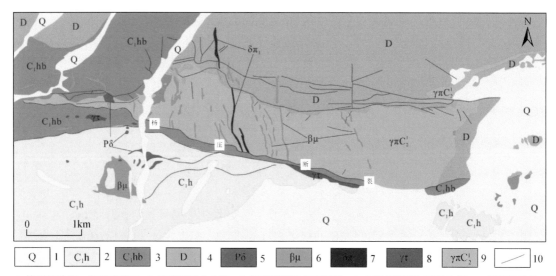

| Q | 1 | C_1h | 2 | C_1hb | 3 | D | 4 | Pδ | 5 | βμ | 6 | δπ | 7 | γτ | 8 | $γπC_2^1$ | 9 | | 10 |

1-第四系冲积、坡积砂砾石；2-石炭系黑山头组；3-下石炭统和布克河组；4-上泥盆统塔尔巴哈台组；5-辉石闪长岩；
6-晚期辉绿岩；7-闪长斑岩；8-白岗岩；9-微晶质花岗斑岩；10-断层/推测断层

图 4-1-2　白杨河铀铍矿床地质简图（欧阳征健等，2006 修改）

一条东西长约 6km，平均宽约 1km 的次火山岩体——杨庄岩体侵入石炭系和泥盆系之间，岩性定名为微晶质花岗斑岩。微晶质花岗斑岩镜下呈斑状结构，斑晶为具港湾状熔蚀边缘的石英和碱性长石，基质为显微晶花岗结构，由石英、钾长石、斜长石和少量白云母组成。

杨庄岩体中见辉绿岩脉和闪长岩脉侵入，两种侵入脉体的产状大致相同，走向以北北西至南南东向为主，少量近南北向，倾向为北东东，倾角为 70° ~ 80°，但规模差别较大，发育位置、形成时代各有特点。

矿区西南以及西部见褶皱构造，其南翼为平缓的单斜构造，产状为 160°∠28° ~ 40°，其轴部为微晶花岗斑岩侵入体所破坏。断裂构造发育，形态各异、类型复杂、规模不一。总体上走向以东西向为主，且为多次活动的继承性断裂。其次为北东、北西及南北向，规模相对较小。

白杨河矿床铀矿化主要产在矿床中部超浅成侵入的微晶质花岗斑岩体及其与围岩接触带中，因此，属于典型的次火山岩亚类铀矿床。白杨河铀矿床由中心工地矿床、新西工地矿床、3 ~ 9 号铀矿（化）点及 10 号、11 号异常点组成，铀矿化主要在岩体北缘的东部及中部集中，在岩体的西部及中南部较少。铀矿体的规模都比较小，最长者 400m，一般为数十米，多为孤立的矿体分布，整个矿体群有北西向南东展布的趋势。

中心工地矿床：铀矿体产在次花岗斑岩的内外接触带，受裂隙和次花岗斑岩接触带的双重控制，接触带附近的裂隙发育地段及裂隙交叉区往往是矿化富集部位，赋矿岩性为次微晶花岗斑岩及晶屑玻屑凝灰岩。该矿床主要由两个矿体组成，1 号矿体规模较大（图 4-1-3），矿体形态复杂，呈不规则透镜体或矿巢断续出现，铀矿体走向为 105° ~ 127°，倾向北北东，倾角为 50° ~ 75°，地表长度 161.6m，厚度为 2 ~ 10m，平均厚度为 5.97m，上薄下厚，深度从地表至地下延伸约 140m，品位为 0.187% ~ 0.275%，高品位样品铀含量 > 2%，个别达 4.538%；2 号矿体规模小，呈不规则板状延伸或断续的透镜状，总体向 95° 方向倾伏，倾伏角为 20°，透镜体单个长 4 ~ 15m，平均厚度为 2.13m，延深为 52.6m，平均品位为 0.234%。

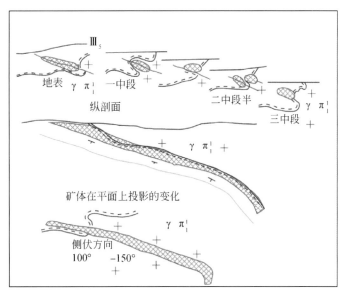

图 4-1-3　中心工地主矿体各中段投影平面示意图和纵投影图（据新疆五一九队第二十四队，1964）

新西工地矿床：铀矿体产在微晶花岗斑岩的内外接触带，受断层、花岗岩斑岩体内凹接触面和有利的凝灰岩、碳质泥板岩三者联合控制，赋矿岩性是花岗斑岩和凝灰岩、凝灰质砂岩和碳质泥板岩。铀矿体由主要矿体和次要矿体两部分组成。铀的主要矿体呈似层状，走向近南东向，倾向南，倾角为28°~35°，长约300m，宽为50~100m，平均厚度为2.61m，厚度变化系数为89%，深度为地下40~300m，比较稳定，仅在边缘出现分支（图4-1-4），平均品位为0.165%，品位变化系数为70%~189%。铀的次要矿体为巢状或透镜状，规模小、延伸短、品位较富，沿走向、倾向均不稳定。产于花岗斑岩中走向为北东向30°~35°、倾向为北西、倾角为75°的剪切裂隙内，其中较好的一个矿体长15m，平均厚2.62m，品位为0.513%。

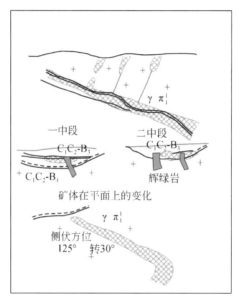

图4-1-4　新西工地主矿体各中段投影平面示意图和纵投影图（据新疆五一九队第二十四队，1964）

其他矿点、异常点：矿体主要产于凝灰岩与次花岗斑岩内接触带北东向次级裂隙中，位于南部断层附近的矿点，即5号异常则明显受次花岗斑岩内接触带与区域深大断裂平行的东西向、北倾次级裂隙控制。矿体呈透镜状、巢状，少量呈似层状。见矿较好的工业矿体长23m，宽3~17m，平均宽10m，矿体厚度为0.46~12.7m，平均厚度为2.35~4.21m，铀品位为0.03%~0.285%，平均品位为0.095%~0.278%，个别钻孔平均品位达0.718%，个别样品品位可达4.51%。矿体主要位于地表至地下20m，部分钻孔下部次花岗斑岩的内接触带又发现有工业矿体。

（二）火山岩-次火山岩成岩年代学

白杨河矿床是雪米斯坦火山岩带重要的铀铍矿床，其矿化主要产出在杨庄岩体的内外接触带附近，赋矿围岩为一套酸性的火山岩-火山碎屑岩组合，对于该套地层的成岩时代历来存在较大争议，前期的铀矿评价中将其时代归入早二叠世，并在雪米斯坦山南缘划分出一条早二叠世的陆相酸性火山岩带，作为铀矿化的有利围岩。本次年代学研究结果（表4-1-2）表明，该套地层时代为晚志留—早泥盆世，与其北部的塔尔巴哈台组流纹岩时代一致，应为同一时代火山岩。雪米斯坦地区出露的主体火山岩主要为中-上泥盆统的产物，同时伴有一些地层古生物学研究的证据（许汉奎，1991；王庆明，2000）。经分析测试，雪米斯坦地区主体火山岩的锆石U-Pb年龄为404.8~416.1Ma（田建吉等，2013），为晚志留—早泥盆世（表4-1-2，图4-1-5～图4-1-7），近年来，Shen等（2012）获得的雪米斯坦中段和西段的部分火山岩锆石U-Pb年龄也为晚志留—早泥盆世（411.2±2.9～422.5±1.9Ma）。

表4-1-2　雪米斯坦地区火山岩–次火山岩年代学分析结果

样号	岩性	位置	原定时代或侵位地层	定年方法	年龄/Ma
D-01	流纹岩	中心工地北接触带流纹岩		SHRIMP U-Pb	416.1±2.3
D-02	流纹岩	阿拉哈拉腾紫红色流纹岩（二号工地东北）	上泥盆统塔尔巴哈台组	SHRIMP U-Pb	411.9±3.7
D-06	流纹质晶屑凝灰岩	中心工地西杨庄岩体北接触带晶屑凝灰岩		SHRIMP U-Pb	406.9±4.5
71-3	流纹岩	七一工区北流纹岩	中泥盆统呼吉尔斯特组	SHRIMP U-Pb	411.0±3.4
10-21	流纹岩	十月工区		LA-ICP-MS U-Pb	404.8±6.1
MM-22	流纹岩	马门特地区	下石炭统黑山头组	LA-ICP-MS U-Pb	292.9±4.6
BY-66	斜长花岗斑岩	巴哈力地区串珠状斑岩体	侵位于下石炭统黑山头组中	SHRIMP U-Pb	318±6
D-04	花岗斑岩	杨庄北花岗斑岩	侵位于中泥盆统萨吾尔山组火山岩中	SHRIMP U-Pb	420.6±2.8
D-03	花岗斑岩	Ⅱ号异常区富铀斑岩体	原未划分为斑岩体	SHRIMP U-Pb	305.3±3.5
QY-28	钾长花岗斑岩	七一工区含矿斑岩体	上泥盆统朱鲁木特组	TIMS U-Pb LA-ICP-MS U-Pb	403.6±3.7 402.4±3.8

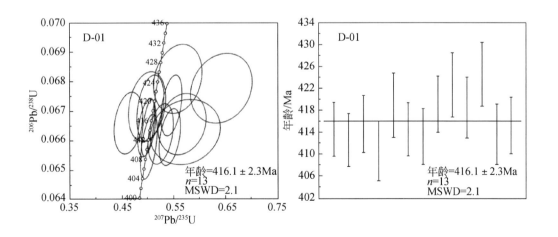

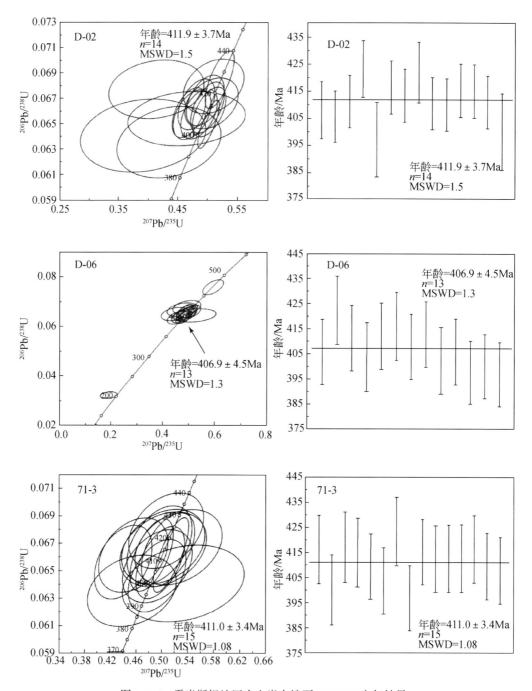

图 4-1-5 雪米斯坦地区火山岩中锆石 SHRIMP 定年结果

（D-01、D-02、71-3 为流纹岩；D-06 为流纹质晶屑凝灰岩）

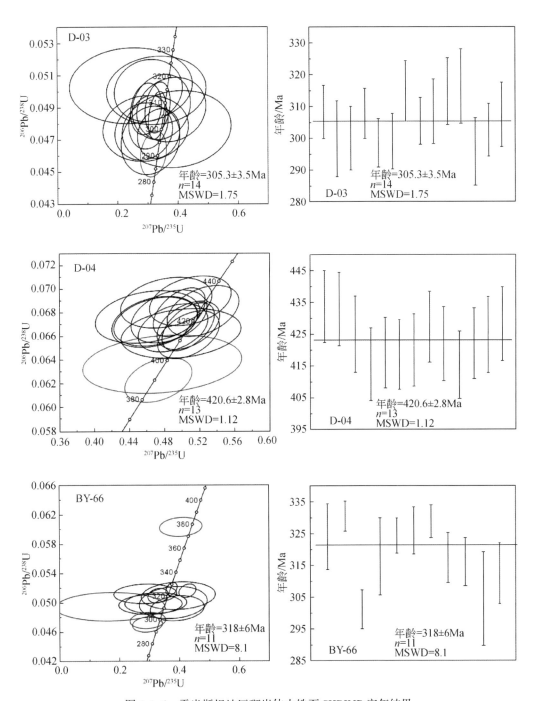

图 4-1-6　雪米斯坦地区斑岩体中锆石 SHRIMP 定年结果

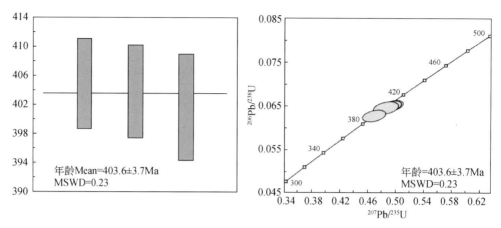

图 4-1-7　雪米斯坦地区七一工区含矿斑岩锆石 U-Pb 年龄（QY-28，钾长花岗斑岩）

此外，本次研究也确认了在雪米斯坦地区还存在晚石炭世—早二叠世的岩浆活动，该期岩浆活动产物主要沿深大断裂在雪米斯坦火山岩带南缘断续分布，为重要的含矿地层，尤其是马门特地区的火山岩新确定为早二叠世岩浆活动产物（292.9±4.6Ma）（表 4-1-2，图 4-1-8），

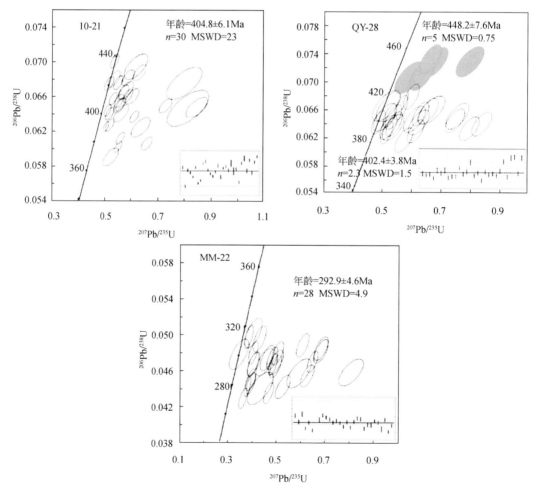

图 4-1-8　雪米斯坦火山岩带火山-次火山岩中锆石的 LA-ICP-MS 定年结果

（10-21 为十月工区流纹岩；QY-28 为七一工区含矿钾长花岗斑岩；MM-22 为马门特地区流纹岩）

而非早石炭世的地层。根据区域地质资料和野外地质调查综合分析，该套火山岩地层上覆于早石炭世浅海相的和布克河组和浅海相、海陆交互相的黑山头组之上，根据其时代和岩石类型，推测其应为早二叠世哈尔加乌组，其目前的产出分布可能与晚期的构造剥蚀有关。

更重要的是，本次研究首次发现雪米斯坦地区发育晚志留—早泥盆世和晚石炭世—早二叠世两套含矿火山岩-次火山岩地层。长期以来，对于赋矿的酸性火山岩-次火山岩类长期缺乏系统的年代学资料，其时代归属一直未能合理解决，主要有以下几种认识：五一九队第二十四队将其作为夹层确定为中泥盆统；1982 年新疆地矿局第一区域调查大队又将其划分为下石炭统巴塔玛依内山组；王之义（1987）将其称为"和什托洛盖-白杨河火山岩系"，并通过分析研究将该地层时代归为早二叠世；赵振华等（2001）将其归为下二叠统莫老坝组；而核工业西北地勘局二一三大队 1989 年在研究本区的火山岩时，将原区测划分的下石炭统扎拉斯组（C_1z）、卡拉岗组（C_1k）进行解体，将扎拉斯组划归黑山头组（C_1h），卡拉岗组划归下二叠统哈尔加乌组陆相中酸性火山岩。由此可以看出，前人对于该区赋矿火山岩的时代，无论哪种认识，均认为是同一时代的产物。而本次研究发现雪米斯坦地区存在晚志留—早泥盆世（402.4±3.8Ma～420.6±2.8Ma）和晚石炭世—早二叠世（305.3±3.5Ma～318±6Ma）两套含矿火山岩-次火山岩（表 4-1-2，图 4-1-6，图 4-1-8）。但对于这两套含矿火山岩-次火山地层中铀矿化时代是否存在差异，仍需进一步研究。

（三）地球化学特征

1. 火山岩地球化学特征

在主量元素组成特征方面，K_2O-SiO_2分类图解［图 4-1-9（a）］显示，该区西段中泥盆统萨吾尔山组火山岩落在高钾钙碱性系列和钾玄岩系列，中东段中泥盆统呼吉尔斯特组火山岩主要落入高钾钙碱性系列。上泥盆统塔尔巴哈台组火山岩落入中钾钙碱性系列和高钾钙碱性系列。从时间尺度上，具有从中泥盆统的高钾钙碱性和钾玄岩系列向上泥盆统的钙碱性系列（中钾和高钾）演化的特点。空间上，具有类似的演化特点，即从西段的钾玄岩系列和高钾钙碱性系列到中东段高钾钙碱性系列的变化。

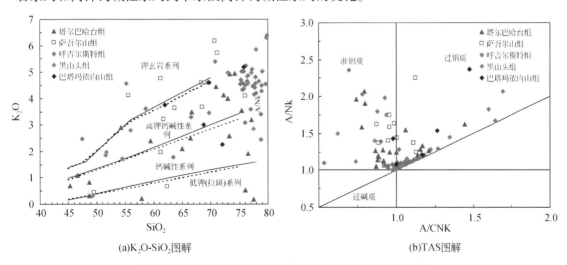

(a)K_2O-SiO_2图解　　　　　　(b)TAS图解

图 4-1-9　雪米斯坦地区火山岩 TAS 图解和 K_2O-SiO_2 图解

　　本区火山岩类全碱含量（K_2O+Na_2O）较高，为 4.8 ~ 10.3，大部分 K/N 值小于 1。A/CNK 变化于 0.54 ~ 2.79，大部分为准铝质和弱过铝质，少部分为强过铝质（Rollison，2000）［图 4-1-9（b）］，其中中基性火山岩一般为准铝质，而酸性火山岩为准铝质–过铝质。

　　稀土和微量元素方面，该地区火山岩类均为轻稀土富集的右倾斜分布模式，均具有轻稀土分馏强于重稀土的特征，因此总体表现为轻稀土分布较陡而重稀土较为平坦的特点（图 4-1-10 ~ 图 4-1-12）。同一火山岩地层，酸性岩均比中基性岩类具有较高的稀土含量。酸性岩中，除萨吾尔山组外，其他各组具有类似的稀土配分形式，反映可能具有相似的岩浆源区。其中塔尔巴哈台组、呼吉尔斯特组、黑山头组流纹岩均具有较高的稀土总量（平均值分别为 2.5025×10^{-6}、2.5386×10^{-6} 和 2.2421×10^{-6}），巴塔玛依内山组的稀土含量较低（平均为 1.3554×10^{-6}），萨吾尔山组流纹岩具有较低的稀土总量（平均为 1.5575×10^{-6}）和最大的 LREE/HREE 值（平均为 9.38）、$(La/Yb)_N$ 值（平均为 9.39），与其他各组具有明显差异。另外区内酸性岩类均具有负 Eu 异常，其中呼吉尔斯坦组和黑山头组 Eu 明显亏损（平均值分别为 0.12 和 0.14），呈现较强的负 Eu 异常，暗示有明显的斜长石晶出。塔尔巴哈台组、萨吾尔山组和巴塔玛依内山组具有中等负 Eu 异常。与酸性岩相比，研究区内中基性岩类轻稀土分馏减小，而重稀土分馏增大，均表现为右倾斜的分布形式，其中塔尔巴哈台组中基性岩具有弱的正 Eu 异常，而巴塔玛依内山组具有弱的负 Eu 异常。

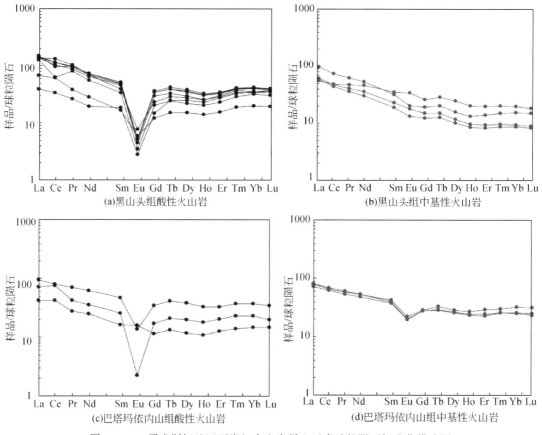

图 4-1-10　雪米斯坦地区石炭纪火山岩稀土元素球粒陨石标准化模式图

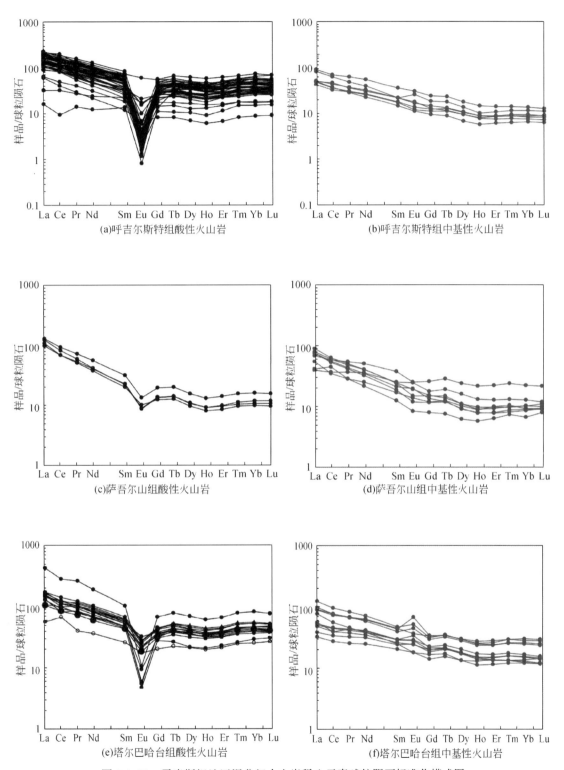

图 4-1-11 雪米斯坦地区泥盆纪火山岩稀土元素球粒陨石标准化模式图

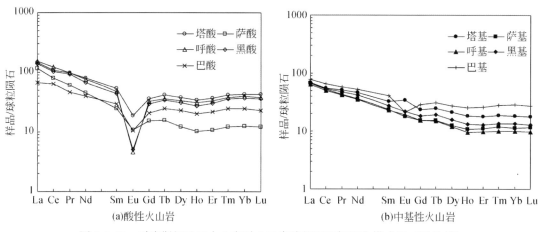

图4-1-12　雪米斯坦地区火山岩稀土元素球粒陨石标准化模式图（平均值）

　　在火山岩样品的原始地幔标准化多元素图解中（图4-1-13），研究区火山岩总体具有类似的微量元素特征，即均富集大离子亲石元素（LILE）和轻稀土元素（LREE）而亏损高场强元素（HFSE）和重稀土元素（HREE）等，具有总体右倾斜的分布特征，暗示其部分或总体具有相似的成岩源区或处于相似构造环境，尤其是所有火成岩样品均具有明显的Nb、Ta和Ti的亏损，显示较明显的"TNT"负异常，这与岛弧或活动大陆边缘火山岩具有类似的分配形式，指示俯冲作用改造的岩石圈地幔参与了岩浆的形成过程，研究区火

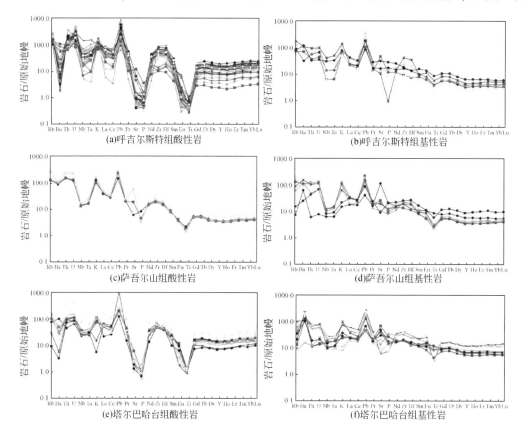

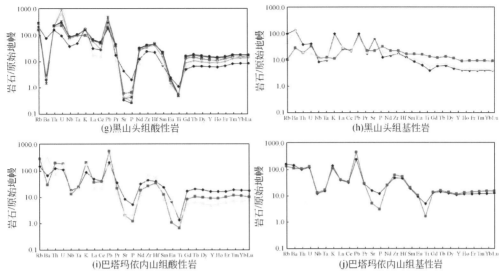

图4-1-13　雪米斯坦地区火山岩微量元素原始地幔标准化元素图解

成岩的形成可能处于岛弧或活动大陆边缘环境。除此之外，研究区酸性岩一般具有明显的Ba、Sr、P亏损（萨吾尔山组亏损较弱），而中基性火成岩不具有或部分具有弱的Ba、Sr、P亏损，可能与岩浆演化过程中的结晶分异作用有关。

2. 浅成-超浅成斑岩体地球化学特征

本次研究采集的浅成-超浅成斑岩体样品分别采集自雪米斯坦地区西段的杨庄+杨庄东、杨庄北、白杨河周边、巴哈力地区，以及雪米斯坦地区中东段（白杨河以东）的Ⅰ号、Ⅱ号、七一工区、波尔托岩体南部和塔木嘎特萨拉等地区。为了便于讨论研究区斑岩体的地球化学特征，根据斑岩体的产出位置和岩石类型将区内斑岩体分为多组，除几处典型的斑岩体按其产出位置命名外，将在雪米斯坦火山岩带南缘采集的其他斑岩体归为其他组，同时由于其他产出的斑岩体具有两种不同的地球化学特征，将其他组分两组。分为以下几组：①杨庄岩体；②杨庄北；③白杨河北；④巴哈力串珠状；⑤Ⅱ号异常区；⑥其他1；⑦其他2；⑧七一工区。

通过对以上各地区斑岩体的主量元素进行综合分析，可发现以下特征：

（1）总体上，该地区斑岩体具有高硅、富碱和高钾的特点。

（2）除巴哈力串珠状岩体外，其他各岩体的$Fe_2O_3 > 2FeO$，反映此地区各岩体定位较浅，形成于相对氧化的介质环境，与野外地质观察结果一致。

（3）Ⅱ号异常地区的斑岩体、杨庄北的斑岩体与杨庄岩体具有明显类似的主量元素特征，这与其岩相学特征是一致的。

（4）巴哈力地区的串珠状岩体具有埃达克岩的主量元素地球化学特征。

（5）在全碱-硅图解（TAS）中［图4-1-14（a）］，绝大部分样品落入花岗岩区，少部分样品落入花岗岩和石英二长岩边界区（白杨河北及其附近的巴哈力串珠状斑岩体），属于亚碱性系列。斑岩体的分异指数（DI）变化于87.08～98.39，具有高度分异的特点。A/CNK［$= Al_2O_3/(CaO+Na_2O+K_2O)$，分子比］为0.92～3.03，A/NK［$Al_2O_3/(Na_2O+K_2O)$，

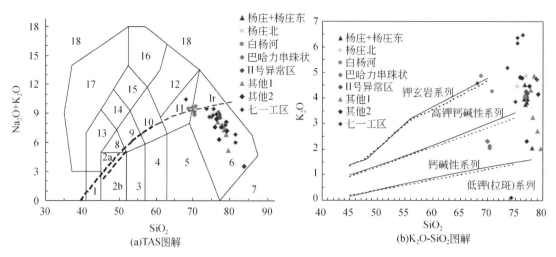

1-橄榄辉长岩；2a-碱性辉长岩；2b-亚碱性辉长岩；3-辉长闪长岩；4-闪长岩；5-花岗闪长岩；6-花岗岩；7-硅英岩；
8-二长辉长岩；9-二长闪长岩；10-二长岩；11-石英二长岩；12-正长岩；13-副长石辉长岩；14-副长石二长闪长岩；
15-副长石二长正长岩；16-副长正长岩；17-副长深成岩；18-霓方钠岩/磷霞岩/粗白榴岩；Ir-Irvine 分界线，上方为碱
性，下方为亚碱性

图 4-1-14　雪米斯坦地区浅成-超浅成侵入岩 TAS 图解和 K_2O-SiO_2 图解

分子比] 为 0.98 ~ 3.14，除一件样品为强过铝质外，其他为准铝质和弱过铝质，少量为过碱质。里特曼指数（σ）为 0.31 ~ 4.37，除个别样品外，均小于 4，为钙碱性岩。在 K_2O-SiO_2 图解中 [图 4-1-14（b）]，除巴哈力串珠状岩体属于中钾钙碱性系列外，其余以高钾钙碱性系列和钾玄岩系列为主，部分落入中钾钙碱性系列区。

该地区斑岩体的稀土元素特征如下（图 4-1-15）。

1）杨庄岩体+杨庄东斑岩体

杨庄岩体的稀土总量为 8.65×10^{-6} ~ 1.441×10^{-6}，轻重稀土分馏较弱 [LREE/HREE 为 2.65 ~ 3.55，$(La/Yb)_N$ 为 1.55 ~ 2.19]，轻、重稀土均较富集，而中稀土亏损，Eu 强烈亏损（$\delta Eu = 0.02 ~ 0.14$）稀土配分模式呈 V 字形 [图 4-1-15（a）]。无明显 Ce 异常。

2）杨庄北斑岩体

杨庄北花岗斑岩稀土总量为 9.15×10^{-6} ~ 1.1198×10^{-6}，轻重稀土分馏明显 [LREE/HREE 为 7.21 ~ 8.39，$(La/Yb)_N$ 为 5.68 ~ 7.18]，轻稀土分馏明显，$(La/Sm)_N = 4.56 ~ 4.64$，而重稀土无明显分馏，Eu 弱亏损（$\delta Eu = 0.53 ~ 0.71$），稀土配分模式呈轻稀土较陡而重稀土平坦的右倾式曲线 [图 4-1-15（b）]。无明显 Ce 异常。

3）白杨河北斑岩体

杨庄北花岗斑岩稀土总量为 1.1501×10^{-6} ~ 1.733×10^{-6}，轻重稀土分馏明显 [LREE/HREE 为 5.37 ~ 7.77，$(La/Yb)_N$ 为 4.39 ~ 6.76]，轻稀土分馏明显，$(La/Sm)_N = 3.15 ~ 3.28$，而重稀土基本无分馏，Eu 弱亏损（$\delta Eu = 0.49 ~ 0.69$），稀土配分模式呈轻稀土略右倾斜而重稀土平坦的弱右倾式曲线 [图 4-1-15（c）]。无明显 Ce 异常。

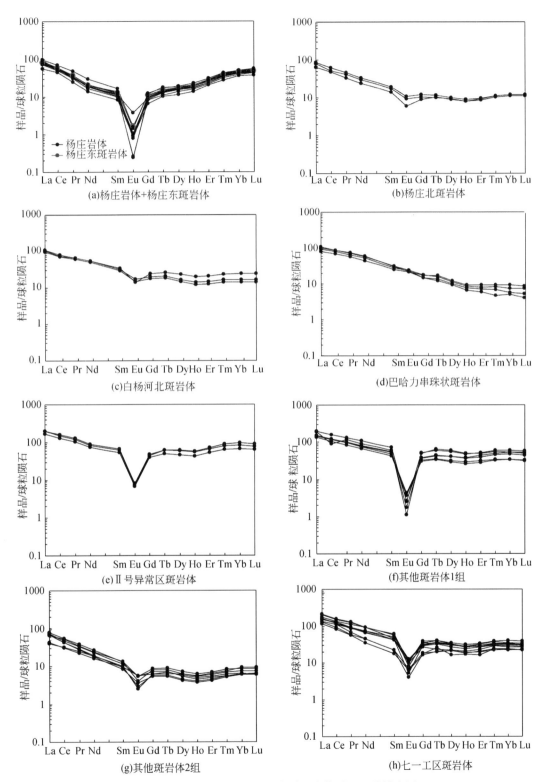

图4-1-15 雪米斯坦地区花岗质斑岩体稀土配分模式图

4) 巴哈力地区串珠状斑岩体

巴哈力串珠状斜长花岗斑岩稀土总量为 $1.1311×10^{-6} \sim 1.694×10^{-6}$，轻重稀土明显分馏 [LREE/HREE 为 $10.62 \sim 13.54$，（La/Yb）$_N$ 为 $11.70 \sim 18.36$]，轻重稀土均明显分馏，无 Eu 异常（$\delta Eu = 0.13 \sim 0.98$），稀土配分模式呈右倾式平滑曲线 [图 4-1-15（d）]。无明显 Ce 异常。

5) Ⅱ号异常区斑岩体

Ⅱ号花岗斑岩稀土总量较高（$2.8431×10^{-6} \sim 3.479×10^{-6}$），具有轻稀土分馏明显，重稀土弱富集，轻重稀土总体分馏较弱 [LREE/HREE 为 $3.29 \sim 3.764$，（La/Yb）$_N$ 为 $2.06 \sim 2.50$]，Eu 负异常强烈（$\delta Eu = 0.14 \sim 0.15$），稀土配分模式呈 V 字形 [图 4-1-15（e）]。无明显 Ce 异常。

6) 其他斑岩体

雪米斯坦南缘产出的其他斑岩体，总体具有两种不同的配分模式。

1 组稀土总量明显较高（$2.222×10^{-6} \sim 3.461×10^{-6}$），轻重稀土分馏相对较弱 [LREE/HREE 为 $3.34 \sim 5.76$，（La/Yb）$_N$ 为 $2.90 \sim 4.40$]，轻稀土明显分馏，重稀土无明显分馏，Eu 强烈亏损，呈明显负异常（$\delta Eu = 0.02 \sim 0.11$），稀土配分模式呈轻稀土较陡重稀土平坦的右倾式平滑曲线 [图 4-1-15（f）]。无明显 Ce 异常。

2 组稀土总量明显偏低（$6.13×10^{-6} \sim 8.84×10^{-6}$），轻重稀土分馏明显 [LREE/HREE 为 $6.43 \sim 12.58$，（La/Yb）$_N$ 为 $4.60 \sim 12.10$]，轻稀土明显分馏，重稀土无明显分馏，中等 Eu 负异常（$\delta Eu = 0.32 \sim 0.73$），稀土配分模式呈轻稀土分布较陡重稀土平坦的右倾式平滑曲线 [图 4-1-15（g）]。无明显 Ce 异常。

7) 七一工区斑岩体

七一工区钾长花岗斑岩稀土总量较高（$1.599×10^{-6} \sim 3.117×10^{-6}$），轻重稀土明显分馏 [LREE/HREE 为 $5.51 \sim 7.57$，（La/Yb）$_N$ 为 $4.52 \sim 6.48$]，轻稀土分馏较强，重稀土基本无分馏，Eu 负异常明显（$\delta Eu = 0.15 \sim 0.37$），稀土配分模式呈轻稀土较陡而重稀土平坦的右倾式曲线 [图 4-1-15（h）]。无明显 Ce 异常。

在微量元素原始地幔标准化蛛网图中（图 4-1-16），该地区斑岩体总体具有富集 Rb、U、Th 等大离子亲石元素（部分岩体 Ba 亏损），而明显亏损 Sr（串珠状岩体较富集）、P、Ti 等元素的特征。Nb、Ta 含量差异明显，杨庄岩体+杨庄东斑岩体、Ⅱ号异常区斑岩体和其他斑岩体 1 组 Nb、Ta 含量较高，不出现 Nb 和 Ta 亏损，Zr、Hf 等高场强元素含量以及 W、Mo 等元素含量也较高，明显亏损 Eu，结合其稀土元素特征，这些地区产出的斑岩体明显具有 A 型花岗岩的微量元素特征，Eu、Sr、Ba 等元素的亏损与岩浆分异过程密切相关；杨庄北斑岩体、白杨河北斑岩体、巴哈力串珠状斑岩体以及其他斑岩体 2 组具有较低的 Nb、Ta 含量，具有 Nb、Ta 亏损，表现为 I 型花岗岩的微量元素特征，其中巴哈力串珠状斑岩体的 Sr 含量均大于 $4×10^{-6}$，同时具有较低的 Y 含量（$1.23×10^{-6} \sim 2.04×10^{-6}$，除一个样品为 2.04 外，其他样品均 $<1.8×10^{-6}$）和 Yb 含量（$1.05×10^{-6} \sim 1.96×10^{-6}$，除一个样品为 1.96 外，其他均 $<1.9×10^{-6}$），还具有较高的 Ni 含量，显示出埃达克岩的地球化学特征。

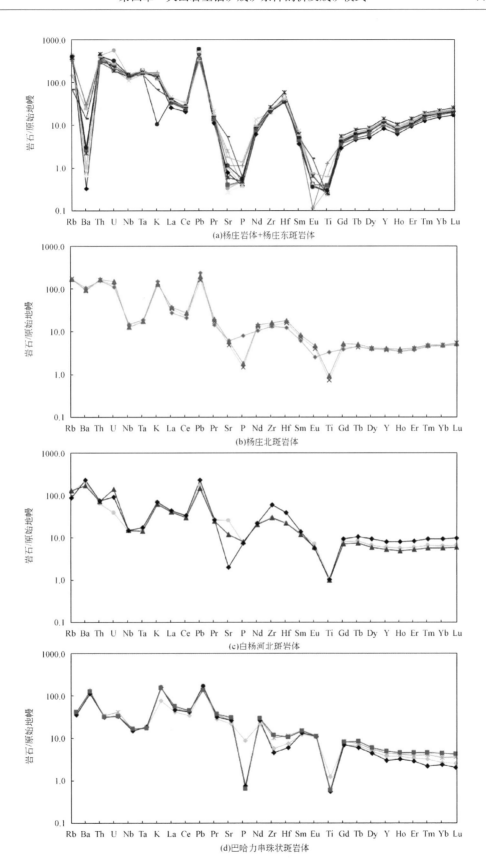

(a)杨庄岩体+杨庄东斑岩体

(b)杨庄北斑岩体

(c)白杨河北斑岩体

(d)巴哈力串珠状斑岩体

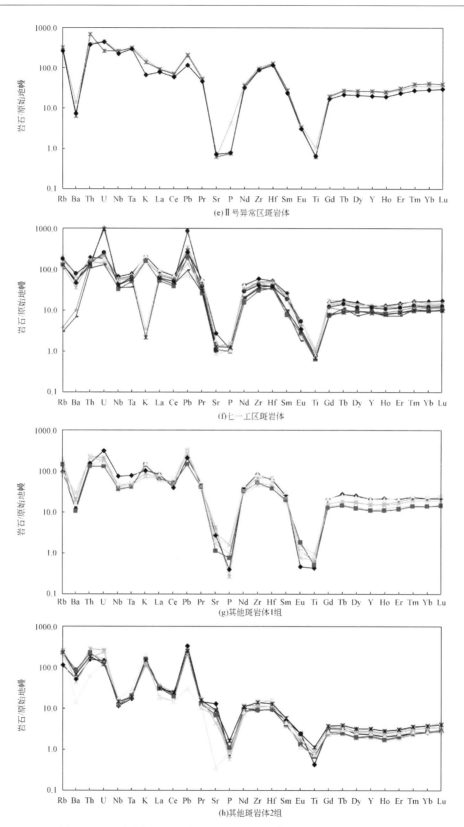

图 4-1-16　雪米斯坦地区浅成–超浅成斑岩体原始地幔标准化蛛网图

（四）铀、铍矿化特征

白杨河矿床铀矿石可划分为原生矿石和氧化矿石，原生矿石铀矿物主要是沥青铀矿，氧化矿石次生铀矿物主要为硅钙铀矿（图4-1-17）和钙铀云母，在深度150～200m附近仍可见到。由于氧化深度较大，可以说大部分原生矿石均不同程度地发生了氧化作用，形成次生铀矿物。以围岩划分矿石的类型，可分为花岗斑岩型铀矿石（图4-1-18）、凝灰岩型（晶屑岩屑凝灰岩、凝灰质泥岩、凝灰质砂岩）铀矿石（图4-1-19）、辉绿岩型铀矿石（图4-1-20），但以花岗斑岩型铀矿石为主。矿石矿物组合可分为沥青铀矿–脂铅铀矿–萤石–黄铁矿–方铅矿–方解石、硅钙铀矿–沥青铀矿–萤石–水云母–高岭石等。沥青铀矿呈细脉状、团块状分布，常伴生紫黑色萤石。矿石结构见自形粒状结构、斑状结构、凝灰结构；构造主要见细脉状构造、假流纹构造、浸染状构造和块状构造等。铍矿石可分为微晶花岗斑岩矿石、凝灰岩矿石，其矿物组合为羟硅铍石–萤石–绢云母–高岭石。

图 4-1-17　次生铀矿物硅钙铀矿（黄色）

（地点：ZK1700，160.20m）

图 4-1-18　红色的微晶花岗斑岩矿石

（地点：白杨河矿床钻孔 ZK1700，160.1m）

图 4-1-19　凝灰岩矿石

（地点：ZK2300，206.9m）

图 4-1-20　辉绿岩矿石

（地点：九号工地平洞内）

　　白杨河矿床常见的围岩蚀变有萤石化、赤铁矿化、褐铁矿化、绿泥石化、水云母化，其次为锰矿化、碳酸盐化、高岭石化、钠长石化等。近矿蚀变有萤石化、赤铁矿化、锰矿化、碳酸盐化、钠长石化，其中赤铁矿化（图 4-1-21）、紫黑色萤石化、水云母化（图 4-1-22）、绿泥石化（图 4-1-23）与铀成矿关系密切，常见紫黑色萤石脉与铀矿物共生（图 4-1-24）；萤石化、碳酸盐化与铍矿化的关系相当密切，多期萤石脉均发育较好的铍矿化。而锰矿化局部与铀矿化邻近，更多的是成矿期后的围岩蚀变。褐铁矿化、高岭石化广泛发育，属于远矿蚀变，另外还见到绢云母化、硅化等。

图 4-1-21 中心工地铀矿石中发育紫黑色萤石脉及赤铁矿化

图 4-1-22 雪米斯坦工区地表水云母化蚀变

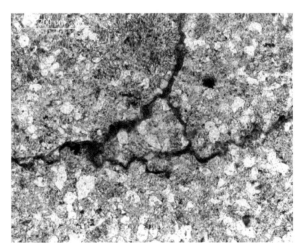

图 4-1-23 新西工地铀矿石发育绿泥石化

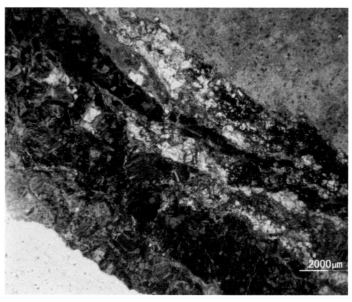

图 4-1-24　铀矿石中发育紫黑色萤石化

　　白杨河铀矿床的铀主要以铀矿物的形式存在，其次为吸附的铀和含铀矿物。白杨河铀矿床的铀矿物分为原生铀矿物和次生铀矿物两种，次生铀矿物主要为硅钙铀矿（图 4-1-25），还有少量的硅铜铀矿，多呈脉状或薄膜状充填于裂隙中，它们是铀矿石中的主要铀矿物；原生铀矿物有沥青铀矿（图 4-1-26）和铌铀矿（图 4-1-27）。铍主要以羟硅铍石的形式存在，颗粒细小，以显微颗粒状生长在萤石脉的边部，或呈显微集合体状和蓝紫色、紫红色萤石共生（图 4-1-28）。

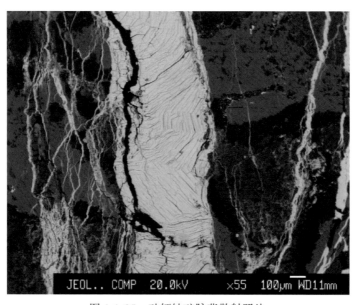

图 4-1-25　硅钙铀矿脉背散射照片

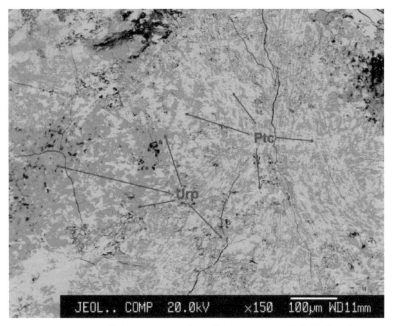

图 4-1-26　硅钙铀矿（Urp）与沥青铀矿（Ptc）的背散射照片

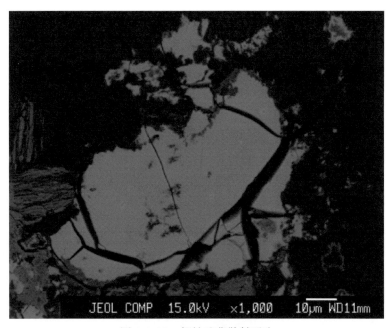

图 4-1-27　铌铀矿背散射照片

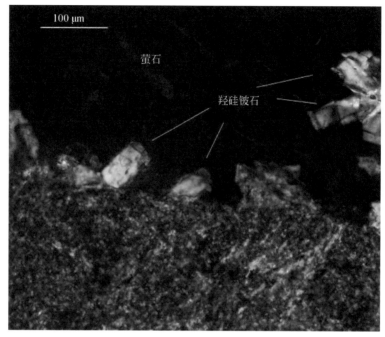

图 4-1-28　萤石脉中的羟硅铍石，呈短柱状

（五）成矿流体研究

通过对白杨河铀铍矿床的露头萤石标本及岩心切片中的萤石进行详细研究，将本区萤石样品划分为四期（图 4-1-29，图 4-1-30），其中第二期紫色或蓝紫色萤石跟铀铍矿化关系密切（图 4-1-29）。

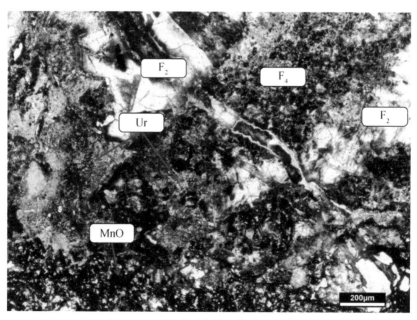

图 4-1-29　铀成矿与第二期萤石的关系

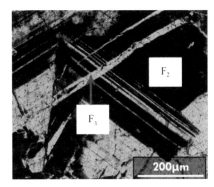

图 4-1-30　四期萤石相互穿插关系

　　在光学显微镜下对 20 多片包裹体片进行详细的观察发现，第二期紫色或蓝紫色萤石矿物中发育大量流体包裹体，主要分为两类：A 型和 B 型，这两类均为气液两相流体包裹体。其中 A 型流体包裹体独立存在，为原生流体包裹体，大小为 5~15μm，气泡体积较大，颜色较深；而 B 型流体包裹体多成串出现，为次生流体包裹体，大小约为 10μm，气泡体积小，颜色较浅（图 4-1-31，图 4-1-32）。

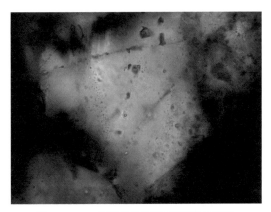

图 4-1-31　蓝紫色萤石发育两类包裹体

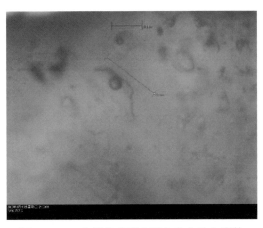

图 4-1-32　蓝紫色萤石中孤立分布的包裹体

　　通过对与白杨河铀铍矿床成矿作用密切的紫色或蓝紫色萤石中包裹体进行显微测温可知，A 型流体包裹体的均一温度为 200 ~ 280℃（图 4-1-33），盐度在 1% ~ 3%，属于中温低盐度流体；B 型流体包裹体的均一温度为 118 ~ 152℃，盐度在 0.35% ~ 1.4%，因此，白杨河矿床的成矿温度为 200 ~ 280℃，为中温热液型矿床，后期受到低温低盐度流体的叠加改造。

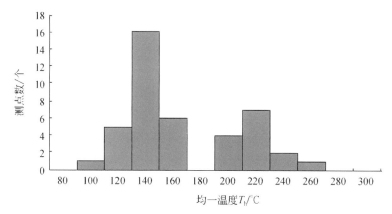

图 4-1-33　白杨河紫色或蓝紫色萤石包裹体均一温度测量结果

（六）成矿物质来源

1. Sr-Nd-Hf 同位素

　　对于岩浆源区特征进行了 Sr-Nd-Hf 同位素示踪，进而研究花岗斑岩的成因。杨庄岩体 ^{176}Lu/^{177}Hf：0.00072 ~ 0.00575，$\varepsilon_{Hf}(t)$ 分布在两个范围内，一部分集中于 -1.76 ~ 2.41，平均值为 0.45；另一部分集中于 9.17 ~ 13.46，平均值为 11.58。白杨河岩体 ^{176}Lu/^{177}Hf：0.00089 ~ 0.00267，$\varepsilon_{Hf}(t)$：集中于 4.33 ~ 7.26，平均值为 5.74。

　　ε_{Hf} 特征显示杨庄岩体岩浆源区具有亏损地幔与下地壳混合的特征，并且在岩浆上升侵位过程中受到了上地壳的混染（陈岳龙，2005）（图 4-1-34）。

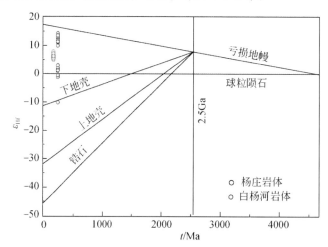

图 4-1-34　矿床锆石 ε_{Hf} 同位素特征

Sr-Nd 同位素特征显示：Nd 同位素较为均一，而 Sr 同位素变化范围较宽，Sr 同位素特征也表明岩浆源区具有壳幔混合的特征，并且受到后期热液蚀变作用的影响。

2. Pb 同位素

对白杨河矿区花岗斑岩、条纹长石花岗岩、辉绿岩、闪长岩、凝灰岩等岩石样品进行了全岩 Pb 同位素测试。由铅同位素 $^{207}Pb/^{204}Pb$-$^{206}Pb/^{204}Pb$ 增长曲线中可以看到：花岗斑岩-条纹长石花岗岩-闪长岩-辉绿岩，随着 SiO_2 含量的逐渐降低，数据投影点由 B（造山带）逐渐向 A（地幔）演化（图 4-1-35）。认为随着后碰撞期由挤压向伸展构造的演化，岩浆演化序列由酸性逐渐向基性过渡，物质的来源深度逐步加深。

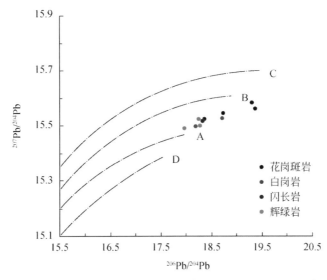

A-地幔（Mantle）；B-造山带（Orogenic Belt）；C-上地壳（Upper Crust）；D-下地壳（Lower Crust）

图 4-1-35　矿床不同岩体铅同位素 $^{207}Pb/^{204}Pb$-$^{206}Pb/^{204}Pb$ 增长曲线

3. 成矿物质来源探讨

正常花岗岩的 U 平均含量约为 3.5×10^{-6}，而新鲜的杨庄花岗斑岩样品的 U 平均含量为 1.32×10^{-6}，明显高于一般花岗岩的平均含量，同时还具有较高的 Be 含量（1.72×10^{-6}）。由此推测认为杨庄花岗斑岩是 U、Be 的源岩。

杨庄花岗斑岩具有很高的 Nb、Ta 含量，Nb 含量为 $8.19\times10^{-7}\sim1\times10^{-8}$，Ta 含量为 $8.04\times10^{-6}\sim8.53\times10^{-6}$，相当于区域内同时代发育的碱长花岗岩的 10 倍左右。由于白杨河地区对应的地幔楔部位经历了长期的俯冲交代作用，形成了大量富集 Nb、Ta 的角闪石，这些角闪石在晚石炭世末洋脊俯冲的背景下分解，使 Nb、Ta 进入岩浆源区并最终形成了 Nb、Ta 富集的杨庄花岗斑岩（Mao et al.，2014）。

杨庄花岗斑岩的 Sr-Nd-Pb 同位素特征及锆石 Hf 同位素特征表明杨庄花岗斑岩为壳幔相互作用的产物，并且在上升侵位过程中受到了一定程度的地壳混染作用。

本研究对白杨河铀铍多金属矿床不同期次的萤石及方解石进行了系统的微量元素分析，并对其 U、Be、Mo 与 Nb 的相关关系进行了探讨（图 4-1-36）。图 4-1-36（a）~（c）

为不同期次萤石的微量元素特征相关关系，显示 U、Be、Mo 与 Nb 具有显著的正相关关系。图 4-1-36（d）~（f）代表不同产状的方解石的微量元素特征相关关系，可见方解石的 U、Be、Mo 与 Nb 不具有类似的相关关系。结合杨庄花岗斑岩具有显著地富集 Nb、Ta 的特征，综合分析认为 U、Be、Mo 来源于杨庄花岗斑岩。

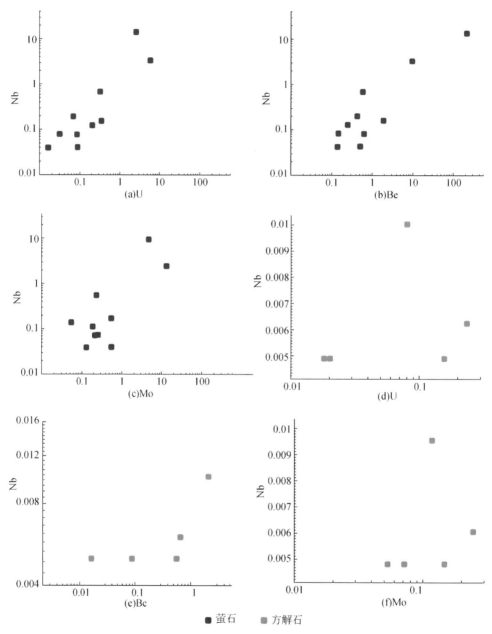

图 4-1-36　白杨河矿床萤石、方解石微量元素相关关系

（七）成矿年代学

本次研究对脉状产出的萤石进行 Sm-Nd 同位素定年研究。系统采集不同见矿钻孔的矿化

段及非矿化段绿色–白（无）色萤石、非矿化段浅紫红色萤石和矿化段蓝紫色或紫色萤石，并将之分别划为Ⅰ、Ⅱ、Ⅲ组。Sm-Nd 同位素分析结果见表4-1-3。

表 4-1-3　白杨河矿床萤石 Sm-Nd 同位素组成

组号	样品编号	样品名称	Sm /（μg/g）	Nd /（μg/g）	$^{147}Sm/^{144}Nd$	误差 5%	$^{143}Nd/^{144}Nd$	误差（2）
Ⅰ	ZK9518-4B	绿色萤石	6.25	8.23	0.4592	0.013776	0.513295	0.000008
	ZK4705-2A	白色萤石	2.98	7.77	0.2319	0.006957	0.512851	0.000009
	ZK5703-2	绿色萤石	1.78	6.09	0.1765	0.005295	0.512755	0.000013
	ZK4705-2B	浅紫红萤石*	3.46	7.5	0.2787	0.008361	0.512929	0.00001
Ⅱ	ZK5600-1	浅紫红色萤石	1.58	3.79	0.2527	0.010108	0.512873	0.000008
	ZK5100-1	浅紫红色萤石	1.87	5.31	0.2131	0.008524	0.512829	0.000006
	ZK3116-2	浅紫红色萤石	2	7.14	0.1692	0.006768	0.512762	0.00001
Ⅲ	ZK3612-17	紫色萤石	4.11	16.9	0.1471	0.007355	0.512723	0.000014
	ZK4301-1B	蓝紫色萤石	2.97	6.4	0.2804	0.01402	0.512949	0.000005
	ZK6305-1	紫色萤石	2.22	7.19	0.1862	0.00931	0.512768	0.000011
	ZK4301-1A	蓝紫色萤石	1.98	5.45	0.2198	0.01099	0.512842	0.00001

* 该样品手标本中观察为浅紫红色萤石，实际挑选出的是无色萤石。

Sm-Nd 等时线年龄计算采用国际通用的 ISOPLOT 计算程序，Ⅰ组绿色–白（无）色–非矿化段样品共 4 件，微量元素分析结果表明 Be 含量很低，$^{147}Sm/^{144}Nd$ 值误差为 3%、$^{143}Nd/^{144}Nd$测量误差采用实验室给定值，计算获得的 Sm-Nd 等时线年龄为 291±16Ma，MSWD 值为 1.6，$^{143}Nd/^{144}Nd$ 初始值为 0.512411±0.000028 ［图 4-1-37（a）］；Ⅱ组浅紫红色–非矿化段样品共 3 件，微量元素分析结果亦均具有比较高的 Be 含量，$^{147}Sm/^{144}Nd$ 值误差为 4%，$^{143}Nd/^{144}Nd$ 测量误差采用实验室给定值，计算获得的 Sm-Nd 等时线年龄为 207±37Ma，MSWD 值为 1.07，$^{143}Nd/^{144}Nd$ 初始比值为 0.512535±0.000052 ［图 4-1-37（b）］；Ⅲ组蓝紫色–矿化段样品共 4 件，微量元素分析结果均具有较高的 Be 含量，$^{147}Sm/^{144}Nd$ 值误差为 5%，$^{143}Nd/^{144}Nd$ 测量误差采用实验室给定值，计算获得的 Sm-Nd 等时线年龄为 265±33Ma，MSWD 值为 1.5，$^{143}Nd/^{144}Nd$ 初始值为 0.512459±0.000045 ［图 4-1-37（c）］。

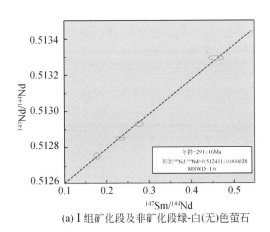

(a) Ⅰ组矿化段及非矿化段绿-白(无)色萤石

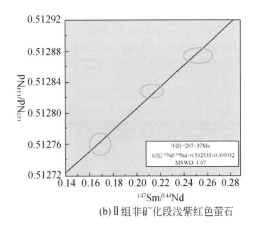

(b) Ⅱ组非矿化段浅紫红色萤石

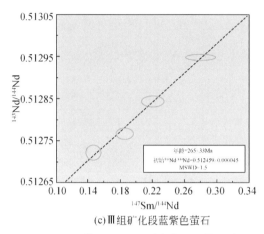

(c) Ⅲ组矿化段蓝紫色萤石

图 4-1-37　萤石 Sm-Nd 同位素测年等时线

三组萤石 Sm-Nd 等时线年龄数据区分得比较明显：Ⅰ组绿色–白（无）色萤石形成于 291±16Ma，与Ⅱ号异常区花岗斑岩体的形成年龄 305.3±3.5Ma 较为接近，与杨庄岩体的形成年龄（290±18Ma，马汉峰等，2010；303.0±1.6Ma，Li et al.，2015）也相差不远，因此，该期萤石的形成可能与早期岩脉或岩体侵位作用引起的热液作用有关。Ⅱ组浅紫红色萤石，铍含量比较高，一般大于 100μg/g，故与铍矿化应该有一定的关系，该组等时线年龄为 207±37Ma，属于三叠纪到侏罗纪，此时雪米斯坦地区处于陆内演化阶段，持续抬升剥蚀，而同时，晚三叠到早侏罗世（210~180Ma）准噶尔盆地东北缘与雪米斯坦山相接的卡拉麦里山发生了一次快速的抬升剥露作用。Ⅲ组蓝紫色萤石和铍矿化直接相关，与羟硅铍石共生，微量元素分析铍含量很高，等时线年龄 265±33Ma，即铍主成矿期应为二叠纪，后期存在热液的叠加改造。

沥青铀矿是白杨河矿床的原生铀矿物，沥青铀矿的形成时代即代表了热液铀成矿的时代。由于 ^{238}U 和 ^{235}U 的相对丰度和半衰期存在差异，样品中放射性成因 ^{206}Pb 的丰度为放射性成因 ^{207}Pb 的数倍，所得 $^{206}Pb/^{238}U$ 值精度高于 $^{207}Pb/^{235}U$ 及 $^{207}Pb/^{206}Pb$，故本研究选用 $^{206}Pb/^{238}U$ 年龄值作为沥青铀矿年龄。白杨河矿床铀矿体规模小而分散，难以判断其是否属于"同时"这一等时线年龄前提，故本次研究采用表观年龄来讨论铀矿化的时代问题。中心工地 X157 与 X162 及 X162-2 为一组，九号工地 X074、X075 为一组。中心工地铀矿石为花岗斑岩型铀矿石，三个沥青铀矿等时线年龄差别较小，分别为 197.8±2.8Ma、224±3.1Ma 和 237.8±3.3Ma（表 4-1-4），代表了铀矿主要成矿期，晚于铍成矿期，或稍晚于铍矿后期萤石的形成时间，与镜下与铀矿化密切相关的紫黑色萤石穿切浅紫色萤石的现象一致，朱杰辰（1987）利用白杨河矿床 1 号竖井沥青铀矿得到 $^{206}Pb/^{238}U$ 年龄为 238Ma；九号工地铀矿石，X074 属于辉绿岩型，表观年龄 30.0±0.4Ma，X075 属于花岗斑岩型，表观年龄 97.8±1.4Ma，这两期可能是后期热液改造的年龄。杨庄岩体及其围岩构造发育，强烈破碎，显示其遭受了多次的晚期构造作用，故中心工地和九号工地矿石类型不同，年龄也不同，发生多次热液叠加改造作用是可能的。

表 4-1-4　白杨河矿床沥青铀矿 U-Pb 法年龄测定结果

样品编号	U/%	Pb /(μg/g)	测试结果				表观年龄/Ma		
			同位素组成/%				$^{206}Pb/^{238}U$	$^{207}Pb/^{235}U$	$^{207}Pb/^{206}Pb$
			^{204}Pb	^{206}Pb	^{207}Pb	^{208}Pb			
X074	49.32	4230	0.684	59.564	13.482	26.270	30.0±0.4	38.2±0.5	591
X075	22.70	6622	0.706	58.255	13.425	27.613	97.8±1.4	107.5±1.4	329
X162-2	44.7	15874	0.055	91.941	5.890	2.114	237.8±3.3	256.1±3.2	426
X162	60.6	29397	0.460	71.253	10.599	17.687	224.2±3.1	239.4±3.0	391
X157	73.8	22654	0.110	89.251	6.421	4.216	197.8±2.8	211.9±2.7	370

因此, 白杨河矿床铍的主要成矿时代约在 265±33Ma, 早于铀的成矿作用, 铀的主要成矿期在 197.8±2.8Ma ~ 237.8±3.3Ma, 两者后期都经历了多期的热液叠加改造作用。

(八) 控矿因素

本区区域控矿因素主要有特定的大地构造位置和区域构造特征以及区域上广泛分布的中酸性、酸性岩石, 它们是本区地质演化历史的直接产物。

1. 接触带构造是赋存铀矿化的重要部位

在白杨河矿床有两个接触带构造系统, 一是次火山岩与石炭纪接触带构造系统, 二是次火山岩与泥盆纪接触带构造系统。

次火山岩与石炭纪接触带构造系统: 接触带形态简单, 呈较为平直的面状接触。花岗斑岩体位于石炭系之上, 接触带向北陡倾斜, 倾角为 62° ~ 72°, 上缓下陡。接触带围岩地层、岩性组合、矿化蚀变相对简单。南缘接触面比较平直, 铀矿体平行接触面产出, 因此形成的矿化规模小、品位低、矿体薄。所以较平直的南缘接触带对成矿较为不利。

次火山岩与泥盆纪接触带构造系统: 接触带总体形态呈南南东倾斜, 凹凸变化呈上陡下缓的曲面。沿接触面倾斜方向上, 其凹凸转换的迹线向南东侧伏。主铀矿体分布于接触面沿倾斜方向凹凸变化强烈的区段, 且侧伏方向与凹凸转换的迹线一致, 因此, 凹凸变化的接触带基本控制了铀矿体走向呈南东-北西向展布, 向南东倾斜的侧伏规律 (图 4-1-38, 图 4-1-39)。另外, 凹凸变化接触带的部位是各类与铀成矿相关的近矿围岩蚀变集中发育的地段, 如微晶石英化、赤铁矿化、紫黑色萤石化等。

2. 次火山岩内部北东向次级构造的展布方向决定了铀矿体的展布方向

在岩体内部发育一系列的节理、裂隙及次级断裂构造, 尤其是在岩体中部发育最为密集, 其走向以北西、近南北向、北东向为主, 其中北东向次级构造根据断裂构造运动方向判断具有左行剪切、微拉张运动特征, 这与花岗斑岩凹凸接触带展布的迹线一致, 同时也说明了这一区域容易形成北西向的次级构造。因此岩体内部北东向构造带内填充了大量的辉绿岩脉、闪长岩脉等脉岩。微拉张构造有利于铀的迁移与沉淀, 其展布方向决定了铀矿体的展布方向 (图 4-1-40)。

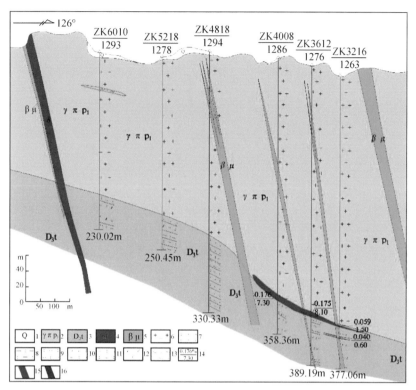

1-第四系；2-花岗斑岩；3-塔尔巴哈台组；4-闪长岩脉；5-辉绿岩脉；6-花岗斑岩；7-凝灰质砂岩；8-凝灰质泥岩；
9-泥质粉砂岩；10-晶屑凝灰岩；11-凝灰岩；12-辉绿岩；13-粉砂质板岩；14-品位/厚度；15-铀矿体；16-铀矿化

图 4-1-38　白杨河矿床 6010-3216 孔南东向剖面图

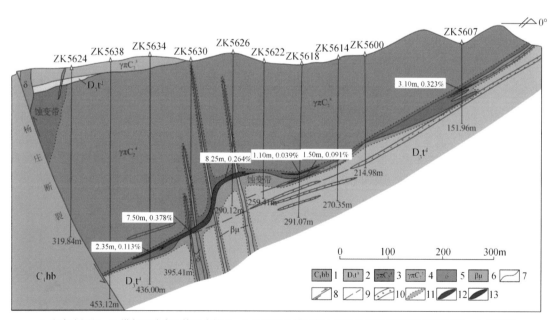

1-和布克河组；2-塔尔巴哈台组第四岩性段；3-晚石炭世第四侵入次微晶质流纹状碎裂花岗斑岩；4-晚石炭
世第三侵入次微晶质碎裂岗斑岩；5-闪长岩脉；6-辉绿岩脉；7-地质界线；8-压扭性断裂；9-推断断裂；
10-破碎带；11-赤铁矿化、硅化蚀变带，局部黏土化褪色蚀变；12-工业铀矿体；13-铀矿化体

图 4-1-39　白杨河矿床 56 号线剖面图

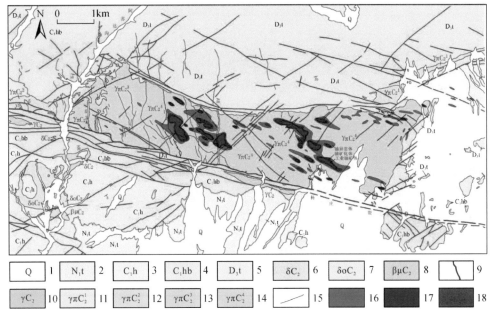

Q 1	N_1t 2	C_1h 3	C_1hb 4	D_3t 5	δC_2 6	$\delta o C_2$ 7	$\beta\mu C_2$ 8	9
γC_2 10	$\gamma\pi C_2^1$ 11	$\gamma\pi C_2^2$ 12	$\gamma\pi C_2^3$ 13	$\gamma\pi C_2^4$ 14	15	16	17	18

1-第四系冲积物；2-坡积砂砾石；3-石炭系黑山头组；4-石炭系和布克河组；5-上泥盆统尔巴哈台组；6-辉石闪长岩；7-闪长岩；8-晚期辉绿岩；9-闪长斑岩；10-白岗岩；11-一期微晶质花岗斑岩；12-二期微晶质花岗斑岩；13-三期微晶质花岗斑岩；14-四期微晶质花岗斑岩；15-断层/推测断层；16-铀异常体；17-铀矿化体；18-工业铀矿体

图4-1-40 白杨河矿床构造与铀矿化关系示意图

3. 基性脉岩发育的地段对铀矿体的分布有定位作用

白杨河矿床的铀矿化集中区在平面上均位于辉绿岩脉发育的地段，从成矿年龄来看，脉岩的形成年龄与主铀成矿年龄对应，辉绿岩年龄为 254.2±1.9Ma，正长岩年龄为 222±18Ma，铀的主要成矿期在 197.8±2.8Ma～237.8±3.3Ma，说明了中基性脉岩与铀成矿关系密切。辉绿岩的侵入提供了充足的热源，驱动热液循环萃取成矿物质并在有利的部位成矿。另外，深部流体可能伴随中基性脉体上升至近地表部位。深源流体中含有 CO_2、CH_4 等气体及 CO_2^-、F^- 离子等矿化剂，有利于与 U 元素形成络合物迁移至花岗斑岩与凝灰岩地层接触带部位时，减压、降温以及地下水、天水的混合，导致流体性质急剧变化，成矿元素快速沉淀成矿。

（九）成矿模式

在综合分析该地区区域矿化特征、成矿作用、区域控矿因素等基础上，运用热液型铀成矿理论构建其成矿模式（图4-1-41）。

古生代晚期哈萨克斯坦板块与天山古洋盆俯冲碰撞，本区处于准噶尔地块陆块边缘，受消减带影响地幔隆起，软流层上侵，形成陆缘火山活动带，早二叠世火山活动进入尾声。火山活动由中基性岩喷出转为中酸性岩喷出为主；海相喷出为主转为陆相喷出为主。在雪米斯坦一带深部可能存在富铍铀基底，晚期岩浆活动与上地壳混熔，产生富铀铍流纹岩和花岗斑岩。斑岩期后，先后产生了含铍铀成矿热流体，古生代末期在近地表有利构

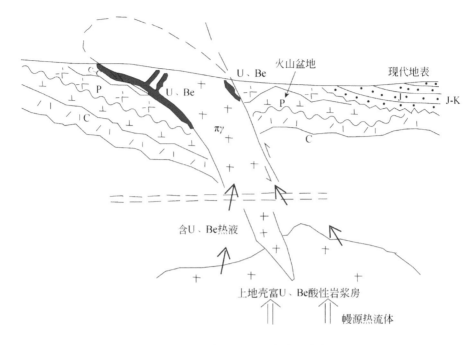

图 4-1-41　白杨河铀铍矿床成矿模式图

造-岩性组合条件下形成铍铀矿床，经中生代断块活动，矿区经历隆起剥蚀，矿带终于出露地表。

三、扎伊尔成矿远景亚带铀矿化特征及成矿模式

（一）成矿地质条件

扎伊尔铀成矿远景亚带主体由泥盆系、石炭系组成，二叠系零星分布。火山岩以泥盆纪、石炭纪火山岩及部分二叠纪火山岩为主，火山岩厚度大，岩性复杂，岩浆演化系列完全，从基性到酸性的各类火山碎屑岩和熔岩均很发育，区域深大断裂控制了花岗岩、火山岩的带状产出，具备火山岩型铀成矿化构造环境。其中北金齐火山岩盆地和塔尔根火山机构是本亚带铀成矿的主体，两者形成时间相近，构造与岩性-岩相特征有所不同。

北金齐火山岩盆地为一向斜式下陷盆地。盆地沿北东东向展布，东西长度约 24km，南北宽度为 6~10km，面积约为 190km²。具有环带状构造，盆地与石炭系包古图组碎屑岩不整合接触，与中泥盆统海相火山碎屑岩呈断裂接触。盖层为卡拉岗组中酸性火山岩和库吉尔台组砂岩、砂砾岩。

火山活动早期为中性-中酸性喷发岩和超浅层侵入岩等，主要有凝灰岩、火山角砾岩、流纹英安斑岩、安山玢岩等，厚度约为 700~800m，并出现厚度约 200m 的火山碎屑夹层。晚期形成流纹质角砾熔岩、熔结凝灰岩等，厚度约为 1000m。末期产生一系列张性和扭性断裂，导致火山岩形成构造塌陷，形成破火山口洼地。晚二叠世砂岩沉积之后仍有热液活动，在砂岩中侵入有中酸性和酸性的次火山岩小岩株。这些次火山岩被新疆五一九大队定名为霏细岩、霏细斑岩，核工业西北地勘局二一三大队 1990 年定名为钠长斑岩和正长

斑岩。

火山岩–侵入岩组合：安山岩、英安岩（六期）→酸性熔岩→花岗岩→正长岩→潜火山岩（原定为霏细岩、石英斑岩）→闪长玢岩→辉绿岩。与铀成矿有关的是安山玢岩、霏细岩、闪长玢岩、辉绿岩。

塔尔根火山机构由卡拉岗组构成，下伏下石炭统希贝库拉斯组（C_1x）碎屑岩、凝灰质碎屑岩。这是一个塌陷火山机构，呈北北西向展布，长度约为13km，宽度为3~5km，面积约为50km^2，由于被后期构造破坏，环状构造不完整，但仍然清晰。

塔尔根火山机构是在卡拉岗组黑灰色、灰绿色变质泥岩、砂岩、砾岩中形成的。火山活动早期为中性–中基性喷发岩，晚期为中酸性喷发岩，厚度为1200~1400m。之后沉积上二叠统碎屑岩（现在已经全部剥蚀），晚期钾质花岗岩侵入，火山机构被破坏。末期由于岩浆房空虚，火山机构发生塌陷，形成现在的构造格局。

（二）铀矿化特征

目前发现的铀矿化主要产于卡拉岗组，其次是库吉尔台组，以塔尔根和北金齐两个地段铀矿化相对集中分布，已发现铀矿点、异常点31个。在本区南部的玛依勒超基性岩带上，发现有凯尔卡达异常和凯尔卡达二号异常，异常处于与志留系粉砂岩接触的斜辉橄榄岩内，面积小或呈窝状，不具工业价值。

1. 北金齐火山岩盆地

北金齐火山岩盆地是在海西晚期后伸展构造作用下形成的陆相火山岩盆地，火山盆地中的赋铀建造分为两类：一个是卡拉岗组，另一个是库吉尔台组的沉积岩段。

第一类铀矿化、异常主要分布在北金齐矿化点的1号、2号、3号、4号、5号、6号、10号、12号、18号、19号、卡拉奥格和莫都诺娃等异常点带（图4-1-42）。铀矿化、异常与深部热液流体及沿后伸展作用下形成的张裂隙中的中基性脉岩有关，如辉绿岩脉、闪长岩脉。该类异常最大的特点就是构造裂隙控矿明显，岩石蚀变复杂，以10号矿化点为例。

北金齐10号矿化点地表的铀矿化产于闪长玢岩岩墙与霏细岩接触处，在岩墙上下盘的张性裂隙及剪切裂隙中。在岩墙的上盘有两个矿脉，长3~4m，厚0.4~0.6m。裂隙的方向大致平行接触面的方向，裂隙面上见有构造泥及摩擦面。铀矿体陡直，倾角约为60°。10号矿化点的赋矿构造在地表表现为一近东西向展布的沟谷，在距矿点以东400m处发育上升泉，钻孔涌水较强，因此，该构造是海西晚期形成的伸展构造，构造性质属张性裂隙带。

10号矿化点地表铀矿化深部钻探查证表明，铀矿化主要受闪长玢岩岩墙两侧张性裂隙及剪切裂隙控制，ZK1020在200~290m发现了10层赋存于英安岩裂隙带中的低值铀矿化，其中在254.05~254.55m发现了厚0.5m、品位为0.0712%的工业铀矿化。铀矿化部位岩石发育强烈的水云母化（图4-1-43）、赤铁矿化、黄铁矿化。经样品分析，在269.45~270.25m处发现了钼矿化，厚度为0.40m，品位为0.0800%。

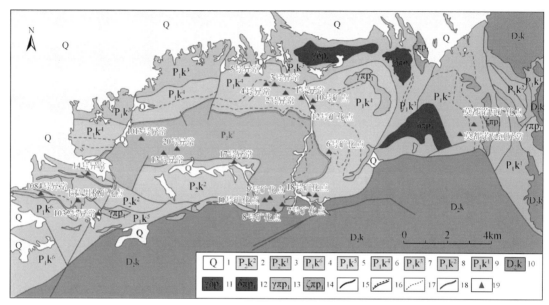

1-第四系；2-库吉尔台组第二岩性段；3-库吉尔台组第一岩性段；4-卡拉岗组第六岩性段；5-卡拉岗组第五岩性段；
6-卡拉岗组第四岩性段；7-卡拉岗组第三岩性段；8-卡拉岗组第二岩性段；9-卡拉岗组第一岩性段；10-库鲁木迪组；
11-花岗闪长岩；12-闪长斑岩；13-花岗斑岩；14-正长斑岩；15-整合接触界线；16-不整合接触界线；17-岩相界线；
18-断裂；19-铀异常、矿（化）点

图 4-1-42　北金齐地区地质图及铀矿化分布图

图 4-1-43　钻孔 ZK1020 铀矿化段水云母化蚀变强烈

　　经分析，认为该点铀成矿作用分为三个阶段。

　　第一阶段，深部热液流体沿该构造裂隙带上升，水云母化组成了流体的前缘带，普遍发育，强蚀变带集中发育于上部层位的霏细岩中，为铀矿化的形成提供了有利的蚀变场。

　　第二阶段，赤铁矿化是成矿流体系统的主体，是主成矿期的热液蚀变，深部已发现的铀矿化、异常均有赤铁矿化发育，强赤铁矿化控制了较高品位铀矿化的产出，经样品分析铀矿化的部位同样发育钼矿化，推测钼矿化亦是这一时期形成的。

　　第三阶段，在拉张环境下形成的闪长岩脉促进了热液蚀变成矿系统的进一步演化，这一时期形成的主要为萤石化，控制了地表铀矿化的产出。

　　第二类铀矿化、异常主要分布在北金齐矿化点的 7 号、8 号、9 号、11 号、13 号、14

号、17号、20号、1013号等异常点。铀矿化、异常与沿构造上升的深部热液流体及潜水氧化带有关，其特点是越靠近馒头山断裂，热液蚀变越强烈，铀矿化富集程度越高。

9号、11号异常点是铀-钼共生的矿点，地表除发现铀矿化之外，还有钼矿化发现，并有铜异常。异常点产于库吉尔台组（P_2k）的砂砾岩层中，附近分布有砂岩、酸性凝灰砾岩、中酸性凝灰砾岩和砾岩。凝灰砾岩在走向和倾向延伸均为逐渐过渡。酸性凝灰砾岩为9号、11号异常点的含矿围岩，岩石为肉红色、深灰色，砾石以霏细岩、石英斑岩为主，占60%～70%，胶结物为硅质和铁质。目前至少有5层凝灰砾岩发现铀矿化和铀异常，均为酸性凝灰砾岩。9号、11号异常点的铀、钼矿化主要赋存在原生色为灰色、深灰色的酸性凝灰砾岩中，而大面积分布的紫色、紫红色砂岩一般没有铀、钼矿化和异常形成，但与灰色、深灰色酸性凝灰砾岩接触的砂岩通常有灰色、灰绿色蚀变带或褪色带，铀异常只在发生蚀变或褪色的砂岩中形成，具有一定的层控性。由此推测，灰色、深灰色的酸性凝灰砾岩是铀、钼成矿的主体层位。但几乎所有的铀、钼矿化、异常地段均较无矿地段发育更多、更密集的小断裂和裂隙，岩石破碎也更强烈。铀异常、矿化裂隙多发育赤铁矿化、碳酸盐化、绿泥石化、硅化等热液蚀变，蚀变部位铀、钼富集程度更高。因此，初步认为铀、钼主要来源于深部热液。

对北金齐9号、11号矿化点的深部查证工程，在11号矿化点一带发现了铀工业孔2个、钼工业孔3个。赋矿的凝灰质砾岩其砾石成分主要由霏细岩等酸性砾石组成，胶结物主要为铁质、钙质，填隙物主要为岩屑等（图4-1-44）。其中ZKB001铀工业矿段视厚度为1.40m，品位为0.1570%（图4-1-45）；钼工业矿段厚度为4.85m，品位为0.1335%。

(a)深灰色酸性凝灰砾岩　　　　　　　　　(b)深灰色酸性凝灰砾岩的褐黄色裂隙面

图4-1-44　ZKB001含矿段酸性凝灰砾岩及次生铀矿物

（各测量点铀含量为①0.0906%；②0.9873%；③0.6356%；④0.2792%；⑤0.6449%；
⑥0.3060%；⑦0.3201%；⑧0.6335%。钼含量为0.0497%～0.1677%）

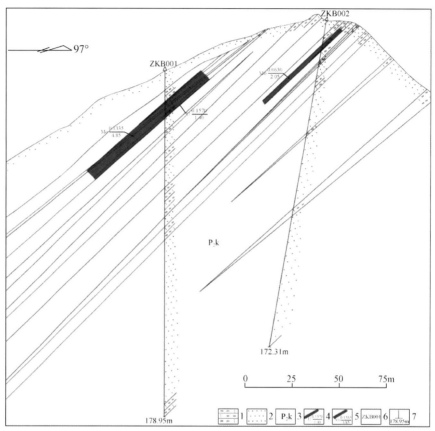

1-凝灰质砾岩；2-细砂岩；3-库吉尔台组；4-铀矿体；5-钼矿体；6-钻孔位置；7-钻孔深度

图 4-1-45　北金齐地区 B0 剖面示意图

综上所述，该地段赋矿的凝灰质砾岩砾石成分主要为流纹岩、花岗斑岩等酸性岩石，基质呈灰色，这类岩石铀含量基础值较中基性岩石高，能够为铀成矿提供直接的铀源。该区毗邻馒头山大断裂，该断裂活动时限长，其次级裂隙是深部海西晚期残余热液运移场所，深部热液沿次级裂隙带上升至酸性凝灰砾岩中，汲取酸性凝灰砾岩中的铀形成富铀流体，由于灰色、深灰色的酸性凝灰砾岩基质的还原、吸附性能，逐渐富集成矿。因此，该地区正是这种岩石与构造的耦合才形成了工业铀矿体，钼元素可能是热液从深部带来的。

北金齐 7 号、8 号矿化点一带铀矿化主要是赋存于褐黄色细砂岩中，地表铀矿化品位较高，但在 7 号、8 号矿化点施工的 7 个钻孔中仅有 2 个钻孔发现铀异常，且品位、厚度均较小。通过对该点细致的地表工作，认为前人所划分的霏细岩岩瘤实为硅化、赤铁矿化的热液蚀变红色细砂岩。由于该地段毗邻馒头山大断裂，且在 8 号异常地表发育钼异常，该地段热液蚀变强烈且地表有铀及多金属异常显示，建议在今后工作中应加强构造研究，以期在深部发现工业价值铀多金属矿。

2. 塔尔根火山机构

塔尔根火山机构发现的铀矿点主要为塔尔根矿点一号工地（图4-1-46）、塔6号异常、塔7号异常和塔8号异常，产于卡拉岗组陆相火山岩第一至第六层。铀矿化属于密集裂隙带型热液铀矿，是在火山活动萎缩期间火山机构南部空虚，发生塌陷，后期含铀热液沿塌陷区的张性裂隙及破碎带贯入，卸载沉淀而富集成矿。

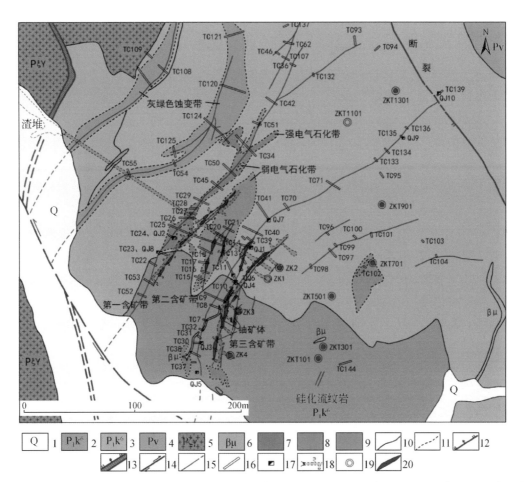

1-第四系；2-硅化流纹岩；3-流纹岩；4-霏细岩；5-钾长花岗岩；6-辉绿岩；7-强电气石化；8-弱电气石化；9-灰绿色蚀变带；10-接触界线；11-岩相、蚀变界线；12-张性裂隙；13-有破碎带的张性断裂；14-平移断裂；15-裂隙；16-探槽；17-浅井、深井；18-平巷；19-钻孔（红色为工业孔，蓝色为矿化–异常孔）；20-地表铀矿体

图4-1-46　塔尔根矿点一号工地地表矿体及工程分布图

在塔尔根一号工地施工的 ZKT001 在深部揭露到地表铀矿化的稳定延伸（图4-1-47），厚度为 0.50m，品位为 0.0346%。岩石蚀变发育较为强烈，在矿化段更是发育强烈的赤铁矿化，而且在钻孔中发育多条密集裂隙破碎带（图4-1-48）。该矿点赋存于塔尔根破火山机构中，在流纹质角砾熔岩中具备寻找密集裂隙带型铀矿的远景。经样品分析，在 209.55～211.35m、214.45～215.45m 发现了钼矿化，厚度为 1.80m，品位为 0.0489%，具一定的多金属找矿前景。

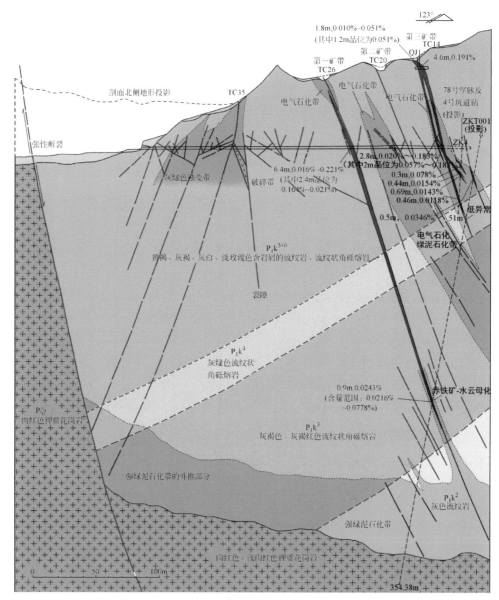

图 4-1-47 　塔尔根矿点一号工地 ZKT001 剖面示意图

图 4-1-48 　ZKT001 含矿段碎裂红化流纹质角砾熔岩

（三）岩浆岩年代学

西准噶尔托里地区石炭纪海相沉积层之上，发育一套陆相喷出中酸性火山岩系及红色砂岩、砾岩层。目前在该套地层中已发现大量铀矿（化）点、异常点，但是对其地层命名和时代归属问题，长期存在争议。前人曾给予"莫老坝组""卡拉岗组"等名称（不同图幅1∶20万区调资料），将其时代归属中-晚石炭世。通过对萨吾尔山地区开展研究工作时，根据植物化石将该套地层火山岩时代归为早二叠世（周良仁，1987c）。

本研究根据野外地质调查及前人资料，结合锆石U-Pb年代学研究结果，厘定了扎伊尔地区含铀地层的划分和时代归属。其中，北金齐地区的霏细岩、流纹岩和花岗闪长岩年龄分别为307.0±3.8Ma、301.1±3.0Ma和311.5±4.0Ma，塔尔根地区的安山质流纹岩年龄为305.9±3.5Ma（表4-1-5），因此，含铀地层卡拉岗组火山岩应属于晚石炭世。

表4-1-5　扎伊尔地区岩浆岩年代学分析结果

样号	岩性	位置	原定时代或侵位地层	定年方法	年龄/Ma
TL12-4	霏细岩	北金齐地区		LA-ICP-MS U-Pb	307.0±3.8
TL12-5	流纹岩	北金齐地区	下二叠统 卡拉岗组	LA-ICP-MS U-Pb	301.1±3.0
TL12-7	花岗闪长岩	北金齐地区		LA-ICP-MS U-Pb	311.5±4.0
TL12-17	安山质流纹岩	塔尔根地区		LA-ICP-MS U-Pb	305.9±3.5

（四）主要控矿因素和找矿标志

1. 铀成矿规律

（1）空间分布：通过系统的野外调查和研究发现，扎伊尔地区无论铀矿化赋存在何种岩性中，铀成矿均受断裂、破碎带和裂隙及热液作用的共同控制，成矿类型只有蚀变裂隙带成矿一种类型。尽管铀异常分布广泛，但铀矿化更为富集的部位均与火山机构、火山塌陷盆地、深大断裂、花岗岩和次火山岩等的叠加作用密切相关。矿点定位于深大断裂旁侧的张性、张扭性断裂中，矿体赋存在中酸性火山岩、次火山岩及与围岩接触带附近的小断裂、裂隙中。岩浆期后热液活动是形成工业铀矿化不可或缺的条件。

碰撞后伸展环境中的晚石炭世陆相火山岩是铀成矿的主体。目前发现铀矿化较好的部位是发育在区域深大断裂上盘的火山机构，特别是火山岩盆地的塌陷部位，如北金齐火山岩盆地的南部塌陷区和东部走滑区，而北部构造简单的部位铀成矿作用较弱。

（2）赋矿主岩：酸性凝灰角砾岩、安山岩、英安岩、流纹质角砾熔岩等是铀成矿的主要岩石。

（3）主要蚀变类型：成矿阶段的蚀变主要是火山气液-热液阶段产物，分布在矿体外围岩石或矿体中。蚀变现象明显，种类多样，主要有萤石化、赤铁矿化、水云母化、碳酸盐化、绢云母化、绿泥石化、钠长石化、高岭石化及围岩褪色现象等。

（4）伴生元素组合：Mo、Cu、Mn元素常与U相伴生，具综合找矿潜力，目前在扎伊尔地区已经发现伴生工业铀钼矿体，莫都诺娃矿化点、北金齐矿化点 6 号异常地表铜达到工业品位。

2. 控矿因素

1）地层对铀成矿的控制作用

目前发现的铀矿化主要受卡拉岗组陆相中性、酸性火山岩的控制，安山岩、英安岩、酸性熔岩砾岩、流纹状角砾熔岩等均发现大量矿点、异常点。北金齐地区中性、中酸性、酸性火山活动强烈，期次多，岩浆分异充分，火山活动期或后期含铀热液较富集，沿中-酸性火山岩的裂隙带交代或充填形成火山热液型铀矿。该类型铀矿化主要赋存在裂隙及小断裂破碎带、蚀变带中，矿化面积小，受构造控制明显，不排除深部有次岩体并受其控制的可能性。

另一类含矿层位是库吉尔台组的酸性凝灰砾岩、褐黄色砂岩和含磷砂岩，矿化层控性明显，具有范围小、品位高的特点。

2）浅成岩对铀成矿的控制作用

已发现的部分铀矿点与浅成岩体有成因联系，但均以浅成小岩体、岩瘤、岩脉为主。主要有浅成霏细岩、花岗斑岩、闪长玢岩和石英斑岩。辉绿岩脉和深成岩与铀成矿关系不明。

与霏细岩有关的矿点有卡拉奥格矿化点，铀矿化主要赋存在霏细岩脉（岩墙）内部、霏细岩体的裂隙破碎蚀变带中，局部赋存在岩脉、岩体的围岩褪色带。

与闪长玢岩有关的矿点是北金齐矿化点的 10 号异常点，铀矿化赋存在闪长玢岩岩墙与霏细岩的接触带及闪长玢岩内部，东莫都诺娃河西岸的蚀变闪长玢岩也有铀异常发现。

辉绿岩脉在卡拉奥格矿化点，塔尔根矿点一号、二号工地均有发现，岩脉紧邻铀矿带、矿体和异常出露，但本身不含矿，它为铀成矿提供气、液还原剂和沉淀剂。

深成岩在空间上与铀矿点关系密切的是塔尔根矿点一号、二号工地，晚石炭世晚期的钾质花岗岩是在塔尔根火山岩喷发之后和初始铀成矿之后才侵入其中的，岩体对该点早期铀成矿具有叠加富集作用，并沿火山岩破碎带形成电气石化带、绿泥石化和硅化蚀变带。分析认为塔尔根地区铀成矿有两期（图4-1-49）：C_2k 火山活动期的初始铀成矿和 C_2 晚期花岗岩侵位期的叠加铀成矿。但不利因素是该点处于花岗岩侵位侧部，成矿规模有限；同时受后期强烈的构造抬升及剥蚀，主矿体多剥蚀殆尽，残存矿化规模有限。

3）构造对铀成矿的控制作用

北金齐火山岩盆地南侧的馒头山压扭性走滑断裂对火山岩盆地的整体控制，所派生的火山塌陷和后期的中酸性岩浆活动为铀成矿提供了通道和富集场所。

塔尔根矿点一号工地铀矿化与火山机构东侧的深大断裂关系密切，该断裂是塔尔根地段火山喷发及岩浆上侵通道，其次级构造及裂隙控制了矿点蚀变及铀矿化的发育部位。

构造对铀成矿的控制还表现为裂隙破碎带和小断裂破碎带控制的铀矿化，张性裂隙和剪切裂隙是主要的容矿空间。北金齐矿化点的 9 号、11 号异常点，深部热液张性裂隙贯入，在深灰色酸性凝灰砾岩中铀钼富集成矿。

3. 直观找矿标志

（1）次生铀矿化：矿体、异常的地表露头一般见有次生铀矿物（如硅钙铀矿、钙铀云母、铜铀云母、板菱铀矿等），一般呈浸染状或沿裂隙面分布，是寻找铀矿化的直观标志。

（2）硅化、赤铁矿化、碳酸盐化蚀变带：这是铀矿化赋存的主要蚀变带，沿岩石裂隙面发育的赤铁矿化与碳酸盐化是较好的指示蚀变标志。

（3）蚀变的闪长岩、辉绿岩脉：当围岩是英安岩、安山玢岩、霏细岩时，常有铀矿化形成，类似的蚀变岩体是今后的找矿重点标志之一。

（4）花岗斑岩、霏细岩岩脉、小岩体：在北金齐火山岩盆地南侧靠馒头山断裂一带，沿塌陷的张性断裂上侵的此类岩体控制了铀、钼矿化的产出，并具有指示深部成矿的作用。

（5）伽马异常晕：这是铀矿化的直接找矿标志。

（五）成矿模式

经综合分析认为，塔尔根矿点的铀成矿模式大致可以划分为 3 期（图 4-1-49）。

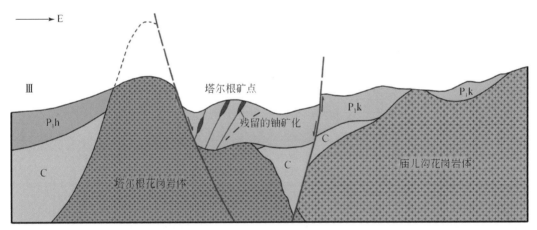

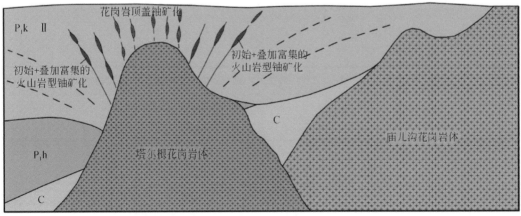

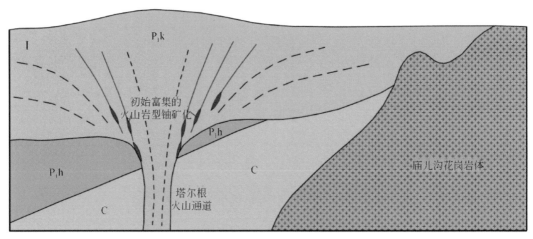

图 4-1-49　塔尔根矿点成矿模式分析图

Ⅰ：晚石炭世，在塔尔根一带有中酸性岩浆喷溢，形成了卡拉岗组中酸性火山建造，火山岩覆盖在早期哈尔加乌组中基性火山岩之上，往东部分覆盖庙儿沟岩体。火山岩浆活动的末期，期后热液沿火山管道旁侧的断裂、裂隙初始铀富集。

Ⅱ：在晚石炭世晚期，沿塔尔根火山通道侵入钾质花岗岩，在花岗岩与火山岩的外接触带上发育硅化、绿泥石化，沿裂隙破碎带有花岗岩高温热液贯入，形成电气石化蚀变带。这一阶段部分沿通道形成的铀矿化被熔蚀而不复存在。外接触带的铀矿化由于花岗岩期后热液叠加而进一步富集，部分形成了工业铀矿体。

Ⅲ：二叠纪之后，地层开始遭受剥蚀，塔尔根岩体逐渐被剥蚀出地表，同时在塔尔根岩体主侵入通道或火山机构主通道的东侧发生断陷，早期形成的下部铀矿体得以保存（塔尔根矿点），但上部的铀矿体可能被剥蚀了。岩体西部及西部的火山岩处于构造抬升区，西部的卡拉岗组和部分哈尔加乌组已被剥蚀，岩体顶部和顶盖的铀矿化被剥蚀了。

第二节　乌伦古河成矿远景带

一、成矿条件

（一）大地构造条件

乌伦古河成矿远景带位于哈萨克斯坦－准噶尔板块东北缘，主要包括查尔斯克－乔夏哈拉缝合带以南的扎河坝、富蕴、青格里底一带的北准噶尔地区，及卡拉麦里断裂以北的卡姆斯特－阿尔曼太的东准噶尔地区。

乌伦古河成矿远景带的构造分区属准噶尔微板块（图 4-2-1），由萨吾尔－二台晚古生代岛弧带、洪古勒楞－阿尔曼太早古生代沟弧带东段、雪米斯坦－库兰喀孜干古生代复合岛弧带东段、唐巴勒－卡拉麦里古生代复合沟弧带东段和东准噶尔晚古生代陆缘盆地的北部组成。其中以萨吾尔－二台晚古生代岛弧带和库兰喀孜干古生代复合岛弧带铀矿化相对较发育。

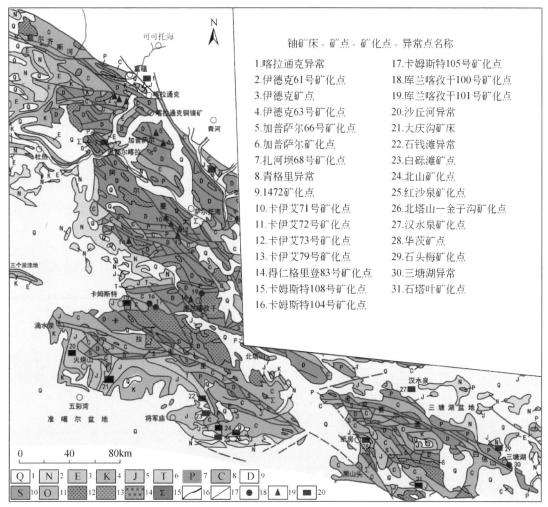

铀矿床、矿点、矿化点、异常点名称

1. 喀拉通克异常
2. 伊德克61号矿化点
3. 伊德克矿点
4. 伊德克63号矿化点
5. 加普萨尔66号矿化点
6. 加普萨尔矿化点
7. 扎河坝68号矿化点
8. 青格里异常
9. 1472矿化点
10. 卡伊艾71号矿化点
11. 卡伊艾72号矿化点
12. 卡伊艾73号矿化点
13. 卡伊艾79号矿化点
14. 得仁格里登83号矿化点
15. 卡姆斯特108号矿化点
16. 卡姆斯特104号矿化点
17. 卡姆斯特105号矿化点
18. 库兰喀孜干100号矿化点
19. 库兰喀孜干101号矿化点
20. 沙丘河异常
21. 大庆沟矿床
22. 石钱滩异常
23. 白砾滩矿点
24. 北山矿化点
25. 红沙泉矿化点
26. 北塔山—金子沟矿化点
27. 汉水泉矿化点
28. 华茨矿点
29. 石头梅矿化点
30. 三塘湖异常
31. 石塔叶矿化点

1-第四系；2-新近系；3-古近系；4-白垩系；5-侏罗系；6-三叠系；7-二叠系；8-石炭系；9-泥盆系；
10-志留系；11-奥陶系；12-花岗岩类；13-闪长岩；14-辉长岩；15-超基性岩；16-地质界线；17-断裂；
18-花岗岩型铀矿；19-火山岩型；20-砂岩型铀矿

图 4-2-1　乌伦古河铀成矿远景带地质图

（二）岩性岩相条件

区内出露地层最早为奥陶系，古生界以上古生界最为发育，广泛分布；下古生界仅在局部地区出露；中-新生界主要分布在准噶尔盆地东部边缘及山间盆地中（图 4-2-1）。

1. 奥陶系

奥陶系在东北准噶尔地区发育加波萨尔组（O_2j）、乌列盖组（O_3w）、大柳沟组（O_3d）和庙尔沟组（O_3ml），分布在加普萨尔-巴里坤一带。

2. 志留系

东北准噶尔地区发育白山包组（S_2b）、库布苏组（$S_{2-3}k$）、红柳沟组（S_3-D_1）h，分布在库布苏、卡拉麦里一带。库布苏组（$S_{2-3}k$）陆源碎屑岩中发育少量小异常。

3. 泥盆系

东准噶尔地区发育托让格库都克组（D_1t）、卓木巴斯套组（D_1z）、北塔山组（D_2b）、蕴都喀拉组（D_2y）、乌鲁苏巴斯套组（D_2w）、卡希翁组（D_3k）、江孜尔库都克组（D_3-C_1）j、克安库都克组（D_3ka）、卡拉麦里组（$D_{1-3}kl$）。中-下泥盆统是本区的主要赋矿层位。

托让格库都克组（D_1t）：该组分布于富蕴、锡伯渡以南至北塔山、琼河坝一带，呈北西-南东向延伸，为一套滨-浅海相陆源碎屑复理石建造、中-基性火山岩及其碎屑岩建造，下部以陆源碎屑岩为主，上部以火山岩及其火山碎屑岩为主。自北向南火山岩减少，火山碎屑岩增多。该组上部的中酸性凝灰岩中发现有库兰喀孜干 100 号、101 号矿化点和众多小异常点。

北塔山组（D_2b）：该组分布于锡伯渡、富蕴以南到北塔山、苏海图山、三塘湖一带，呈北西-南东向延伸，属浅海环境沉积。为一套紫灰色、灰色、灰绿色玄武岩、辉绿玢岩、安山玢岩、辉石安山岩、英安斑岩、斜长玢岩、霏细岩、霏细斑岩、流纹岩、玄武质-安山质-英安质-流纹质火山角砾岩、凝灰岩、沉凝灰岩夹凝灰质砾岩、凝灰质细-中粒砂岩、凝灰质粉砂岩、生物碎屑灰岩及火山硅质岩。在北-东准噶尔地区，北塔山组发现有铀异常。

蕴都喀拉组（D_2y）：主要分布于锡伯渡、富蕴以南一带。在北塔山以东、东泉、三塘湖一带亦有分布，呈北西-南东向延伸，属浅海-海陆交互环境的沉积。为一套灰色、褐灰色、紫红色、灰绿色正常碎屑岩、碳酸盐岩、硅质岩夹火山碎屑岩。该组是本区主要产铀层位之一，发现有较多铀异常，如卡依艾地区的卡依艾 71 号、72 号、73 号和 74 号矿化点。

卡希翁组（D_3k）：该组分布于锡伯渡、恰库尔特、二台至乌通苏依泉、苏淬图山、东泉一带，呈北西-南东向延伸，总体为一套滨海-陆相碎屑岩-火山喷发岩、火山碎屑岩建造。

江孜尔库都克组（D_3-C_1）j：该组分布于锡伯渡、恰库尔特、奥什克山、乌通苏依泉、汉水泉、苏海图山、东泉及三塘湖等地，呈北西-南东向延伸，为一套海陆交互相火山-浅海碎屑岩建造。根据其岩石组合特征可分为两种类型：一种是以正常碎屑岩为主的海陆交互相沉积；另一种为火山岩、火山碎屑岩及正常碎屑岩不均匀互层的海陆交互相沉积。

卓木巴斯套组（D_1z）：分布于卡姆斯特、库普、乌通苏依泉、红柳峡及东泉一带，呈北西-南东向延伸，为一套滨-浅海相钙质碎屑岩、凝灰质碎屑岩夹火山碎屑岩及碳酸盐岩沉积。

乌鲁苏巴斯套组（D_2w）：分布于卡姆斯特、奥什克山、乌通苏依泉、红柳峡及东泉一带，呈北西-南东向延伸，为一套海陆交互相碎屑岩、火山碎屑岩夹碳酸盐岩沉积。由北西向南东，沉积物为正常碎屑岩-凝灰质碎屑岩-凝灰质碎屑岩与火山碎屑岩互层，厚度由厚变薄。

克安库都克组（D_3ka）：分布于拜尔库都克-考克赛尔盖山、干柴沟东一带，呈北西-南东向延伸，为一套杂色陆相碎屑岩、火山碎屑岩沉积。沿走向延伸，其岩性及厚度变化均较大。

卡拉麦里组（$D_{1-3}kl$）：分布于卡拉麦里山一带，呈近东西向、北西-南东向延伸，为一套滨海-浅海环境沉积的正常碎屑岩、凝灰质碎屑岩夹火山碎屑岩沉积。自西向东，其岩性由凝灰质碎屑岩夹火山碎屑岩变为正常碎屑岩夹少量火山碎屑岩。

4. 石炭系

东北准噶尔地区发育黑山头组（C_1h）、姜巴斯套组（C_1j）、塔木岗组（C_1t）、山梁砾石组（C_1sl）、巴塔玛依内山组（$C_{1-2}bt$）、弧形梁组（C_2h）、石钱滩组（C_2s）、六棵树组（C_2lk）。富蕴地区的黑山头组（C_1h）发育伊得克矿点。

5. 二叠系

东准噶尔地区发育胜利沟组（P_1sl）、三塘湖组（P_1st）、将军庙组（P_2jj）、平地泉组（P_2p）、黄梁沟组（P_2hl）、扎河坝组（P_2z）。

（三）岩浆活动

奥陶纪，东北准噶尔地区主要属于构造活动区，发育钙碱性系列和拉斑玄武岩系列火山岩。加里东期岩浆侵入以钙碱性系列的二长花岗岩、钾长花岗岩和花岗闪长岩为主，岩石化学分类属铝过饱和系列，并以 SiO_2 过饱和或微过饱和富碱性岩石为主。该时期侵入岩零星分布于北塔山、卡拉麦里山东段等早古生代隆起区（龚一鸣，1993；刘洪福和尹凤娟，2001；李宗怀等，2004；郝建荣等，2006；陈石等，2009；郭丽爽等，2009；Xu et al.，2013）。

早-中泥盆世时本区属于成熟岛弧的构造环境，主要为岛弧近大陆一侧和岛弧中部，少量为稳定大陆和大洋岛屿。火山活动十分强烈，火山岩广泛发育，晚泥盆世该区北部隆起，火山活动有所减弱，发育了陆相或海陆交互相玄武岩-流纹岩组合，具双峰式火山岩特征。泥盆纪火山岩均属钙碱性系列，基性岩主要为钙碱性玄武岩及碱性玄武岩，中性岩主要为安山岩，中酸性岩主要为英安岩和安山英安岩，酸性岩为流纹岩。平均化学成分中 Na_2O 偏高，Al_2O_3、K_2O 偏低，钠质明显高于钾质。泥盆纪火山岩以安山岩-英安岩-流纹岩组合为主，富蕴早泥盆世有角斑岩-石英角斑岩组合，中泥盆世有玄武岩-安山岩-流纹岩组合。火山岩的 K/Na 值一般均小于0.8，SiO_2 多在50%～66%，Fe/Mg 值一般>2，而且酸性火山岩（包括流纹岩）比较发育，又具有某些活动陆缘特征。

早石炭世二台地区为构造相对稳定区，火山活动较弱，主要发育陆相-滨浅海相沉积；北塔山为岛弧环境，发育滨海相陆源碎屑-中酸性火山岩建造或磨拉石建造；卡拉麦里发育大洋细碧岩-角斑岩组合及大洋玄武岩，并有超基性岩产出，处于拉张构造环境。二台北和北塔山下石炭统发育玄武岩-安山岩-流纹岩组合；卡拉麦里一带构造复杂，发育大洋底部玄武岩，多数为岛弧玄武岩和大洋岛屿及稳定大陆玄武岩，下石炭统为一套细碧岩-石英角斑岩组台和玄武岩-安山岩组合。晚石炭世全区海水逐步退出，由滨海相碎屑岩建造到末期的陆相中基酸性火山岩建造。早二叠世有海相或陆相火山岩，晚二叠世则全为陆相砂砾岩。

早二叠世火山活动在准噶尔东部相对强烈，以陆相中心式喷发为主，具双峰式火山建造特征，火山岩以碱性系列为主，双峰式火山岩建造发育并以陆相为主。常出现橄榄玄武玢岩、粗玄岩、粗面岩和辉绿质喷发-超浅成-浅成岩；阿尔泰南缘因拆沉作用，导致较大规模的深源碱性岩浆侵位，生成碱性玄武岩类充填的裂谷，有时出现拉斑玄武岩系列，除橄榄玄武玢岩、粗玄岩外，尚有苦橄岩、斜长玢岩出现。二台一带二叠纪有富钾的拉斑玄武岩系列，K_2O 含量一般为 3%~4%。晚二叠世火山岩仅见于三塘湖、乌伦古河，以陆相中心式喷发为主，为安山岩–英安岩–流纹岩组合，熔岩与火山碎屑岩之比小于 1：3。

区内侵入岩主要为海西期。海西早期侵入岩以超基性–基性杂岩为主体（Σ_4^1），主要沿阿尔曼太山–北塔山南缘断裂带分布，并构成了阿曼太山–北塔山超基性岩带。海西中晚期以酸性侵入岩为主，其次为超基性、基性及中性岩类。其中海西中期花岗岩与本区铀成矿关系密切，其叠加作用是火山岩型铀矿富集成矿的主要因素（韩宝福等，1999b，2010；韩宝福，2007）。

其中二台一带主要发育海西中期石英二长闪长岩–花岗岩建造、辉长岩–花岗岩建造，属岛弧型花岗岩类；海西晚期出现Ⅰ型为主、A型次之的碱性花岗岩–正长岩建造的造山后花岗岩；石炭纪末期出现张裂环境，在喀拉通克一带，有含铜镍的镁铁–超镁铁杂岩沿断裂贯入。

阿尔曼太岩浆侵入活动不强烈，只出现少量海西中期花岗闪长岩、钾长花岗岩的岩基和二长花岗岩、石英闪长岩和辉绿岩的岩株。库兰喀孜干以海西中期侵入岩为主，多为岩基，属钙碱性，为Ⅰ型；海西晚期为钾长花岗岩和碱性花岗岩形成的小岩体和岩株，属亚碱性–碱性系列。卡拉麦里一带海西中期为花岗闪长岩、石英二长花岗岩–花岗岩，海西晚期为造山后花岗岩。

二、铀矿化分布特征

乌伦古河成矿远景带内铀矿化以火山岩型为主，部分为花岗岩型。含矿层位以中–下泥盆统为主，部分赋存于石炭系和二叠系，局部发育于志留系陆源碎屑岩中。与铀成矿相关的花岗岩主要为海西中期花岗岩。

扎河坝一带下二叠统的碳质页岩、煤层中见有含铀煤型铀矿化，规模较小。另外，在喀拉通克和青格里河流域山间小盆地中发现有含铀煤型异常；卡拉麦里山前侏罗系中发育工业铀矿体。

区内火山岩型、花岗岩型铀矿主要集中分布在伊德克–查岗埃尔盖、扎河坝–卡依艾、青格里底–库兰喀孜干和卡姆斯特–老鸦泉地区（图 4-2-1）。铀成矿受控于北西向的构造带，与深大断裂、火山岩带和侵入岩带有关。该远景带内火山岩型铀矿主要为密集裂隙带亚类，铀成矿受区域性深大断裂的次级构造蚀变破碎带和韧性剪切带控制。

三、主要区段的铀成矿特征及控矿因素

（一）伊德克–查岗埃尔盖铀矿化分布区

1. 成矿地质条件

伊德克–查岗埃尔盖地区位于查尔斯克–乔夏哈拉缝合带以南的二台晚古生代岛弧带中。东西延伸约 252km，南北宽度为 45~50km。主体由泥盆系、石炭系组成，二叠系分

布零星，奥陶系以断块形式出现。地表铀异常呈带状，分布广，以火山岩型为主，东部发现有花岗岩型铀矿化。

该地区地质构造较复杂，褶皱、断裂发育，走向以北西向、北西西向为主，断裂多具有走滑-剪切性质，褶皱主体为复式向斜。铀成矿与中泥盆统、下石炭统有关，部分处于下二叠统。主要异常、矿化层位有北塔山组（D_2b）、蕴都喀拉组（D_2y）、黑山头组（C_1h）、南明水组（C_1n）和哈尔加乌组（P_1h）。侵入岩主要呈中酸性岩株状产出。

区内北塔山组（D_2b）为海相基性-中性-中酸性-酸性火山岩、火山碎屑岩建造，在凝灰岩、凝灰砂岩中发现有铀异常和矿化，与岩体和脉岩的侵入有关。蕴都喀拉组（D_2y）为浅海-海陆交互相火山碎屑岩、中酸性火山岩及类复理石建造，其中绢云母化碳质粉砂岩、绿泥石化千枚岩、片理化粉砂岩、霏细斑岩发现有铀矿化和异常，与断裂破碎带和石英脉有关。黑山头组（C_1h）为一套正常陆源碎屑岩和火山碎屑岩沉积，上部夹中酸性火山岩，其中岩屑砂岩、片理化绢云母化粉砂岩发现铀矿化和异常，与断裂破碎带和石英脉有关。南明水组（C_1n）为浅海相-海陆交互相沉积，在片理化、千枚岩化粉砂岩的破碎带、石英脉中发现铀异常。哈尔加乌组（P_1h）为一套磨拉石建造和陆相中酸性火山岩建造，在安山玢岩破碎带发现铀矿化和异常。

侵入岩以花岗岩、花岗闪长岩为主，脉岩以花岗斑岩为主，除查岗埃尔盖岩体外，多数岩体不成矿。次火山岩有石英斑岩、英安斑岩、霏细斑岩、钠长斑岩，部分岩体及其附近发现铀异常。

断裂以压扭性或韧性剪切断裂为主，以伊德克断裂带、科克拜铁科博断裂带为代表。断裂带表现为浅灰色、褐色断裂破碎带，一般宽度为 40~50m，最宽 200m，具有赭石化、硅化、绿帘石化、绿泥石化、绢云母化和褪色现象，片理、劈理发育。断裂北侧羽状裂隙发育，多被石英脉充填。沿断裂带见有断层角砾岩、粗糜棱岩、碎裂岩化的安山玢岩、压碎的砾岩等。断裂带内脉岩发育，以石英脉分布最为广泛，大致平行地层走向呈细脉状产出，对铀成矿有控制作用。

核工业系统 1:20 万汽车伽马能谱测量，在该区发现大面积的铀、活性铀高场区，钍、钾以正常场为主。铀的高场分布在伊德克-喀拉通克一线和加普萨尔一带，组成一条长度约 120km，宽度约 20km 的北西-南东向铀高场带。铀高场产于中泥盆统、下石炭统中，受断裂破碎带的控制，其中铀当量含量大于 $7×10^{-6}$ 的高场与断裂破碎带基本吻合。活性铀含量一般大于 $1×10^{-6}$，其中活性铀大于 $3×10^{-6}$ 的区域与断裂破碎带大致吻合。地球化学测量只在伊德克-喀拉通克一线发现铀的高场，加普萨尔地区有钾的偏高场，其他地段铀、钍、钾含量均为正常场。

2. 铀矿化特征

伊德克-查岗埃尔盖以密集裂隙带亚类的火山岩型铀矿化为主，个别地段发育花岗岩型，如地矿系统在查岗埃尔盖海西中期中细粒黑云母花岗闪长岩外接触带发现有 1472 矿化点，但规模小，不具找矿价值。地表铀矿化、异常主要分布于伊德克-喀拉通克一带和加普萨尔地段，已经发现的铀矿化及异常有伊德克矿点、61 号矿化点、62 号矿化点、伊德克 5 号、6 号、7 号、8 号、10 号、13 号、14 号、15 号异常和加普萨尔矿化点等。以规模相对稍大的伊德克矿点和加普萨尔矿化点为例，简述本区铀成矿特征。

1）伊德克矿点

该矿点产于科克拜铁科博断裂破碎带中，沿破碎带异常呈带状分布，地表铀异常自杜热公路与 G216 交叉口开始，往东延伸到喀拉通克铜镍矿一带，东北方向被第四系覆盖。出露长度约 38km，宽度为 2～6km（图 4-2-2）。铀异常层位有五个：北塔山组、蕴都喀拉组、黑山头组、南明水组和哈尔加乌组，以黑山头组、南明水组铀异常最为发育。该构造破碎带内已发现有伊德克矿点、61 号矿化点、62 号矿化点、伊德克 5 号、6 号、7 号、8 号、10 号、13 号、14 号、15 号异常、切热克塔斯 180 号异常、萨斯克巴斯他乌 28 号、153 号异常等。其中前人在伊德克矿点开展了普查和浅部的初勘，在其他矿化点、异常点开展了槽探、坑探或剥土揭露。

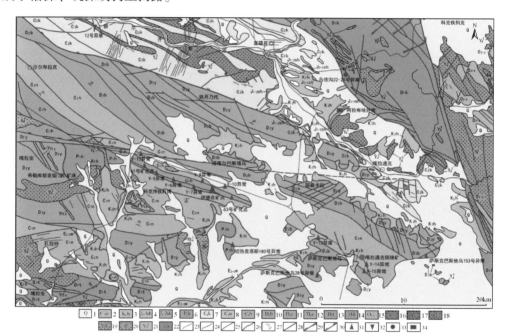

1-第四系；2-乌伦古河组；3-红砾山组；4-石树沟群；5-水西沟群；6-哈尔加乌组；7-喀喇额尔齐斯组；8-南明水组；9-黑山头组；10-北塔山组；11-蕴都喀拉组；12-阿勒泰组；13-托让格库都克组；14-康布铁堡组；15-中–上奥陶统；16-燕山期花岗岩；17-海西晚期花岗岩；18-海西中期花岗岩；19-海西中期花岗闪长岩；20-海西中期闪长岩；21-海西早期辉长岩；22-花岗斑岩；23-酸性岩脉；24-基性岩脉；25-接触界线；26-角度不整合接触地质界线；27-地层产状；28-断裂；29-平移断裂；30-走滑断裂；31-火山岩型铀矿点；32-伟晶岩型铀异常；33-花岗岩型铀异常；34-含铀煤型铀异常

图 4-2-2　伊德克矿点区域地质图

伊德克矿点产于下石炭统黑山头组（图 4-2-3），岩性为灰紫色、灰绿色安山质凝灰蚀变砂岩、黄褐色蚀变凝灰砂岩、凝灰粉砂岩、安山岩、安山玢岩。其中凝灰砂岩、凝灰粉砂岩是矿点铀矿化、异常产出的主要岩性，岩石破碎强烈，广泛发育褐铁矿化、赤铁矿化、绢云母化、高岭石化、碳酸盐化等，片理化明显，部分岩石已糜棱岩化。安山岩发育青磐岩化，局部硅化。矿点岩脉发育，以石英脉和含铁石英脉为主，脉体长度为几米到百余米，宽度为 0.1～1m，沿断裂带贯入，走向为北西西向。受挤压、错断的影响，脉体破碎，部分石英脉见有孔雀石。

矿点范围内发育北西西向和北东东向两组断裂。其中北西西向断裂是科克拜铁科博断

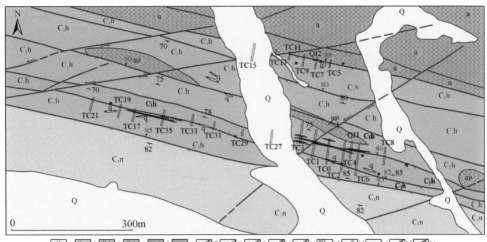

1-第四系；2-南明水组晶屑岩屑凝灰岩；3-黑山头组钙质砂岩；4-黑山头组构造挤压破碎蚀变带；5-安山岩；6-安山玢岩；7-石英脉；8-接触界线；9-断裂；10-压性断裂；11-平移断裂；12-地层产状；13-探槽；14-浅井；15-铀矿化体；16-铀矿体

图 4-2-3　伊德克矿点地质图

裂带的次级断裂，为挤压破碎蚀变带，宽度数十米至一百余米，具有多期活动特点。破碎带内硅化、糜棱岩化、千枚岩化发育，是铀活化运移的通道，部分铀残留在通道中富集成铀异常和铀矿化。北东东向断裂为平移断裂，属矿后构造。

矿点共发育南北两个异常带。南异常带异常断续延伸 900m，宽度为 1m 至十几米不等。北带断续延伸 160m，宽度为 2～10m。南异常带铀矿化具有多层性，厚度薄，平衡偏铀（平衡系数一般为 0.24～0.91），局部偏镭，含量大于 0.020% 的铀矿化体和铀矿体均具有后生叠加富集现象。

南异常带东段有工业矿体 5 个，最长为 66m，最大厚度为 1.7m，平均品位为 0.076%，最高品位为 0.090%；矿化体 1 个，长度为 147m，平均厚度为 1.26m，最大厚度为 3m，平均品位为 0.033%，最高品位为 0.048%。南异常带西段有工业矿体 1 个，最长为 60m，厚度为 0.6m，最高品位为 0.111%；矿化体 1 个，长度为 120m，最高品位为 0.036%。

北异常带有矿化体 1 个，长度为 27m，厚度为 0.65m，平均品位为 0.039%。矿体呈透镜状产出，向北倾斜，走向为 310°，倾角为 87°。品位高的部位主要集中在地表和浅部，有淋滤和蒸发浓缩富集的特征，往深部品位有所降低。

与铀成矿有关的蚀变有硅化、赤铁矿化–褐铁矿化、碳酸盐化、绢云母化和黏土化。其中硅化、碳酸盐化、赤铁矿化–褐铁矿化、绢云母化与铀矿化、异常关系密切，部分石英呈烟灰色。

铀矿物呈星点状、薄膜状、分散吸附在岩石中，为次生钙铀云母、硅钙铀矿、菱钙铀矿，未发现原生铀矿物。

2）加普萨尔矿化点

加普萨尔地区铀矿化、异常产于中泥盆统蕴都喀拉组（D_2y）绢云母化碳质粉砂岩、绿泥石化千枚岩、碳质页岩中，受断裂破碎带、石英闪长岩脉、花岗斑岩脉、石英脉、碳酸盐脉和北西西向断裂破碎带控制。异常区内出露有 9 个海西中晚期浅成侵入岩或次火山岩体，岩性以闪长玢岩为主，其次是霏细岩和花岗斑岩，以岩株、岩枝形式出露。

加普萨尔矿化点地表共发现铀异常 201 处，组成 5 个异常区（图 4-2-4），东西向展布约 10km，南北向宽度为 1.5～3km。地表伽马照射量率一般为 10.32～20.64nC/（kg·h），最高为 103.2nC/（kg·h），见有硅钙铀矿等次生矿物，以星点状、薄膜状赋存在节理面、裂隙面上。

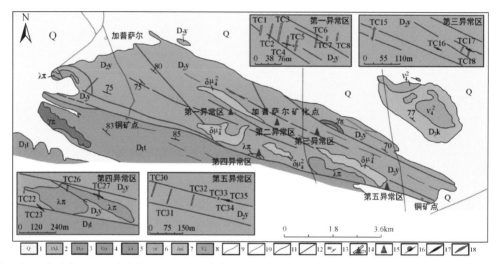

1-第四系；2-卡希翁组；3-蕴都喀拉组；4-托让格库都克组；5-霏细岩；6-花岗斑岩；7-闪长玢岩；8-辉长岩；9-酸性岩脉；10-基性岩脉；11-接触界线；12-断裂；13-地层产状；14-探槽；15-火山岩型铀矿点；16-铜矿点；17-工业铀矿体；18-铀矿化体

图 4-2-4　加普萨尔地区地质图

异常赋存于褐铁矿化千枚岩和碳质页岩中，断裂破碎带呈褐红色，贯入有大量石英脉。主要蚀变有赤铁矿化（铀矿化部位）、褐铁矿化、硅化、碳酸盐化。铀矿化厚度为 0.1～0.5m，品位为 0.0177%～0.0573%，单个矿化体延伸 5～10m，最长约 40m。

加普萨尔矿化点地表铀异常面积广，北西西向构造破碎带发育，区内分布有多个海西中晚期浅成岩及次火山岩小岩体，弱变质的中泥盆统蕴都喀拉组（D_2y）海陆交互相含碳细碎屑岩，具一定的还原能力，有利于铀元素的还原吸附和富集。但由于矿化点所处的萨吾尔–二台晚古生代岛弧带，基底以早古生代形成的年轻洋壳为主体，缺乏古老的陆壳基底，铀源不足；泥盆纪时期该区属岛弧环境，至晚石炭世—早二叠世才进入陆相环境，岩浆分异演化不完全，导致铀在岩浆中的丰度不足。因此，该区总体的构造岩浆演化对铀成矿不利，但因断裂破碎带和晚期中酸性岩体发育，含碳质围岩的岩性有利，故而在破碎带及岩体交汇部位形成了大范围的铀异常，但因先天不足，找矿潜力有限。

3. 主要控矿因素和找矿标志

伊德克–查岗埃尔盖地区发现的铀矿化主要分布在科克拜铁科博断裂带、扎拉特–杜居两–加普萨尔断裂带和查岗埃尔盖岩体接触带中，由于前人对地表铀异常和矿化，仅开展了少量地表和浅部揭露，因此基于野外地质调查，对该区控矿因素、成矿规律及找矿标志等获得如下认识。

1）控矿因素

（1）铀矿化、异常受岩性控制：主要产于下石炭统和中泥盆统凝灰质砂岩、粉砂岩、千枚岩、碳质板岩、碳质页岩中，部分赋存于次火山岩或浅成岩中，如霏细岩、霏细斑岩。

（2）铀矿化、异常受蚀变构造破碎带控制：科克拜铁科博断裂带、扎拉特–杜居两–加普萨尔断裂带严格控制铀异常的产出，构造的膨大部位异常密集，品位较高。矿点存在热液成因和淋滤成因的争议，本次研究倾向于热液成因。这种严格限定在某一构造带中的铀矿化分布特征，显然受构造破碎带提供的良好流体运移通道控制，构造破碎带不仅是深部热液的运移通道，同时也是表生含铀含氧水渗入的场所，早期热液成矿和后期淋滤叠加作用，形成了本区沿科克拜铁科博断裂破碎带断续分布约40km的铀异常（矿化）带。

（3）铀矿化、异常受热液作用控制：这种控制表现为科克拜铁科博断裂带、扎拉特–杜居两–加普萨尔断裂带形成之后，海西晚期岩浆活动沿破碎带贯入含硅含铀热液，在破碎带内相对致密的区块卸载富集成矿。破碎带规模大，破碎程度高，多数地段铀难以聚集，因此破碎带的两侧相对稳定区可能是铀卸载的有利地段，特别是科克拜铁科博破碎带以南的南明水组凝灰岩发育区和海西中晚期花岗岩、花岗闪长岩分布区应具有比破碎带更为优越的成矿环境。

（4）浅成小岩体对铀成矿的控制作用：这种控制作用主要体现在伊德克–喀拉通克地区、加普萨尔地区。伊德克15号异常点直接赋存在霏细岩、霏细斑岩中，异常规模大，铀品位高。其他矿点、矿化点、异常点通常位于岩体的外围或顶盖中，铀品位相对较低。对铀成矿有直接控制作用的是花岗斑岩、石英斑岩、霏细斑岩，目前发现的铀异常主要产于岩体外接触带。

2）找矿标志

（1）次生铀矿化：沿断裂破碎带，矿体、异常的地表露头一般见有次生铀矿物（如硅钙铀矿、钙铀云母、铜铀云母、板菱铀矿等），一般呈浸染状、薄膜状沿裂隙面、节理面分布，是寻找铀矿化的直接标志。富铀破碎带的一个指示标志是含铀的盐碱，通常呈白色或淡黄色、淡黄绿色，伽马辐射仪测量其伽马照射量率一般不超过15.48nC/（kg·h），但矿石测定仪测量其铀含量可超过0.01%，含铀盐碱是富铀破碎带的指示标志，可以快速确定导矿、成矿构造。

（2）硅化、赤铁矿化、碳酸盐化蚀变带：这是铀矿化赋存的主要蚀变带，沿岩石裂隙面发育的赤铁矿化与碳酸盐化是较好的指示蚀变。目前发现的铀矿点、异常点均发育此类蚀变，并与铀矿体直接共生。

（3）蚀变的花岗斑岩、霏细岩、霏细斑岩小岩体、岩脉：在伊德克–喀拉通克和加普萨尔一带，此类岩体和岩脉控制了铀、钼、铜矿化的产出，岩体、岩脉及周边常有放射性异常，部分岩体本身就产有钼矿、铜矿和铀矿化，并具有指示深部成矿的作用。

（4）地化异常晕：铀的岩石、土壤、水系沉积物地化晕的浓集中心能够直接指示铀矿化体的存在，是很好的间接找矿标志。伊德克–喀拉通克地区具有较高的铀地球化学晕，铀含量多大于4×10^{-6}，反映出富铀地质体的存在。

（5）伽马异常晕：这是寻找铀矿化的典型和指示找矿标志，在伊德克–喀拉通克、加普萨尔地区普遍存在，一般沿断裂破碎带分布，可作为浅部找矿的标志。

(二) 卡依艾铀矿化分布区

1. 成矿地质条件

卡依艾地区大地构造位于阿尔曼太早古生代沟弧带，东西延伸约 160km，南北宽度为 15～20km。主体由泥盆系、石炭系组成，二叠系分布零星，基底为奥陶系、志留系。地表铀异常呈带状分布，成矿类型以火山岩型为主，西部扎河坝一带下二叠统产有含铀煤型铀矿化。

区内断裂构造十分发育，主要断裂形成韧性剪切变形变质带，逆冲断裂带形成叠瓦式构造岩片，地层及侵入岩分布受北西向阿尔曼太深大断裂带控制，沿断裂带上盘泥盆系出现细碧角斑岩及超基性岩。该区岩浆侵入活动不强烈，主要发育少量海西中期花岗闪长岩、钾长花岗岩的岩基和二长花岗岩、石英闪长岩以及辉绿岩的岩株。在卡依艾一带的结尔得嘎拉花岗闪长岩体的外接触带，中泥盆统蕴都喀拉组（D_2y）中发育铀矿化（图4-2-5）。

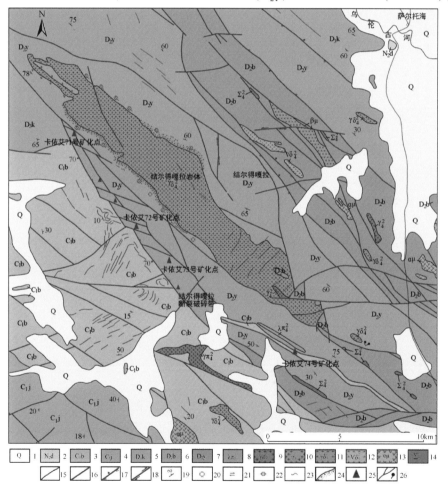

1-第四系；2-独山子组；3-巴塔玛依内山组；4-姜巴斯套组；5-卡希翁组；6-北塔山组；7-蕴都喀拉组；8-流纹斑岩；9-花岗斑岩；10-花岗岩；11-花岗闪长岩；12-辉长闪长岩；13-安山玢岩；14-超基性岩；15-接触界线；16-断裂；17-压性断裂；18-平移断裂；19-地层产状；20-硅化、21-混合岩化；22-绿帘石化；23-绿泥石化；24-角岩化；25-火山岩型铀矿点；26-水系、泉水

图 4-2-5　卡依艾地区地质图

蕴都喀拉组（D_2y）的含矿层段为上亚组，是一套基性火山-陆源碎屑岩建造，岩性为灰绿色、紫色玄武岩、安山玢岩、英安斑岩、凝灰岩、凝灰质粉砂岩、凝灰质泥质粉砂岩、凝灰质细砂岩、泥质粉砂岩、含砾砂岩夹少量碧玉岩、钙质砂岩、大理岩。其中凝灰岩、凝灰质粉砂岩、碳质页岩与铀矿化、异常关系密切（图4-2-6）。

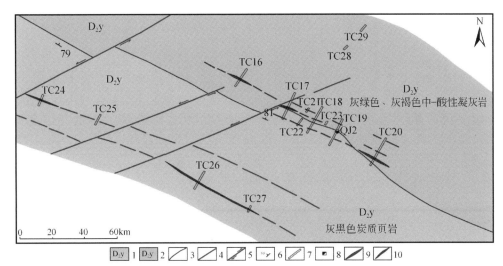

1-蕴都喀拉组灰黑色碳质页岩；2-蕴都喀拉组灰绿色、灰褐色中—酸性凝灰岩；3-接触界线；4-断裂、裂隙；
5-平移断裂；6-地层产状；7-探槽；8-浅井；9-工业铀矿体；10-铀矿化体

图4-2-6　卡依艾73号矿化点东段地质图

巴塔玛依内山组（$C_{1-2}b$）为一套陆相火山岩地层序列，由基性、中性、酸性火山熔岩、凝灰岩、凝灰角砾岩组成，夹部分陆源碎屑岩，局部见有碳质页岩、薄层泥岩及煤线。

北西向结尔得嘎拉断裂破碎带是阿尔曼太断裂带的一部分，目前发现的多数矿化点、异常点均位于该破碎带中，是本区的控矿构造。破碎带宽300~1400m，带内岩石强烈破碎、糜棱岩化、片理化发育，绢云母化和绿泥石化普遍，沿破碎带贯入大量方解石脉、石英细脉。铀异常、矿化沿北西向破碎带产出，部分矿化体被北东向断裂错断。

2. 铀矿化特征

卡依艾地区已经发现四个矿化点（卡依艾71号、72号、73号、74号）和众多异常带，异常带断续延伸长度25km，呈北西-南东向延伸。矿化产于蕴都喀拉组中，成矿类型属火山岩型，受结尔得嘎拉断裂破碎带的控制。

在结尔得嘎拉挤压破碎带以北1km处是结尔得嘎拉花岗闪长岩岩体，岩体平行于挤压破碎带，并侵入于蕴都喀拉组中。岩体北陡南缓，倾向南。在南侧外接触带形成300m宽的蚀变带，并有许多岩枝贯入地层。挤压破碎带内发育大量的硅质脉、碳酸盐脉、赤铁矿脉，并见有钠长斑岩脉。

铀异常产于破碎带中的裂隙内，并常与脉岩有一定空间关系。已经发现铀异常200多处，多呈孤立点状，仅有少数呈细条带状。地表伽马照射量率多在7.74~25.8nC/(kg·h)，部分在129~258nC/(kg·h)。铀异常长一般为1m至几十米，最长达100~200m，单个异常宽 0.1~0.5m，最宽为 1m。铀品位一般小于 0.030%，最高达 0.66%。见有钙铀云母、硅钙铀矿、板菱铀矿等次生铀矿物，局部见有孔雀石。伴生元素有铜、铅、锰、钼、镍、铬等。

3. 主要控矿因素

（1）铀矿化、异常受岩性控制：主要产于凝灰岩、千枚岩、碳质页岩等陆源细碎屑岩中。

（2）铀矿化、异常受断裂破碎带控制：结尔得嘎拉断裂破碎带严格控制铀异常的产出。

（3）海西中期花岗岩体对铀成矿的影响：结尔得嘎拉岩体具铝、硅过饱和、高钠低钾的特征，在南侧外接触带的蕴都喀拉组形成 300m 宽的角岩化、硅化蚀变带，并有许多岩枝贯入地层。花岗岩侵位过程中的热液活动有利于围岩中铀元素的活化和迁移，并形成了本区铀矿化主要沿花岗岩外接触带产出的分布规律。

（4）铀矿化、异常受热液作用控制：沿阿尔曼太深大断裂及其次级构造破碎带，侵位了海西中期小岩体，沿破碎带发育大量硅质脉、碳酸盐脉、赤铁矿脉，热液蚀变作用普遍，其中硅质脉、赤铁矿脉与铀成矿有着密切的关系，卡依艾 73 号矿化点钍矿脉的存在表明本区铀矿化为热液作用产物。

（三）青格里底-老鸦泉铀矿化分布区

1. 成矿地质条件

青格里底-老鸦泉地区处于库兰喀孜干古生代复合岛弧带，其南部即为卡拉麦里古生代复合沟弧带（发育海西早期的卡拉麦里蛇绿岩带）。区内地层主体为泥盆系、石炭系，二叠系零星发育，志留系在中部呈条带状分布。断裂以北西向为主，多具有走滑-剪切性质，褶皱以复式背斜为主。

地表铀异常呈带状，分布广，其中青格里底和库兰喀孜干地区以火山岩型为主（图 4-2-7），卡姆斯特-老鸦泉地区以花岗岩型铀矿化为主（图 4-2-8）。铀成矿与中-下泥盆统和海西中期花岗岩有关。矿化层位有托让格库都克组（D_1t）、北塔山组（D_2b）和下石炭统姜巴斯套组（C_1j），部分异常产于中-上志留统库布苏组（$S_{2-3}k$）中。中酸性侵入岩多呈岩株状产出，东部发育花岗岩岩基。

库布苏组（$S_{2-3}k$）主要岩性是泥质粉砂岩、粉砂岩、细砂岩，在北西向断裂破碎带发现少量铀异常。

托让格库都克组（D_1t）下部以黄绿色、灰色凝灰质砾岩、细砾岩、粗砂岩为主，夹生物灰岩；中部为黄绿色、灰绿色凝灰质砂岩、细砂岩、粉砂岩韵律层；上部凝灰质增多，为灰色、灰绿色中性凝灰岩、中酸性火山凝灰岩与凝灰质砂岩、细砂岩互层，夹有钙质砂岩、粉砂岩、灰岩；发现有库兰喀孜干 100 号、101 号矿化点和众多铀异常点。

北塔山组（D_2b）以晶屑岩屑凝灰岩、中酸性凝灰岩、玄武岩、凝灰岩、凝灰砂岩和凝灰粉砂岩为主，在青格里底一带发现铀异常，分布广，异常值低。

姜巴斯套组（C_1j）为滨浅海相陆源碎屑岩和火山碎屑岩建造，岩性为灰绿色、灰黄

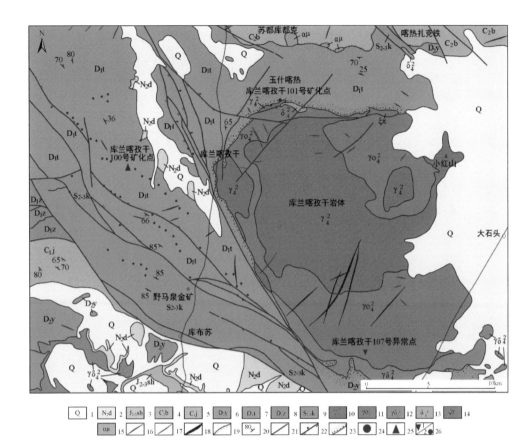

1-第四系；2-独山子组；3-石树沟群；4-巴塔玛依内山组；5-姜巴斯套组；6-蕴都喀拉组；7-托让格库都克组；8-卓木巴斯套组；9-库布苏组；10-海西中期钾质花岗岩；11-海西中期黑云母花岗岩；12-海西中期花岗闪长岩；13-海西中期闪长岩；14-花岗斑岩；15-闪长玢岩；16-酸性岩脉；17-基性岩脉；18-接触界线；19-角度不整合接触地质界线；20-地层产状；21-断裂；22-压性断裂；23-角岩化；24-花岗岩型铀矿点；25-火山岩型铀矿点；26-1-伟晶岩型铀异常；26-2-地表小异常

图 4-2-7　库兰喀孜干地区地质图

绿色、暗绿色、暗灰色富含钙质的火山碎屑岩（凝灰粉砂岩、凝灰细砂岩、凝灰粗砂岩、凝灰粉砂质泥岩）和陆源碎屑岩（碳质泥岩、碳质粉砂岩及长石质杂砂岩较多），在得仁格里登和卡姆斯特一带有铀矿化、异常产出。

与铀成矿相关的岩体为海西中期的库兰喀孜干岩体和老鸦泉岩体，部分闪长岩对铀成矿有控制作用。库兰喀孜干岩体由钾质花岗岩和角闪黑云母花岗岩组成，局部有闪长岩侵入。围岩（托让格库都克组）广泛发育角岩化，分支岩脉与围岩接触部位发育混合岩化及夕卡岩化。在紧靠岩体的外接触带发现库兰喀孜干 101 号矿化点。老鸦泉岩体为灰色、灰白色、肉红色中–粗粒、斑状黑云母花岗岩，其外接触带的姜巴斯套组蚀变强烈，发育大量铀矿化和铀异常。

核工业系统 1∶200000 汽车伽马能谱测量，在青格里底地区发现有小面积铀偏高场，库兰喀孜干 100 号矿化点一带发现铀及活性铀的高场，老鸦泉岩体东南部以钍高场为主，往北西出现铀及活性铀的高场。

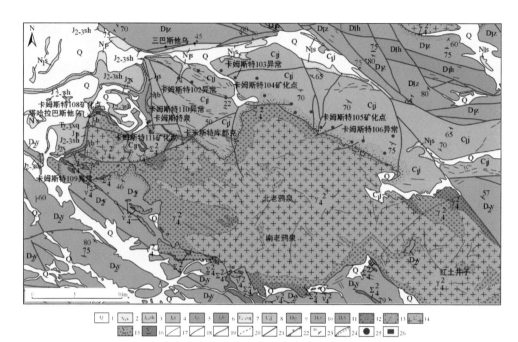

1-第四系；2-索索泉组；3-石树沟群；4-西山窑组；5-三工河组；6-八道湾组；7-小泉沟群；8-姜巴斯套组；9-蕴都喀
拉组；10-卓木巴斯套组；11-红柳沟组；12-海西中期细粒花岗岩；13-海西中期中粒花岗岩；14-海西中期粗粒-斑状花
岗岩；15-海西中期辉长岩；16-海西中期超基性岩；17-酸性岩脉；18-接触界线；19-角度不整合接触地质界线；20-岩
相界线；21-断裂；22-压性断裂；23-地层产状；24-角岩化；25-花岗岩型铀矿点；26-含铀煤型铀矿点

图 4-2-8　卡姆斯特-老鸦泉地区地质图

2. 铀矿化特征

该地区铀成矿北部以火山岩型为主，南部为花岗岩型。发现有青格里底异常区和库兰
喀孜干 100 号矿化点及库兰喀孜干-库布苏异常带。库兰喀孜干岩体和老鸦泉岩体的北接
触带产出花岗岩型铀矿化，发现有库兰喀孜干 101 号矿化点、卡姆斯特 104 号、105 号、
111 号矿化点等。

青格里底异常区共发现异常 30 多处，产于挤压破碎带中的闪长岩体内外接触带上，
断续分布，长约 30km。并常与石英脉、石英-碳酸盐脉、石英-褐铁矿脉、辉长岩墙有一
定的空间关系。铀异常呈小条带状居多，孤立点状者较少。铀异常、矿化岩性为中泥盆统
黄绿色细砂岩、千枚岩化凝灰质粉砂岩、凝灰质砂岩、千枚岩化钙质粉砂岩、绢云母化凝
灰质粉砂岩、凝灰岩为主，少量为角砾熔岩、酸性角砾岩。一般品位小于 0.01%，部分异
常点见有次生铀矿物，延伸 1m 后消失，矿体长度一般为 1m 至十几米，无工业价值。在
裂隙、节理面上可见次生黄色硅钙铀矿、绿色薄膜状铜铀云母等。围岩蚀变有绢云母化、
硅化、绿泥石化、高岭石化。

库兰喀孜干异常区异常分布在下泥盆统中酸性火山碎屑岩、碎屑岩和中-上志留统泥质
粉砂岩、粉砂岩、细砂岩中。部分位于花岗岩外接触带，岩体内部有少量伟晶岩型铀异常。
岩体及围岩中分布有煌斑岩脉、细粒闪长岩、闪长玢岩脉、花岗闪长斑岩脉、斜长花岗斑岩
脉、花岗斑岩脉、花岗细晶岩脉、石英斑岩脉、伟晶岩脉等。围岩蚀变有角岩化、夕卡岩

化和混合岩化，远离花岗岩体有褪色化，断裂带见有云英岩化。铀异常主要分布在北西向构造带中，以长度约为20km，宽度为2~10km内最为集中（图4-2-7），有小异常超过1000个，大致沿5~6条断裂破碎带分布。异常伽马照射量率多为7.74~25.8nC/（kg·h），探槽揭露矿化在0.3~1m深度品位较高，再向下逐渐降低。铀矿物以硅钙铀矿为主，局部见有板菱铀矿、铜铀云母、铝铀云母等，常赋存在裂隙中。异常规模小，基本无找矿意义。

老鸦泉岩体外接触带的姜巴斯套组（C_1j）砂岩、粉砂岩等细碎屑岩蚀变强烈，主要表现为角岩化，其次为硅化、褪色化及混染蚀变，宽度可达2km，内接触带没有明显蚀变。岩体北部和西部的外接触带发现大量铀矿化和铀异常，异常赋存在岩体的派生岩脉及硅化、角岩化蚀变带中，发现有卡姆斯特104号、105号、111号矿化点和卡姆斯特102号、103号、106号、109号、110号等多个异常点。老鸦泉岩体西部、北部目前共发现四处北西向酸性脉岩密集带，其中最北部的岩脉密集带延伸达10km以上，外接触带的铀矿化和异常主要分布在这四条岩脉密集带中。地表矿体规模普遍较小，长一般为几米至几十米，宽0.1~1m，向下延伸一般有0.5m，最深为1m，而且矿化极不均匀。铀矿物有硅钙铀矿、砷铀矿等。异常多与高岭石、糜棱岩伴生，与硅化、褪色化有一定空间关系。品位一般为0.01%左右，最高品位为0.55%。伴生元素有Bi、Sn、Ga、Ni、Zn、V、Se、Mn、Ti。

3. 主要控矿因素和找矿标志

青格里底-老鸦泉地区的铀矿控矿因素、找矿标志等与卡依艾地区基本相似，这里不再叙述。

第三节　北天山成矿远景带

一、成矿条件

（一）构造条件

北天山成矿远景带（Ⅲ-5）位于研究区的中部的天山山脉的中国部分，构造单元由准噶尔微板块的博格达晚古生代弧后裂陷盆地、伊犁-伊赛克湖微板块的依连哈比尔尕晚古生代沟弧带、赛里木地块和博罗科努古生代复合岛弧带组成，并以博格达晚古生代弧后裂陷盆地和赛里木地块铀矿化发育较好。本次研究结合带内构造单元的划分及铀矿化分布特征，将该远景带进一步分为北天山东段成矿远景亚带（Ⅳ-3）和北天山西段成矿远景亚带（Ⅳ-4）。

（二）岩性岩相条件

北天山东部地区的主体是博格达山-哈尔里克山。该区西部、中部出露上石炭统和下二叠统，北部边缘出露上二叠统。东部出露中下奥陶统、下泥盆统、中泥盆统和石炭统。

以沉积碎屑岩-中基性火山岩、火山碎屑岩建造为主。岩浆侵入在东部较为发育,以海西中晚期花岗岩为主,呈大岩基出露;中部、西部较弱,以基性小岩株、岩枝出露,局部发育浅成酸性斑岩。

北天山西部地区的主体是博罗科努山-科古尔琴山-赛里木湖一线以北,包括别珍套山、依连哈比尔尕西段、博罗科努、科古琴山等地区。北东部出露泥盆系、石炭系和二叠系,南西部出露元古宇、下古生界。以沉积变质岩、沉积碎屑岩-中基性火山岩、火山碎屑岩、中酸性火山岩建造为主。岩浆侵入在西南部较为发育,以元古宙、海西中晚期花岗岩为主,呈大岩基出露,局部发育浅成酸性斑岩。

(三) 岩浆活动

博格达晚古生代弧后裂陷盆地为北天山东段成矿远景亚带的构造主体。其弧后拉张始于早石炭世,在七角井一带出现辉绿岩、枕状玄武岩夹硅质岩、英安斑岩的双峰式火山岩建造。向上,在博格达一带则为滨海相火山碎屑-陆缘碎屑岩。上石炭统为滨浅海相陆源碎屑岩,夹碳酸盐岩和中酸性火山岩。下二叠统为滨浅海相正常碎屑岩、碳质页岩夹霏细岩,在达坂城和车库泉地区发育中基性火山岩。晚二叠世全区进入陆相沉积。该带侵入岩很少,除拉张后期有大量辉绿岩顺层贯入,仅有个别花岗闪长岩和钾长花岗小岩体和岩株。

新疆另一个火山岩型铀矿床——冰草沟矿床,即赋存于下二叠统,与早二叠世板内拉张作用下的基性岩浆活动有关;在坎尔其-车库泉一带发育与晚石炭世—早二叠世中酸性、基性火山岩相关的铀矿化。

依连哈比尔尕晚古生代沟弧带以石炭系为主,其次是泥盆系,山前分布少量二叠系,侵入岩极不发育。泥盆纪属被动陆缘,岩浆活动不发育。早石炭世安集海组为浅海相火山-碎屑岩建造,早石炭世晚期的沙大王组出现巨厚的双峰式火山岩建造和蛇绿岩建造,基性火山岩以碱性系列为主,部分为拉斑岩玄武岩系列,说明此时已出现洋壳。该带于晚石炭世末期汇聚,二叠纪初固结,有陆相红色酸性火山岩和红色上磨拉石建造的沉积,之后隆起为陆。该区侵入岩极少,为海西中期黑云二长花岗岩、钾长花岗岩和闪长岩株,另有海西晚期钾长花岗岩沿断裂贯入。

赛里木地块为基底陆壳隆起区,是北天山西段成矿远景亚带的构造主体。前寒武系变质岩系由古元古代的温泉群和长城系、蓟县系、青白口系和震旦系构成。古生代岩浆活动不发育,仅在早二叠世发育陆相火山岩,晚二叠世为磨拉石建造。区内侵入岩不发育。古元古代为混合岩-花岗岩建造,中元古代发育与裂谷活动有关的辉长岩建造。海西中晚期为花岗岩建造,属造山后花岗岩类,钙碱系列,S型成因,但在晚期出现有A型碱性系列。该亚带内矿化异常广泛分布,类型多样。在前寒武系陆壳基底和泥盆纪地层中发育大量碳硅泥岩型铀矿化、异常,但大多规模较小,不具工业价值;在基底陆壳隆起区西缘的石炭系中酸性火山岩及下二叠统陆相火山岩中发育火山岩型铀矿点、矿化点及多个异常,是本区重要的火山岩型铀矿化集中分布区。

博罗科努古生代复合岛弧带主要为早古生代沉积和晚古生代活化花岗岩类,震旦纪至早奥陶世发育陆壳基底上的陆表海稳定型盖层沉积。中奥陶世开始拉张,出现双峰式火山岩建造的细碧角斑岩系和可可乃克蛇绿岩组合,奥陶纪末开始汇聚,志留系转为复理石及陆源碎屑岩建造的沉积，泥盆纪固结，石炭纪时依连哈比尔小洋盆向南俯冲，产生吐拉苏上叠断陷盆地和伊犁裂谷等，在该岛弧上出现碱性–钙碱性系列的玄武岩–安山岩–石英斑岩组合的喷发，至二叠纪本区隆起为陆。该带侵入岩十分发育，以海西中期为主，其次是海西早期和晚期以及加里东期侵入体，加里东期岩体以二长花岗岩–花岗闪长岩的小岩基和岩株为主，属钙碱性偏碱富钾，为Ⅰ型成因，海西早期侵入岩为斜长花岗岩，二长花岗岩岩基。中期侵入岩以二长花岗岩为主，晚期为花岗岩建造，它们都属钙碱性，S型成因。该带铀矿化较少，在伊犁北部发现有少量火山岩型、花岗岩型铀矿化及异常点，包括内比里克齐矿和乌拉斯台火山岩型矿化点、库鲁斯台花岗岩型矿化点等，但规模均较小。

二、北天山东段成矿远景亚带

北天山东段成矿远景亚带已发现的铀矿化主要分布在博格达山–哈尔里克山南坡，构造单元属博格达晚古生代弧后裂陷盆地。铀矿化集中在冰草沟、七泉湖、坎尔其、西盐池、车库泉五个地区，赋矿层位有三个，分别为塔什库拉组、卡拉岗组和杨布拉克组。其中本区西部的冰草沟矿床及其外围矿点产于塔什库拉组安山质玄武岩、凝灰质熔结角砾岩及滨浅海相含磷砂岩中。中部的七泉湖、坎尔其和西盐池地区铀矿化及异常，均发育在上石炭统杨布拉克组滨浅海相陆源碎屑岩和中酸性火山碎屑岩的建造中，含矿岩性为砂岩、砂砾岩、碳质页岩、泥岩及凝灰质砂岩、凝灰岩及晶屑凝灰岩中。东部车库泉地区的铀矿化及异常分布，严格受卡拉岗组陆相双峰式火山岩及其上覆陆相砂砾岩层控制。

自西向东，北天山东段铀成矿具一定的规律性。以冰草沟矿床、产于杨布拉克组的小草湖203矿点和产于卡拉岗组的车库泉101矿化点为例，分析本区铀成矿条件及特征。

（一）塔什库拉组

塔什库拉组铀矿化主要分布在达坂城北的博格达山南坡（图4-3-1），该区于早石炭世开始弧后拉张，冰草沟矿床一带早二叠世仍为残余海盆相，其余地区已转为海陆交互相，并在达坂城一带发育拉张后期的中基性火山岩及大量顺层贯入的辉绿岩和个别花岗闪长岩和钾长花岗小岩体和岩株。冰草沟矿床及白希布拉克矿点、537矿点、冰草沟101号、102号、201号、202号、203号矿点等的成矿作用即与该期板内拉张环境的中基性岩浆活动及其后热液密切相关。

1. 含矿层塔什库拉组火山岩特征

冰草沟地区铀矿化的赋存层位为下二叠统塔什库拉组（P_1t），该组下部为灰色薄层粉砂岩与细砂岩互层夹薄层灰岩及火山碎屑岩、凝灰岩，上部的滨浅海相细砂岩中常有与砂岩成互层状产出的安山质玄武岩、玄武岩及火山角砾岩。根据岩石结构构造及产状特征，区内早二叠世火山岩可分为熔岩和火山碎屑岩两类。

1）熔岩类

火山熔岩包括次火山岩体，以中基性岩分布较广，基性、酸性岩次之，碱性岩甚少。岩性主要由玄武岩、安山质玄武岩及流纹岩等双峰式火山岩系列组成。

玄武岩主要分布在冰草沟–大河沿一带，与沉积岩呈互层产出。岩石呈灰绿色或灰紫

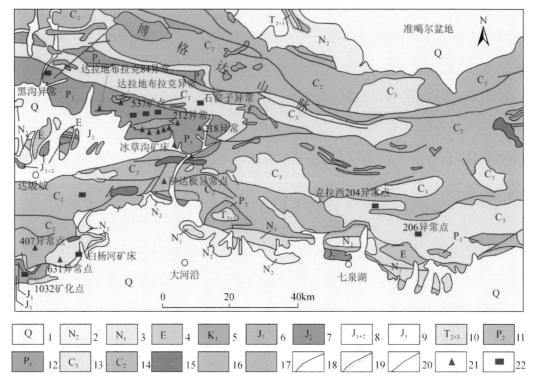

1-第四系；2-上新统；3-中新统；4-古近系；5-下白垩统；6-上侏罗统；7-中侏罗统；8-下中侏罗统；9-下侏罗统；
10-中上三叠统；11-上二叠统；12-下二叠统；13-上石炭统；14-上石炭统；15-花岗岩；16-闪长岩；17-辉绿岩、辉长岩；
18-整合接触地质界线；19-角度不整合接触地质界线；20-断裂；21-火山岩型铀矿点；22-砂岩型铀矿点

图 4-3-1　冰草沟一带区域地质图

色，主要由基性斜长石、单斜辉石、玄武玻璃组成。SiO_2含量一般为 47%～50%，通常为脱玻间隐结构、间粒显微辉绿结构、玻基交织结构、斑状结构；气孔状、杏仁状、枕状构造。因受构造应力和热变质作用，部分斜长石已钠长石化、钠黝帘石化、碳酸盐化。暗色矿物和玻璃质均不同程度被方解石、绿泥石、绿帘石等矿物所取代。

　　分布于冰草沟矿区范围内的岩石主要为安山质玄武岩，与塔什库拉组下亚组上部细砂岩呈互层状产出，最多可达 5 层，是本区火山岩型铀矿的赋矿层位。成矿区内岩石多呈灰紫色、暗灰色，似斑状结构较多，基质为玻晶交织结构，杏仁状、珍珠状构造。主要有中性斜长石、普通角闪石、少量辉石及中性玻璃质岩中，SiO_2含量为 56%。常见绿泥石化、绿帘石化、透辉石化、碳酸盐化以及后期碱交代作用产生的钠长石化等。由于矿物相对含量的不同，有角闪石安山岩、斜长安山岩以及向中基性过渡的玄武安山岩或安山玄武岩等。

　　流纹岩、流纹斑岩主要分布在东部邻区车库泉–白杨沟一带，岩石为灰色、粉红色、浅肉红色或紫灰色，见有不同颜色、不同结构所形成的流动条带。主要矿物有钾长石、石英或与其相当的霏细混合物，常见霏细、微嵌晶球粒结构。流纹斑岩为上述基质的斑状结构，斑晶通常为正长石、石英，有时见黑云母、角闪石等。此外，还有石英斑岩、霏细岩、霏细斑岩及英安岩、英安斑岩等。

　　2）火山碎屑岩类

　　塔什库拉组的火山碎屑岩类主要有火山碎屑熔岩、熔结角砾岩、熔结凝灰岩、凝灰岩等。

火山碎屑熔岩或集块熔岩角砾大小不一，最大为 20cm。成分复杂，主要为安山质、玄武质火山岩，其次为二叠系灰岩、砂岩等。

熔结角砾岩的角砾成分因地而异，主要是塑性变形的浆屑（火焰石），呈透镜状、扁豆状定向排列，胶结物多为凝灰质，形成假流纹构造。

熔结凝灰岩岩石呈灰色、灰绿色，熔结凝灰结构，假流纹构造，由各种成分的岩屑、晶屑和玻屑组成。

凝灰岩以灰紫色、灰色为主，呈层状，致密块状构造，凝灰结构，成分比较复杂，由各种岩屑和玻屑组成，根据碎屑性质、百分含量多少，可分为若干岩石类型。

火山岩主量元素特征：冰草沟地区塔什库拉组（P_1t）火山岩主量元素测试结果如表4-3-1。矿区范围内基性火山岩样品 SiO_2 含量均大于 50%，显示偏中性特征，多为安山质玄武岩。在矿化段或蚀变带岩石中 Na_2O 含量明显增高，揭示成矿作用碱交代过程中的钠长石化蚀变。

表 4-3-1　冰草沟地区塔什库拉组（P_1t）火山岩岩石化学成分表

样品编号	岩性	分析结果/%														
		SiO_2	FeO	K_2O	Na_2O	CaO	MgO	Fe_2O_3	Al_2O_3	P_2O_5	MnO	TiO_2	H_2O+	H_2O-	NNN	U
DH201-1-3	灰黑色玄武岩	55.97	5.22	3.19	2.95	5.12	2.52	4.3	14.41	0.569	0.255	1.31	3.65	0.707	4.28	2.45
DH201-1-5	灰黑色熔结角砾岩	51.18	5.15	0.935	5.36	3.06	4.45	6.78	13.2	1.07	0.102	1.35	6.79	2.46	6.44	27.4
DH101-3-1	黑色玄武岩	56.8	6.88	1.99	3.8	4.98	2.09	2.88	13.84	0.476	0.174	1.27	3.77	0.559	3.26	10.6
DH101-3-3	灰色熔结角砾岩	56.18	6.29	3.23	2.3	4.08	3	5.83	11.35	0.614	0.135	1.27	5.88	1.64	5.44	4.97
U201-4-5	灰黑色玄武岩	57.42	3.05	0.159	7.95	4.11	2.46	3.94	14.32	0.556	0.116	1.43	4.32	1.78	4.7	<10

2. 早二叠世的火山作用与成矿的关系

博格达地区弧后拉张作用始于早石炭世，并发育碱性火山岩及双峰式火山岩，至早二叠世拉张作用逐渐减弱，部分地段已转为海陆交互相，其地层内多见有中基性火山岩和酸性浅成侵入体，至晚二叠世裂谷闭合全区转为陆相沉积。由于我国火山岩型铀矿化多与中酸性岩浆活动有关，目前在冰草沟一带露头及浅部尚未发现有晚期的中酸性岩浆岩分布，仅有基性火山岩和滨浅海相碎屑岩（砂岩、粉砂岩）、灰岩分布，岩性组合单一，并不属有利于铀成矿的岩性组合。但在冰草沟一带前人已发现一个铀矿床及大量铀矿（化）点，这在我国是较为少见的，这是否与博格达地区下二叠统海相砂岩中较高的磷含量及处于区域拉张环境有关，其深部是否存在中酸性隐伏岩体（次火山岩）等还需进一步研究和工程查证。

由于火山作用对铀成矿的影响主要表现为以下几种形式，如提供成矿物质来源和流体来源，提供热源（主要为岩浆房系统），以及岩浆喷发形成的断裂构造（如火山口的环状和放射状断裂）为成矿提供了流体的运移通道和沉淀空间。在冰草沟地区铀矿（化）广泛分布于塔什库拉组中，但除冰草沟属小型矿床外，其他均为矿（化）点，但近年在矿床外围砂岩中发现较富矿体（品位 0.22%，厚度 3.0m），特别是在构造破碎带附近。野外调查及前人资料显示，铀矿化在塔什库拉组火山岩、海相砂岩及辉绿岩中均有产出，对岩性并无明显选择性。通过对塔什库拉组玄武岩及（粉）砂岩的样品分析，冰草沟一带基性火山岩中 U 平均含量为 $4.55×10^{-6}$（表 4-3-2），Th 平均含量为 $11.1×10^{-6}$，远高于基性岩平均 U 含量（$<1×10^{-6}$）；海相砂岩中 U 平均含量为 $5.9×10^{-6}$（表 4-3-3），Th 平均含量为 $10.7×10^{-6}$，亦高于砂岩 $2×10^{-6}~4×10^{-6}$ 的平均 U 含量。这些数据揭示本区塔什库拉组及火山岩中均具有较高的铀背景值，且基性火山岩中的铀在后期热液作用下易被活化释放至成矿流体中，火山岩和海相砂岩均可为铀成矿提供一定的铀源，所以在区内未发现晚期中酸性浅成侵入体（次火山岩）的条件下，仍在基性火山岩和海相砂岩的复理石建造中发育铀矿床就不足为奇了。同时也表明，冰草沟一带铀矿找矿工作应以构造为主导，首先建立区域控岩构造、控矿构造及产矿构造体系，区域控矿构造上盘的次级构造、裂隙密集发育地段应为主要找矿部位。

表 4-3-2　冰草沟地区基性火山岩铀钍含量

样品编号	岩性	U/10^{-6}	Th/10^{-6}
DH201-2-4	灰黑色玄武岩	5.52	11.6
DH201-2-5	灰黑色熔结角砾岩	5.35	13.3
DH201-2-6	褐色玄武岩	6.98	11.5
DH201-1-3	灰黑色玄武岩	2.45	11.4
DH101-2-2	灰黑色玄武岩	3.21	10.5
DH101-3-3	灰色熔结角砾岩	4.97	9.9
DH101-3-5	灰色熔结角砾岩	3.36	9.7
平均值		4.55	11.1

3. 冰草沟矿床及外围铀成矿特征

1）冰草沟铀矿床

矿床位于乌鲁木齐县达坂城东北 42km 处，处于北天山博格达复背斜南翼，矿床周围广泛发育二叠系荑荑槽子群塔什库拉组含磷碳质浅海-滨海相碎屑岩系，其北、东、南三面被石炭纪火山岩系包围，中、新生界陆相地层分布在西南部达坂城凹地内。

表 4-3-3　冰草沟地区海相砂岩铀钍含量

样品编号	岩性	U/10^{-6}	Th/10^{-6}
DH201-2-3	灰黑色粉砂岩	9.44	9.9
DH201-2-7	灰色细砂岩	5.58	8.6
DH201-1-2	灰色细砂岩	4.56	14.9
DH201-1-9	灰色砂砾岩	8.30	9.8
DH201-1-10	灰色细砂岩	7.57	10.4
DH101-2-1	灰黑色粉砂岩	4.91	13.8
DH101-2-3	褐色粉砂岩	2.62	12.1

续表

样品编号	岩性	U/10⁻⁶	Th/10⁻⁶
DH101-3-2	灰色细砂岩	4.56	12.6
DH101-3-4	灰色细砂岩	3.27	9.8
DH202-1-3	灰色细砂岩	6.40	9.2
DH202-2-4	灰黑色粉砂岩	8.15	11.1
DH202-2-5	灰黑色粉砂岩	3.94	9.0
DH202-2-7	灰色细砂岩	6.86	8.5
平均值		5.90	10.7

区内火成岩有海西晚期克尔塔乌花岗岩体，侵入于南邻大河沿附近的石炭纪地层，大量的似层状中基性喷发岩–浅成侵入岩分布于区内二叠纪地层。

与矿床密切相关的安山质玄武岩，分布在东起马长沟，西到小冰草沟长约25km范围内，其产状基本和二叠系砂岩一致。区内已知铀矿化大多和下二叠统塔什库拉组含磷砂岩和安山质玄武岩有关（图4-3-2）。

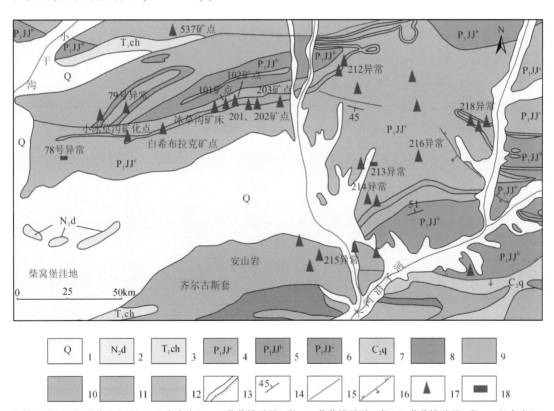

1-第四系；2-新近系独山子组；3-仓房沟组；4-芨芨槽子群c段；5-芨芨槽子群b段；6-芨芨槽子群a段；7-祁家沟组；8-花岗岩；9-花岗闪长岩；10-花岗正长岩；11-安山岩；12-辉石闪长岩；13-整合或不整合界线；14-产状；15-断裂；16-逆断层；17-火山岩型铀矿床（点）；18-砂岩型铀矿点

图4-3-2 冰草沟一带铀矿化分布图

矿区含矿地层下二叠统塔什库拉组（P_1t）以细-粉砂岩为主，夹中粗砂岩、含砾砂岩和薄层灰岩等，海相碎屑岩中有五层安山质玄武岩层产出（火山岩自上而下编号为 $A_1 \sim A_4$，砂岩自上而下编号为 $S_1 \sim S_5$），向西仅发育一层玄武岩。安山质玄武岩进一步又可分为辉石安山玄武岩、蚀变玄武岩、安山质角砾岩、安山质熔岩角砾岩等，各层砂岩与安山质玄武岩的平均厚度分别为 S_1：370m、A_1：12 ~ 43m、S_2：0.3 ~ 5m、A_2：45m、S_3：15 ~ 28m、A_3：30 ~ 59m、S_4：134m、A_4：20m、S_5：1100m（图4-3-3）。

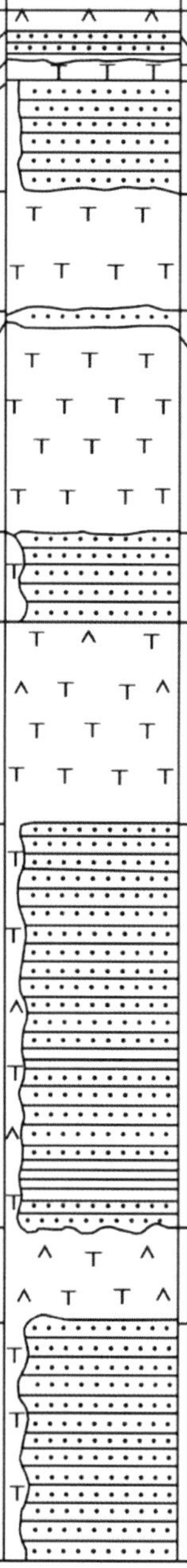

系	岩层代号	柱状图	厚度/m	岩　性　及　含　矿　性
第四系	Q_1		0~5	
二叠系及及槽子群	S_1		370	淡棕色粉砂-粗砂岩，成分以石英为主，含少量岩屑及凝灰质，局部有中基性偏碱性次火山岩侵入，砂岩中含磷，有异常，底部接触带有矿体
	A_1		12~43	玄武安山岩、玄武粗安岩中见砂岩捕房体，底部有小矿体赋存
	S_2		0.3~5	钠长石化、赤铁矿砂岩，主要含矿层
	A_2		45	玄武安山岩、安山岩，其中也见砂岩透镜体，构造发育，系主要含矿层
	S_3		15~28	灰色粉砂-粗砂岩，局部凝灰质增多，上部接触带及中下部赋存有工业矿体
	A_3		30~59	安山岩、玄武安山岩，顶部为熔岩角砾岩、角砾岩，有砂岩捕房体，有多处异常，未见工业矿体
	S_4		134	灰、辉绿、暗绿色粉砂-细砂岩
	A_4		20	以中基性熔岩角砾岩、角砾岩为主
	S_5		1100	灰色、淡棕色粉砂-粗砂岩，局部夹灰岩透镜体

图4-3-3　冰草沟矿床地层柱状图

矿床的围岩蚀变有赤铁矿化、碳酸盐化、钠长石化、绿泥石化及去硅作用等。

（1）赤铁矿化：与铀矿化关系密切，安山玢岩和砂岩中均发育，呈细脉状、薄膜状、细分散状，在矿化强烈部位尤为明显（图4-3-4），赤铁矿含量可达0.1%~2.7%。

图4-3-4　冰草沟矿床探槽内沿含矿裂隙发育的赤铁矿化

（2）碳酸盐化：分布广泛，由方解石、白云石组成，呈白色、灰白色、粉红色的分散点状、细脉状、块状、薄膜状和构造角砾岩的胶结物（图4-3-5），并交代斜长石、辉石和钠长石，在脉壁见有胶磷矿。

图4-3-5　冰草沟地区ZK202-4孔岩心中方解石胶结砂岩构造角砾岩

（3）钠长石化：主要分布在安山玢岩矿体附近，呈细脉状、团块状或在中长石、更长石中呈交代边，并被碳酸盐交代。

（4）绿泥石化：呈黄绿色及黑绿色，叶片状、不规则脉状或浸染状，分布于裂隙发育部位。在上述围岩蚀变中，铀矿化与赤铁矿化、红色碳酸盐化关系较密切，为近矿围岩蚀变。

冰草沟矿床工业矿体赋存部位分三类：一是赋存于安山质玄武岩中，沿着构造展布，形成厚度不等的脉状矿体（图4-3-6）；二是赋存于玄武岩与砂岩接触带中，沿接触面两侧（层间破碎带）形成似层状矿体；三是赋存于砂岩层的矿体，这类矿体在矿床内规模小，主要集中在第三层砂岩中，受蚀变裂隙带控制，但向东至201号～203号矿点，受蚀变裂隙带控制的砂岩中的铀矿化是最主要的工业类型。

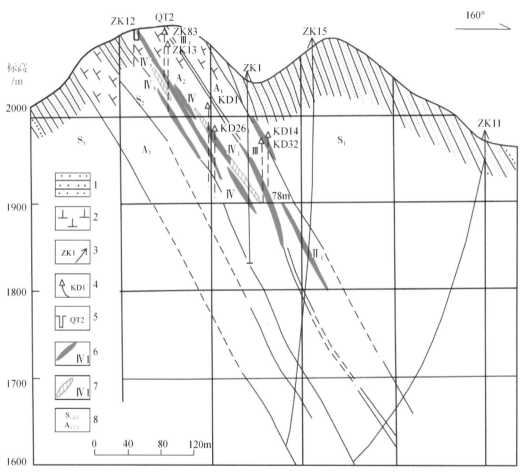

1-P₁t砂岩；2-P₁t安山质玄武岩；3-地表钻孔及编号；4-坑道钻孔及编号；5-浅井及编号；6-工业铀矿体及编号；
7-矿化体及编号；8-砂岩（S₁、S₂、S₃）和玄武岩（A₁、A₂、A₃）编号

图4-3-6　冰草沟矿床Ⅰ号勘探线剖面图

矿体规模、形态，受构造（断裂、裂隙带和层间破碎带）和玄武岩控制，呈似层状、脉状、透镜状，部分沿构造面尖灭再现，呈串珠状，在剖面上呈叠瓦状；矿体规模大小悬殊，长度由数十米至百余米，最长为306m；厚度小，一般为0.7～1.5m，最厚为4.27m，平均厚度为1.18m；矿体平均品位多小于0.1%，部分可至0.12%～0.13%。总体而言，矿床铀矿体的品位、厚度变化不大，相对较稳定，矿体产状受次级构造控制。前人对矿石矿物沥青铀矿的U-Pb同位素测年数据为280.9～278.9Ma，为早二叠世（朱杰辰，1987）。

核工业二一六大队近年在冰草沟矿床南部施工了两个钻孔，对前人在槽探及坑探中所揭露的矿体向深部的延伸及尖灭再现情况进行查证，施工钻孔主要以揭露该区 A_1、S_2、S_3 岩层的深部含矿特征（500～700m）为目的。两个钻孔查证情况显示，Ⅰ-1 矿体延伸小于400m，向南至 ZKB5-2 孔，虽然 A_1、S_2、S_3 岩层无铀矿化发育，且岩心无明显蚀变，但上部 S_1 砂岩层中铀含量为 0.003%～0.005% 的 γ 峰值较多，显示至矿床南部含矿构造及含矿热液作用主要转入上部砂岩层（S_1）中，对矿床外围扩大具良好的指示意义。

2）冰草沟矿床外围矿点

冰草沟矿床外围前人发现有多个同类型的铀矿点，其东侧有 101 号、102 号、201 号、202 号、203 号矿点，西侧有白希布拉克、小冰草沟等，它们与冰草沟矿床受同一赋矿层位和构造控制，具相似的热液蚀变组合，属冰草沟矿床的外延。各矿点基本特征如下。

101 号、102 号矿点分别位于冰草沟矿床东侧 800m、1000m，矿体赋存条件和地质条件与冰草沟矿床中心矿体一致，该两处矿化除受近东西向构造及层位控制外，地表矿化还受次级裂隙控制。

前人在 101 号矿点地表及深部均发现有矿体，矿体赋存于第二层玄武岩（A_2 底部）及砂岩中。对该点的钻探揭露情况显示，地表矿体向深部延伸很浅，A_1 玄武岩与 S_2 砂岩、A_2 玄武岩与 S_3 砂岩等的接触部位及内部与岩层界线平行的次级构造中（层间破碎带）均未发现铀矿化、异常。

102 号矿点铀矿化、异常主要产在第二玢岩层、第三砂岩层及接触带内，目前深部揭露亦未见到工业铀矿化，但见到了比地表还要明显的热液蚀变，伴随有强烈的碱交代、赤铁矿化，局部玄武岩发育褪色蚀变。

201 号、202 号矿点位于冰草沟 101 矿点以东约 1km 的地方，两个矿点的矿体主要赋存于下二叠统塔什库拉组上亚组（P_1t^c）第一（S_1）、第二砂岩层（S_2）的合并层中，部分产于第二层玄武岩（A_2）和第三砂岩层（S_3）。前人资料及野外调查发现，这两个点的主要含矿构造（裂隙）走向为北北西、北西向，倾向北东，与冰草沟矿床近东西向接触带控矿明显不同。经钻探查证，火山岩与砂岩接触的层间破碎带不含矿，而在（北）北西向构造中揭露到厚度较大的工业矿体（图 4-3-7）。

4. 冰草沟一带铀成矿规律及成矿模式

据前人研究成果及已收集的各类资料，结合系统的野外路线调查、钻孔编录及样品分析测试，对博格达地区冰草沟一带的铀成矿规律及下一步找矿方向有一些认识。

冰草沟一带 P_1t 赋矿基性火山岩的火山机构可能位于矿床东南部的大河沿附近。根据野外调查及钻探揭露情况，从西部的小冰草沟剖面至东部的大河沿剖面，玄武岩由一层逐渐增加为 4～5 层，厚度由十几米增大为近百米。西部小冰草沟–白希布拉克地段仅发育一层安山质玄武岩，至冰草沟矿床以南深部 A_2 及 A_3 层玄武岩上部开始出现熔结角砾岩；再向东至 201 号～203 号矿点露头 A_2 及 A_3 均发育火山角砾岩（角砾一般小于 2cm），且向深部（向南）以火山角砾岩为主，玄武岩所占比例减小、厚度减薄；东部的大河沿剖面集块熔岩中的角砾大小混杂，最大可达 20cm。上述火山岩的岩石组合特征及岩相变化特征显示，冰草沟一带与热液型铀成矿相关的早二叠世火山机构可能位于大河沿附近。冰草沟一

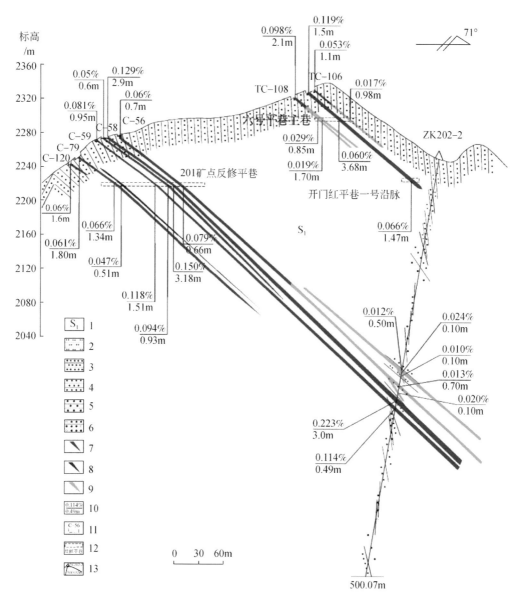

1-下二叠统塔什库拉组砂岩分层编号；2-粉砂岩；3-细砂岩；4-中砂岩；5-粗砂岩；6-含砾粗砂岩；
7-工业铀矿化；8-低品位铀矿化；9-铀异常；10-矿体平均品位及平均厚度；11-探槽水平投影；
12-反修平巷垂直投影；13-钻孔编号及孔深

图 4-3-7 冰草沟 202 矿点 ZK202-2 勘探线剖面示意图

带主含矿构造非火山岩与砂岩的层间破碎带，由火山机构所派生的（北）北西向和近东西向（可能呈近似弧形）断裂交汇部位应为下一步找矿重点。

前人认为矿区内的下二叠统属次火山岩体，并认为冰草矿床的控矿因素与白杨河矿床类似：主矿体受次火山岩体与围岩接触带的控制。通过野外系统调查及样品的镜下鉴定，在冰草沟矿床范围内火山岩顶部发现枕状构造（图 4-3-8）、钻孔岩心中发育大量气孔及杏仁构造（图 4-3-9）、镜下火山岩样品具珍珠构造（图 4-3-10）、间粒间隐结构（图 4-3-

11），结合火山岩样品的主量元素组成（表4-3-1），认为本区含矿的 P_1t 火山岩为一套安山质玄武岩，不属前人认为的次火山岩体。基于此，冰草沟一带 P_1t 上部应为一套基性火山岩与海相砂岩组成的复理石建造，其控矿因素与白杨河矿床次岩体控矿应存在较大差别，火山岩与砂岩的岩性界面是否为本区的主要产矿部位呢？

图4-3-8　玄武岩顶部发育的枕状构造

图4-3-9　冰草沟地区 ZK203-5 孔安山质玄武岩中的杏仁构造

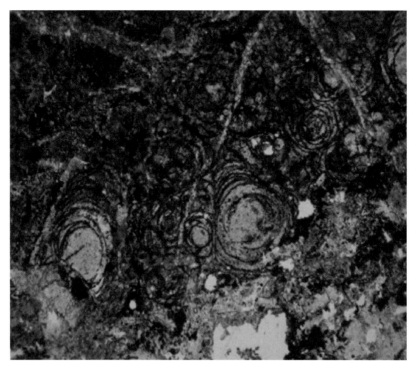

图 4-3-10　冰草沟地区红黄色强蚀变安山质玄武岩具珍珠构造（单偏光 24×）

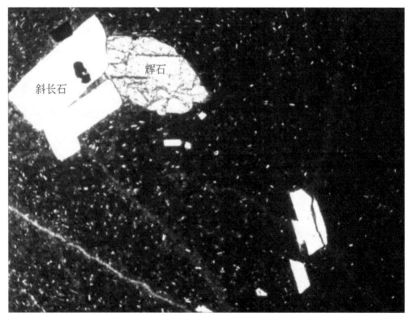

图 4-3-11　冰草沟地区黑灰色安山质玄武岩具斑状结构，基质具间隐结构（单偏光 25×）

对我国主要火山岩型铀矿床的研究表明，火山岩型铀矿的富大矿体主要受火山机构及其派生断裂控制，特别是几组构造交汇部位，多是富大矿体的赋存场所。通过系统的野外调查及钻孔资料分析，认为冰草沟一带主要控矿构造应为火山机构所派生的（北）北西向和近东西向（部分可能呈弧形）断裂构造，而不是前人所认为的火山岩与海相砂岩接触带。故前人及近年来在地表及浅部火山岩与砂岩界面铀矿体发育处，施工的深部钻孔中含矿构造及铀矿化却并不发育，似乎显示浅部矿体向深部延伸很浅，或矿床规模极为有限。研究认为，在冰草沟矿区内所表现的矿体受接触带控制的特征，实际上是由近东西向控矿断裂恰巧叠加于火山岩与砂岩界面所致，该组断裂系倾向北（或北北东），故自南向北施工的斜孔与该组控矿构造近乎平行，在深部揭露不到地表及浅部发育的工业矿体也就不奇怪了。

另一组控矿构造为（北）北西向断裂构造，该组构造对地表矿点的分布及深部矿体的延伸均有明显控制作用，目前已在该组构造中发现规模较大的工业铀矿体和多个矿化孔，部分钻孔中异常及矿化段累计厚度可达200余米，揭示该组构造具较大规模找矿潜力。该组（北）北西向构造与近东西向构造交汇部位（构造结），可能为本区寻找富大矿体的主要部位（图4-3-12），同时也是下一步找矿工作的重点靶区。

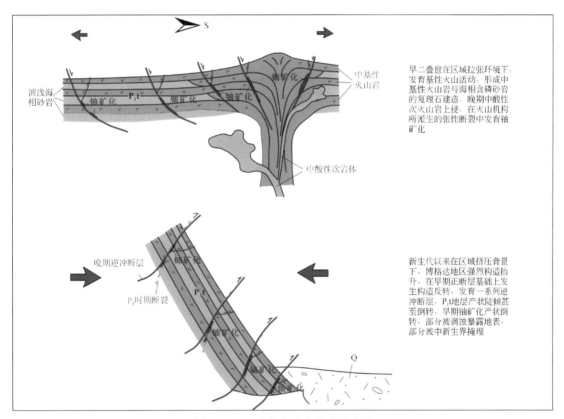

图4-3-12　冰草沟矿床成矿模式图

（二）中石炭统杨布拉克组

沙马尔南山南坡的中石炭统杨布拉克组（C_2y）复式褶皱中，发育较多铀矿化和异常（图4-3-13），其中以小草湖203号矿点规模较大。小草湖203号矿点赋存在杨布拉克组a

岩性段火山碎屑岩中（粗凝灰岩、细凝灰岩、层凝灰岩、凝灰质砂岩、粉砂岩、火山角砾岩），为铀钍混合型铀矿化。

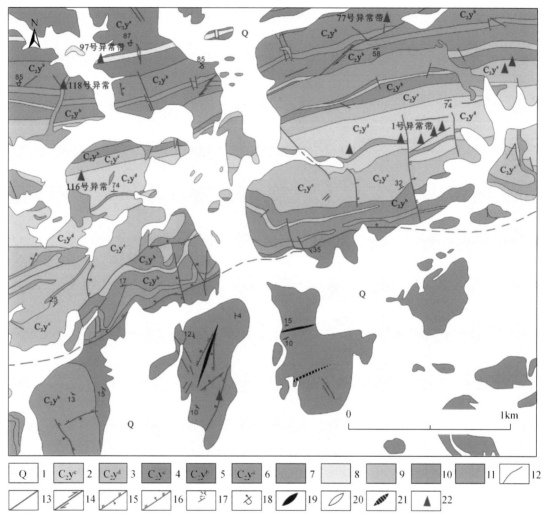

1-第四系；2-杨布拉克组 e 岩性段；3-杨布拉克组 d 岩性段；4-杨布拉克组 c 岩性段；5-杨布拉克组 b 岩性段；6-杨布拉克组 a 岩性段；7-英安岩；8-安山岩；9-中性凝灰岩；10-辉绿岩；11-整合接触地质界线；12-性质不明断裂；13-平移断裂；14-压性断裂；15-张性断裂；16-正常地层产状；17-倒转地层产状；18-背斜；19-隐伏背斜；20-向斜；21-火山岩型铀矿点；22-铀异常点

图 4-3-13　小草湖 203 号矿点及周边地质略图

1. 含矿构造蚀变带特征

矿点位于一轴向北东向的宽缓短轴背斜（轴向55°）倾没端的东南翼，发育北北西、北北东两组正断层，铀矿化赋存在控制北北东向断层及其破碎蚀变带中。该矿点发现铀矿化、异常的断裂有4条，主要赋存在 F_1 断层中（图4-3-14）。

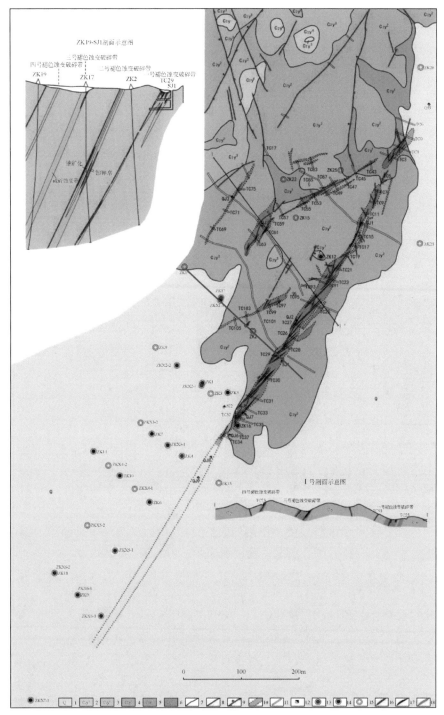

1-第四系；2-杨布拉克组 a 岩性段第五层；3-杨布拉克组 a 岩性段第四层；4-杨布拉克组 a 岩性段第三层；5-杨布拉克
组 a 岩性段第二层；6-杨布拉克组 a 岩性段第一层；7-整合接触地质界线；8-性质不明断裂；9-压性断裂；10-褐色蚀变
破碎带；11-探槽；12-探井；13-揭露到品位≥0.05% 的钻孔；14-揭露到品位≥0.03% 的钻孔；15-无矿钻孔；16-品位
≥0.05% 的铀矿体；17-品位≥0.03% 的铀矿化体；18-铀异常

图 4-3-14　小草湖 203 号矿点地质略图

其中 F_1 断层（一号褪色蚀变破碎带）出露长度600m，宽约20m，发育在杨布拉克组（C_2y）a岩性段泥质粉砂岩、凝灰岩中。断层中充填厚 5～50cm 的构造泥和构造角砾岩块，具张裂性质，带内发育粉红色、橘黄色、红棕色等褪色蚀变现象（图4-3-15），并有碳酸盐、褐铁矿、石膏等充填。往西部破碎程度增高，裂隙发育，尤其在断裂下盘羽毛状节理、裂隙更为发育。工业铀矿化赋存在强破碎和裂隙发育部位，当破碎程度较弱时，一般没有工业铀矿化形成。

图4-3-15　小草湖203号矿点一号褪色蚀变破碎带

二号褪色蚀变破碎带断续出露长度200m，宽 1～10m，由两条以上断层组成。岩石破碎较轻，但褪色蚀变较普遍，发现有铀异常。

三号褪色蚀变破碎带出露长度250m，宽 0.4～1.0m，具有早期张性、晚期压扭性质，发育铀异常。

四号褪色蚀变破碎带出露长度100m，宽度 0.4～1.0m，具有早期张性、晚期压扭性质。下部褪色明显，有黄褐色、灰绿色断层泥充填，发现有铀异常。

2. 热液蚀变特征

铀矿化主要赋存在杨布拉克组（C_2y）灰黑色细凝灰岩、凝灰质细砂岩、粗砂岩与粗粒岩屑凝灰岩的接触部位，其中粗粒岩屑凝灰岩更破碎，易富集铀矿化。

含矿岩石普遍有褪色、绿泥石化、绿帘石化、硅化、碳酸盐化等蚀变，浅部有褐铁矿化，蚀变岩石发生了U、Th、Ca、P、Na带入和 Si^{4+}、Fe^{3+}、K^+带出。除上述蚀变外，可以见到细脉状方解石和星点状黄铁矿。蚀变带中绿泥石、绿帘石、褐铁矿呈碎屑赋存在粉红色碳酸盐胶结物中，矿石呈角砾状被含矿粉红色方解石脉胶结，放射性矿物呈细脉状、星点状胶结物等形式分布。

3. 铀（钍）矿化特征

地表工业矿体最长为 60～70m，一般为 20～40m，槽探与井探、平巷共揭露3个矿体。

Ⅰ号矿体断续长度为475m，由4个小矿体组成，矿体平均厚度为1.11～1.62m，平均品位为0.050%～0.074%；Ⅱ号矿体为矿化体，长度为332m，平均厚度为1.13m，平均品位为0.044%；Ⅲ号矿体断续长270m，由三个小矿体组成，矿体平均厚度为0.48～2.2m，平均品位为0.042%～0.068%。

核工业系统对矿点四条主要蚀变破碎带的钻探揭露情况表明，深部铀矿化体品位一般为0.01%～0.03%，多个钻孔深部揭露到工业铀矿体，但以单个矿体为主，其余钻孔虽未达到工业要求，但值得注意的是，矿点沿西南方向的第四系覆盖区铀矿化仍然存在。

钍的富集通常与铀呈大致正相关，富集部位基本一致，品位一般在0.026%～0.078%，最高为0.103%。

4. 铀成矿机制分析

小草湖203号矿点铀矿化在空间上产于褪色蚀变破碎带中的裂隙中，受构造控制。矿石与围岩界限不清，具有浸染状、细脉状，渗透交代作用明显。具有褪色、硅化、绿泥石化、碳酸盐化等热液蚀变，属热液型铀矿点。从目前资料分析，本区张性构造背景下的中酸性岩浆热液侵入、基性岩浆热液叠加对铀成矿起主导作用（图4-3-16）。

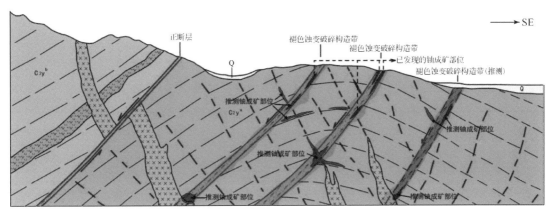

图4-3-16　小草湖203号矿点铀成矿机制分析图

（三）卡拉岗组

车库泉地区位于红山口以西，经车库泉到达一碗泉，长度约为36km，平均宽度约为4km。铀矿化产于卡拉岗组砾岩、凝灰质砂砾岩、砂岩、砾岩及侵入其中的石英斑岩中。发现有530号、101号、102号、103号、104号、105号和106号矿化点（图4-3-1），赋矿岩石从西往东由石英斑岩逐渐过渡为砂岩和砾岩。西部上石炭统中发育小草湖201号矿化点。

车库泉地区岩浆活动相对较弱，早石炭世有闪长玢岩、安山玢岩、霏细斑岩、斜长花岗岩等小岩株侵入，早二叠世发育陆相双峰式火山岩（图4-3-17）及浅成小岩株、岩脉，岩性为玄武岩、石英斑岩及辉绿岩、霏细斑岩等（图4-3-18），规模均较小，其中石英斑岩铀含量相对较高。该区产于卡拉岗组砂砾岩及石英斑岩中的铀矿化，与早二叠世岩浆活动及其后热液关系密切。

图 4-3-17　车库泉地区 P_1k 下部发育的陆相双峰式火山岩

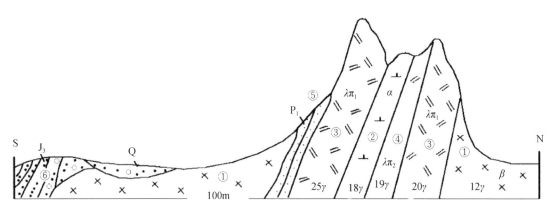

①安山质玄武岩；②安山岩；③紫灰色石英斑岩；④紫红色石英斑岩；⑤砂岩；⑥砂岩、砂砾岩

图 4-3-18　车库泉浅成中酸性侵入体与 P_1k 地层穿插关系信手剖面

　　矿化点范围内的断裂构造，北东东、北西向以压扭性断裂为主，近南北向以张性或张扭性断裂为主（图 4-3-19）。与区内 530 号矿点以卡拉岗组石英斑岩为含矿主体不同，101号矿化点该层石英斑岩仍发育，但不含矿，含矿主岩是卡拉岗组双峰式火山岩上覆的陆相浅棕色、褐色、褐红色、砖红色含砾砂岩、砂砾岩及断层角砾岩。含矿地段有赤铁矿化、硅化和次生树枝状锰矿化。

　　矿化点西部铀矿化产于石英斑岩外接触带砂砾岩捕房体中，受断裂控制。裂隙面上见星点状、薄膜状的次生铀矿物。在 TC233 南端砂砾岩与石英斑岩小岩枝的接触带采集样品，分析铀品位为 0.097%。

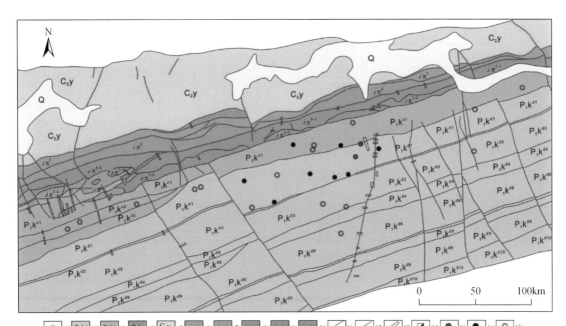

1-第四系；2-卡拉岗组 d 岩性段；3-卡拉岗组 c 岩性段；4-卡拉岗组 b 岩性段；5-杨布拉克组；6-灰色石英斑岩；7-紫灰色石英斑岩；8-深灰色石英斑岩；9-斑点状石英斑岩；10-紫红色石英斑岩；11-整合接触地质界线；12-断裂；13-探槽；14-探井；15-揭露到工业铀矿体的钻孔；16-揭露到铀矿化的钻孔；17-无矿孔

图 4-3-19　车库泉 101 号矿化点地质略图

　　矿化点东部铀矿化离石英斑岩较远，产于石英斑岩上盘砂砾岩的张性断裂和裂隙中。断裂、裂隙规模小，宽度一般不超过 1m，充填有红色、烟灰色方解石脉并与铀矿化共生。

　　铀矿化在西部呈小透镜体分布在砂砾岩中，长 2～5m，厚度为 0.20～1.66m，品位为 0.031%～0.124%，深部未发现铀矿化。东部铀矿体呈透镜体、扁豆体分布，沿倾斜方向延伸最大控制深度为 266m（ZK54），目前有 11 个钻孔揭露到铀矿化，但只有 ZK32、ZKC-1 同时达到品位、厚度的工业指标，ZK32 在 15～17m 处揭露到厚度为 1.08m、品位为 0.097% 的矿体，赋存在砂砾岩的张性构造中。2009 年核工业二一六大队施工的 ZKC-1 在 105.45～106.85m 处揭露到真厚度为 0.82m、品位为 0.2040% 的矿体，赋存在红色砂砾岩中。

　　主要热液蚀变有赤铁矿化、硅化、碳酸盐化、萤石化、绿泥石化等。其中萤石化与铀矿化直接相关，紫色萤石脉最宽达 1.2cm。

　　铀矿物主要是磷酸盐和硅酸盐，铀的氢氧化物（硅钙铀矿、钙铀云母等），一般呈浅黄色、棕黄色星点状、粉末状赋存在裂隙面上、断层角砾岩的胶结物中，与铀矿物相伴生的脉石矿物有萤石、方解石和少量黄铁矿。

　　目前 101 号矿化点揭露的铀矿化主要处于砂砾岩中的小型断裂和裂隙中。地表调查表明石英斑岩中部断裂和破碎带的规模明显大于砂砾岩，虽然地表铀矿化发育欠佳，但破碎、蚀变强烈（图 4-3-20），西部 TC240 以西两层石英斑岩夹持的砂砾岩发现较好的铀矿化，建议对这一构造带开展深部追索。

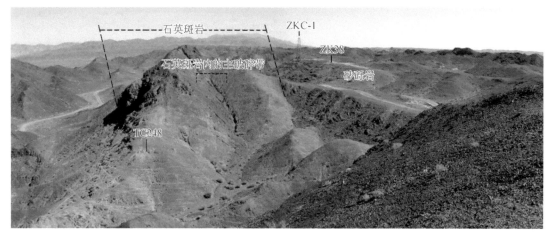

图 4-3-20　101 号矿化点石英斑岩中部的破碎蚀变带（照片向东拍摄）

三、北天山西段成矿远景亚带

北天山西段成矿远景亚带为博罗科努山–科古尔琴山–赛里木湖一线以北地区，包括依连哈比尔尕山西段、别珍套山、博罗科努、科古琴山等地区。北东部出露泥盆系、石炭系和二叠系，南西部出露元古宇、下古生界。以沉积变质岩、沉积碎屑岩–中基性火山岩、火山碎屑岩、中酸性火山岩建造为主。岩浆侵入在西南部较为发育，以元古宙、海西中晚期花岗岩为主，有少量加里东期花岗岩，呈岩基状产出，局部发育浅成酸性斑岩。

已经发现的铀矿化主要分布在库尔杰列克、库松木切克–阿克秋白一带，所属构造单元均为赛里木地块。其中库尔杰列克为下二叠统火山岩型铀矿化区，已发现哈萨矿化点、库尔杰列克矿化点和乌兰达湾异常、科克萨二号异常、察汗–哈尔卡达异常等。库尔松切克为碳硅泥岩型铀矿化区，含矿层位元古宇蓟县系和上泥盆统，已发现有阿克萨特矿点、萨尔盖金、卡拉达湾矿点等。阿克秋白为石炭系火山岩型铀矿化区，已发现阿克秋白矿点、阿克秋白东异常区、阿克秋白北异常区、阿萨雷矿点和阿萨雷矿点西部工地铀矿化等。

花岗岩型铀矿化目前仅在阿克秋白河–库鲁克杰列克河一带发现，异常和矿化赋存在海西中期花岗岩外接触带蓟县系和泥盆系中，主要有阿克秋白河上游矿点、库鲁克杰列克河上游矿点等。

（一）下二叠统火山岩型铀矿

该亚带内下二叠统火山岩型铀矿化分布在别珍套的哈夏、库尔杰列克一带，赋存于下二叠统乌郎组（P_1w）安山玢岩、石英斑岩、流纹岩中，与断裂及蚀变裂隙带关系密切。已经发现哈萨矿化点一号、二号异常，库尔杰列克矿化点和乌兰达湾异常、科克萨二号异常、察汗–哈尔卡达异常等。

1. 哈萨矿化点成矿特征

矿化点发育在下二叠统乌郎组（P_1w）陆相火山岩中，岩性为石英斑岩、安山玢岩及酸性喷发岩。铀矿化主要产于安山玢岩和石英斑岩的断裂破碎带中，由两个相距4km的异常区组成。

异常区内乌郎组（P_1w）石英斑岩呈玫瑰色，局部为浅灰色，半晶质，斑状结构，石英（部分少量长石）为细小斑晶，基质为隐晶质。区域上早期石英斑岩与安山玢岩呈互层接触，晚期石英斑岩侵入于安山玢岩中。安山玢岩呈暗灰色，微晶-隐晶质，斑晶为灰白色的斜长石，暗灰色的石英为隐晶质。安山玢岩局部可见褐铁矿化，呈星点状分布在岩石中，次生的高岭石及铁黑色的铁质呈薄膜状及葡萄状分布在岩石的节理面上，局部地段还有结晶的方解石充填在岩石的细小裂隙中，最宽可达20cm。安山玢岩沿部分裂隙发生破碎后蚀变呈浅玫瑰色、橙黄色及黄红色。

2. 哈萨矿化点一号异常

铀矿化赋存在暗灰色、灰黑色安山玢岩的北东东向张性断裂破碎带中（图4-3-21），破碎带的安山玢岩蚀变呈橙黄色和橙红色。北东部为红色、浅灰色石英斑岩。

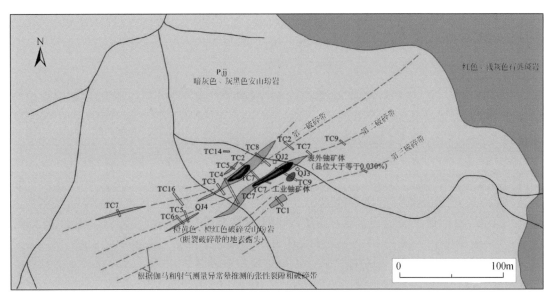

图4-3-21　哈萨矿化点一号异常地质略图

安山玢岩的北东东向破碎带总宽度为90～100m（图4-3-22），由至少5条小的含铀破碎带组成，而铀矿化仅在北部两条破碎带出露。其中第一条破碎带地表出露长80m，最宽为12m，发育一个铀矿化体，长19m，最宽为3.6m，平均品位为0.039%，铀含量最高为0.049%。沿含矿裂隙施工的浅井揭露厚3.0m、品位0.206%的铀矿体，表明矿体向深部变富。工业矿体位于高岭石化破碎裂隙带的下盘。第二破碎带出露长度130m，宽度为3～11m，探槽揭露铀异常长60m，最宽为11m。

图 4-3-22　哈萨矿化点一号异常地貌、含矿构造及蚀变的破碎安山玢岩

上述两个破碎带均可见黄色及黄绿色次生铀矿物，经矿物鉴定为砷铀矿。破碎带内蚀变以高岭石化和褐铁矿化为主，次生铀矿物与高岭石伴生。在 QJ5 和 TC1 铀矿体下部的围岩中见黄铁矿和方解石细脉。

前人对矿区的伽马和射气测量显示，伽马和氡气异常分布范围与破碎带范围非常吻合，宽度不超过 100m，往北东东和南西西方向延伸约 400m，并随着山势的抬升，强度有所降低。在石英斑岩中未发现异常。

3. 哈萨矿化点二号异常

二号异常位于火山洼地北部，铀矿化赋存在暗灰色、灰黑色安山玢岩与石英斑岩接触的北北东向张性断裂破碎带中（图 4-3-23），根据接触关系分析，石英斑岩是安山玢岩之后侵入其中的。

异常区发育一组含矿裂隙带，裂隙带长 300m，异常、矿化赋存在安山玢岩的破碎蚀变带中，岩石破碎强烈，呈黄色、褐黄色，裂隙面有白色碳酸盐薄膜。6 号深井含矿裂缝最宽为 0.5m，充填有黏土和围岩碎屑物，为张性裂隙，铀异常和矿化产在裂隙破碎带边缘（图 4-3-22）。地表圈定透镜状异常 6 个，深井揭露异常体受构造控制明显，长 20m，宽 3m，主要赋存于安山玢岩中的石英斑岩脉中，最高伽马照射量率为 103.2nC/（kg·h），发育一个长 10m、宽 1m 的小矿体。深井中可见翠绿色及黄色的次生铀矿物。主要蚀变有赤铁矿化、硅化和紫黑色萤石化，蚀变越强烈，铀矿富集程度越高。

（二）石炭系火山岩型铀矿

该亚带石炭系火山岩型铀矿化主要分布在阿萨勒河一带，产于上石炭统东图津河组，受石英斑岩、长石石英斑岩、酸性熔岩中的构造破碎带控制，均属蚀变裂隙带铀成矿亚类。发现有阿克秋白矿点、阿克秋白东异常区、阿克秋白北异常区、阿萨雷矿点和阿萨雷矿点西部工地异常区，其中以阿克秋白矿点规模相对较大。

阿克秋白矿点产于东图津河组（C_2d）上部，该组区域上由英安斑岩、中酸性火山岩及凝灰岩组成。矿区内主要由长石石英斑岩、石英斑岩、凝灰质熔岩组成。可分为六大层（$C_2d^1 \sim C_2d^6$），矿化产于 C_2d^5 层。C_2d^5 又可分为九个分层（$C_2d^{5-1} \sim C_2d^{5-9}$），矿化主要产

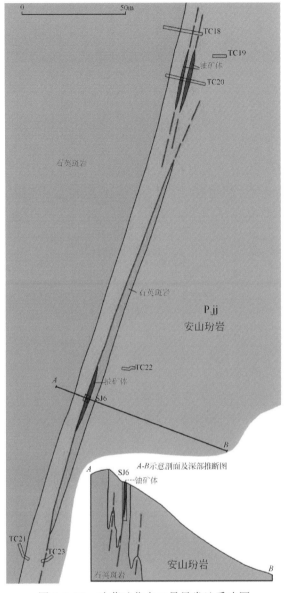

图 4-3-23　哈萨矿化点二号异常地质略图

于 C_2d^{5-8} 分层中，该层主要为长石石英斑岩，呈灰紫色、黑色、灰红等色调。局部在灰紫色的薄层凝灰岩夹层中也有矿化产出，铀矿化主要富集于赤铁矿化、破碎、有暗色硅质脉充填的长石石英斑岩的密集裂隙带中。

　　铀矿化的分布与构造破碎带关系密切，从区内岩层分布位置及矿化总体延伸方向上看，中央矿带沿近 SN 向背斜轴部张性破碎带展布，东、西矿带为背斜翼部（图 4-3-24）。铀矿化主要产于 C_2d^{5-8} 分层灰紫色、灰黑色长石石英斑岩中，地表氧化及热液蚀变后变为红色蚀变带、褪色带，厚度约 100m。含长石石英斑岩为紫红色、肉红色、褐红色、玫瑰色，斑状结构，斑晶为长石和石英。石英和长石均有变色现象，石英变黑，长石变紫，基质变红。沿裂隙有黑色玉髓–硅质脉、方解石脉，黄铁矿沿硅质脉两旁分布。

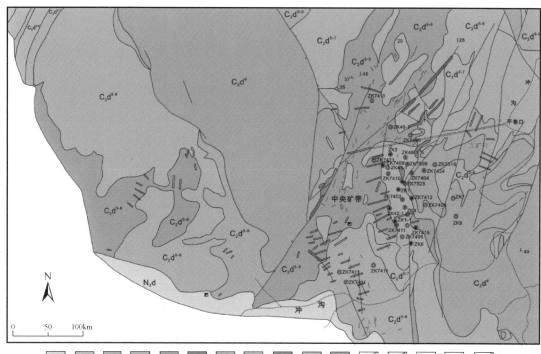

1-独山子组；2-暗灰色、暗紫色、灰黑色长石石英斑岩；3-灰白色、灰绿色凝灰质熔岩；4-灰绿色、灰黑色长石石英斑岩；5-玫瑰色、紫红色蚀变长石石英斑岩；6-褐色、灰黄色具流纹构造的长石石英斑岩；7-灰绿色凝灰质熔岩，上部夹暗色长石石英斑岩条带；8-浅紫色、灰紫色长石石英斑岩；9-淡绿色、灰黄色凝灰熔岩；10-灰紫色长石石英斑岩；11-灰白色、灰绿色凝灰熔岩；12-地质界线；13-角度不整合接触地质界线；14-地层产状；15-压性断裂；16-断裂；17-硅化带；18-褪色带；19-红化带；20-探槽；21-探井及井下平巷；22-工业铀矿化钻孔；23-表外铀矿化钻孔；24-无矿钻孔；25-斜孔及倾向方向，红色线段为揭露的矿体在地表的投影

图 4-3-24　阿克秋白矿点地质图

中央矿带地表、井下平巷中均揭露铀矿体。地表圈定了八个矿体，矿体长 10~45m，平均厚度为 1.50~3.26m，平均品位为 0.038%~0.09%。含矿部位均产在断裂带附近的次级裂隙发育地段，充填有玉髓-硅质脉。地表 I 号矿体向深部延伸 60m（图 4-3-25），更深部没有工程控制。其他钻孔多揭露规模不等的铀矿体。地下山地工程揭露表明铀矿化赋存在断裂破碎带和裂隙带中。

西南矿带位于中央矿带的西南部，该矿带产在北西向断层中，共发现 5 个矿体，其中有 3 个矿体产在断层中。工业矿体的平均品位为 0.081%，长 4~6m，厚度为 0.6~2.5m。西矿带延伸 100m，在构造交汇处的部分异常达到了工业品位；东矿带延伸 150m，发现三个矿体。矿产在近南北走向、近东西走向的构造裂隙中，品位为 0.030%~0.140%，厚度为 0.4~1.5m。部分矿体产于风化壳中，向深部很快尖灭。

矿点热液蚀变强烈，主要有硅化、高岭石化、绿泥石化、碳酸盐化、伊利石化、赤铁矿化、黄铁矿化等（图 4-3-26，图 4-3-27）。赋矿石英斑岩通常整体发生强烈赤铁矿化，基质呈褐红色，高岭石化受后期蚀变或其他矿物的污染呈特殊的粉色。硅化在本区最发

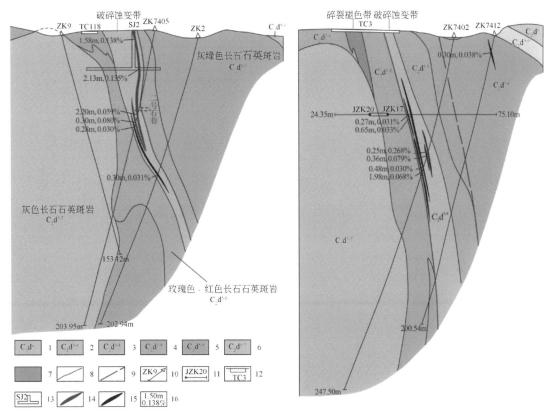

1-灰色长石石英斑岩；2-凝灰质熔岩；3-赤铁矿化破碎蚀变长石石英斑岩；4-玫瑰色、红色长石石英斑岩；5-灰绿色长石石英斑岩；6-灰色长石石英斑岩；7-破碎褪色带；8-地层接触线；9-断裂、裂隙；10-钻孔；11-坑道内钻孔；12-探槽；13-深井及井下平巷；14-工业铀矿体；15-矿化体铀矿体；16-矿体标注

图 4-3-25 阿克秋白矿点 ZK9-ZK2、TC3-ZK7412 示意剖面图

育，凝灰岩及长石石英斑岩中均发育，尤其是后者。其次是绿泥石化、高岭石化、碳酸盐化、伊利石化。与矿化有关的赤铁矿化、黄铁矿化（少量白铁矿）及高岭石化等。在近矿蚀变中，上述蚀变在铀矿体周围有规律地变化，从内带赤铁矿化带到外带绿泥石化带（图4-3-28)，部分地段表现不明显。

图 4-3-26 铀矿石中的硅化、高岭石化、碳酸盐化等蚀变

图 4-3-27　铀矿石中褐铁矿化、赤铁矿化、碳酸盐化等蚀变特征

图 4-3-28　中心矿点 ZKAE-11 钻孔中蚀变分带现象

矿体处于氧化带，铀呈分散吸附状态及显微超显微沥青铀矿形态存在，与暗色玉髓（含分散状黄铁矿）关系密切，地表可见的次生铀矿为硅钙铀矿、钙铀云母、翠砷铜铀矿等。矿石中钼、砷、锑等较高，钼以硫钼矿、蓝钼矿及辉钼矿形式存在，黄铁矿多呈分散的微晶状，并有赤铁矿。铀与钼、钛、砷有密切关系，部分工程中钼含量达 0.05% ~ 0.30%。其中钼与铀的富集程度有一定的相关性，矿点可能为铀-钼型。

矿点属热液成因，铀矿化受蚀变构造破碎带或断层附近的次级裂隙带控制（图 4-3-29），与赤铁矿化、硅化、黄铁矿化、玉髓-硅质脉等热液蚀变及其产物关系密切，并有辉锑矿、蓝钼矿、萤石等热液型矿物形成。铀矿化受大致向东或南东倾斜的张性断裂和裂隙的控制。矿体呈透镜状、短柱状，在平面上平行排列，在剖面上呈雁形排列（图 4-3-30），表征上受控于背斜轴部的张性构造，特别是中央矿带和西南矿带。

图 4-3-29　阿克秋白 2013 异常点地表矿体及构造特征

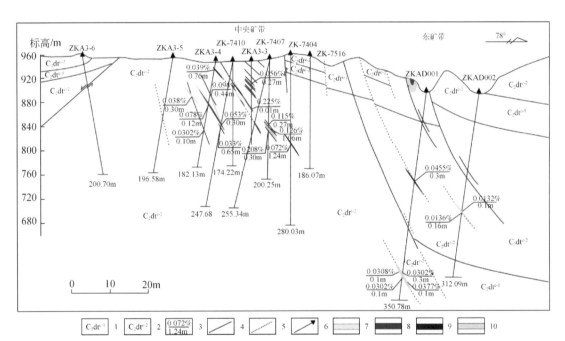

1-东图津河组上亚组第一岩性段含角砾凝灰质熔岩；2-东图津河组上亚组第二岩性段英安斑岩；3-矿体品位及厚度；
4-断层；5-推断断层；6-钻孔曲线；7-钼矿体；8-铀工业矿体；9-铀矿化；10-铀异常

图 4-3-30　阿克秋白地区中心矿点–东矿带勘探线剖面示意图

第四节　科克切塔夫成矿区

科克切塔夫铀成矿区位于哈萨克斯坦北部科克切塔夫州境内。区内地形属弱切割的剥蚀高原与低小丘陵，气候属大陆性气候。

该成矿区是苏联最重要的内生热液型铀成矿区，产有科萨钦、扎奥泽尔、马内巴伊等火山型铀矿床，探明铀资源量达 $2.8 \times 10^5 t$，其中一部分矿床已被采空。

一、成矿条件

（一） 大地构造位置

科克切塔夫铀成矿区位于北哈萨克隆起高原北部加里东和海西造山带内科克切塔夫中间地块及其周边区内，是乌拉尔–蒙古造山带由经向开始向东南方向转折的部位。

科克切塔夫中间地块为区内最古老的构造单元，"嵌入"于加里东造山系和海西造山系中，由太古宙和元古宙变质岩构成。加里东与海西造山期，形成了巨厚的沉积–火山岩层，以及各种成分与形式的侵入体，在科克切塔夫地块中发育有巨大的加里东期杰连达花岗岩基。

中生代初开始，该区以微弱隆升为主，成为剥蚀区，但由于活动的差异性质，尤其在早中生代，仍伴随有个别盆地的形成，而其周边地区处于沉降环境，分别形成西西伯利亚陆块与图兰陆块。

深部构造及地球物理场研究表明，哈萨克高原范围的地壳具大陆性质。科克切塔夫地块与卡拉干达盆地之间地壳厚度增为 $45 \sim 50km$。

（二） 火山岩性岩相条件

该地区出露的地层主要有太古宇、古元古界、里菲系、上里菲统—文德系、文德系、寒武—志留系、奥陶系、志留系、泥盆系、下石炭统和上石炭统—三叠系。由于岩层复杂，经常出现跨时代分层。

太古宇（AR）：为最古老的岩石，岩性为片麻岩、片岩，部分强烈混合岩化与花岗岩化，甚至形成铁矿化。

古元古界（Pt_1）：为区域变质绿片岩化的巨厚的火山沉积岩系，由玢岩类、斑岩类、绢云绿泥石英片岩、含赤铁矿及煤的千枚岩状片岩及大理岩构成（厚达5km）。

里菲系（R）：为弱变质的火山–沉积岩层，下部由片岩、斑岩类和玢岩类构成；上部由含叠层石的白云质大理岩、石英岩、绢云母石英片岩及千枚岩构成。

上里菲统—文德系（R_3-V）：为流纹熔岩、熔结凝灰岩及凝灰岩并与砾岩及凝灰质砂岩互层。

文德系（V）：不整合产于下里菲统之上。下文德统岩性为灰色砾岩、砂岩、凝灰质砂岩、硅质层凝灰岩及辉绿岩脉（厚达 $1 \sim 1.5km$）；上文德统下部为碎屑–硅质含磷酸盐的岩层，由石英砾岩、碳质–硅质页岩、碳质千枚岩及铝磷酸盐构成（厚达0.5km）。

寒武—志留系（Є-S）：整合地产于文德系之上，岩性为硅质及含碳–硅质页岩、灰岩及磷酸盐–重晶石质岩石。

奥陶系（O）：发育齐全，下奥陶统及中奥陶统底部（兰多维列统）由不厚的硅质及泥–硅质岩石构成。中奥陶统顶部及上统均为巨厚的次复理石岩层，再向上为次磨拉石质砂岩–粉砂岩–泥质岩层夹砾岩及安山玄武质熔岩。中晚奥陶世，在拗陷区内堆积了巨厚的玄武岩和安山玄武质熔岩及火山碎屑岩。

志留系（S）：整合超覆于奥陶系之上，岩性为红色、杂色（陆相）或灰色（海相）磨拉石。

泥盆系（D）：发育齐全。下泥盆统岩石组成具多样性，部分杂色磨拉石地层可能属上志留统。中统和上统为陆相火山岩杂岩，其下部由玄武–安山–流纹岩成分的熔岩和火山碎屑岩构成，而在上部以流纹英安质凝灰岩、熔结凝灰岩和熔岩为主。

下石炭统（C_1）：主要为海相碎屑岩和碳酸盐岩。

上石炭统—三叠系（C_2-T）：为红色、杂色及灰色磨拉石，以冲积–洪积和湖相碎屑沉积为主的地层，有砂岩、砾状砂岩、粉砂岩，泥岩夹砾岩薄层，还有湖相灰岩、泥灰岩，局部有硫酸盐及氯化物。

（三）岩浆活动

该地区岩浆活动不但特别强烈，而且具多期性特征。最老的岩浆作用发生于古元古代，主要为原大陆壳出熔产物的英安质、流纹英安质熔岩和凝灰岩。

晚里菲期，该地区加里东拗陷开始形成，伴随流纹岩的流纹质岩–玄武岩喷发，偶尔为陆相碱性玄武质火山岩，局部为碱性花岗岩类的裂隙型侵入体。

寒武纪和晚奥陶世，随加里东造山作用，火山岩强烈喷发，形成硅质岩–火山岩层。奥陶纪末，在科克切塔夫地块内有花岗岩类岩浆侵入，形成杰连达岩基，早期为多相的碱土性系列（石英–闪长岩–花岗闪长岩）或碱性偏高的二长闪长岩–石英二长岩，其测定年龄值相当于志留纪或中泥盆世。在中泥盆世形成了加里东期主要的花岗岩、白岗岩与淡色花岗岩体。

晚泥盆世和石炭纪初，火山活动结束或减弱。

（四）构造条件

加里东期和海西期两个不同时代的造山系是哈萨克高原褶皱区区域构造的主要元素，在平面上呈突向北西的马蹄形哈萨克斯坦加里东褶皱系，在南部与北天山加里东西褶皱系相连，构成统一的哈萨克斯坦–北天山早期固结的中间地块。它们被北东、北西和近东西向切穿结晶基底的深大断层切割，并形成断块构造。科克切塔夫地块正是处于不同方向褶皱与断裂的交汇地区。

二、铀矿化特征

该地区铀矿床主要分布在科克切塔夫地块的花岗片麻岩核部及其边缘的拗陷带内，受断裂构造控制，铀矿床一般产于出露与隐伏古老深断裂的交汇或交叉结处。该成矿区热液型铀矿化强烈发育，矿床数量多、产矿地质环境多样、矿石建造种类多，具有一些与世界上其他地区不同的独特特征，可归纳为以下几点。

（1）该成矿区热液型铀矿床的成矿与加里东期和海西期的造山作用有关，产于其中被深大断裂切割的中间地块与周边的早古生代的火山–沉织岩层充填的拗陷内深大断裂的交切处，或火山洼地内，其中火山岩成分为安山–玄武岩到英安岩、流纹岩。伴随火山作用，在火山构造区内有大量花岗岩类岩石及其他基性岩脉侵入。铀矿区多发育各种次火山岩体与脉岩,其接触带是有利的赋矿部位。热液铀矿化年龄为 410~340Ma。另外,在成矿区内还发育有古河道型铀矿床等。

(2) 铀矿化优先产于黄铁绢英岩和低温钠长石交代岩建造的共生组合中,这些交代岩是统一的热液交代作用系列的组成部分。

(3) 热液型铀矿化对岩性的专属性差,几乎主要的岩性内都产有铀矿床,但对具体矿床岩性的控制还是十分明显,即主要产于一两种岩性内。

(4) 铀与其他不同金属矿床共存,有热液型金、多金属、"斑岩"铜矿等。金、铅、锌、铜产于闪长岩发育区;钼、萤石与铀产于酸性火山岩发育区。

在区内共探明大中小铀矿床 30 多个,其中 16 个矿床铀储量为 1000~20000t,最大的矿床为科萨钦矿床,其铀资源量为 96000t。探明的铀资源总量为 $2.8×10^5$ t,占哈萨克斯坦铀资源总量的 16%。主要有科萨钦、伊希姆、沃斯托克、巴尔喀什、格拉切夫、扎奥泽尔、塔斯提戈尔和马内巴伊等铀矿床。另外,在晚侏罗世准平原上发育有谢米兹巴伊等古河道砂岩型铀矿床。

三、科萨钦矿床

科萨钦矿床位于沃洛达尔火车站西南 15km、格拉切夫矿床南东 15km 处。该矿床是中亚地区最大和最独特的火山热液型铀矿床。

(一) 成矿地质条件

科萨钦矿床位于大型萨乌马尔科立地垒–向斜–褶皱–断块构造的东南翼。该构造被二级褶皱所复杂化,并有花岗岩类和玄武岩类侵入。

褶皱构造为一些北东向和近东西向的等斜褶曲,由文德系的砂岩、页岩组成。在西北和西部这些砂岩、页岩被下古生界的留波津组和阿克马雷什组沉积岩以明显的角度不整合所覆盖,而在矿田的南部、东南和北部则被晚奥陶世的沃格达尔、科立佐夫和布尔鲁克斜长花岗斑岩体所侵入。北东向寒武纪岩床状萨乌马尔科立玄武岩类分布在矿床中央,并把矿床分为西北和东南两部分。事实上,所有矿块都产在西北部,由各种不同的岩石组合构成。东南部的含矿性较差,发育文德系的砂页岩和晚奥陶世的花岗岩类(图 4-4-1)。

断裂构造发育,其中最大的为 NW 向和近 EW 向的纵向断裂,如岩脉断裂、道路断裂、西部断裂、河流断裂和纬向断裂。这些断裂延伸超过几十千米,表现为岩石的碎裂、角砾岩化和片理化,并伴有热液交代蚀变。南北向断裂有主断裂和西格列米亚断裂,它们斜切褶皱系并与北东向断裂斜交。横向北西向断裂显示不强烈,其中以沼泽断裂最大。

矿区具有明显的断块构造,大的南北向与北东向断裂将其分为三个断块,从东向西呈阶梯状沉降。

东部断块为隆升最大的断块,由文德系碳质–泥质–灰岩与砂质–石英岩组成,其中侵入有辉绿岩脉,并被二级断裂复杂化,形成鳞片状构造。

中央断块呈楔状,由寒武系—奥陶系陆相硅质岩组成。硅质岩向北部呈板状产于分支的南北向断裂之间。

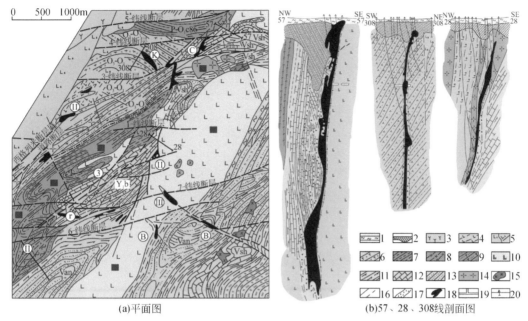

(a)平面图　　　　　　　　　　　　　(b)57、28、308线剖面图

1-第四系；2-风化壳（剖面图上）；3~6-上奥陶统—下志留统：3-安山—英安玢岩；4-玄武玢岩、安山–玄武玢岩；5-角砾熔岩；6-凝灰质砾岩和砾岩；7~9-下奥陶统—中寒武统（留渡津组）：7-钙质粉砂岩；8-泥质–硅质页岩，燧石板岩；9-砂岩，凝灰质砂岩；10-辉绿岩脉、辉绿玢岩脉及其凝灰岩（ϵ_{1-2}）；11~13-文德系安德烈耶夫（Van）和沙雷克（Vsh）组沉积：11-碳质–泥页岩，似石英岩状砂岩；12-石灰岩；13-砂岩；14-淡色花岗岩；15-闪长岩、花岗闪长岩，混合岩；16-断裂；17-角砾岩化带、碎裂带、片理化带；18-矿体；19-地下工程；20-钻孔

图4-4-1　科萨钦矿床地质图

西部断块紧邻奥陶系—志留系火山–沉积岩层，形成火山–断陷洼地。翼部为凝灰质砾岩夹凝灰质细砾岩与凝灰质砂岩，中心部位为玄武岩、安山岩与英安岩。

（二）铀矿化特征

铀矿化带呈近南北向，长达7km，宽4~5km，划分出10个矿段，多位于陡倾破碎带和次级断裂构造中。岩性对矿化的专属性差，实际上铀矿化见于所有的岩性之中。含矿角砾岩带具复杂的形态，但主要形态为似透镜状。含矿角砾岩带内部结构复杂，由碎裂的与未碎裂的岩石互层组成。角砾岩带长几十米到几百米，厚度由一两米到几十米。在东部隆升的断块内含矿角砾岩带分布深度达300~500m，在其他断块中延伸达1.5km。碎裂岩遭受强烈蚀变，因岩性不同可形成钠长石、镁绿泥石、碳酸盐、榍石与磷灰石不同的组合，有时以钠长石为主，其含量达80%~90%，平均为60%~70%。岩石成分对蚀变组合起决定作用，在铝质岩石中多为绿泥石化、白钛石化，而在石英岩中则几乎为单一的钠长石化。铀矿蚀变深度很大，在3km深的钻孔中仍见有强烈钠长石化的角砾岩。

中央矿段、萨尔图别克矿段和库图佐夫矿段为最主要的矿段，集中了80%的铀储量。中央矿段产于玄武岩类次火山岩体西部外接触带，矿体赋存在近南北向的狭窄楔形地块中。该楔形地块由文德系的碳质–碳酸盐–页岩岩系组成。西边被主要断裂所限，东边被接触带断裂和玄武岩类围限。矿化沿走向延伸2.6km，在南部的垂直幅度为350~400m，北部达1500多米。主要控矿构造是主断裂及其次级断裂——接触带断裂。两者构成了中央含矿带,包括3个组成部分:中央Ⅰ带、中央Ⅱ带和中央Ⅲ带。其中中央Ⅰ带厚度由1米到几十米,并被无矿岩石分隔,是密集脉状-柱状矿体的赋存构造。位于中央含矿带北延部分的萨尔图别克矿段的含矿构造是夹于主断裂和西部断裂之间的文德纪留波津组火山沉积岩石中的角砾岩化带和低温钠长石化带。该带被纬向断裂分割为3个部分,即萨-Ⅰ、萨-Ⅱ和萨-Ⅲ,三者彼此相对偏移400~500m。矿带沿南北方向延伸2500m,沿倾向延伸300m(全都没有圈定),中部的厚度为50m,向南部分支并尖灭,向北部渐渐消失。脉状矿占多数,中部矿体构造近似网脉状。库图佐夫矿段(萨尔图别克矿段以西0.5km处)由古生代火山-碳酸盐-陆源岩石组成。含矿带岩石发生角砾岩化、低温钠长石化和赤铁矿化,呈北西向延伸500~600m,沿倾向(向南西倾,倾角为85°)延伸1300m(完全没有圈定)。该矿带也分支成几个支脉,并被北东向和东西向断裂切断。

除此之外,还查明了受同名北西向断裂控制的沼泽矿段、辉绿岩和玄武玢岩岩体中的角砾岩矿化带、低温钠长石化带控制的竖井矿段;辉绿岩和玄武玢岩脉东南接触带(石灰岩和页岩中的角砾岩化带和低温钠长石化带)内的东部矿段;位于西部断裂和岩脉断裂与近东西向断裂交汇结点处的留波津组杂色砾岩、沙雷克组石灰岩和页岩,以及风化黏土-碎石堆积物中的格鲁哈林矿段;靠近格鲁哈林矿段并处在相似的环境中的留波津矿段;处于古生代火山岩和砾岩中北东向角砾岩矿化带和低温钠长石化带中的道路矿段;位于岩脉断裂和西部断裂靠近处范围内,并与北东向的角砾岩化带和钠长石化带交汇的西部矿段。

所有矿段矿化都是单铀型矿化。钼、铜、铅的含量为十万分之几,磷和锶的含量为万分之几。铀矿物为铀石、钛铀矿和沥青铀矿。绝大多数矿石与低温钠长石相的钠长石-碳酸盐建造有关。

中生代强烈的风化壳形成作用,使近地表矿石遭受改造,线性风化壳中的表生改造深达300~400m,并使早期矿体的铀被浸出和再沉淀,在氧化带中铀含量降低为原含量的二分之一到三分之一,有时降低为原含量的十分之一(铀从介质中析出),而在有高还原容量的岩石(如碳质页岩)内铀含量相反增加10%~20%。

(三) 矿床成因

科萨钦矿床为火山热液型铀矿,铀成矿与钠交代作用有关。该成矿区热液型铀矿床的成矿与加里东期和海西期的造山作用有关,产于其中被深大断裂切割的中间地块与周边早古生代火山-沉积岩层充填的拗陷内深大断裂交切处,或火山洼地内,其中火山岩成分为从安山-玄武岩到英安岩、流纹岩。伴随火山作用,在火山构造区内有大量花岗岩类岩体及其他基性岩脉侵入。铀矿区多发育各种次火山岩体与脉岩,其接触带是有利的赋矿部位。热液铀矿化年龄为410~340Ma。其铀成矿过程大致可以分为三期(图4-4-2)。

Ⅰ期:在晚古生代时期,科克切塔夫古老中间地块接受火山喷发沉积和花岗岩类侵入。

Ⅱ期:碱性热液沿深断裂带上升在火山岩和花岗岩中形成一系列开放式和半开放-封闭式碱交代岩,同时伴有贫铀矿化。

Ⅲ期:含铀热液沿深断裂继承式活动,叠加于具贫铀矿化的碱交代岩之上,形成较富铀矿化,后期富铀热液活动可发育于花岗岩中(花岗岩型铀矿),亦可发育于火山岩中

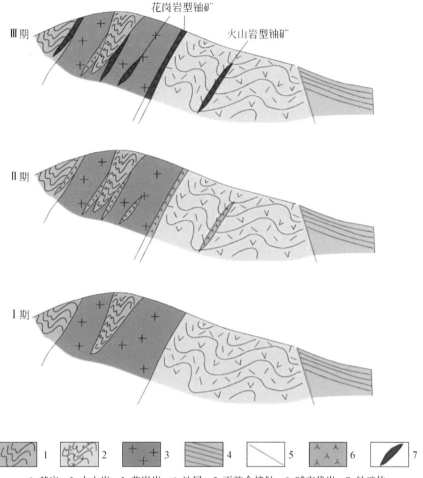

花岗岩型铀矿

火山岩型铀矿

Ⅲ期

Ⅱ期

Ⅰ期

| 1 | 2 | 3 | 4 | 5 | 6 | 7 |

1-基底；2-火山岩；3-花岗岩；4-地层；5-不整合接触；6-碱交代岩；7-铀矿体

图 4-4-2　科克切塔夫成矿区科萨钦火山热液型铀矿床成矿模式

（火山岩型铀矿）。

第五节　楚–伊犁成矿区

　　楚–伊犁成矿区位于哈萨克斯坦中南部巴尔喀什盆地和楚–萨雷苏盆地所夹持的北西向隆起带上。在 20 世纪五六十年代，就发现了波塔布隆姆、克孜尔萨依、日杰利矿床。在七八十年代，又发现了一批铀矿床，共探明大中小型铀矿床二十多个，使该区成为重要的铀资源基地之一。

一、成矿条件

　　该成矿区在大地构造上为一隐伏的中间地块，其基底为前晚寒武世变质岩系，其上被晚古生代火山岩–沉积岩层所覆盖。中间地壳厚度为 35～45km，花岗岩层厚度为 12～25km。其地壳演化经历了前古生代基底形成、造山作用与沉积盖层形成三个阶段（图 4-5-1）。

①片麻岩；②花岗岩；③花岗正长斑岩（次火山岩）；④花岗岩与花岗-闪长岩（层间侵入体）；
⑤辉绿岩与辉长-辉绿岩（区域性分布的岩脉）

图 4-5-1　楚-伊犁地区岩性柱状图

基底结构具不均一性，由太古-元古宇夹大理岩透镜体的陆源沉积结晶片岩、斑状变质岩组成。其上为新元古界陆源-碳酸盐层，并被粗碎屑的陆源沉积覆盖。

早古生代，该区进入造山期，形成了陆源与滨海-海相沉积-火山岩层。志留纪—早泥盆世，形成中酸性陆相火山岩、红色砂岩与砾岩、灰岩与白云岩，在一些盆地其厚度达1500m，并在其中有半深成二长岩与花岗岩体侵入。晚泥盆世—早石炭世，形成叠置盆地，沉积了碳酸盐岩、砂岩、砾岩和硬石膏、石膏，总厚度达2000m。

晚古生代（$C-P_1$），区内发生强烈的构造-岩浆作用，广泛发育火山喷发与岩浆侵入。早期火山岩成分为中性与弱酸性，其中侵入有花岗岩类（340~320Ma）。二叠纪形成的火山杂岩（300~270Ma）由中性和酸性-亚碱性火山岩与红色粗碎屑岩组成。同时广泛发育次火山岩与侵入岩体，以及酸性-亚碱性岩脉。岩浆作用以广泛形成中酸性、亚碱性与基性岩脉而结束。

中-新生代，该区进入稳定期，在侏罗纪、白垩纪及古近纪，沉积了陆源-滨海-海相（含煤）沉积。到新生代末，发生强烈的新构造造山作用，形成穹窿-断块构造，并在周边形成厚的陆源沉积。

该成矿区最重要的地质特征是存在一个巨大的泥盆纪火山岩带，由广泛分布并含大量火山口相喷发岩次火山岩和火山碎屑岩所组成。泥盆纪末至石炭纪初，形成了一个巨大的花岗岩类岩石带，表现为一系列淡色花岗岩体。早期的侵入体为局部显露的花岗岩类岩体，而较晚的是白岗岩体。

在构造上该成矿区为一北西向的断隆，发育一系列纵向区域性的深断裂与褶皱-断块构造，自北东向南西依次为波塔布隆姆隆起、克孜尔萨伊拗陷、扎拉伊尔-纳伊曼断裂带和楚坎迪克塔斯隆起。其次发育少量的北东向与近东西断裂。

该成矿区岩石除奥陶系中的部分碳质与碳质-硅质片岩铀、钍等含量高（铀为 $4\times10^{-6}\sim7\times10^{-6}$ 到 $16\times10^{-6}\sim30\times10^{-6}$，钍为 $32\times10^{-6}\sim40\times10^{-6}$、钒为 $250\times10^{-6}\sim500\times10^{-6}$、钼为 $2\times10^{-6}\sim4\times10^{-6}$ 到 30×10^{-6}，铜、锌、磷等含量也较高）外，其他岩石的铀含量不高，其基底花岗岩铀含量仅为 1×10^{-6} 到 $2.3\times10^{-6}\sim2.7\times10^{-6}$，钍从 $9.2\times10^{-6}\sim11.6\times10^{-6}$ 到 $20\times10^{-6}\sim45\times10^{-6}$。但在一些火山洼地内的泥盆纪喷发岩与侵入岩的铀、钍含量偏高。如在克孜尔萨伊火山洼地内，英安岩系列铀、钍含量一般为克拉克值的 $1.5\sim3$ 倍，而流纹岩类则为 $1.0\sim2.2$ 倍。在一些安山岩与流纹质次火山岩体中铀、钍含量又增高 $1.2\sim2.0$ 倍。与火山岩同期的花岗岩（γD_3-C_1）的平均铀含量为 $7\times10^{-6}\sim8\times10^{-6}$，一些样品中含量达 $15\times10^{-6}\sim20\times10^{-6}$；钍的平均含量为 $28\times10^{-6}\sim35\times10^{-6}$，一些样品中含量达 $30\times10^{-6}\sim45\times10^{-6}$。主花岗岩期后的酸性岩脉岩石铀含量为 $4.8\times10^{-6}\sim5.1\times10^{-6}$，钍含量达 $22\times10^{-6}\sim42\times10^{-6}$，而中基性成分脉岩铀含量为 $2.5\times10^{-6}\sim3\times10^{-6}$，钍含量达 8×10^{-6}。

二、铀矿化特征

在该成矿区内共探明大、中、小型铀矿床二十多个，主要分布在成矿区的南北两端，矿化类型主要为热液型，分别产于花岗岩、火山岩中，其次为黑色页岩型与裂隙-潜水氧化带型铀矿床，以及伟晶岩型、高温云英岩化型铀矿点（图4-5-2，表4-5-1）。

表4-5-1 楚-伊犁成矿区主要铀矿床特征一览表 （据赵凤民，2013）

矿床	规模/10^3t	品位/%	产出特征	备注
库尔达依	$1.5\sim5.0$	$0.1\sim0.3$	与石英斑岩脉有关的脉状矿体	有 Fe、Au 共生，已采空
波塔布鲁姆	$5.0\sim20.0$	0.1 左右	产于隆坳相交的边缘构造缝合线中，受火山机构控制	U-Mo 型，已采空
克孜尔萨伊	$1.5\sim5.0$	$0.1\sim0.3$	变质岩区霏细斑岩和角砾熔岩中的脉状矿体	已采空
日杰利	$1.5\sim5.0$	$0.03\sim10.0$	霏细岩、斜长斑岩熔结凝灰岩中的透镜状、似层状和脉状矿体	已采空

续表

矿床	规模/10^3t	品位/%	产出特征	备注
科斯托比	0.5~1.5	0.03~1.0	火山–沉积岩内的顺层断裂带、角砾岩化带中的似层状和脉状矿体	含P高（达5%），已停产
达巴	0.5~1.5	0.1~0.3	灰岩（Pz_1）裂隙带和隆起带以及陡倾断裂带中的脉状、网脉状、浸染状矿体	含P高（达10%）
朱桑达林	3.0~10.0	0.15	产于朱桑达花岗岩体内断裂交叉部位钠交代带内	未勘探完毕
科斯托别	小型	0.02~1	产于区域性断裂火山盆地上泥盆统火山–沉积岩层内	含P高（达5%）
克孜尔塔斯	小型	0.075	产于克孜尔萨伊破火山口南缘，赋存于强烈构造破坏的中上泥盆统熔岩层内	单铀型

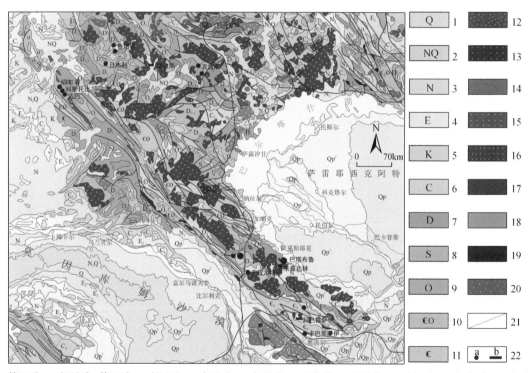

1-第四系；2-新近系—第四系；3-新近系；4-古近系；5-白垩系；6-石炭系；7-泥盆统；8-志留系；9-奥陶系；10-寒武系—奥陶系；11-寒武系；12-元古宇；13-海西晚期花岗岩（γ_4^2-γP_3）；14-海西中期花岗岩（γ_4^2-γC_3）；15-海西中期花岗闪长岩（$\gamma\delta_4^2$-$\gamma\delta C_1$）；16-海西早期花岗岩（γ_4^1-γD_3）；17-海西早期花岗闪长岩（$\gamma\delta_4^1$-$\gamma\delta D_1$）；18-加里东中期花岗闪长岩（$\gamma\delta_3^2$-$\gamma\delta O_3$）；19-加里东早期橄榄岩（σ_3-σO_1）；20-古元古代花岗岩（γPt）；21-断裂；22-铀矿床：a-热液型；b-黑色页岩型

图4-5-2　楚–伊犁成矿区地质图

　　火山岩型铀矿床是该区最主要的矿化类型，都产于泥盆纪火山岩带内的火山洼地内。洼地基底为早古生代隆起，由太古—元古宇片麻岩与结晶片岩、晚里菲纪—寒武纪细碧–辉绿岩、碳酸盐岩、奥陶纪—志留纪类复理石建造与造山早期磨拉石组成。这些隆起受长期活动的北西向贾拉伊尔–纳伊曼深断裂带控制。火山洼地形成于泥盆纪（380～390Ma）。晚泥盆世—早石炭世形成的花岗岩类岩基侵入于其中，导致火山洼地遭受不同程度的破坏，甚至在有的地区仅保留下一些残留片段。如在布伦塔夫隆起上发育有晚石炭世—早二叠世花岗岩带，长约350km，在其北西部分布有日杰利、科斯托别等铀矿床，并产有分散的钨矿化。在其北部分布有萨森尔雷火山拗陷，其面积大于10000km²。根据物探测量数据推测在其中部存在横向隆起，在其边缘产有吉杰里矿床。克孜尔萨依、波塔布隆姆、巴伊塔尔、朱桑达林铀矿床与一些较小的铀矿床分布于朱利塔夫隆起内。朱利塔夫隆起呈北西向展布，长度大于260km，受贾拉伊尔–纳伊曼与萨苗图姆深断裂带控制。秋利库利断裂带将隆起分为两部分，相对隆升的北西部与相对下降的南西部，铀矿床分布于相对隆起断块的边缘。

　　铀矿床的规模与所处的地质环境有一定关系，产于拗陷带（如克孜尔萨伊带）中的铀矿床，一般规模都不大，而且均与钼伴生，而大型铀矿则多产于隆拗相交的边缘构造缝合线火山拗陷中（如波塔布隆姆铀矿床）。

　　楚–伊犁成矿区以富含钼铀矿石的地球化学专属性为特征，包括中央楚–伊犁、别特巴克–达拉、贾拉伊尔–纳伊曼、布隆套和阿纳尔哈伊铀矿区。铀矿床主要赋存在火山构造洼地中，少数几个产在基底岩石中。

　　在中央楚–伊犁铀矿区有3个分割的造山带拗陷——巴伊加林拗陷、卡拉萨伊拗陷和克兹古索尔拗陷。在卡拉萨伊拗陷中产有克孜尔萨伊、波塔布鲁姆和巴伊塔尔铀矿结。

　　莫英库姆构造–成矿带总体上以产出铜铀（含多金属和金）矿化为特征，在南部肯斗克塔斯矿区内有库尔达依和科尔古斗矿床。

　　该成矿区热液型铀矿化有以下共同特点。

　　（1）该区火山岩型热液铀矿床多产于火山洼地内，矿化强度相对弱，矿床规模多属中小型；在成矿时代上，相对较晚，多为海西期造山作用产物，一般与晚期侵入体的年龄相当。研究表明，铀成矿时代相对科克切塔夫地区较新，初期为360～340Ma，强烈的铀再生作用发生在晚古生代（270～250Ma）及中–新生代（90～70Ma）。

　　（2）赋存于黄铁绢英岩化带中的铀矿化都是叠置在早期的交代岩之上。交代岩为含磁铁矿的夕卡岩、石英–白云母黄铁绢英岩、含块状硫化物矿化以及含金和辉铝矿的石英–绢云母蚀变岩。

　　（3）楚–伊犁山脉中的铀矿化多与钠长石化有关，多数研究者认为是铀成矿前期交代蚀变。

　　（4）岩浆作用对铀矿化的控制十分明显，但关于铀矿化与岩浆作用类型和岩浆作用具体阶段的联系仍有争议。

三、波塔布鲁姆矿床

　　波塔布鲁姆矿床位于查姆贝尔省奠英库姆区阿克苏耶克村地区，基亚赫塔火车站以东

70km 处。探明铀储量 20000t，为大型火山岩型铀矿，已采空。

（一）成矿地质条件

波塔布鲁姆铀矿床分布于楚-伊犁山脉卡拉萨伊火山拗陷的阿拉科利火山构造内萨雷图姆区域性断裂带的 NW 向断裂与 SN 向断裂和 NE 向断裂系的交汇结点部位。铀矿床具体产于朱桑达林近断裂线型构造洼地内（图4-5-3）。

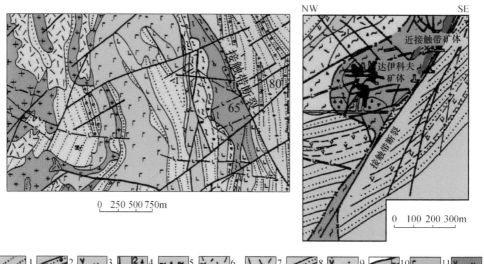

1～3-科克塔斯组（D_1）：1-红色砂岩和粉砂岩；2-含砂岩夹层的灰色砾岩和细砾岩；3-安山岩盖层；4-次火山岩体和致密状流纹岩（1）熔结角砾岩（2）；5-次火山岩组合的流纹斑岩和凝灰角砾岩；6～9-卡拉萨伊组（D_{2-3}）；6-流纹岩盖层及其火山碎屑岩的互层；7-凝灰岩；8-砂岩；9-安山岩盖层；10-次火山岩组合的安山玄武岩、玢岩的岩床侵入体；11-花岗杂岩的辉长辉绿岩；12-花岗正长岩；13-细粒花岗岩；14-朱桑达林岩体的淡色黑云母中粒花岗岩；15-石英斑岩和花岗斑岩脉；16-花岗杂岩期后的辉绿玢岩和闪长玢岩脉；17-铀矿体；18-流纹质次火山岩分布范围；19-岩石界线；20-区域性断裂；21-小型断裂；22-岩石和构造线的产状；23-地下坑道；24-地质剖面线

图4-5-3　波塔布鲁姆矿床地质图

火山洼地受萨雷图姆断裂束中的一条断裂控制。拗陷内充填有科克塔斯组（D_{1-2}）凝灰沉积岩和卡拉萨伊组（D_{2-3}）火山-沉积岩——砾岩、红色砂岩、凝灰岩、英安岩和流纹斑岩盖层。

拗陷内广泛发育酸性次火山岩穹窿、岩颈及层状侵入体。较晚期的岩浆岩为产于朱桑达林花岗岩体接触部位上的石英斑岩脉、正长闪长岩脉和辉长辉绿岩床，以及最晚期的陡至缓倾的辉绿玢岩脉和闪长玢岩脉。

在矿区的西部发育从东侧环绕朱桑达林深成构造的环状断裂带。大断裂有接触带断裂，走向 NW，倾向 SW，倾角为 50°～65°，分隔位于东部的喷发-沉积岩断块和容矿侵入岩及其围岩。在接触带断裂上盘发育 NE 向陡倾断裂系。

（二）铀矿化特征

铀矿化产于由初始火山杂岩组成并被较晚期火山岩覆盖的多期线状分布的侵入岩内，

是以复杂岩脉形式的流纹斑岩构成的北西向侵入岩体，内含有不同时代的喷发角砾岩和围岩岩块，与围岩呈陡接触。围岩产状为 NW 走向，倾向 SW，倾角为 35°~60°。接触带断裂与北东向断裂及近南北向断裂的交叉结点控制着铀矿化的分布。

矿化呈多层产出，并分布在由地表至 1200m 深度范围内。所有矿体绝大部分分布在接触带断裂的上盘，仅部分矿体产在断裂带内。矿体朝东向接触带断裂方向侧伏。矿化呈网状脉产出，其总体空间位置受 NE 走向断裂控制。少量矿化受近南北向陡至缓倾断裂制约。个别矿体则受 NE 向断裂与侵入体和火山岩的接触部位的交汇区段和岩脉与熔结角砾岩、流线急骤转向、小裂隙强烈发育部位的交汇地段以及南北向断裂控制（图 4-5-4）。

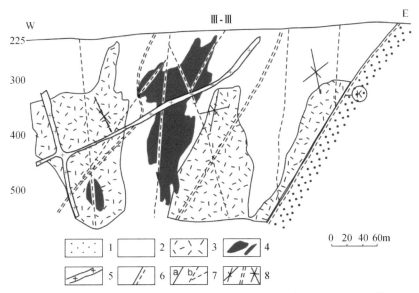

1-复成分砂岩（D_{1-2}）；2-黄铁长英岩化的流纹–英安岩；3-流纹–英安岩、凝灰角砾岩；4-铀矿体；5-闪长玢岩岩脉；
6-纵向区域性断裂与"接触带断裂"（K）；7-断裂：a-横向区域性断裂；b-小断裂；8-分割不同断块的断裂，伴随不均匀渗透性裂隙和裂隙玫瑰图

图 4-5-4 波塔布鲁姆矿床Ⅲ–Ⅲ线地质剖面图

主要矿体为脉状，走向 NE，向 SE 陡倾，个别矿体倾向 NW。矿体走向长 50~220m，倾向延伸为 50~200m，厚 3.5~40m。矿石铀品位为 0.08%~0.5%，平均为 0.157%，钼含量为 0.012%~0.075%。矿石构造主要为浸染状、细脉浸染状，少数为角砾状。

矿床内广泛发育石英–钠长石化、石英–黑云母–电气石化及石英–白云母–黄铁矿（黄铁绢英岩）化的矿前期蚀变。成矿期形成沥青铀矿、微晶晶质铀矿、铀石、毒砂、辉钼矿、方铅矿、闪锌矿、黄铜矿、黄铁矿、石英、方解石。矿后期形成碳酸盐–硫化物。

（三）矿床成因

波塔布鲁姆铀矿床为火山拗陷内的古火山岩型铀矿床，属钼铀建造的热液脉型。在成矿时代上相对较晚，多为海西期造山作用产物，一般与晚期侵入体的年龄相当，根据同位素数据，铀成矿时代相对科克切塔夫地区较新，初期为 360~340Ma，强烈的铀叠加富集成矿作用发生于晚古生代（270~250Ma）及中–新生代（90~70Ma）。

第五章 花岗岩型铀矿成矿条件剖析

第一节 阿尔泰成矿远景带

一、成矿条件

(一) 构造条件

阿尔泰成矿远景带 (Ⅲ-1) 位于工作区的最北部阿尔泰山脉的中国部分, 大地构造位置处于西伯利亚板块和哈萨克斯坦-准噶尔板块汇聚带, 二者以查尔斯克-乔夏哈拉缝合带为界, 是中亚造山带的重要组成部分 (舒良树等, 2001; 肖文交等, 2008; Zhao and He, 2013)。本书中的阿尔泰铀成矿远景带主要指西伯利亚板块南缘的阿尔泰地区, 查尔斯克-乔夏哈拉缝合带以南的哈萨克斯坦-准噶尔板块东北缘, 包括扎河坝、富蕴、青格里底以南的北准噶尔地区, 则归入乌伦古河铀成矿远景带 (Ⅲ-4)。

阿尔泰地区的构造分区属阿尔泰陆缘活动带, 由德伦-诺尔特晚古生代上叠盆地、阿尔泰早古生代岛弧带 (以喀纳斯-可可托海古生代岩浆弧为主体) 和阿尔泰南缘晚古生代弧后裂陷盆地、阿尔泰晚古生代成熟岛弧带、额尔齐斯构造杂岩带和卡尔巴-哈巴河晚古生代弧前盆地组成, 并以阿尔泰南缘晚古生代弧后裂陷盆地和喀纳斯-可可托海岩浆弧铀矿化最为发育。

(二) 地层条件

1. 前寒武系

该系地层主要出露在阿尔泰地区, 前人将其划分成两个群: 古-中元古界克木齐群, 主要分布在喀龙-青河一带, 主要由片麻岩、混合岩夹斜长角闪岩组成, 局部夹大理岩; 新元古界喀纳斯群, 分布在阿尔泰北部白哈巴、喀纳斯一带, 为一套厚度巨大、岩性单一的、无标志层的砂岩、粉砂岩不均匀互层, 属复理石建造, 在该群已发现有冲乎尔铀矿化点和一些放射性异常点。

2. 下古生界

该地层包括寒武—奥陶系、奥陶系和志留系。前人未在阿尔泰地区下古生界发现铀矿化。

寒武—奥陶系: 阿尔泰地区的寒武—奥陶系仅包括中寒武—下奥陶统哈巴河群, 分布在霍尔宗-丘伊-喀纳斯一带, 为一套陆源碎屑岩。其下部为中薄层及中厚层细砂岩和粉砂岩；中部为薄层细砂岩、粉砂岩和泥质粉砂岩；上部为灰绿色层状绢云母、绿泥石化细砂岩、粉砂岩和泥质岩等。

奥陶系：东锡勒克组，在铁热克提、白哈巴、喀纳斯及克木齐河上游有小面积出露，主要由一套酸性的火山岩-火山碎屑岩组成；白哈巴组分布基本一致，由灰绿色中厚层砂岩、细砂岩、粉砂岩、钙质粉砂岩、灰岩和生物灰岩等组成。

志留系：阿尔泰地区志留系出露不太广泛，可分为三个组。恰格尔组分布于别洛乌巴-南阿尔泰西北部，为灰岩、钙质粉砂岩夹泥质板岩，属下志留统。谢列德奇哈组发育于霍尔宗-丘伊-喀纳斯一带的西南边缘，下部为砾岩、砂岩和粉砂岩；中部为砂岩、粉砂岩夹薄层或透镜状灰岩；上部为粉砂岩与钙质砂岩互层，时代为晚志留世。库鲁木提组分布在霍尔宗-丘伊-喀纳斯一带东南边缘及冲乎尔-青河地区，由灰色、灰绿色中薄层及中厚层变质粗砂岩、细砂岩夹中厚层钙质细砂岩组成，属上志留统，与下泥盆统康布铁堡组为断层接触。

3. 上古生界

该地层在阿尔泰地区主要由泥盆系和石炭系组成。

泥盆系：在本区广泛出露，是阿尔泰地区多金属矿产的重要容矿岩系。康布铁堡组主要分布在阿巴宫、可可塔勒和冲乎尔等地，由中酸性火山岩熔岩、火山碎屑岩和碎屑岩夹碳酸盐岩等组成，同时含有少量的基性火山岩。该组岩石遭受不同程度的变质改造，康布铁堡组主体属于下泥盆统，是阿尔泰地区铅、锌、铁、铜及金矿床的主要赋矿地层。阿舍勒组分布在阿舍勒一带，下部由灰色变火山凝灰岩、绿泥石化晶屑凝灰岩、含角砾晶屑凝灰岩和沉凝灰岩等组成，夹数层结晶灰岩和大理岩等；中部为灰绿色含集块角砾凝灰岩、角砾凝灰岩、晶屑凝灰岩、凝灰岩、泥质粉砂岩、千枚岩和石英岩等；上部以灰绿色玄武岩为主，夹角砾凝灰岩、含晶屑凝灰岩和凝灰质粉砂岩；顶部夹大理岩和碧玉岩、灰岩或其透镜体。该组是阿舍勒大型铜、锌矿床的赋矿层位。阿勒泰组广泛分布，以阿巴宫一带出露较全。由浅海相变质碎屑岩夹碳酸盐岩以及少量基性和酸性火山岩组成，部分地段发育较厚的枕状玄武岩等，并在不同地段呈现出从绿片岩相到角闪岩相的不同程度变质改造，其时代为中泥盆世。该组是本区花岗岩外接触带型铀矿化的主要围岩，其浅变质的海相陆缘碎屑岩是赋矿的有利岩性。齐叶组出露于阿舍勒矿区北部齐叶村一带，下部为集块岩、火山角砾岩、角斑岩、流纹英安集块岩、熔结凝灰岩和晶屑岩屑凝灰岩；中部为火山角砾岩、凝灰质砂砾岩或粉砂岩和角砾熔岩夹安山岩；上部为玄武质角砾岩、火山角砾岩、凝灰岩、凝灰质粉砂岩、枕状玄武岩、安山岩和安山集块岩等，属中-上泥盆统。

石炭系：在阿尔泰地区仅发育红山嘴组，该组分为上、下两个亚组。下亚组为英安质和流纹质凝灰岩与火山角砾岩；上亚组为硅质、泥质及碳质板岩、千枚岩和长石岩屑砂岩等，时代为早石炭世。

(三) 岩浆活动

阿尔泰地区具元古宇古老陆壳基底，岩浆岩分布广泛，奥陶纪—志留纪有海相安山岩-流纹岩及玄武岩-安山岩-流纹岩火山喷发，具陆缘活动特点。加里东末期有强烈的岩浆活动，泥盆纪火山活动强烈，形成安山岩-英安岩-流纹岩组合；海西早期形成原地-半原地–异地型花岗岩带，花岗岩具壳幔同熔型（Ⅰ型）特征。晚石炭世——二叠纪强烈挤压转为拉张，进入后造山拉张阶段。石炭纪岩浆活动以侵入为主，二叠纪火山岩为陆相橄榄玄武岩–安山岩组合。奥陶纪——石炭纪火山岩化学成分为钙碱性系列，具活动区特征；二叠纪火山岩为碱性系列，属稳定区产物。区内以海西期侵入岩为主，并有少量印支–燕山期侵入岩。

海西早期，辉绿岩和辉长辉绿岩呈岩脉、岩墙和岩株状，侵入于中–下泥盆统。在卡拉先格尔断裂两侧，以辉长岩为主的基性杂岩体呈岩株侵位于下泥盆统。

海西中期，辉长闪长岩分布在铁列克–冲乎尔–阿勒泰一线以南，呈岩株侵入中–下泥盆统；花岗闪长岩体分布在阿尔泰北部地区，呈岩株或岩枝侵入下泥盆统；另外，该时期的花岗岩岩基和岩株是本区分布最广的侵入岩系，侵入中–上志留统、下泥盆统和中泥盆统火山沉积岩。该期花岗岩及海西晚期花岗岩是本区最主要的富铀岩体。

海西晚期，黑云母花岗岩、白云母花岗岩和斜长花岗岩呈岩株或岩基侵入下泥盆统、中泥盆统和早期的花岗岩体，广泛发育花岗伟晶岩，并伴有稀有金属锂、铍、铌、钽等矿化。

印支–燕山期侵入岩在阿尔泰地区出露零星，在东部可见少量印支–燕山期花岗岩侵入体。

除此之外，在额尔齐斯断裂南侧，分布有40余个基性岩侵入体，它们以岩株、岩脉和岩盆等产出，多位于石炭系，普遍具有 Cu、Ni、Co 等矿化，其中喀拉通克大型铜镍硫化物矿床即位于该带中段。

二、铀矿化分布特征

阿尔泰地区是新疆北部重要的铀及多金属–稀有金属成矿带之一，已发现有杰别特矿点、友谊矿化点、冲乎尔矿化点和众多异常点，铀矿化类型以花岗岩型为主，部分为伟晶岩型，伟晶岩型铀矿化多为铀钍异常，规模相对较小。北部上泥盆统——下石炭统火山岩发现有火山岩型的诺尔特 7 号矿化点，但规模较小。

远景带内铀成矿受控于北西向构造带，各构造带内的铀成矿与其深大断裂、火山岩和侵入岩的发育类型及强度密切相关。自北向南，德伦–诺尔特晚古生代上叠盆地中铀矿化及异常零星分布，在上泥盆统——下石炭统的火山岩中仅发现有火山岩型诺尔特 7 号矿化点，但规模较小；北阿尔泰早古生代岛弧带中铀矿化及异常广泛分布，矿点、异常点均为花岗岩型和伟晶岩型，铀成矿与该区段内壳源重熔型花岗岩和伟晶岩成矿作用相关，主要集中分布于五溪岭–库尔提和可可托海–青河地段；南阿尔泰晚古生代弧后裂陷盆地以花岗岩型铀矿化为主，主要分布于冲乎尔–塔尔郎地段，在富蕴一带发育部分伟晶岩型铀异常；其他构造单元铀异常稀疏，规模小。一般而言，阿尔泰远景带内西部有意义的矿点主要产于花岗岩外接触带，东部有意义的矿点主要产于岩体内接触带和岩体内部。该区铀成矿整体具有西铀、东钍以及北铀、南钍的分带特征。以下就以北阿尔泰早古生代岛弧带和南阿尔泰晚古生代弧后裂陷盆地为重点，评述阿尔泰地区的铀成矿条件和成矿特征。

三、主要区段的铀成矿特征及控矿因素

（一）北阿尔泰早古生代岛弧带

1. 成矿地质条件

该带呈北西–南东走向，西端延伸至哈萨克斯坦和蒙古国境内，北部与俄罗斯相接。发育有古老基底——中元古界蓟县系，由大理岩、石英岩、各种片岩、片麻岩、角闪岩、混合岩等组成，呈断块出现。震旦系为碎屑岩建造。中–下奥陶统下部为各种片岩夹变粒岩、混合岩、片麻岩，上部为变质碎屑岩夹石英砂岩、大理岩，原岩为复理石建造；上奥陶统为中酸性火山岩及火山岩–磨拉石建造，不整合在震旦系之上。中–上志留统库鲁木提群为碎屑岩建造，下部为各种片岩、片麻岩、混合岩；上部为各种片岩、大理岩、变粒岩夹变质石英斑岩，缺失泥盆、石炭纪地层。下二叠统为陆相橄榄玄武岩建造，不整合在下–中奥陶统之上。加里东期岩浆活动强烈，喀纳斯地区生成异地侵入的花岗岩，侵入岩由变辉长岩、英云闪长岩、花岗闪长岩、黑云母二长花岗岩组成，分布面积占阿勒泰深成岩的44%。海西早期的侵入岩由黑云母花岗岩、二云母花岗岩、白云母花岗岩、花岗斑岩组成，是典型的壳源型花岗岩；海西中期侵入岩占阿勒泰深成岩的32%，由闪长岩、黑云母花岗岩、二云母花岗岩、白云母碱长花岗岩组成。古生代火山活动较弱，晚奥陶世火山岩以溢流相中性、中酸性及酸性熔岩为主，属安山岩、流纹岩组合，局部有玄武岩，中–晚志留世火山岩主要为角闪斜长片麻岩和黑云母角闪斜长片麻岩，原岩以中性和基性火山岩为主，局部见少量变质的霏细斑岩、流纹岩、石英斑岩，早古生代中酸性火山岩化学成分为钙碱性系列，基性火山岩属拉斑玄武岩系列，属造山带火山岩；二叠纪火山岩为陆相橄榄玄武岩，属碱性拉斑玄武岩系列，为后造山拉张期的产物。

花岗岩与围岩接触带的蚀变主要有绿泥石化、绿帘石化、角岩化、云英岩化、硅化等，断裂附近出现碎裂岩化，部分内外接触带出现混合岩化。围岩中有大量岩脉、岩枝贯入。异常、矿化部位常发育褐铁矿化，其强度与异常强度有一定相关性。

该单元变质作用强烈，而且不均匀，以区域热动力变质作用为主，具有加里东和海西二期变质作用叠加的特点。喀纳斯隆起主要由震旦系组成，南北向紧闭线形褶皱，基本构造为那仑复式背斜，北东、北西向两组断裂发育。可可托海复式背斜由下–中奥陶统和中–上志留统组成，北西向紧闭线状褶皱，断裂发育，核部侵入巨大的原地加里东及海西期混合交代型花岗岩，发育伟晶岩及其相关的矿产。

晚古生代时的强俯冲与碰撞，导致本区花岗岩类的侵入和富含稀有金属的花岗伟晶岩的生成，晚期出现有富碱性的岩体。该带内铀（钍）矿点、异常点均为花岗岩型和伟晶岩型，但规模都不大。铀成矿与该区段内壳源重熔型花岗岩和伟晶岩成矿作用相关，主要集中分布于五溪岭–库尔提和可可托海–青河地段（图5-1-1）。

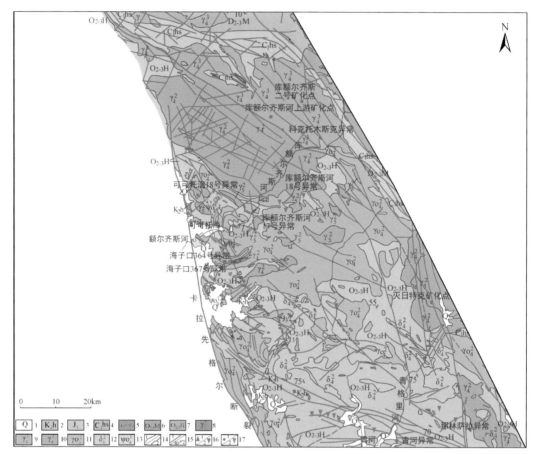

1-第四系；2-红砾山组；3-上侏罗统；4-红山嘴组；5-库马苏组；6-忙代恰群；7-哈巴河群；8-燕山期花岗岩；9-海西晚期花岗岩；10-海西中期花岗岩；11-海西中期斜长花岗岩；12-海西中期闪长岩；13-海西早期角闪岩；14-1-接触界线，2-角度不整合接触地质界线；15-1-断裂，2-地层产状；16-1-火山岩型铀矿点，2-伟晶岩型铀异常；17-1-花岗岩型铀矿点，2-钍异常

图 5-1-1　可可托海–青河地段铀矿地质图

2. 铀矿化特征

在五溪岭–库尔提地段，即阿勒泰市北部和东部，发现有卡兰古提矿化点、五溪岭异常点和库尔提矿化点，产于海西中、晚期花岗岩的外接触带及岩体内部。这些矿化点及异常点前人开展过少量工程揭露，多无工业价值。

在可可托海–青河地段，已发现的铀矿化以花岗岩型为主，主要产于花岗岩体的内接触带和岩体南部，部分为伟晶岩型，产于岩体内部伟晶岩脉中。发现有库额尔齐斯河上游矿化点、库额尔齐斯二号矿化点、灭日特克矿化点、依勒斯廷矿化点和众多异常点（图 5-1-2）。这些矿化点及异常前人开展过少量工程揭露，主要矿化点成矿特征简述如下。

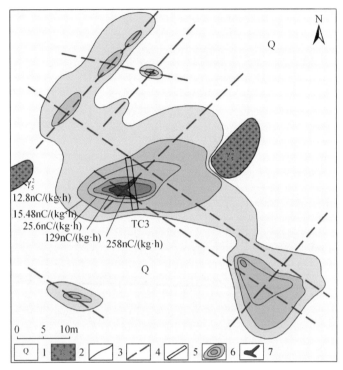

1-第四系；2-燕山期花岗岩；3-接触界线；4-推测断裂；5-探槽；6-伽马照射量率晕圈；7-矿体
图 5-1-2　库额尔齐斯河上游矿化点地质图

1）库额尔齐斯河上游矿化点

矿化点位于大桥花岗岩基的中部，产于海西晚期花岗岩体内的燕山期花岗岩（同位素年龄为 1.38~1.82Ga，据新疆区调队，1979 年）补体中。岩体为灰白色二云母花岗岩，位于科克托木斯克-巴勒其格河断裂以北，北西西向红山咀断裂通过矿化点南侧，发育着较宽的破碎带，赭石化强烈，次级断裂、裂隙纵横交错，棋盘格子状构造发育。

铀异常分布较广，其中稳定的一处铀异常长度为 70m，宽度为 20~30m（图 5-1-2），地表有约 1m 的风化覆盖层，深部岩石破碎，受北西向、北东向两组断裂控制。地表伽马照射量率一般在 10.32~11.35nC/（kg·h），大于 12.8nC/（kg·h）的异常晕受控于北东向、北西向两组断裂，呈交叉的带状或串珠状分布。揭露到风化基岩后强度急剧升高，大于 25.8nC/（kg·h）的异常晕均分布在两组断裂的交汇部位，最高达 258nC/（kg·h）。有限的工程揭露成果表明伽马照射量率在深部延伸稳定。

槽探 TC3 揭露北东向、北西向断裂控制的铀矿体，两组断裂控制了两条矿脉，矿脉自地表 0.2m 开始延伸到 0.8m（探槽底部）。矿脉为黄绿色铜铀云母，呈交叉状，其中一条矿脉长度为 1m，宽度为 0.1m，另一条矿脉长度为 1.8m，宽度为 0.1m，由于矿脉为单一的铜铀云母，铀品位高达 41.2%。在裂隙壁上见有花朵状铜铀云母晶族，是含铀热液充填裂隙中结晶而成。

2）灭日特克矿化点

矿化点位于灭日特克复式岩体中，灭日特克河西岸。岩体早期为海西中期黑云母花岗岩，晚期为燕山期中粒二云母花岗岩，发育有伟晶岩脉。异常产于燕山期灰白色中粒含斑二云母花岗岩的北北西向断裂中，其中 F_1 断层有明显的赭石化，宽度为 1～4m，地表出露长度约 140m，充填有大量含铀角砾，角砾岩往花岗岩方向过渡依次为细糜棱岩、粗糜棱岩、碎裂花岗岩和花岗岩。

由 F_1 断层控制的铀异常带断续长 140m，宽 1～5m，向深部有扩大和变好的趋势。铀矿物在地表呈结核状产出，在 1m 以下的深处为草绿色铜铀云母胶结的角砾岩。探槽 TC1在角砾岩带中发育有石英细脉，并发育着褐铁矿化。铀矿体赋存在角砾岩中，厚度为0.2～0.4m，平均品位为 0.073%，往深部厚度和品位趋于稳定。

F_2 断层控制的铀异常较为零星，异常长度为 20m，宽 1m。剥土 BT1 在地表 20cm 的残积层中有黄色硅钙铀矿发现，有烟灰状水晶产出，向深部延伸不明，铀品位为 0.304%。

3. 主要控矿因素和找矿标志

铀矿化的控制因素主要为岩体和构造。该构造带内岩体对铀成矿的控制与时代无关，但铀矿点、异常均产于二云母花岗岩中，以中粗粒斑状二云母花岗岩为主。岩体为钙碱系列，硅过饱和，碱度适中，钾偏高。地球化学测量的铀含量均大于 $6×10^{-6}$，局部大于 $10×10^{-6}$，为富铀岩体，这是新疆为数不多的富铀岩体和富铀区之一，也是面积最大的一片。

控制铀成矿的断裂主要有北西向、北北西向断裂，呈棋盘格子状。北西向断裂以发育挤压破碎带为主，见有明显的碎裂花岗岩、碎裂岩、糜棱岩，是铀成矿的有利容矿空间。北北西向断裂以"人"字形为主，花岗岩表现为明显的赭石化和碎裂岩化、糜棱岩化。棋盘格子状断裂是本区富铀岩体常见的断裂，沿走向 220° 和 130° 方向节理发育，一般扭错距不大，规模较小。这是控制铀矿体和铀异常产出的主要构造。

该区花岗岩蚀变普遍较弱，岩石新鲜，具有较高铀含量，已经发现的铀异常单个面积较小，但见有原生铀矿物的氧化脉体，脉体铀含量高，深部应有原生铀矿化的存在。该区是新疆花岗岩型铀矿的主攻靶区之一。

(二) 南阿尔泰晚古生代弧后裂陷盆地

1. 成矿地质条件

该带在海西早期拉张作用下，形成阿舍勒、冲乎尔、克兰、麦兹 4 个斜列式火山盆地，沉积了早-中泥盆世拉张阶段的双峰式火山岩建造。下泥盆统成熟度较高的陆源碎屑物较多，火山岩的酸性成分也较高；中泥盆统则为典型的双峰式火山岩（细碧角斑岩系）。大部分地段于晚泥盆世即转入汇聚，出现复理石及中-酸性火山岩建造和汇聚阶段后期的 S 型石英闪长岩、斜长花岗岩、花岗闪长-二长花岗岩，形成与板块汇聚阶段 S 型花岗岩有关的铀矿化。在晚石炭世早期固结，出现有钾长花岗岩，并隆起为陆。

该区带内北西向断裂十分发育，褶皱构造为北西向紧闭褶皱。变质作用强烈，但不均匀，西弱东强，以绿片岩相区域热动力变质作用为主。

2. 铀矿化特征

该构造带以花岗岩型铀矿化为主，主要为花岗岩外带亚类，分布于冲乎尔-塔尔郎地段，在富蕴一带发育部分伟晶岩型铀（钍）异常，规模小，无工业价值。冲乎尔-塔尔郎地段铀矿化较集中且具一定的找矿潜力，主要成矿特征如下。

　　冲乎尔–塔尔郎地段位于阿尔泰山脉西部南坡，处于冲乎尔晚古生代弧后盆地。东西延伸约62km，南北宽度约30km，地层主体由震旦系—下寒武统的喀纳斯群、泥盆系组成。海西早中期侵入岩发育，属钙碱性系列，且构造较复杂，褶皱、断裂发育，走向以北西向为主，断裂多具有压扭性质，褶皱主体为复式向斜。地表铀异常呈带状，受控于北西向断裂和海西中晚期花岗岩，含矿层为新元古界喀纳斯群、中泥盆统浅变质岩和海西中晚期花岗岩，以花岗岩型铀矿化为主，局部有伟晶岩型铀矿化。铀矿化主要赋存在花岗岩外接触带，在海西中晚期花岗岩及岩脉侵入的片岩、千枚岩及浅变质碎屑岩中均有产出，受断裂、破碎带及其热液蚀变带控制。矿化较好的有杰别特矿点、友谊矿化点、冲乎尔铀矿化点和众多异常点（图5-1-3），主要矿（化）点成矿特征分述如下。

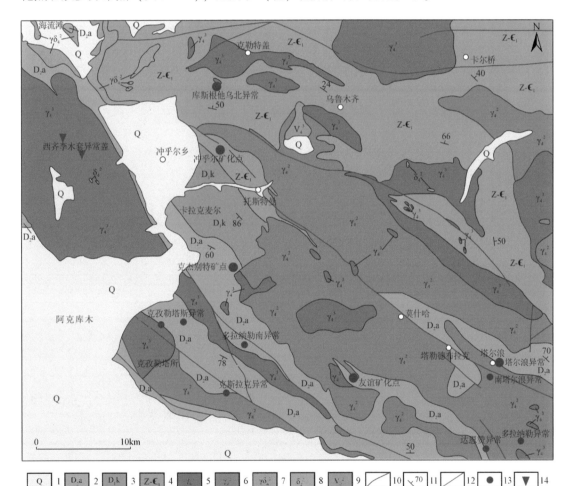

1-第四系；2-阿勒泰组；3-康布铁堡组；4-喀纳斯群；5-海西晚期花岗岩；6-海西中期花岗岩；7-海西中期花岗闪长岩；8-海西中期闪长岩；9-海西中期辉长岩；10-接触界线；11-地层产状；12-断裂；13-花岗岩型铀矿点；14-伟晶岩型铀异常

图5-1-3　冲乎尔–塔尔郎地区铀矿地质图

1) 杰别特矿点

矿点位于切别宁–塔尔郎–切木尔切克大型花岗岩基的西北部, 杰别特背斜的轴部。出露地层为中泥盆统阿勒泰组 (D_2a), 被海西中期中粒黑云母花岗岩和海西晚期斑状白云母花岗岩所侵入 (图 5-1-4)。成矿区内断层构造发育, 其中北北西向断裂沿接触带切穿地层及岩体, 次级断裂、裂隙及糜棱岩化极为发育。

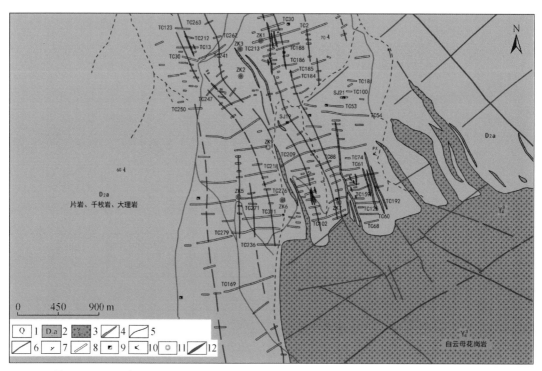

1-第四系; 2-阿勒泰组; 3-海西晚期花岗岩; 4-花岗岩脉; 5-接触界线; 6-断裂、裂隙; 7-地层产状;

8-探槽; 9-浅井、深井; 10-平巷; 11-钻孔 (红色为揭露到铀矿化的钻孔); 12-地表铀矿化体

图 5-1-4　杰别特矿点地质图

矿点范围内阿勒泰组 (D_2a) 由粗粒、细粒石英黑云母片岩、泥质片岩、条带状石英长石黑云母片岩、硅质带状片岩及结晶石灰岩、大理岩组成。岩层产状一般倾向南西, 局部倾向西和北西。其中粗粒石英黑云母片岩主要分布在矿点东部; 灰色及深灰色泥质片岩在矿点内出露广泛, 为主要含铀岩性; 底部有两层薄层结晶石灰岩及薄层硅质带状片岩夹层 (厚度 0.5~2m), 有极不规则的石英脉贯入。

条带状石英长石黑云母片岩在矿点内分布有两层, 其中一层与泥质片岩层共同构成矿点主要赋矿围岩。结晶片岩呈青灰色, 在北部有铁帽; 硅质片岩分布在矿点西部, 出露较广, 灰色与灰白色相间, 有条带状构造; 大理岩分布在矿点西部, 呈乳白色, 粒状结晶, 风化后呈砂粒状。

侵入岩分布在矿点东南部及东部 (图 5-1-5), 与阿勒泰组呈侵入接触。岩性有黑云母花岗岩、白云母花岗岩, 发育花岗岩脉、酸性岩脉及花岗伟晶岩脉。黑云母花岗岩呈浅土黄色、玫瑰色, 粗粒及中粒结构。白云母花岗岩呈灰白色, 粗粒状结构。花岗岩脉呈灰白色, 中粒及细粒结构, 在前人施工平巷的穿脉见花岗岩脉及次生铀矿化。酸性岩墙主要分布在北部矿区，呈灰白色，侵入于泥质片岩中。花岗伟晶岩脉仅见于南部矿区平巷上部探槽 TC55 内及其附近。

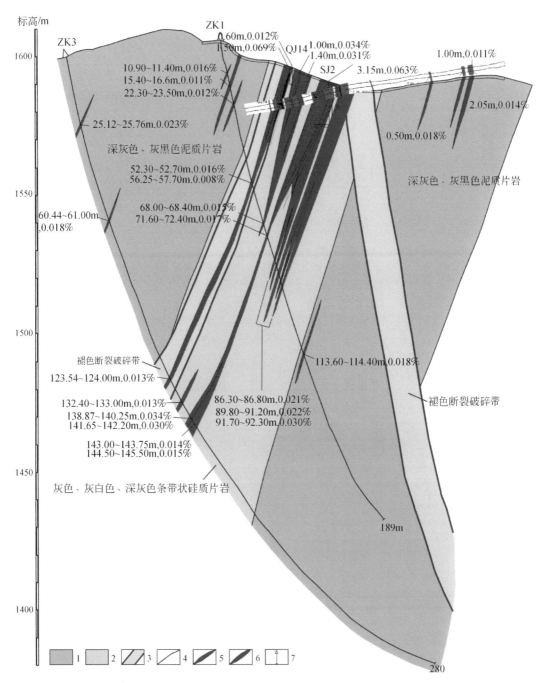

图 5-1-5　杰别特矿点 ZK3-ZK1 剖面示意图

1-深灰色、灰黑色泥质片岩；2-灰色、灰白色、深灰色条带状硅质片岩；3-褐色断裂破碎带；4-接触界线；
5-品位≥0.030%的矿化体、矿体；6-品位<0.030%的异常体；7-钻孔

　　矿点范围内异常、矿化主要赋存在深灰色、灰黑色泥质片岩中，部分地段见细粒花岗岩脉贯入（图5-1-6）。如探槽 TC70 铀矿化体延伸至坑道内长约27m，厚约1.5m，其中约有15m 产于花岗岩脉（脉厚约0.3m），脉体附近为一条走向断裂，花岗岩脉中的铀含量为0.07%～0.09%。推测花岗岩脉与矿体有成因联系。

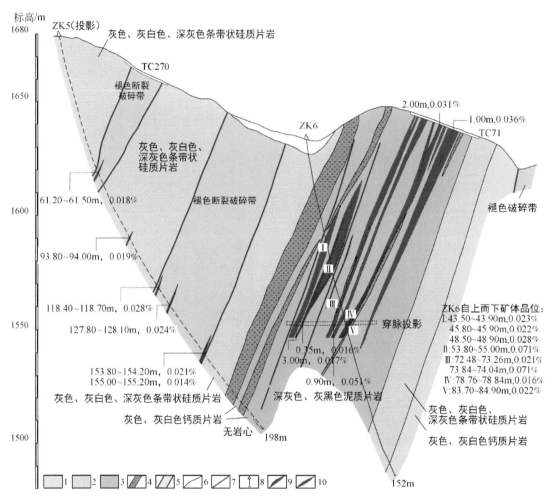

图 5-1-6　杰别特矿点 ZK5-TC71 剖面示意图

　　矿体形状一般为透镜状及扁豆状，产状一般与岩层相似。次生铀矿物主要为硅酸盐类，分布在泥质片岩的层面及节理面上。其次为硫酸盐类及碳酸盐类，为板菱铀矿，主要产在断层破碎带内，在主矿体的下盘富集，与石膏伴生。

　　主要围岩蚀变有硅化、褐铁矿化、锰矿化以及褪色带。这些蚀变主要分布在走向断层破碎带内。绢云母化、高岭石化、绿泥石化见于矿点南部槽探 TC71 附近矿体下盘的断层破碎带内。绢云母及绿泥石呈黄色，高岭石为粉色或粉白色，褪色带呈黄色及灰白色等几种现象，在南部矿区走向断层内常见到。锰矿化主要见于矿点北部走向断层破碎带内。

2）友谊矿化点

该矿化点位于切别宁–塔尔郎–切木尔切克大型花岗岩基的中部，岩体的残留顶盖中。出露地层为中泥盆统阿勒泰组，南部有海西晚期斑状白云母花岗岩侵入，伟晶岩脉发育（图5-1-7）。北西西向断裂沿接触带切穿地层、岩体、次级断裂、裂隙及伟晶岩脉。

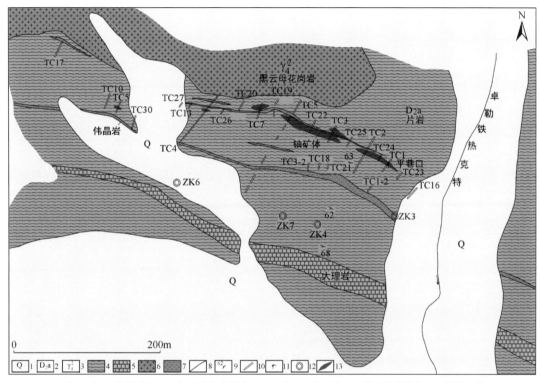

1-第四系；2-阿勒泰组；3-海西中期花岗岩；4-片岩；5-大理岩；6-黑云母花岗岩；7-伟晶岩脉；
8-接触界线；9-地层产状；10-探槽；11-平巷；12-钻孔；13-地表铀矿化
图5-1-7　友谊矿化点地质图

矿化点构造较为简单，中心发育着一条走向为330°的断层，性质和产状不明。

铀矿化产在阿勒泰组（D_2a）富含泥质的黑云母片岩中，在地表呈不连续的小透镜体状分布。单个透镜体最长者为80m，厚度为7～10m，平均厚度为2～3m，平均品位为0.025%，最高为0.143%。根据前人工程揭露情况，深度为5～15m的矿体逐渐随深度的增加越来越好。从平巷（距地表20～60m）的揭露情况看，距地表20m以内矿体较好，为连续的透镜体。超过20m后深部矿体不连续，呈极不规则和极不稳定状的小透镜体。地表发现的铀矿体和铀异常在平巷内均有发现，但工业矿体变小，异常规模增大。

地表的铀矿化和异常赋存在伟晶岩脉的两侧，平巷内这种规律仍然存在，但伟晶岩脉中已经发现了铀异常，并有工业矿体发现。平巷内工业矿体约占20%，铀矿化、异常占80%。分析品位一般为0.015%左右，最高为0.088%。平巷揭露的矿化带为氧化带，铀矿物为黄色及黄绿色的次生矿物，主要为硅镁铀矿。

矿化点施工有钻探工程，由于没有查阅到原始资料，是否含矿尚不明确。井探和平巷揭露最深为60m，没有揭露到片岩与花岗岩的接触带，深部是否有找矿价值需要进一步探索。

3）冲乎尔矿化点

矿化点位于切别宁–塔尔郎–切木尔切克大型花岗岩基西部一个小岩株的外接触带中。出露地层为震旦系—下寒武统喀纳斯群，沿外接触带有海西中期花岗岩的脉岩侵入。断裂以北西向为主，次级断裂为北北西向、近南北向和北东向，切穿了地层及岩体，伟晶岩脉、石英脉发育（图5-1-8）。

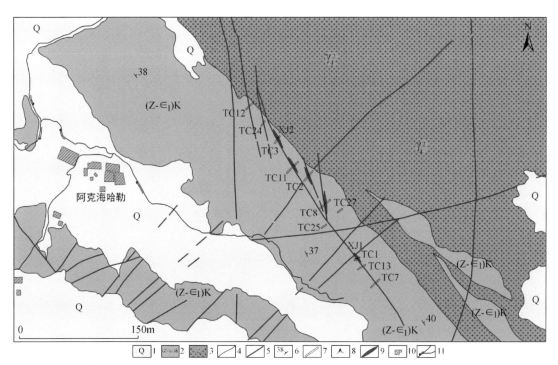

1-第四系；2-喀纳斯群片岩；3-海西中期花岗岩；4-接触界线；5-断裂、裂隙；6-地层产状；
7-探槽；8-斜井；9-地表铀矿化体；10-建筑物；11-水系
图5-1-8　冲乎尔矿化点地质图

铀矿化发育在北西向裂隙破碎带中，异常与矿化体富集在破碎带及上盘更次级的裂隙中。地表异常展布长度约300m，宽度为2~10m，有7个工程揭露铀矿化和异常，彼此不相连。

从铀矿化发育情况看，大于0.010%的铀异常、矿化和矿体具有以下定位特征：①均赋存在喀纳斯群以石榴子石片岩为主的岩性中；②均赋存在破碎带内相对弱破碎的部位和破碎带两侧的片岩中；③与硅化密切相关，矿化、异常部位均发育硅质团块，而没有硅质团块的部位则不出现铀异常和矿化；④地表的淋滤作用对矿体有一定改造，铀异常、矿化部位发育褐铁矿化，强度与异常强度有一定相关性。

冲乎尔矿化点西南外围发育一个北西向的铀异常片，主要产于喀纳斯群片岩中。长度约为3.7km，宽度为0.4~2.3km，新疆五一九队零星施工有探槽，部分探槽揭露到品位0.010%~0.030%的铀异常，厚度一般小于0.8m，赋存在破碎带的两侧，与硅化密切相关。由于没有开展系统的揭露和深部探索，铀成矿远景不明。

3. 控矿因素及找矿标志

综上所述，冲乎尔–塔尔郎地段的控矿因素及找矿标志可归纳为以下几点。

1）主要控矿因素

（1）铀矿化、异常受岩性控制：主要产于泥质片岩、条带状石英黑云母片岩、黑云母片岩、石榴子石片岩中，局部为结晶石灰岩。

（2）铀矿化、异常受构造控制：北西向、北北西向的断裂破碎带和裂隙密集带是铀成矿的有利地段，其中北西向构造控制铀异常带的产出，次级的北北西向密集裂隙带控制铀矿点、矿化点的定位和矿体的产出。北西向构造带大致以 3.6km 等间距出现，这种现象为今后的找矿工作提供了依据。

（3）铀矿化、异常受热液控制：这种控制作用表现为海西中晚期岩浆活动沿岩体内部及围岩破碎带贯入含硅含铀热液，在破碎带内相对致密的区块卸载富集成矿。破碎带内广泛分布的硅化与铀成矿有着密切的关系，表明含铀热液运移过程中，硅化作用和富硅热液的参与是铀成矿的重要因素之一。杰别特矿点的矿体均赋存于中细粒花岗岩脉的两侧，并且紧靠脉体，部分花岗岩脉有铀矿化发现，表明花岗岩的期后热液是铀成矿的主要运移介质和成矿介质。友谊矿化点的铀矿体均赋存于中伟晶岩脉密集发育区，冲乎尔矿化点矿化与硅质脉密切相关，充分体现了岩浆期后热液在铀成矿中的作用。

（4）岩体对铀成矿的控制作用：这种控制作用主要体现在切别宁–塔尔郎–切木尔切克大型花岗岩基，对矿点、矿化点的产出、定位有必然联系。从赋存空间关系看，主要矿点、异常区均位于岩体外接触带或残留顶盖中，一般距岩体边缘不超过 700m，远离岩体，基本未发现铀异常。部分氢气异常距岩体边缘较远，达 1.3～2.7km，不排除下部有隐伏岩体或隐伏岩脉控制的可能性。而岩体外接触带的角岩化、硅化蚀变带显然对铀成矿有一定贡献。

由岩体派生的花岗岩岩脉贯入到围岩中，特别是缓倾斜接触带的上部围岩，是目前发现的几个铀矿点、矿化点主要的特征。派生岩脉的贯入为外接触带密集裂隙带的形成提供了动力，为热液蚀变的形成提供了条件，为铀成矿提供了环境。与铀成矿有关的岩脉主要为硅化细粒花岗岩脉和硅质脉，而正常的花岗岩脉目前没有发现铀矿化或与铀成矿相关。

2）找矿标志

（1）次生铀矿化：沿断裂破碎带、密集裂隙带，铀矿体、异常的地表露头一般见有次生铀矿物，一般呈浸染状、薄膜状沿裂隙面、节理面分布，是寻找铀矿化的直接标志。

（2）硅化、褐铁矿化、赭石化、碳酸盐化蚀变带：这是铀矿化赋存的主要蚀变带，沿岩石裂隙面发育的褐铁矿化与碳酸盐化是较好的指示蚀变。目前发现的铀矿点、异常点均发育此类蚀变，并与铀矿体直接共生，褐铁矿化越强烈，铀品位越高。

（3）伽马异常晕：这是寻找铀矿化的典型和基础找矿标志，在冲乎尔–塔尔郎地区普遍存在，一般沿断裂破碎带、密集裂隙带分布，可作为浅部找矿的标志。

第二节　格拉切夫矿床

格拉切夫矿床位于科克切塔夫州的阿伊尔套地区，科克切塔夫市西 100km 处，属于北哈萨克斯坦铀矿省的科克切塔夫铀成矿区，于 1967 年发现。该矿床属大型铀矿床，探明铀储量 20000t。

一、成矿地质条件

格拉切夫矿床位于科克切塔夫铀成矿区的西北部北东向寒武纪古火山盆地北翼的地堑向斜中，产于北东向沃罗达尔与东西向中央两条深断裂的交汇处（图 5-2-1）。

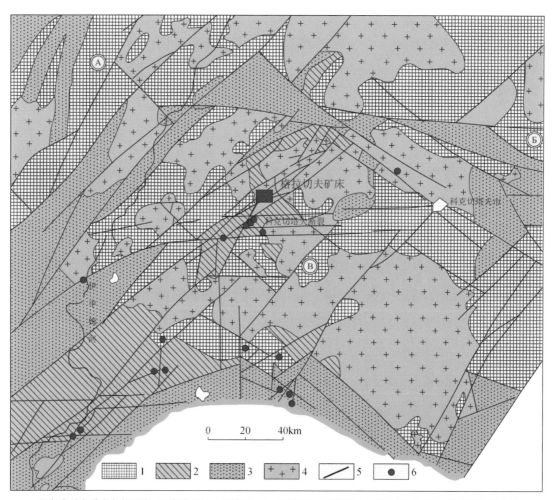

1-前寒武系变质岩古老地块；2-寒武纪造山拗陷区；3-奥陶纪造山拗陷区；4-造山期（S 型）花岗岩类侵入体；
5-区域性断裂；6-铀矿床。地背斜名称：A-扎格拉多夫；Б-沙特；В-科克切塔夫
图 5-2-1　格拉切夫区域地质图

区内出露地层为文德–寒武系安德烈耶夫组，岩性为砂岩、粉砂岩和泥岩、灰岩、碳质泥质片岩。它在西北部沿格列米雅断裂与里菲期叶菲莫夫组的沉积岩接触，在东南部沿巴扬塔伊断裂与沃洛达尔花岗岩体相连，而在东北部则被中泥盆统覆盖。

列加耶夫淡色花岗岩体贯入砂岩和页岩层内，呈板状体产出，其底面不平整，以15°~20°倾角向南东方向侧伏。在岩体中见大量砂岩和页岩的捕获体。花岗岩与沉积岩接触界线清楚，未发现花岗岩化。花岗岩矿物组分的特征是微斜长石多于斜长石、黑云母含量为3%~5%，按化学成分属亚碱性，岩石铀含量高，在其底部铀含量达$80×10^{-6}$。

除花岗岩外，在矿床中部侵入有辉长–闪长岩株（直径约2000m），以及少量闪长玢岩脉，其收缩部位厚度<10m。辉长闪长岩呈形态复杂的岩株状，闪长玢岩是辉长闪长岩岩株的脉状岩枝。

矿区断裂构造发育，主要为NE向与NW向两组，其次为近EW向，这些断裂将矿区切割成断块构造。深断裂带活动具长期性，伴随有破碎、片理化、角砾岩化带。

二、铀矿化特征

矿床位于北部断裂和石英岩断裂之间褶皱带的中部，呈一单斜构造，岩层倾向北东，倾角达70°~85°，在北部发育强烈的小褶曲。

铀矿化产于列加耶夫淡色花岗岩体外接触带，容矿岩石有安德烈耶夫组的砂–页岩、侵入其中的辉长–闪长岩、闪长玢岩和花岗细晶岩。砂岩和页岩的捕获体在花岗岩的底部形成独特的巨大角砾。岩体外接触带的文德期沉积岩中发育密集的花岗细晶岩脉。褶皱和断裂带及与其伴生含矿角砾岩的复杂组合决定了矿床的构造，可划分出顺层同褶皱的断裂、线性断裂构造及角砾岩。绝大部分矿化赋存在致密的交代角砾岩中（图5-2-2）。

铀矿化的垂直幅度达1200多米，矿体长轴方向长300~350m，宽度为100~150m，到深部缩小到50m。

铀矿体分为岩筒状矿体和似脉状矿体两种类型。

岩筒状矿体：主要铀矿化产于北部和南部角砾岩带的筒状角砾岩中，分布在砂岩和粉砂、花岗斑岩和花岗细晶岩脉以及辉长–闪长岩株的接触带内。北部筒状角砾岩带为主要赋矿构造，其铀储量占矿床总量的80%。呈复杂的似筒状矿体，产状近乎直立，在近地表长轴方向呈近东西向，矿体厚度随深度增加而变小。破碎带具复杂的内部结构，破碎程度不均匀，在其中可划分出几个似柱状矿体。矿体与无矿岩石的界线在局部特殊地段发生突变。南部角砾岩带由几个分散的垂直矿体组成，矿体形态与北部矿体相似。

似脉状矿体：产于陡倾的北西向和近南北向断裂中，矿化变化大、非常不连续和规模小，其铀储量处于从属地位。

在垂向上赋矿岩性有所变化，上部铀矿化产于沉积岩中，中部主要产于花岗岩中，下部又重新主要产于沉积岩中，少量产于花岗岩的岩枝中。在角砾岩带中，铀矿化的强度与岩石的破碎程度成正比，未破碎岩石不含矿。把矿带分隔开的辉长–闪长岩株基本未遭受破碎，铀矿化仅产于其接触带处，并局限在厚1~2m的近接触带内。这是由于闪长岩脉具有强的机械物理性质，在构造运动时起到"楔子"作用。

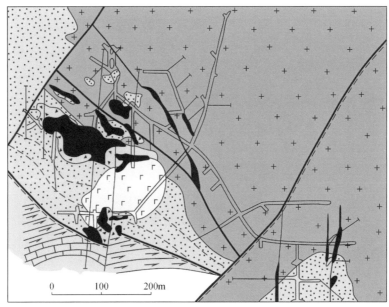

(a) 地表下275m水平平面图

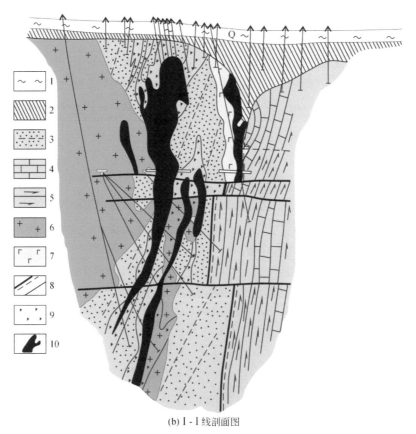

(b) Ⅰ-Ⅰ线剖面图

1-第四系；2-中生代风化壳；3~5-文德系：3-砂岩、粉砂岩和泥岩；4-灰岩；5-碳质泥质片岩；
6-淡色花岗岩；7-辉长–闪长岩；8-断裂；9-爆裂角砾岩；10-铀矿体

图 5-2-2　格拉切夫矿床地质图（据别洛克包洛夫和卡列林，1998）

交代岩以钠交代岩为主，按其矿物与化学组成可分为钠长岩型与磷灰石–钠长岩型。前者主要发育于花岗岩内，后者则主要形成于砂岩、粉砂岩与辉长岩内。另外，在矿床内还见有钾交代岩，化学分析结果表明，钠钾两者不相容，钠交代岩的钾含量降低，反之钾交代岩中钠含量降低。

铀矿化主要受钠长石–磷灰石的热液交代蚀变的控制。矿区所有的交代岩都含矿，而铀矿体产于其中心部位。铀矿化强度分布十分不均匀，铀矿物产于强烈破碎和交代的岩石内。铀含量一般为 $0.0n\% \sim 0.n\%$，也可见到含量达 $n\%$ 的块样，可以划分出铀品位>0.1% 与 0.05%~0.1% 的矿段，但总体为低品位矿石，富矿石占比较少。

矿石脉石矿物气液包裹体的均一法和爆裂法测温表明，含铀交代岩形成的温度区间为 220~280℃，属中低温。

富矿石呈暗绿色–褐色和淡红色–褐色，以致密钠长石（偶尔为钾长石）为主的岩石，富含磷灰石、有效孔隙度高，有钠长石、石英、磷灰石、绿泥石、碳酸盐、绢云母细脉和微脉穿插。

主要矿石矿物为细粒铀石，呈分散浸染状或组成集合体或细脉；其次为钛铀矿、沥青铀矿、磷灰石。

矿石属综合性矿石，为铀–磷组合。该矿床的另一特点是有的矿石中钍含量高，含量为 $0.0n\% \sim 0.n\%$。在局部富矿石中见到似松香状的锆与钍的硅酸盐细脉，呈淡红色–褐色油脂状，非均质。

铀成矿后阶段热液活动显示弱，主要是形成绢云母–水云母和石英–碳酸盐细脉。另外，三叠—侏罗纪风化壳发育，近地表的矿体遭受改造。

三、矿床成因

格拉切夫矿床为脉状热液型铀矿床，铀成矿与钠交代作用有关，赋矿岩体主要为角砾岩、花岗岩及砂岩等。根据铀矿化产于该区最年轻的花岗岩与其上覆中泥盆统红层内，以及在石炭系内无铀矿化等信息，推测其形成于中–晚泥盆世。

第六章　其他类型铀矿成矿条件剖析

新疆地区铀矿床类型相对简单，主要为砂岩型和火山岩型，其他类型只有零星分布，相对较少，如准噶尔中-新生代盆地的大庆沟煤岩型铀矿床等。中亚地区铀矿床类型众多，包括砂岩型、花岗岩型、火山岩型、伟晶岩型、黑色页岩型、煤岩型及泥岩型等矿床，大型-超大型矿床以砂岩型、火山岩型和花岗岩型为主，其他类型矿床基本为中小型矿床，如吉尔吉斯斯坦的布拉克-萨伊矿床、吉利矿床，哈萨克斯坦的塔斯穆龙矿床，塔吉克斯坦的塔博沙里矿床，土库曼斯坦的贝里克黑色页岩型矿床及乌兹别克斯坦的科切卡矿床等。

第一节　大庆沟矿床

一、成矿地质条件

大庆沟铀矿床位于新疆准噶尔中-新生代盆地东部帐篷沟地区，大地构造处于卡拉麦里晚古生代褶皱带和北天山东段博格达晚古生代褶皱带夹持区内。矿床位于帐篷沟-北三台鼻状隆起带的大庆沟背斜的翼部，背斜北端古生代地层凸起，使背斜向南倾伏并形成鼻状，核部出露地层有石炭系、二叠系及三叠系，两翼地层为侏罗系、白垩系，背斜南部新近系上覆在侏罗系和白垩系之上。

背斜大致呈南北走向，但轴向呈反 S 形，背斜全长 60km，出露长度为 25km，北部核部宽约 11km，中部两翼靠拢出现鞍部，宽度仅为 3~4km，南部扩展为 6~7km，使背斜形态为哑铃状。两翼产状不一，东陡西缓为不对称背斜，轴面倾向西，东翼倾角为 15°~25°，西翼倾角为 5°~15°。

燕山运动中晚期，背斜受挤压持续隆起，不仅使侏罗系受到剥蚀，而且缺失上白垩统及古近系。喜马拉雅运动区域处于中等强度的活化阶段，形成了一系列的低山丘陵地带，长期抬升，使侏罗系含矿地层大面积暴露地表，有利形成潜水-层间氧化带。

二、铀矿化特征

（一）矿体分布、形态及规模

大庆沟矿床的煤岩型工业矿体一般产在中侏罗统西山窑组的 8 层煤层中，以第一煤层（占矿床储量87%）和第二煤层为主（图 6-1-1），个别产于煤层顶、底板砂岩的岩石中。煤层变质程度低，多为土状、粉末状、块状，分布稳定，厚 10~25m。

矿体倾角一般为 15°~35°；矿体多呈透镜状，规模小而分散，共计 40 个矿体，长度

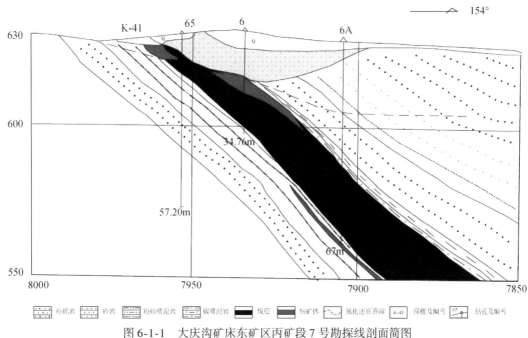

图 6-1-1 大庆沟矿床东矿区丙矿段 7 号勘探线剖面简图

一般几十米至几百米,最长为 482m,厚度为 2.05m,沿倾向延伸 90m,平均铀含量为 0.108%,最高为 3.404%,品位变化系数为 78%;矿床平均厚度为 0.95m,最厚为 3.12m,厚度变化系数为 57%,矿体埋深一般小于 40m,矿体分布不均。

铀矿化沿背斜两翼断续分布,总长度约为 20km,主要集中在东南翼的南部和中部,深部矿体富集在西北翼的南部和东翼的中部。背斜东南翼比西北翼矿体规模大,数量多,东矿区共有 29 个矿体,储量占总数的 96%,而西矿区有仅 11 个小矿体。矿化分布在盆缘厚度变薄的劣质煤层以及相变的碳质泥岩和砂岩中,在地表矿化多产在地形低洼部,呈粉末状、粒状、碎块状、含砂、泥、灰分高的氧化劣质煤-褐煤层;深部煤质变好,见烟煤条带,则不含矿,局部地段含植物碎屑分选差的粉砂岩中也有矿体。矿体呈扁豆状、透镜状,沿走向长,倾向短,长短轴比为 3:1~4:1 或 8:1,走向长一般为 60~100m,沿倾向 25~50m,矿体面积都小于 5000m²。矿体产状与岩层的产状基本一致,均为缓至中等倾斜矿体,部分矿体近于水平,一般倾角为 20°~30°,最大为 45°,矿体富集在距地表 0~40m 的范围内。

(二) 矿化特征

矿体主要赋存在第一煤层中,呈透镜状,一般长几十米至几百米,厚几十厘米至几米,平均厚度为 8.1m;平均品位为 0.108%,样品最高品位为 3.404%。

矿石类型以煤岩型为主,主要在劣质煤层(褐煤)中,其次在相变的碳质泥岩和砂岩中。铀的存在形式呈主要矿石矿物,如氧化沥青铀矿、板菱铀矿、钒钙铀矿,铀矿物一般分布在煤层的中部至下部,另有吸附铀在煤层中。其他矿物有黄铁矿、褐铁矿、黄铜矿、石膏和方解石等。

三、成矿模式

大庆沟矿床的成矿过程总体上可划分为两个阶段，即沉积预富集阶段和后生改造成矿阶段。

沉积预富集阶段：从侏罗纪开始，准噶尔地区的古气候环境属于温暖潮湿，雨量充沛，植物繁盛，河流纵横，河流三角洲、滨湖及沼泽相发育，其沉积组合形成，砂、泥岩和煤岩沉积建造占绝对优势，尤其到中侏罗统西山窑组时期，是矿床主要的含矿层形成时期。蚀源区含铀岩体中的铀通过地表风化剥蚀，在地表含氧水的作用下，由低价态铀氧化为高价态铀，并以水溶液的形式迁移带入附近封闭、半封闭的蓄水盆地中，在适当的地球化学障附近再次转化为低价态铀，沉淀，形成铀矿化的早期预富集。

后生改造成矿阶段：根据准噶尔盆地中、新生代构造演化特征及其区域铀成矿规律，晚侏罗世为早期成矿阶段，白垩纪—古近纪应为大庆沟矿床的主要成矿时期，而新近纪以来为后期的叠加改造期。该阶段，准噶尔盆地整体处于区域性挤压构造背景下，盆缘发生适当的构造掀斜与抬升，易于形成有利的斜坡带，含矿层甚至直接出露地表；古气候由侏罗纪温热潮湿转变为后期的炎热干旱，这种环境对含铀含氧水的潜水、层间渗入成矿十分

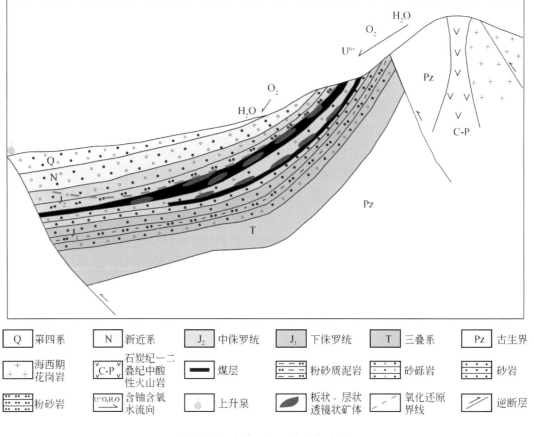

图 6-1-2　大庆沟矿床成矿模式图

有利。新近纪以来，应属于成矿期后的改造阶段，构造活动较为强烈，含矿目的层遭受隆升剥蚀及褶皱变形，浅水氧化作用强烈，蚀源区含氧富铀水继续作用于含矿目的层，使得铀继续富集。

总体上，大庆沟矿床的成矿模式与伊犁盆地南缘的蒙其古尔矿床十分相似（图6-1-2），但其下部层位中砂岩的胶结较为致密，不利于层间氧化带的发育。

第二节　布拉克–萨伊矿床

一、成矿地质条件

布拉克–萨伊矿床位于吉尔吉斯斯坦塔拉斯山北部山脚、库梅什塔格河和切腾德卵石堆积沟的河间地带、布拉克–萨伊河上游以及距离切腾德矿体东北方向5km处。

矿区内发育元古宙时期的变质厚层状板岩，并有石灰岩夹层。后期有浅灰色–粉色黑云母花岗岩侵入于岩层中，在其接触部位板岩发生硅化和部分混合岩化，石灰岩蚀变为含磁铁矿夕卡岩，部分发生大理石化，而花岗岩则发生云英岩化。矿物组合上，在夕卡岩中含有磁铁矿、铁铝石榴子石、方解石、萤石、绿柱石和阳起石，还含有黑钨矿和孔雀石等。

二、铀矿化特征

铀矿化主要发生在与花岗岩接触的夕卡岩中，用粉末进行α检验测量的结果是含有0.006%~0.046%的等量铀；化学分析结果为0.005%铀。收集到的铀矿地质勘查报告中，未对铀矿资源量进行估算，据吉尔吉斯斯坦的地质工作者介绍，该矿区所蕴藏的P_1+P_2铀资源量为15066t。

经野外现场考察，铀矿化主要发生在夕卡岩的构造破碎带中（图6-2-1），具有黏土化

图6-2-1　铀矿化产于夕卡岩破碎带中

等现象，可能与后期的热液叠加作用密切相关。通过地面伽马能谱系统测量，可知此矿区的铀含量为 $200×10^{-6} \sim 900×10^{-6}$，最高可达 $1180×10^{-6}$，在矿石中可见到黄色的次生铀矿物，可能是钙铀云母（图6-2-2）。

图 6-2-2　矿石中含有黄色的次生铀矿物

三、矿床成因

布拉克-萨伊矿床属热液交代型铀矿床，前期夕卡岩化为铀矿床的形成起到预富集作用，后期的热液通过构造破碎带进一步富集叠加。

第七章　新疆与中亚铀成矿规律对比研究

第一节　砂岩型铀矿成矿规律对比分析

中亚楚–萨雷苏和锡尔达林盆地、中央卡兹库姆盆地、伊犁盆地、吐哈盆地、塔里木盆地北缘均发育表生层间渗入型砂岩铀矿化，各自特征见表7-1-1。

表 7-1-1　中亚与新疆砂岩型铀矿成矿规律对比

地质特征	中亚铀成矿区			新疆铀成矿区		
	楚–萨雷苏铀成矿区	锡尔达林铀成矿区	中央卡兹库姆铀成矿区	伊犁盆地铀成矿区	吐哈盆地铀成矿区	塔里木盆地北缘铀成矿区
大地构造背景	天山造山带和土伦板块之间的过渡部位，为新生代构造活化区，次造山区	土伦板块靠近天山造山带的新生代构造活化区，为次造山区	哈萨克斯坦–准噶尔板块南部中天山隆起带	吐哈盆地位于哈萨克斯坦板块东南缘吐哈微型地块之上。盆地的构造主要受博格达近东西弧状构造带及南部阿其库都克、康古尔塔格近东西向构造带的控制，总体构成了近东西向带状、菱块状展布的构造格局	塔里木板块与南天山造山带的过渡部位
盆地类型	大型台向斜盆地	次级地垒式背斜隆起之间的小型山间断陷盆地	山间盆地	山间盆地	山间盆地
含矿层	门库杜克组（K_2t^1） 英库杜克组（$K_2t^2 – K_2st$） 扎尔巴克层（$K_2km–E_1^1$） 乌瓦纳斯层（E_1^2） 马尤克层（E_2^2） 依康层（E_2^2） 英斗马克层（E_2^{2-3}）	多数矿床位于上白垩统的赛诺曼组（K_2sm）至马斯特里赫特组（K_2m）的陆相或海相泥质沉积中，个别矿床位于上始新统海相砂岩中	中–下侏罗统水西沟群（$J_{1-2}sh$）	中–下侏罗统水西沟群（$J_{1-2}sh$）	中–下侏罗统铁米尔苏组（$J_{1-2}tm$）下白垩统克孜勒苏群（K_1kz）
层间氧化带	超大规模的区域性层间氧化带	单个矿床层间氧化带规模较小，发育众多相互独立的层间氧化带	层间氧化带距盆缘较近，横向延伸较长		现今为古层间氧化带残留，被后期强烈构造破坏，规模较小

地质特征	中亚铀成矿区			新疆铀成矿区		
	楚-萨雷苏铀成矿区	锡尔达林铀成矿区	中央卡兹库姆铀成矿区	伊犁盆地铀成矿区	吐哈盆地铀成矿区	塔里木盆地北缘铀成矿区
水文地质	具有完整的承压地下水补给–径流–排泄系统的自流水盆地，可分出两套含水沉积组合：K_2 陆源沉积组合和以 E_1-E_2 海相沉积为主的组合。两套组合之间为厚度不等的泥岩隔水岩段。含水层的补给区为天山高山区及其山前地带，楚-萨雷苏盆地的北缘低山丘陵地区也提供小部分补给	具有完整承压地下水补给–径流–排泄系统的自流水盆地。含矿的白垩系含水组合是一套由隔水层分隔的含水岩层：上土伦-康尼亚克组、桑顿组和坎潘–马斯特里赫特组。古近系透水层主要发育在始新统中。含水层中水的总流向是北西方向，趋向区域排泄区——咸海	中央卡兹库姆铀成矿区发育有多个小型自流水盆地。近古生界岩块的隆起翼是白垩系—古近系水文地质层含水体的渗入区。中央卡兹库姆自流水盆地的补给区为南东部的天山高山区，由切割前中生代基底的北西向主干断裂将盆地系统与高山区连接起来。在平面上，从南东向北西层间水由淡水逐渐变成微咸水和弱咸水	具完整的承压地下水补给–径流–排泄系统。补给为裂隙水、地表潜水、地表径流。J_{1-2} sh 中多套砂体中含地下承压水；矿区北部的隐伏断裂为排泄区	具有完整独立的地下水补给–径流–排泄系统。赋存于构造裂隙及风化裂隙中的潜水和承水主要补给源为大气降水；艾丁湖斜坡带地下水径流区，含水岩性主要为中–下侏罗统、古近系–新近系、第四系砂岩、含砾砂、砾岩；艾丁湖为排泄区	后期构造强烈，地层陡立，现水文地质条件不利于成矿
古气候	中亚地区在中、新生代沉积盖层形成时期，其气候发生多次变迁，总体上分为两个大的阶段。第一阶段为早、中侏罗世—渐新世，该期间，早、中侏罗为温暖潮湿性气候，晚侏罗世—白垩纪气候转为半干旱；古新世和始新世，中亚地区为亚热带气候；渐新世以气候变冷结束该阶段的干热气候，此期间属陆块条件下富含腐殖质的灰色建造或灰色与红色相间的杂色碎屑岩建造形成期。第二阶段为中新世至今，该阶段气候干旱炎热，是缺乏腐殖质的红色建造形成期，也是铀成矿期		在盆地盖层发育期，古气候主要经历两个阶段：三叠—侏罗纪，由三叠纪半干旱–半湿润转变为侏罗纪温暖湿润气候；侏罗纪末至今为干旱–半干旱气候	在盆地发育期，古气候经历两个阶段，三叠纪—中侏罗世，由早三叠世半干旱–半湿润转变为晚三叠世—中侏罗世温暖湿润气候；晚侏罗世至今为干旱–半干旱气候	盆地发育两阶段古气候：三叠纪—中侏罗世为温暖湿润气候；从晚侏罗世、白垩纪直至古近纪、新近纪、第四纪，该地区均处于干旱气候下，这有利于铀元素的活化、迁移，并提高其在地表、地下水中的浓度，有利于在盆地中发生层间渗入氧化和成矿

地质特征	中亚铀成矿区			新疆铀成矿区		
	楚-萨雷苏铀成矿区	锡尔达林铀成矿区	中央卡兹库姆铀成矿区	伊犁盆地铀成矿区	吐哈盆地铀成矿区	塔里木盆地北缘铀成矿区
成矿时代	中亚地区层间氧化带型砂岩铀矿的形成可分为两个期次：晚渐新世至中新世（后生成矿主要阶段）；晚上新世至第四纪（早期矿化再改造富集和现代矿床矿体形态定形时期）			成矿具3期次Ⅰ：K_2-E_1，早期成矿作期，形成铀的初步富集；Ⅱ：E-N，主成矿期，层间氧化带大规模发育，形成主要的铀矿化，该期由于多次脉动式抬升，形成多阶段脉动式成矿；Ⅲ：2Ma至今，后期叠加富集改造期，已经形成的矿体遭氧化，或者被破坏，或者向下迁移富集	三期成矿Ⅰ：白垩纪中晚期，构造抬升，第一期层间氧化成矿；Ⅱ：古近纪渐新世末期，构造抬升，第二期层间氧化成矿；Ⅲ：新近纪中新世晚期，盆地再次抬升，含铀含氧水继续下渗，铀及其他成矿元素一部分对原已形成的矿体叠加改造、富集，另一部分继续迁移，在氧化带的前锋区沉淀，形成新矿体	白垩纪末期、古近纪始新世、新近纪中新世
铀源	含矿层本身，蚀源区前寒武纪片岩、片麻岩，古生代酸性侵入岩、火山岩		海西期酸性侵入岩、火山岩	盆地南缘石炭系中酸性火山岩为主要铀源，含矿层本身亦能提供部分铀	盆地南缘基底海西期花岗岩，中元古界片岩、片麻岩，石炭系中酸性火山岩，含矿层本身亦能提供部分铀	元古宙结晶片岩、古生代浅变质岩及海西期花岗岩类
典型矿床	英凯铀矿床、南英凯铀矿床、布琼诺夫铀矿床、西门库杜克铀矿床、中央门库杜克铀矿床、东门库杜克铀矿床、阿克达拉铀矿床、南莫英克姆铀矿床等	卡拉穆伦铀矿床、克孜尔科立铀矿床、月亮铀矿床、恰杨铀矿床、伊尔科立铀矿床、扎列奇诺耶铀矿床、哈拉桑铀矿床等	乌奇库杜克铀矿床、苏格拉雷铀矿床、北布基纳依铀矿床、南布基纳依铀矿床、凯特缅奇铀矿床、萨贝尔萨依铀矿床等	洪海沟铀矿床，库捷尔太铀矿床，乌库尔其铀矿床，扎吉斯坦铀矿床，蒙其古尔铀矿床，达拉地铀矿床	十红滩铀矿床	萨瓦甫齐铀矿床（层间渗入型），巴什布拉克铀矿床（潜水渗入+油气作用复合成因型）

地质特征	中亚铀成矿区			新疆铀成矿区		
	楚-萨雷苏铀成矿区	锡尔达林铀成矿区	中央卡兹库姆铀成矿区	伊犁盆地铀成矿区	吐哈盆地铀成矿区	塔里木盆地北缘铀成矿区
矿床成因	表生层间渗入		表生层间渗入型、表生层间渗入型+油气作用复合成因型	表生层间渗入	表生层间渗入	表生层间渗入、潜水渗入+油气作用复合成因型

中亚地区砂岩型铀矿床均属层间渗入成矿作用，形成的矿床为典型的层间氧化型砂岩铀矿床。与我国伊犁盆地、吐哈盆地、塔里木盆地萨瓦甫齐的砂岩型铀矿床在矿床成因、后生蚀变特征、矿化特征等方面具有许多共性，但中亚地区与我国天山造山带内伊犁盆地、吐哈盆地以及塔里木盆地北缘在铀成矿地质要素上也存在诸多差异。

一、大地构造背景

中亚楚-萨雷苏和锡尔达林砂岩型铀矿区成矿期的大地构造背景位于天山造山带和土伦板块之间的过渡部位，即处于构造活动强烈的造山带和稳定的地块之间，为构造活动强度适度的地区。

中-新生代沉积盆地中砂岩型铀矿化的分布在很大程度上取决于盆地的区域大地构造背景及其演化。中阿尔卑斯期（白垩纪—古近纪），在土伦板块东部的巨大向斜中形成了多层白垩纪—古近纪构造-建造组合。在楚-萨雷苏和锡尔达林盆地稳定地沉积了具有极高区域渗透性的陆相杂色泥岩-细砾-砂质建造和浅海-海相灰色砂质-泥岩地质建造。晚渐新世—中新世成矿期铀成矿省和铀矿区在主成矿期的构造位置处于中等构造活化区的边缘，适宜的构造运动强度既可在盆地沉积物中形成一定的水力梯度，发育自流水盆地，又不致破坏地层和水力系统的连续性。晚白垩世—古近纪含矿建造与成矿期中等强度的次造山作用为形成中亚巨型层间氧化带奠定了基础。

中卡兹库姆铀矿区为一系列地垒式背斜状隆起和地堑式向斜凹陷所组成，构造活动较强，铀产于构造活动较弱的地带，盆地中油气作用明显，油气还原含矿层，铀矿化与油气作用密切。

伊犁盆地与吐哈盆地同属天山造山带中的山间盆地，主成矿期（渐新世—中新世）位于强烈造山区，盆缘造山区发生大幅度的垂直位移。这样，后生层间渗入作用只能位于成矿期构造活动相对较弱、地层产状平缓的局部区域（如吐哈盆地、伊犁盆地南缘斜坡带），从而限制了盆地铀资源的潜力。

塔里木盆地北缘构造活动强烈，砂岩型铀矿发育在强构造活动带中较弱的地带，铀成矿之后的构造活动也较为强烈，矿化遭受破坏，残留古矿；在巴什布拉克地区油气作用强烈，矿体遭后期强烈构造破坏，残留地沥青质砂岩型铀矿化。

二、岩相-古地理特征

中亚楚-萨雷苏和锡尔达林铀成矿区除了自流水盆地之外的大地构造条件适宜，区域性层间氧化带的形态、分布和规模也取决于有利的白垩纪—古近纪地层的区域岩相-岩性特征及其沉积时的古地理环境。岩相-古地理的控矿作用是间接的，是通过含矿层的岩性-地球化学特征来实现的。中亚三大铀成矿区含矿建造的沉积期（晚白垩世—古近纪）发生过多次海进-海退旋回，在稳定的构造环境中形成了分布面广、产状平缓、岩性单一的多层位海相、滨海相、水上与水下三角洲相和陆上冲积平原的河流相沉积，这对后生改造期形成巨型的区域性层间氧化带具有重要意义。

中亚楚-萨雷苏和锡尔达林地区在中-新生代盖层形成过程中，总体经历了两次大的海进-海退旋回。第一次从侏罗纪初期至早白垩世，持续了大约60Ma；第二次发生在早白垩世的巴雷姆斯至古近纪的中新世，持续了约120Ma（简晓飞和秦立峰，1996）。古新世—渐新世，分布在塔什干以北区域上，呈南北向展布的古海岸线长期徘徊，在区域上形成了广泛的海陆过渡相沉积，构成了一套相对稳定的且岩性地球化学特征统一的沉积层，为成矿期大规模连续性好的层间氧化带的形成和铀矿富集提供了物质条件和空间场所。白垩纪时期，中亚地区的古海岸线位置亦与上述位置相当。现今楚-萨雷苏、锡尔达林铀成矿区区域性层间氧化带及其铀矿床分布的范围与上述古海岸线的分布范围基本一致，显示了含矿建造沉积期的沉积环境对铀矿床分布的控制作用。

中央卡兹库姆、吐哈盆地、伊犁盆地、塔里木盆地北缘发育冲积扇-辫状河-三角洲-湖底扇（水下扇）-湖相泥岩的充填形式，砂体较为发育，具有沉积相变化快、砂体规模相对较小、侧向连续性差的特点，难以形成类似中亚地区大规模区域性层间氧化带。

三、成矿作用的持续性

要形成规模巨大的砂岩型铀矿床或矿集区，成矿期适宜地质构造条件持续时间的长期性是除铀源条件外的一个重要因素。它由成矿区域的地质构造背景和演化特点所决定。楚-萨雷苏和锡尔达林成矿区中区域性层间氧化带形成的开始，与晚渐新世"巴克斗安雪斯"构造期有关，它出现于持续的（7~9Ma）沉积间断末期。渐新世晚期为半干旱性古气候，古天山山前冲积相发育，地下水补给区和渗流区面积最大。在中新世中亚地区层间氧化带继续发育，这得到了铅同位素资料的证实（1850个样品分析结果）。晚渐新世—中新世是中亚地区后生层间渗入成矿作用进行的主要时期，延续时间不少于15~20Ma。晚上新世—第四纪成矿阶段则是先成矿化的再改造和现代矿床的定型时期，这个阶段非常短暂（<2.7Ma），没有造成铀的大规模带入和聚集。

与中亚地区砂岩型铀矿相比较，我国西北地区的吐哈盆地、伊犁盆地、塔里木盆地北缘，成矿期构造运动比较强烈，铀矿化呈脉动式多阶段成矿的特点，其间间断较明显，适宜成矿的地质构造条件的持续时间相对较短，从而影响了盆地中铀矿化的发育规模。

综上所述，新疆伊犁盆地、吐哈盆地、塔里木盆地北缘铀成矿条件与中央卡兹库姆盆地类似，新疆不具备形成楚-萨雷苏和锡尔达林盆地超大型层间氧化带和砂岩型铀矿床的发育条件，新疆找砂岩型铀矿应立足于山间盆地、构造活动带的构造活动相对较弱的地区，如盆缘构造单斜带，或局部隆起的边部等；油气还原作用也是新疆砂岩型铀矿成矿的重要因素之一。

第二节　火山岩型铀矿成矿规律对比分析

在大地构造上，新疆位于中亚活动带的中部，是中亚成矿域的重要组成部分。中亚矿产资源丰富，不仅是众多超大型铀矿的聚集区，而且是金、铜、铅、锌和稀有金属的矿产地。由于该区地质演化历史复杂，古生代以来发育多阶段构造演化，形成了世界级的铀-多金属矿床，吸引了众多地质学家对该地区进行多方面的研究，积累了丰富的地质矿产资料。本次研究在收集整理前人大量研究成果的基础上，对新疆与中亚地区典型火山岩型铀矿的成矿地质背景、控矿因素和成矿规律进行了深入的分析，目的在于加强新疆和中亚火山岩铀矿成矿条件对比，为新疆火山岩型铀矿的找矿方向和铀成矿潜力评价提供借鉴。

一、铀成矿规律对比

1. 两者均受深断裂和火山构造双重控制

新疆雪米斯坦山火山岩带铀矿床、矿（化）点、异常点均受查干陶勒盖-巴音布拉克 EW 向贯通性基底断裂带控制，扎伊尔山火山岩带铀矿点、矿化异常点均受玛依勒 NE 向贯通性基底断裂、NEE 向贯通性基底断裂及其塔尔根环形断裂群控制。这些深大断裂带不仅控制了晚石炭世—早二叠世中酸性火山的喷发、侵入，而且还控制了铀矿床的分布，对铀矿床的空间定位起到重要控制作用。

本区的铀成矿作用也受火山机构的控制。杨庄次火山岩体是火山机构的一部分，马门特地区火山机构存在的证据较为明显，在雪米斯坦、七一工区、十月工区虽然还未找到火山机构的具体位置，但根据岩性组合及变化规律其附近应该有火山机构的存在。遥感影像上放射状和环状构造存在的事实也说明该区可能存在火山机构。火山活动发生均伴随一系列的火山构造，火山构造（破火山口、环状与放射性断裂）是控制火山岩浆活动晚期次火山侵位及火山岩浆期后成矿热水活动的主要通道和汇聚场所。因此，它们为铀矿床、矿体定位提供了重要场所。

中亚火山岩型铀矿床均分布在深大断裂带与火山构造交汇部位。区域深大断裂控制了成矿带、矿田的分布，如北哈萨克斯坦铀矿省对铀成矿起重要作用的是切穿科克切塔夫地块结晶基底的深大断裂。矿田深断裂和火山构造对矿床和矿体定位起了明显联合控制作用。如分布于楚-伊犁山脉卡拉萨伊火山拗陷的阿拉科利火山机构内的波塔布鲁姆铀矿床处在萨雷图姆区域性 NW 向断裂带与火山机构（次火山岩体）的交汇结点部位，矿体受接触带断裂控制，所有矿体均分布在接触带断裂上盘，部分在断裂带内，矿化延伸达到 1200m（图7-2-1）。

由此可见，在火山岩型铀矿成矿作用中，火山构造是普遍存在的，关键是要有贯通基底的深大断裂。这些贯通式深断裂既可以是盆缘生长断裂，也可以是横贯火山盆地内部的

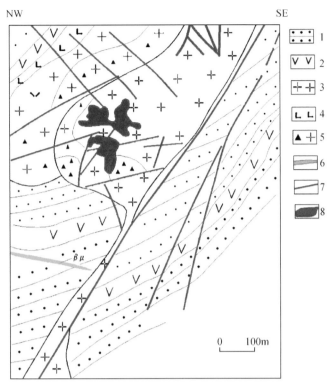

1-下泥盆统科克塔斯组红色砂岩、粉砂岩；2-安山岩；3-次火山岩（流纹岩）；4-安山玄武岩；5-角砾岩；
6-辉绿岩脉；7-断裂构造；8-铀矿体

图 7-2-1　波塔布鲁姆铀矿床地质剖面图

断裂，它们是控制火山盆地铀成矿带的导矿、控矿构造，与火山构造（火山颈、隐爆角砾岩筒、次火山岩体、弧形断裂、放射状断裂等）交切复合部位形成的构造结，往往是控制矿床定位的重要条件。

2. 火山盆地的基底存在含铀建造

雪米斯坦火山岩带内中基性岩脉锆石 SHRIMP 定年结果显示，岩石中锆石大多为捕获锆石，时代从二叠纪—古元古代（部分为新太古代），暗示该区具有古老结晶基底。另外，Shen 等（2012）在研究雪米斯坦中部的火山岩时，发现个别锆石具有前寒武纪的年代学特征（973.1±13.6Ma 和 765.6±10.8Ma），同样表明了该区存在前寒武系地质体。因此，新疆雪米斯坦火山岩带和扎伊尔火山岩带应该存在前寒武纪基底，只是由于深埋于地壳深部，地质情况不明，目前尚属于推测。

中亚热液铀矿床（主要为火山岩型）绝大多数分布在哈萨克斯坦-北天山加里东（含前加里东）古陆块区，该古陆块自北而南，从经向逐渐转向北西向，再转成纬向，整体上为向北西突出的弧形，北段膨大而南段变窄；本区西部和西南部，为前寒武纪微地块较集中分布的褶皱区，而东部属于微地块的陆缘增生带（加里东期）。褶皱区中从古陆块分离出去的微地块与古陆块之间不断产生双向增生，经历多次裂开和聚合过程，产生多次构造岩浆活动，使活动带地壳不断变成成熟硅铝壳，构造岩浆活动会促使微地块及两侧古陆接触带产生活化改造，使富铀的地质体活化再造，从而使褶皱带中所夹持的前寒武纪古地块是控矿最为有利的大地构造部位。北哈萨克斯坦的科克切塔夫古地块是中亚古生代褶皱区中面积较大、研究程度也相对较高的古地块，也是哈萨克斯坦火山岩型铀矿床产出最多、储量最大的一个古地块，其成矿作用特征具有一定的代表性。同样，在楚–伊犁铀成矿区也广泛发育新元古代变质岩和早古生代的陆源–碎屑–碳酸盐建造，构成了一个巨大的古老地块，许多火山岩型铀矿床均产于这些基底附近（图7-2-2）。

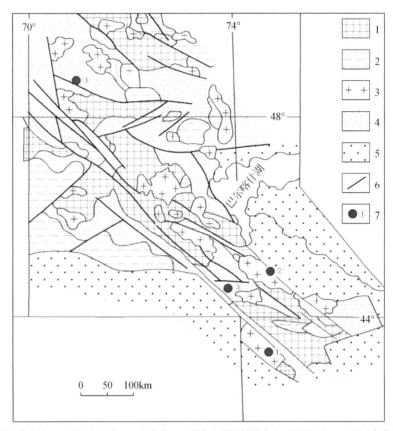

1-中–新生代盖层；2-酸性火山岩；3-花岗岩；4-早古生代褶皱的火山–陆源沉积；5-新元古代变质岩；
6-断裂；7-内生铀矿床：①库尔达依；②波塔布隆姆；③克孜尔萨伊；④日杰利

图7-2-2　楚–伊犁铀成矿区基底及主要铀矿床分布示意图

　　总体来看，中亚地区科克切塔夫铀成矿区和楚–伊犁铀成矿区火山盆地的基底岩性更为有利，是较好的铀源体（层），成矿条件明显优于新疆雪米斯坦地区和扎伊尔地区，是铀矿资源量大大超过这两地区的主要因素之一。

　　3. 火山热液铀矿化均形成于地壳的拉张期

　　热液型铀矿均形成于地壳的拉张期，这已成为铀矿地质界的共识。西准噶尔晚古生代处于由造山挤压环境向拉张环境转换时期。区域上沿着深大断裂喷发出大量的中酸性火山岩，形成了新疆西北部重要的火山岩带，主要有扎伊尔火山岩带、雪米斯坦火山岩带，自西向东呈带状分布，火山岩厚度大，岩性复杂，岩浆演化系列完全，从基性到酸性的各类火山碎屑岩和熔岩均很发育，为形成火山岩型铀矿化提供了有利的构造环境。

中亚地区的构造地质演化经历了三个基本阶段：基底形成阶段、加里东–海西期造山阶段和中–新生代盆地发育演化阶段（赵凤民，2013）。其中，在加里东–海西期造山阶段，地层发生褶皱并被不同规模、不同方向的断裂切割；与此同时，伴随有强烈的岩浆喷发与侵入，形成了巨厚的火山岩–沉积岩层及各种火山机构，并有一系列酸性岩体、各种成分的补体与岩脉侵入其中。构造活动形成了热液流通的通道和赋矿空间，而岩浆活动则为形成成矿流体、铀元素的分异、活化与迁移创造了条件，是该区的主要热液成矿期。基于该区加里东–海西期的造山活动十分强烈，发育广泛，所以该时期的铀成矿作用强，形成的火山热液型铀矿床规模大、数量多。正如科克切塔夫铀成矿区位于北哈萨克隆起高原北部加里东和海西造山带内科克切塔夫中间地块及其周边，是乌拉尔–蒙古造山带由经向开始向东南方向转折的部位，其充分的赋矿空间，为该地区形成许多大型–超大型火山岩型铀矿提供了十分有利的条件。

4. 铀矿床围岩蚀变发育

新疆与中亚火山岩型铀矿均发育强烈的热液蚀变，但是蚀变类型以及与铀矿化相关的蚀变略有差别，这可能是由不同矿床的热液成分所造成的。

雪米斯坦的白杨河矿床常见的围岩蚀变有萤石化、赤铁矿化、褐铁矿化、绿泥石化、水云母化、锰矿化、碳酸盐化、高岭石化、钠长石化等。其中赤铁矿化、紫黑色萤石化、水云母化、绿泥石化与铀成矿关系密切。扎伊尔成矿远景亚带也具有明显的蚀变现象，主要有萤石化、赤铁矿化、碳酸盐化、绢云母化、绿泥石化、钠长石化、高岭石化及围岩褪色现象等。

中亚火山岩型铀矿床热液交代蚀变很发育，按围岩蚀变类型可分为两类：一类是发育低温钠长石化，另一类是黄铁绢英岩化和钾长石化。矿床规模与围岩蚀变强度呈正相关关系。围岩蚀变分为火山期后、矿前、成矿期和矿后期。火山期后、矿前蚀变主要是石英–钠长石化、黄铁绢英岩化，有时可见流纹岩的钾长石化；成矿期为沥青铀矿–硫化物–绿泥石化；矿后期为金属硫化物–方解石化–水云母化。每个矿床都具有不同的围岩蚀变类型组合，大部分矿床早期发育较强烈的钠长石化，铀矿化一般叠加在钠长石化的蚀变围岩基础上，如楚–伊犁山脉中的铀矿化以钠长石化为前奏。

5. 火山盆地内部切盆断裂构造发育程度存在明显差异

通常情况下，盆地内切盆断裂越发育，则对成矿越有利。如果一个火山盆地很完整，则不可能找到具有一定规模的铀矿床。因此，从上述典型火山岩型铀矿分析可知，新疆雪米斯坦和扎伊尔成矿远景亚带火山盆地内部断裂构造发育程度明显比中亚北哈萨克斯坦铀矿省的科克切塔夫铀成矿区和楚–伊犁铀成矿区的波塔布鲁姆矿田火山盆地差，而且矿床的数量、规模和储量也存在很大的差别。

6. 铀矿化垂直幅度存在差异

据目前的勘探深度，雪米斯坦山火山岩带的白杨河铀矿床垂直幅度多在 $400 \sim 500\text{m}$，而北哈萨克斯坦铀矿省的科萨钦铀矿床垂直幅度更大，可达 $1500 \sim 2000\text{m}$。因此，我国新疆地区火山热液型铀矿床基本都存在揭露深度不够的问题，其深部还有较大成矿潜力。今后相当长的一段时期内，攻深找盲是扩大该地区铀矿资源量的一个主攻目标。

7. 铀矿化类型存在差异

雪米斯坦地区的白杨河矿床为 U-Be-Mo 多金属矿床，扎伊尔地区的一些矿化点为 U-Mo-Cu 型矿点。我国大多数火山岩型铀矿床虽然都有 U-Mo 型矿体，但多数产于晚期金属硫化物叠加的富矿地段，并非整个矿床都为 U-Mo 型矿石，这种差异可能与区域地球化学场的差异有关。

中亚火山岩型铀矿床在成因上大多属于碱交代型铀矿，若按矿石的元素组合又可分为单铀型、铀-钼型、铀-磷型等。其中，单铀型最典型的代表即是科萨钦矿床。铀-钼型是首先在中亚地区建立的铀矿建造，发育极其广泛，产于古老地块内及周边由古火山岩-沉积岩层构成的拗陷与火山洼地内，都为热液型铀矿化，其主要伴生元素为钼，经常形成工业矿体，典型的矿床为产于科克切塔夫地块内的马内巴伊铀矿床。

铀-磷型是中亚地区一种特殊少见的铀矿建造，产于古老地块边部火山岩-沉积岩建造发育区的碳酸盐层内，矿化受碳酸盐岩层内的顺层与切层网脉状裂隙-断裂构造体系控制，为热液脉型铀矿化，其主要伴生元素为磷与钍，它们经常形成工业矿体，典型矿床为北哈萨克斯坦铀矿省的扎奥尔泽铀矿床。

二、铀成矿条件对比

为了更好地认识新疆地区火山岩型铀矿的成矿规律和控制因素，现将中亚地区主要火山岩型铀成矿区与新疆雪米斯坦成矿远景亚带和扎伊尔成矿远景亚带进行对比，如表 7-2-1 所示。

表 7-2-1　新疆与中亚火山岩型铀矿成矿条件对比

成矿带	雪米斯坦成矿远景亚带	扎伊尔山成矿远景亚带	科克切塔夫铀成矿区	楚-伊犁铀成矿区
典型矿床	白杨河矿床	北金齐铀矿化点	格拉切夫矿田	克孜尔萨伊矿田
大地构造部位	塔尔巴哈台-雪米斯坦褶皱系	准噶尔-巴尔喀什褶皱系	科克切塔夫-北天山褶皱系	
	滨成吉思-雪米斯坦-三塘湖晚古生代岛弧		莫因特地块	扎拉伊尔-奈曼古生代岛弧
基底岩石建造	奥陶系砂岩、页岩和志留系凝灰质粉砂岩和泥质粉砂岩建造	志留纪海相火山碎屑岩-硅质岩建造	前寒武纪褶皱结晶基底片麻岩、寒武—奥陶纪轻变质陆相火山岩和加里东期花岗岩侵入	新元古代的变质岩、早古生代的陆源-碎屑-碳酸盐建造，加里东期、海西期强烈的岩浆侵入
盖层岩石建造	晚志留—早泥盆世海陆交互相火山岩和晚石炭—早二叠世陆相酸性火山岩建造	泥盆纪海相火山碎屑岩建造、晚石炭—早二叠世陆相中酸性火山岩建造	志留—泥盆纪火山岩建造	晚古生代（主要是泥盆纪）的中酸性陆相火山岩建造

续表

成矿带	雪米斯坦成矿远景亚带	扎伊尔山成矿远景亚带	科克切塔夫铀成矿区	楚-伊犁铀成矿区
含矿层及主岩	D、P，流纹岩、花岗斑岩	C_3-P_1，流纹岩、英安岩、砂砾岩	S-D，岩性多样	D_2-D_3，火山岩、次火山岩
矿化定位因素	次火山岩体接触带与断裂交汇部位、区域性断裂	火山熔岩中裂隙控矿、浅色砂砾岩层	深（大）断裂构造，岩脉、岩体接触带	断裂构造，次火山岩接触带
伴生元素	U、Be、Mo	U、Mo、Cu	U、Mo，U、P	U、Mo，U、P
矿床成因类型	火山热液铀铍矿床	火山热液铀矿床、表生淋积叠加	火山热液铀钼矿床、火山热液磷铀矿床	火山热液铀钼矿床、火山热液磷铀矿床

1. 大地构造环境上的异同

中亚火山岩型铀矿床主要集中分布在哈萨克斯坦褶皱区内，特别发育在主要为地盾型演化的褶皱区，绝大多数热液铀矿床（以火山岩型为主）分布在科克切塔夫–北天山加里东褶皱系（古地块区）。而我国新疆北部火山岩型铀矿化主要分布在哈萨克斯坦褶皱区塔尔巴哈台–雪米斯坦和准噶尔–巴尔喀什褶皱系（图7-2-3）。它们虽然同属一个一级地质构造单元，但处于不同的二级地质构造单元，其构造环境、地层结构、岩浆演化明显不同。在哈萨克斯坦科克切塔夫–北天山褶皱系，地层具有二元结构，基底由前寒武纪褶皱结晶片麻岩和寒武纪—奥陶纪轻变质陆相火山岩组成，并有多期次志留纪—泥盆纪花岗质岩石侵入，在褶皱基底上覆盖了志留纪—泥盆纪火山沉积盖层。而塔尔巴台–雪米斯坦褶皱系（新疆）主体由泥盆纪的玄武岩–安山岩–流纹岩、玄武岩–安山岩及英安岩–安山岩–流纹岩等钙碱性岛弧火山岩、深水硅质–泥质岩和陆源碎屑岩建造所组成，局部有石炭纪的陆相中酸性火山岩–火山碎屑岩覆盖，基底没有出露。据邻区推测，可能存在奥陶系—志留系碎屑沉积岩。准噶尔–巴尔喀什海西褶皱系（新疆）未见前寒武纪基底，局部具早古生代地层和蛇绿岩出露区，主要为泥盆纪—石炭纪残余洋盆，中泥盆统为海相硅质–泥质页岩、长石石英砂岩，夹基性喷出岩薄层；上泥盆统为泥板岩、硅质–泥质页岩、碧玉岩及含铁锰质硅质岩。下石炭统下部为灰岩、钙质砂岩和粉砂岩；上部为陆源碎屑岩。晚石炭世早期褶皱隆起，强烈的构造–岩浆作用形成分布广泛的陆缘安山岩–英安岩–流纹岩盖层。

由此可见，在地层结构上，中亚热液铀矿集中区明显优于我国新疆地区，具有"古陆块基底（活化）+古生代火山岩盖层"的二元结构是热液矿床形成的基础，这就是造成两区铀成矿规模大小差异的主要原因。一般来说，产于古老基底之上或其边缘岩浆活化带矿床规模要大，中型、大型矿床最多，产于海西褶皱带的铀成矿能力差，矿床规模较小，小型矿床居多。

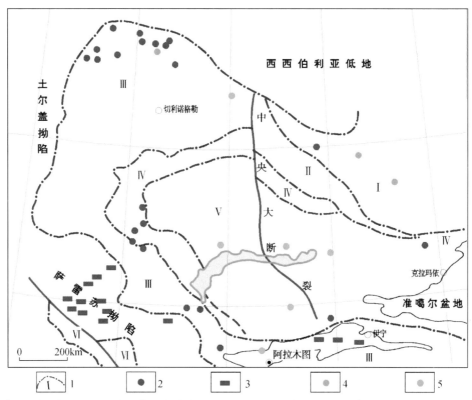

1-构造单元界线及编号：Ⅰ-北西向的斋桑海西褶皱系，Ⅱ-北西向的成吉思-塔尔巴哈台晚加里东褶皱系，Ⅲ-科克切塔夫–北天山加里东（含前加里东）古陆块区，Ⅳ-哈萨克斯坦泥盆纪陆缘火山岩带，Ⅴ-准噶尔–巴尔喀什海西褶皱系，Ⅵ-中天山加里东（含前加里东）古陆块；2-内生（热液）铀矿（以火山岩型为主）；3-外生铀矿；4-金矿；5-铜多金属和稀有金属矿床

图7-2-3　哈萨克斯坦–北、中天山成矿构造单元及铀矿–多金属矿分布简图

（根据何国琦和朱永峰，2006 修改）

2. 地壳成熟度上的差异

地壳成熟度的概念最早是苏联学者引入的。当时提出地槽过程的本质是洋壳通过物质和构造两方面的改造形成过渡壳，进而发展成陆壳，并提出从洋壳到陆壳各演化阶段的标志性岩石组合（建造）和构造体制的变迁，为判断地壳演化的阶段建立了标志。

我国学者在归纳国内外研究成果的基础上提出："地壳成熟度是指地壳在形成、发育和改造的过程中，趋向于最终产物–稳定的大陆型地壳的程度。它是判断地壳演化的一种量度，由地壳的物质组成和构造特征的一系列宏观和微观标志组成。"其主要标志是地壳的厚度加大、刚性增强、渗透性降低、构造活动的幅度和反差亦降低，而岩浆作用则从钙质向钙碱质方向演化，硅、碱（特别是钾）的含量不断增高。随着地壳厚度增大，岩浆受到的同化混染作用随之增强，从而使岩浆岩组合在岩石化学和地球化学上表现出一系列特征，如 $^{87}Sr/^{86}Sr$ 初始值增高，K、Rb、Th、U 等大离子亲石元素和 Nb、Ta、Hf、Y 等高场强元素的丰度增高等。

地壳成熟度的高低对铀成矿作用影响很大，在这方面苏联学者做了很多研究，Bowie 认为，地球上铀元素早在新太古代至古元古代最早的地球壳幔分异过程中就发生了强烈分异，而趋向于集中在当时形成的几大古陆块中，随后的铀成矿作用只是这些铀丰度增高的古陆壳中铀再分配富集的结果，这些古陆块也就成为地球上最重要的铀成矿省。科克切塔夫–北天山加里东（含前加里东）古陆块区就是其中之一，因此，它们的地壳成熟度高，且发生早。

而新疆雪米斯坦地区是在科克切塔夫–北天山加里东（含前加里东）褶皱系中前寒武纪地块侧向增生发育起来的新陆壳，它经历了早古生代形成的洋内岛弧（成吉思–塔尔巴哈台晚加里东褶皱带）、泥盆纪陆缘火山岩带和晚古生代形成的新陆壳带（准噶尔–巴尔喀什海西褶皱系），叠加在加里东（含前加里东）古陆边缘，形成统一的稳定的新陆块。

根据陈祖伊和郭庆银（2007）研究资料，雪米斯坦地区（西准）晚古生代火山岩成分变化很宽，从早期（中泥盆世）以碱性的中酸性岩为主，至晚泥盆世—石炭纪多发育中基性岩，再到晚石炭世—早二叠世以酸性火山岩为主，岩石系列上以钙碱性为主，其间夹拉斑系列和高钾钙碱性系列岩石。经计算和投影图解分析，大致上可以看出该区具有从早古生代不成熟岛弧向泥盆纪具成熟陆壳的大陆边缘火山弧再向石炭纪的成熟–不成熟岛弧乃至二叠纪成熟陆壳演化的趋势。

何国琦和李茂松（1994）认为雪米斯坦地区（西准）在早古生代为被动陆缘，中志留世出现洋壳，泥盆纪时期转入汇聚，塔尔巴哈台为岛弧，沙尔布尔提为弧后盆地，弧后扩张中心位于扎伊尔带，汇聚作用于早石炭世末终止并同时固结。

3. 铀源条件上的差异

铀源条件上的差异反映在两个方面，一方面是基底岩石的含铀性，另一方面是盖层的含铀性。从本质上来讲，盖层含铀丰度也取决于基底的含铀性。因为，富铀基底经过抬升剥蚀可形成富铀沉积盖层，也可通过地壳重熔形成富铀的岩浆，岩浆的侵位或喷发形成富铀的岩浆岩，或通过结晶分异作用，形成含铀流体。因此，基底含铀性的高低是决定铀成矿的基础。通过两地区的铀源条件对比分析，其差异性主要体现在以下几个方面。

（1）中亚火山岩型铀矿聚集区，存在前古生代片麻岩和结晶片岩的古地块，铀丰度达 $3.2×10^{-6} ～ 7.2×10^{-6}$，科克切塔夫、阿塔苏–莫英金和准噶尔地块的花岗片麻岩含铀更高；我国新疆雪米斯坦地区至今未发现前寒武纪基底岩石，只是推测的基底，如果有也是很深，其岩性及含铀性是个未知数。

（2）盖层的铀含量也有较大的差别。中亚热液铀矿聚集区盖层发育一套陆源硅质建造、碳质硅质片岩建造和碳质页岩建造，铀含量可达 $0.01\% ～ 0.02\%$，以富集 V、Mo、Ag、Au、As、Pb、Zn 和 Cu 等元素为特征。侵入到基底中的浅色花岗岩的铀含量也相当高，达 $10×10^{-6} ～ 17×10^{-6}$；以流纹岩为主的火山岩铀含量也较高，可达 $10×10^{-6} ～ 15×10^{-6}$。

我国新疆雪米斯坦地区沉积盖层无论是泥盆系还是石炭系均为一套浅海–滨海相的碎屑沉积，铀含量较低，一般 $<3×10^{-6}$；泥盆纪的流纹质火山岩含量为 $4.22×10^{-6}$，石炭纪火山岩含量为 $4.57×10^{-6}$，二叠纪产铀次火山岩体铀含量也只有 $4.0×10^{-6} ～ 7.0×10^{-6}$。岩石的含铀性明显低于科克切塔夫铀成矿区和楚–伊犁铀成矿区。

由此可见，中亚地区的基底岩石铀含量虽不是很高，但均高于地壳克拉克值（$1.7×$

10^{-6}，黎彤，1976）；晚古生代的酸性岩浆岩的铀含量大大高于地壳酸性岩克拉克值（3.5×10^{-6}，李月湘等，2012），是克拉克值的数倍；黑色岩系的铀含量更高。因此，相对于新疆雪米斯坦地区，中亚火山岩型铀矿聚集区具有更充分的铀源条件。

4. 铀成矿时代差异

根据前人研究结果可知，中亚火山岩型铀矿成矿年龄大致可划分为 3 期，第一期为 350~410Ma，属泥盆纪末—石炭纪初；第二期为 250~270Ma，为晚二叠世；第三期为 180~190Ma，属于早侏罗世，成矿具有多期多阶段特点。我国新疆地区火山岩型铀矿成矿年龄相对较晚，白杨河铀矿床的主要成矿期在 197~237Ma，属于三叠纪，后又经历了多期的热液叠加改造作用。总而言之，中亚地区从泥盆纪起，随着火山作用的发生，成矿作用就已开始，共发生 3 次较大的铀成矿作用。而新疆地区铀成矿作用较晚，始于三叠纪。从哈萨克斯坦北部往南再转向东至中国境内，铀成矿时代具有越来越年轻的趋势，这可能与地壳由西向东不断增生演化有关。

通过以上分析对比，认为中国新疆火山岩型铀矿分布在两大构造单元中。一条为雪米斯坦铀成矿带（延伸到准噶尔东部），处于塔尔巴哈台-三塘湖复合岛弧带，往西北延伸到哈萨克斯坦北部。该成矿带在哈萨克斯坦境内没有发现大的铀矿床，只在东哈萨克斯坦的谢米巴拉金斯克市西南 110km 处，发现乌力肯-阿克查尔小型铀矿床，矿床产出地质背景、地质特征与雪米斯坦成矿远景亚带较为相似，在雪米斯坦铀成矿远景亚带发现白杨河中型铀矿床和一大批铀矿化点、异常点。另一条为天山铀成矿带，处于伊宁-中天山地块，该带是科克切塔夫-北天山加里东（含前加里东）古陆块区往东延伸的一部分。在中亚地区，该带是火山岩型铀矿床的聚集区，除此之外，在古陆区两侧的中-新生代盆地中，还发现了超大型-大型砂岩型铀矿床，成为重要的铀矿集区，该带向东延伸到我国境内天山造山带，虽然在该隆起带上尚未发现大型火山岩型铀矿床，但铀矿点、矿化点不少，在天山造山带内的伊犁盆地、吐哈盆地发现了许多大型砂岩型铀矿床，已成为一条重要的铀成矿带。

三、综合成矿模式的构建

虽然中亚地区火山岩型铀矿床可划分为数种亚型，而且成矿模式也不尽相同，但这类矿床从矿田范围来看，均分布在火山盆地基底和火山盆地内，均为中、低温热液矿床，具有相同的成矿要素和相似的成矿过程。只是矿体就位构造和岩性条件不尽一致，造成矿体形态多样化。因此，在综合分析新疆和中亚地区区域地质环境、区域成矿地质作用、控矿因素、富集规律等基础上，提出了一个火山岩型铀矿床综合成矿模式（图7-2-4）。以下对该模式做简要论述。

1. 铀高场区

一般情况下，产铀火山盆地基底绝大多数由前寒武纪古地块组成，其岩性包括富铀花岗岩或富铀黑色页岩，从基底到火山盆地内酸性岩有明显铀预富集现象。这是因为铀成矿作用均发生在铀的高场区，在成矿作用下，铀会发生活化、迁移和富集，富铀岩石部分可

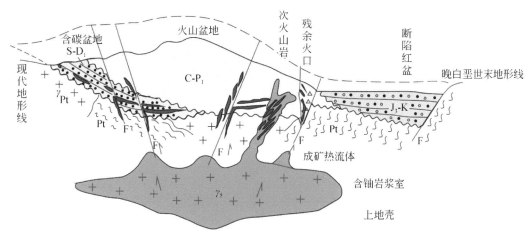

图 7-2-4　火山岩型铀矿床综合成矿模式示意图

以成为铀的来源，铀的高场区除反映富铀地质体以外，还可间接反映存在富铀基底；其次，铀在活化、迁移过程中，由于铀的扩散作用，在铀的高场中形成铀的异常区，有些铀异常区就是铀矿体所在部位。

2. 酸性岩分布区

产铀火山盆地均为多旋回喷发形成的火山盆地。岩性组合是以富钾酸性流纹岩为主含少量安山岩、英安岩、玄武岩组成的岩性组合，个别为流纹岩、凝灰岩、霏细岩等组合。盆地内流纹岩铀含量可达 $6\times10^{-6}\sim10\times10^{-6}$，部分流纹岩或流纹斑岩铀含量可达 $12\times10^{-6}\sim15\times10^{-6}$。大量富铀流纹岩在盆内堆集是成矿盆地的标志。这是因为铀是亲石元素，在地壳演化过程中逐渐向酸性岩中聚集，酸性岩具有较高的铀背景值，在后期活化过程中可形成铀含量较高的热液或聚集大量的铀，从而有利于铀的富集成矿。一般来说，酸性火山岩要有一定的出露面积，最好要大于 $50\sim100km^2$。

3. 主断裂两侧裂隙网及其与岩体交汇区

成矿盆地主要为火山塌陷、断陷盆地，盆地内发育 1~2 条或多条切盆深断裂，深断裂控制了矿带延展方向。而矿床多出现在多组断裂交汇的构造结附近，或由主断裂衍生的多组平行裂隙或交错裂隙组成含矿裂隙带（网）。由于火山盆地地层有成层性，各种岩性软硬相间，孔隙度、渗透性、含水性、氧化还原能力等有很大差异，对含矿热液交代沉淀影响很大，裂隙成矿和层间破碎带成矿并存，造成矿体形态复杂多样化。又由于成矿期晚于火山喷发高潮期和次火山侵入期，火山机构破碎带不构成主要控矿空间，断裂多期次活动造成主断裂两侧裂隙网成为主要控矿空间，断裂切穿早期火山机构可能形成形态较大的矿体，但这种耦合机遇只出现在矿田个别地段。

4. 围岩蚀变发育区

火山岩型铀矿床主矿体、富矿体在盆地垂向上，集中产于火山盆地基底不整合面上、下 300~500m 范围，再向基底深部和盆地上部仅存在分散的小矿体或矿化现象，成矿总垂幅为 1500m 或更大。上部矿体和下部矿根有围岩蚀变和矿石矿物组合分带性。这是因为火山岩型铀矿床多属热液型铀矿化，热液在沿断裂运移过程中，会与围岩发生物质和能量的交换，从而使围岩的成分、结构、构造及颜色发生改变，出现了一些新的矿物和新的结构构造的蚀变岩石，它们在外表上和未蚀变的岩石差别较大，是铀成矿作用的直接体现。因此，蚀变岩石是热液活动的直接标志，不同的蚀变往往和不同的矿种相关，与铀矿化关系比较密切的蚀变类型有赤铁矿化、萤石化、水云母化、绿泥石化等，而矿体下部常发育碱交代作用（以钠长石化为主）。一般情况下，蚀变规模越大，强度越高，蚀变分带越清楚，越是铀矿找矿有利区。

5. 多期脉岩发育区

脉岩发育区是该区构造较为活动的象征，有些脉岩可视为岩浆演化的最终产物，伴随脉岩的侵入意味着新的断裂不断产生，脉岩可以提供热源，断裂构造可以与深部沟通，形成良好的热液循环系统，在铀源充足的情况下，就可以形成热液铀矿床。有些地段基性脉岩发育，并在脉岩处形成富矿体，原因是这些岩脉本身不能提供铀源，但因其来源较深，反映其构造活动更强，形成的断裂构造深度更大，热液温度更高，温度的升高能提高溶液的活度，有利于铀活化进入溶液形成含矿热液从而成矿，基性脉岩的还原能力更强，当含矿溶液通过时，形成更好的地球化学障，有利于铀的沉淀富集。

由于火山盆地是一个多期次断裂活动，多期次喷发，经历数十百万年形成的不均质地质体，成矿后又遭受构造破坏和热改造，可能出现不规则复杂化的变动，不像一般沉积盆地那样简单。综合成矿模式的描述很难全面概述成矿要素和标志，因此借鉴综合成矿模式时，需要结合各地实际情况，有机地组合在一起考虑。

第八章 综合找矿模式

第一节 砂岩型铀矿综合找矿模式

系统地分析、对比中亚楚-萨雷苏盆地、锡尔达林盆地、中央卡兹库姆和新疆伊犁盆地、吐哈盆地、塔里木盆地北缘砂岩型铀成矿条件，并结合前人研究成果及物化遥勘查方法，建立了新疆砂岩型铀矿找矿模式（图 8-1-1）。

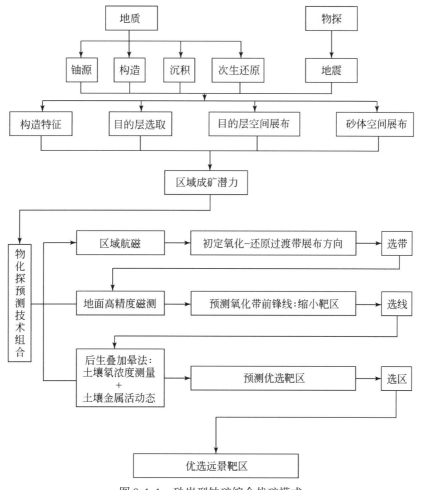

图 8-1-1 砂岩型铀矿综合找矿模式

1. 地质+地震进行区域成矿潜力分析

通过研究铀源、构造、沉积相、矿体、次生还原等成矿有利条件，结合地震测量成果，综合开展构造特征研究、目标层选取、目标层空间展布、砂体空间展布分析，进而对区域铀成矿潜力进行评价。

1）富铀基底

新疆砂岩型铀成矿条件不具备楚-萨雷苏盆地、锡尔达林盆地发育超大规模层间氧化带的基本条件，层间氧化带前锋线距蚀源区不远，所以含矿层砂体所能提供的铀相对有限，蚀源区提供铀的能力为重要的条件之一，铀矿化发育于富铀基底附近。

2）构造活动带中的相对"弱构造"活动区

新疆天山成矿带构造活动强烈，整体对砂岩型铀成矿不利，但是在强构造活动带中，发育相对"弱构造"活动的区域，这些区域有利于发育层间渗入作用，为砂岩型铀成矿有利地区。

3）盆缘构造斜坡带

新疆不具备发育楚-萨雷苏盆地、锡尔达林盆地超大型单斜带的条件，但是在盆地某些部位，发育一定规模的构造单斜带，为砂岩型铀成矿有利地区，如伊犁盆地南缘、吐哈盆地南缘等均发育较好的单斜带。

4）辫状河-辫状河三角洲砂体

新疆不具备发育楚-萨雷苏盆地、锡尔达林盆地超大型滨海三角洲砂体的条件。新疆的盆缘发育辫状河-辫状河三角洲砂体，这类砂体渗透性良好，砂体厚度适中，发育"泥-砂-泥"结构，如果砂岩富有机质，则为砂岩型铀成矿良好的容矿体。

5）油气还原作用区

新疆准噶尔盆地、塔里木盆地油气资源丰富，在准噶尔盆地西北缘、准噶尔盆地南缘、塔里木盆地北缘油气渗出作用明显，适当的油气还原作用有利于砂岩型铀成矿。应加强研究这类地区油气对砂岩型铀成矿的控制作用，寻找有利铀成矿区。

6）地震探测技术能够有效反映深部构造特征、目标层的空间展布及砂体空间展布，地质与地震综合技术为评价区域成矿潜力的有效方法。

2. 物化探方法预测技术组合优选远景靶区

通过对铀源、构造、沉积相及砂体空间展布等成矿地质条件有利区进行筛选，配合有效的物化探方法组合，建立砂岩型铀矿找矿模式。该预测技术中物化探方法组合包括：浅层地震测量、土壤氡浓度测量、土壤金属活动态测量、地面高精度磁测。其中，浅层地震测量主要用于探查深部主要目的层空间展布、构造特征及砂体发育特征，基于波阻抗反演及岩石物性参数主要目标层有利砂体的空间分布及砂体厚度，为成矿潜力评价及工程验证提供依据；从盆地结构、区域成矿规律、层间氧化带的识别以及后生叠加晕异常等方面多层次识别和"选带-选线-选区"层层递进的原则，"土壤氡浓度测量+土壤金属活动态测量+地面高精度磁测"方法组合可以有效地识别深部铀矿化信息，基于已知区异常与铀矿化空间配置关系构建异常模型，圈定成矿有利靶区，从而实现深部有利砂体和铀矿化信息的识别与定位。这一评价技术方法为深部及外围铀矿找矿提供了依据。

第二节　火山岩型铀矿综合找矿模式

根据古生代火山岩型铀成矿特征、控制因素、富集规律和地形地物的不同，选择不同的地球物理、地球化学等勘查方法，对提高找矿方法效果和找矿效率是非常重要的。

从雪米斯坦成矿远景亚带目前所发现的铀矿主要类型是火山岩型铀矿，除白杨河铀矿床以外，大都是一些规模不大的矿化点，因此，以白杨河矿床为例，进行构造地球物理、地球化学综合勘查模式构建。

1. 选择大比例的地面伽马测量

白杨河矿床产于杨庄岩体的内外接触带，铀矿化程度严格受次火山岩——杨庄岩体控制。杨庄岩体在 1∶5 万的航空伽马能谱铀等值线图上，反映了一个铀高场区，但是铀矿床在何处还不清楚。通过大比例尺 1∶1 万或更大比例尺 1∶5000 的地表伽马能谱测量，目标更加清楚了，伽马等值线图显示，铀异常区呈近东西向展布，并分布在岩体南北接触带附近，经勘探查证后铀矿床、矿点均分布在伽马晕圈之内。

因此，地表伽马能谱测量是寻找放射性矿产的一种有效手段，翻开我国铀矿找矿史，绝大部分铀矿是通过地表伽马普查或航空伽马能谱测量发现的。在航放高场区，选择大比例尺（≥1∶1 万）的地表能谱伽马测量得到的参数多，效果好，是铀矿勘查早期常使用的行之有效的方法。

2. 选择合理的物化探方法探索深部矿化信息

物化探方法较多，哪一种方法适合？要针对不同地方，选择不同的方法，要灵活性运用，掌握各种测量方法的适用性。土壤中氡气测量、土壤 ^{210}Po 测量属于铀矿传统的放射性勘探方法，这些方法在断裂裂隙发育的硬岩铀矿勘查上是有优势的，可以取得比较理想的找矿效果。经实践分析，在马门特盆地、北金齐地区以及塔城克兹尔地区均做过土壤氡气测量，矿化地段氡气异常非常明显。

除此之外，还有地电地球化学、金属元素活动态提取方法等深穿透地球化学方法。地电地球化学是近年兴起的针对隐伏矿床有效的地球化学探测方法，它的特点是探测深度较大，对探测隐伏矿床效果较好，它是基于隐伏铀矿床周围离子分散晕和气体分散晕的存在。地电地球化学在南方硬岩型铀矿试验过（林锦荣，2012）。由于该方法需要埋下探测器后第二天取回，这就增加了成倍的工作量，开展起来难度较大，不适合高山区条件下的采样需要。因此，地电地球化学法用元素活动态提取方法代替。

金属元素活动态提取方法是一种在国内外近十几年开发的新的化探找矿方法，它提取的是与深部矿化或伴生元素富集相关的金属离子，与地电地球化学探测目标一致，主要提取的是活动态金属离子叠加在地表覆盖物中的信息，它区别于传统的土壤元素测量，强调的是与成矿密切相关的活动态元素，通过特殊的分析方法和步骤，将活动态元素信息提取出来。元素活动态提取取样简单，分析测试结果给出的信息量丰富，因此，它是野外取样条件困难地区可行的地球化学方法之一。

因此，采用综合化探方法可以圈定矿床在近地表的地球化学晕，指示成矿元素的种类及其迁移扩散的规律，追索断裂、破碎带的位置及延展方向。不同化探方法的结合可以探测不同的深度，进而结合其他资料和铀成矿规律指示铀矿化的可能赋存位置。

为了解决深部断裂构造、地质体（如隐伏岩体）空间展布，一般采用普通物探方法。在普通物探方法中，地震勘探在矿产能源勘探领域发挥了巨大作用，在火山岩地区，由于地下目标成层性差、地质体变化复杂以及地质体高阻抗等特征，地震波传播非常复杂，给地下目标的成像带来很大困难。直流电法、激电法、复电阻率法等方法属于人工源的几何测深法，在其他金属矿产勘探中应用较多，但需要大功率的供电设备、探测深度与电极距长度正相关、分辨率较低等因素也制约了其在高山复杂地形勘探中的应用。重力勘探和磁力勘探仪器设备轻便，可用来解决部分地质问题，但由于是位场勘探、无测深能力以及对地质体很低的分辨率，在大比例尺勘探中使其无法成为主要的勘探方法。根据新疆的地理情况和方法的要求，选择了以音频大地电磁（AMT）为主、高精度重磁勘探方法为辅的综合物探方法。

为了解决白杨河矿床杨庄岩体的深部结构，采用音频大地电磁测深法取得了良好的效果。根据音频大地电磁测量成果，泥盆系凝灰岩表现为低阻特征，反演电阻率一般低于300Ω·m；花岗斑岩表现为高阻特征，反演电阻率一般大于300Ω·m。由南北向测线反演电阻率断面图显示，上部表现为高阻特征，反演电阻率等值线呈团块状、似层状展布，为花岗斑岩的反映；下部表现为中阻特征，反演电阻率等值线连续、宽缓，推断为泥盆系凝灰岩；中部表现为似层状相对低阻特征，为花岗斑岩与凝灰岩的接触带，断裂构造则表现为低阻带或高低阻梯度带。在杨庄岩体中部，花岗斑岩与下伏凝灰岩接触带向南倾伏，倾角北缓南陡，花岗斑岩体的厚度由北向南逐渐增大。岩体南部边界断裂（查干陶勒盖－巴音布拉克断裂）倾向北、倾角较陡；北界断裂倾向南、倾角较缓。

高精度磁测主要随音频大地电磁测量进行剖面测量（图8-2-1），高精度磁测资料对大的断裂构造、脉体和岩性接触带有较明显的反映，但通常只能大致判断位置，对产状等特征反映不清晰，可以利用高精度磁测进行区域性扫面工作。

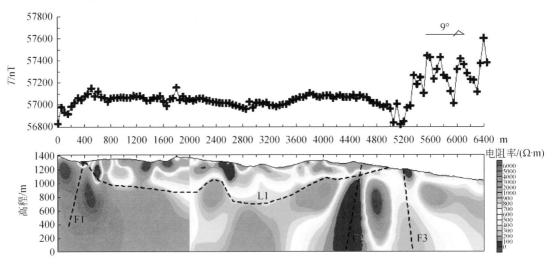

图 8-2-1　北金齐Ⅱ号剖面综合物探解译成果
（上图为高精度磁测成果，下图为 AMT 测量及解译成果）

通过以上综合地球物理、地球化学勘查，获得大量深部的地质、矿化信息，可以大致查明工作区铀矿控矿因素，进而建立适合工作区铀矿化识别的物化探异常标志。由于矿床类型不同、地形地貌的差异，在选择勘查方法上不一样，要因地适宜，选择有效、高效的综合地球物理、地球化学勘查方法是矿产勘查过程中最为重要的。另外在远景调查评价过程中，区域成矿背景研究对重点工作区的选择和区域评价准则的厘定具有重要的作用。本地区铀矿地质–地球物理–地球化学综合勘查过程见图8-2-2。

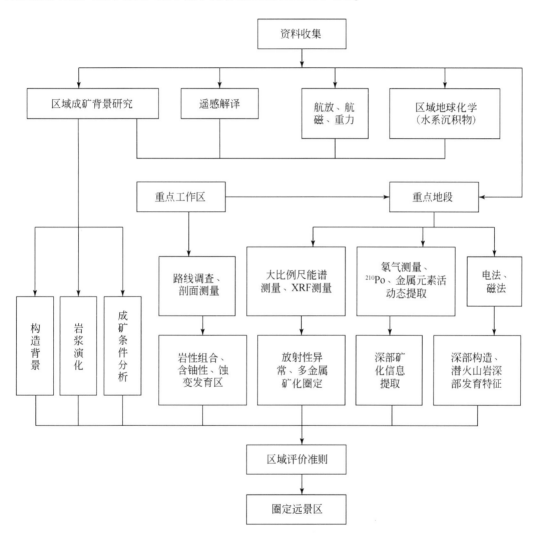

图 8-2-2　火山岩型铀矿综合勘查模式

第九章 结 论

在系统收集新疆与中亚各类铀矿床资料的基础上，对新疆与中亚典型铀矿床进行详细解剖，分析对比了两者的铀成矿地质背景、成矿规律及成矿地质条件等，构建了相应的成矿模式和找矿模式，取得的主要成果认识如下。

（1）通过系统的锆石 U-Pb 年代学研究，确立了雪米斯坦火山岩带地层时代主体为晚志留世—早泥盆世。证实了雪米斯坦南缘晚石炭世—早二叠世陆相火山–次火山活动的存在，提出雪米斯坦东部火山岩为早二叠世的新认识，也认为该地区斑岩体的侵位时代主要有两期。一期是晚志留世—早泥盆世（402.4±3.8Ma~420.6±2.8Ma）；另一期是晚石炭世—早二叠世（305.3±3.5Ma~318±6Ma）。另外，还确定了扎伊尔地区陆相火山岩时代为晚石炭世，而非原来认为的早二叠世火山地层。

（2）中亚地区构造演化经历了三个基本阶段：基底形成阶段、加里东–海西期造山阶段、中–新生代盆地发育演化阶段。铀成矿作用与该区构造演化有着密切的关系，加里东–海西期的造山活动十分强烈，发育广泛，所以该期是主要的热液成矿期，形成的热液型铀矿床（以火山岩型铀矿为主）规模大、数量多。在中–新生代盆地发育演化阶段，该地区中生代处于构造活动平静期，广泛形成河道相、湖相、三角洲相、滨岸海相砂体与铀的预富集，为后生成矿创造了赋矿岩层与铀源；新构造运动时期以构造运动为主，在山前与山端形成斜坡带与补、径、排的地下水流体系，为铀的活化及成矿迁移、成矿创造了条件，形成大量外生渗入型铀矿床（以砂岩型铀矿为主）。

（3）系统分析了中亚、新疆砂岩型铀矿的成矿环境，并深入对比了中亚、新疆不同类型盆地及各盆地砂岩型铀成矿条件：①楚–萨雷苏盆地、锡尔达林盆地的构造背景为天山构造带与稳定陆块过渡部位，盆地整体为巨型单斜盆地，发育了多层超大规模的滨海三角洲相砂体，含矿建造形成后，盆地长期而缓慢地抬升，为发育超大规模层间氧化带和铀矿化提供良好条件；②中央卡兹库姆盆地、伊犁盆地、吐哈盆地、塔里木盆地北缘为天山构造活动带构造活动相对弱的山间盆地，形成的砂体规模较小而且岩相变化大；③层间氧化带距蚀源区近，其规模长度为数千米至数十千米，宽度为数千米至数十千米，单个矿床铀矿化规模远小于楚–萨雷苏盆地、锡尔达林盆地内铀矿化规模。

（4）对天山造山带山间盆地和塔里木盆地构造演化规律进行研究，按照水成铀矿理论和伊犁盆地南缘、吐哈盆地西南缘、塔里木盆地北缘铀成矿特点，结合盆地构造演化规律，将盆地构造演化划分为三个阶段：古生代前构造演化阶段（三叠纪前）、中生代—新生代早期构造演化阶段（晚三叠世—古近纪）和新生代构造演化阶段（新近纪—第四纪），指出新生代构造演化阶段是区内铀主成矿阶段。提出伊犁盆地、吐哈盆地中构造斜坡带和局部构造对铀矿体具有控制作用；塔里木盆地北缘构造隆起、盆缘局部抬升对铀成矿起到了控制作用。

（5）开展了新疆铀成矿区带划分研究，厘定出 11 个Ⅲ级铀成矿带（区），并进一步划分出 4 个Ⅳ级铀成矿亚带，提出伊犁盆地成矿区、吐哈盆地成矿区和塔里木北缘成矿带是砂岩型铀矿主要的成矿单元，雪米斯坦成矿远景带和北天山成矿远景带是火山岩型铀矿最重要的成矿（区）带，阿尔泰成矿远景带是花岗岩型铀矿的主要成矿带。

（6）首次提出了新疆热液型铀矿类型划分方案，将新疆热液型铀矿分为花岗岩型和火山岩型两个类型6个亚类型，其中密集裂隙带亚类和次火山岩亚类是新疆地区最重要和最具找矿潜力的火山岩型铀矿成矿类型，为今后开展铀矿勘查提供了找矿方向。

（7）以新疆蒙其古尔矿床漂白蚀变带为研究对象，基本确定蚀变现象与煤层和矿化层之间的空间关系，通过水–岩实验模拟，还原地质历史时期的流体–岩石的耦合作用过程，建立了流–岩反应实验模型；对比分析了不同类型低熟烃源岩生烃系数的差异性，评价了低熟烃源岩对铀的迁移、富集过程中的影响，揭示了成矿地质背景下有机成矿流体与铀的相互作用关系。

（8）新疆火山岩型铀矿主要分布于西准噶尔地区的雪米斯坦火山岩带和扎伊尔火山岩带以及北天山火山岩带，中亚火山岩型铀矿集中于科克切塔夫铀成矿区、楚–伊犁铀成矿区以及少量发育于库拉明铀成矿区。通过对两者典型矿床的成矿地质背景、铀矿化特征、主要控矿因素及矿床成因等详细解剖，发现古老的富铀基底为火山岩型铀矿的形成提供了先决条件；切盆的深大断裂为含矿热液提供了运移通道，火山构造直接控制了铀矿体的形态和规模，而且铀矿化普遍发育于酸性火山岩中，中基性火山岩较少。在此基础上构建了西准噶尔地区雪米斯坦火山岩铀成矿模式和北哈萨克斯坦铀矿省的科克切塔夫成矿区铀成矿模式。

（9）通过对新疆与中亚典型砂岩型铀矿成矿条件的分析和对比，归纳、总结了中亚和新疆典型砂岩型铀矿床的控矿因素：①富铀基底是砂岩型铀成矿有利地质背景，为砂岩型铀成矿提供铀源。②"次造山带"、构造活动带的"弱构造"区的构造背景，楚–萨雷苏、锡尔达林盆地的"次造山带"的构造背景形成了超大规模的砂岩型铀矿床；构造活动带的"弱构造"区的构造背景形成了中央卡兹库姆、伊犁、吐哈盆地、塔里木盆地北缘的砂岩型铀矿床。③有利相带砂体，滨海–三角洲、辫状河–辫状河三角洲砂体为砂岩型铀成矿提供容矿空间。巨大的滨海–三角洲砂体是形成超大规模砂岩型铀矿床必要条件；山间盆地发育的辫状河–辫状河三角洲砂体规模相对较小，岩相变化大，形成砂岩型铀矿床规模较小。④不整合及含矿建造形成之后，由于构造抬升，地层暴露形成不整合，不整合沟通了表生含氧含铀流体与含矿层砂体，不整合期为发育层间氧化和铀矿化的重要时期。⑤温暖湿润转变为干旱–半干旱的气候，含矿建造形成期温暖湿润的气候，形成富有机质的砂体。含矿建造形成之后的不整合期，干旱–半干旱的气候有利于大气水淋滤蚀源区的铀，形成含氧含铀渗入流体。⑥油气还原作用能够改造砂岩，增加砂岩的还原能力，利于铀的沉淀富集。中央卡兹库姆盆地、塔里木盆地北缘的巴什布拉克地区的油气还原作用有利于砂岩型铀矿的形成。从中国的准噶尔盆地、鄂尔多斯盆地来看，油气还原作用对铀矿化的控制作用非常复杂，需进一步深入研究油气对砂岩型铀成矿的控制作用。

（10）通过对新疆与中亚火山岩型铀成矿条件的对比分析，系统总结了新疆与中亚铀成矿规律的差异性：①在大地构造环境上，中亚地区热液型铀矿集中区明显优于我国新疆北部地区，具有"古陆块基底（活化）+古生代火山岩盖层"的二元结构是热液矿床形成的基础，这就是造成新疆与中亚铀成矿规模大小差异的主要原因。一般来说，产于古老基底之上或其边缘岩浆活化带的矿床规模较大，中型、大型矿床最多；产于海西褶皱带铀成矿能力差，矿床规模较小，小型矿床居多。②地壳成熟度的高低对铀成矿作用影响很大，中亚科克切塔夫–北天山加里东（含前加里东）古陆块区的地壳成熟度高，且发生早。而新疆雪米斯坦地区是经历了早古生代形成的洋内岛弧、泥盆纪陆缘火山岩带和晚古生代形成的新陆壳带，叠加在加里东（含前加里东）古陆边缘，形成统一的稳定的新陆块。③铀源条件上的差异，在中亚热液型铀矿集中区，存在前古生代片麻岩和结晶片岩的古地块，铀丰度达 $3.2×10^{-6} \sim 7.2×10^{-6}$，科克切塔夫地块更高；新疆雪米斯坦地区至今未发现前寒武纪基底岩石，只是推测的基底，如果有也是很深，其岩性及含铀性尚不清楚。④铀成矿时代差异，中亚热液型铀矿成矿年龄可以划分为 3 期，第一期为 $350 \sim 370$Ma，属泥盆纪末石炭纪初；第二期为 $250 \sim 270$Ma，为晚二叠世；第三期为 $180 \sim 190$Ma，属于早侏罗世，成矿具有多期多阶段特点。我国新疆北部古生代火山岩型铀矿成矿年龄在 $197 \sim 237$Ma，属于三叠纪，后又经历了多期的热液叠加改造作用。可见从哈萨克斯坦北部往南再转向东至中国境内，铀成矿时代存在越来越年轻的趋势，这可能与地壳由西向东侧向增生演化有关。

（11）系统分析、对比了中亚、新疆的铀成矿模式，提出了新疆砂岩型铀矿找矿方向。中亚、新疆砂岩型铀矿床多数为层间渗入型，个别矿床为潜水型（塔里木盆地北缘巴什布拉克为潜水＋油气还原复合成因型）。新疆砂岩型铀矿不具备形成楚–萨雷苏盆地、锡尔达林盆地超大型砂岩铀矿床的条件，与中央卡兹库姆盆地的铀成矿条件相似，在构造活动带的"弱构造"活动区具备形成相对较小规模砂岩型铀矿床的条件。富铀基底＋构造活动带"弱构造"区＋富有机质辫状河–辫状河三角洲砂体、富铀基底＋盆缘构造单斜带＋富有机质辫状河–辫状河三角洲砂体、强油气还原作用区为新疆进一步寻找砂岩型铀矿的重点方向。

（12）厘定了新疆与中亚火山岩型铀矿的主要成矿条件，在此基础上，构建火山岩型铀矿综合成矿模式，并提出了新疆火山岩型铀矿下一步找矿方向：①古老地块边缘岩浆活动带的晚古生代陆相酸性火山岩区，火山岩型铀矿优先富集于酸性岩中；②"富铀酸性火山岩＋区域性基底断裂带＋基性脉岩发育区＋热液蚀变区"四位一体叠合区是铀矿找矿的首选目标区；③扩大已知矿床深部、外围找矿潜力为雪米斯坦地区找矿的重点方向，中亚大型火山岩型铀矿的垂直幅度可达 1500m，而雪米斯坦勘查深度只有 $400 \sim 500$m，需要进一步加大勘查深度；④以铀为主，综合找矿，在火山岩型铀矿中常伴生其他矿种，如 Mo、Cu、P 等。

参 考 文 献

白正华，于学元，2005. 白杨河流纹岩地球化学特征和岩浆成因. 全国第四次火山学术研讨会论文集.

别列里曼 А и，1995. 水成铀矿床. 熊福清，孙西田，狄永强，等，译. 咸阳：核工业西北地质局二〇三研究所.

别罗克包洛夫 Б Р，卡列林 В Г，1998. 哈萨克斯坦铀矿床. 刘平，郭华，张子敏，等，译. 北京：核工业北京地质研究院.

别特罗夫 Н. Н.，亚泽科夫 В. Г.，阿乌巴吉罗夫 Х. Б. 等，1997. 哈萨克斯坦外生铀矿床. 陈祖伊，张铁岭，郭华，等，译. 北京：核工业北京地质研究院.

蔡根庆，黄志章，李胜祥，2006. 十红滩地浸砂岩铀矿层间氧化带蚀变矿物群. 地质学报，（1）：119-125+173.

蔡士赐，孙巧缡，缪长泉，等，2008. 新疆维吾尔自治区岩石地层. 武汉：中国地质大学出版社.

曹荣龙，1992. 新疆北部海西期造山褶皱带与地体构造. 科学通报，10：927-931.

陈炳蔚，陈廷愚，2007. 横贯亚洲巨型构造带的基本特征和成矿作用. 岩石学报，23（5）：865-876.

陈戴生，王瑞英，李胜祥，等，1993. 伊犁盆地若干远景地段层间氧化带砂岩型铀矿成矿机制及成矿模式. 北京：核工业北京铀矿地质研究院.

陈戴生，王瑞英，李胜祥，等，1996. 伊犁盆地砂岩型铀矿成矿机制及成矿模式. 华东地质学院学报，19（4）：321-331.

陈汉林，杨树锋，厉子龙，等，2006. 阿尔泰晚古生代早期长英质火山岩的地球化学特征及构造背景. 地质学报，80（1）：38-42.

陈家富，韩宝福，张磊，2010. 西准噶尔北部晚古生代两期侵入岩的地球化学、Sr-Nd 同位素特征及其地质意义. 岩石学报，26（8）：2317-2335.

陈建平，唐菊兴，丛源，等，2009. 藏东玉龙斑岩铜矿地质特征及成矿模型. 地质学报，83（12）：1887-1900.

陈凌，朱日祥，王涛，2007. 大陆岩石圈研究进展. 地学前缘，14（2）：60-77.

陈庆，张立新，2009. 准噶尔盆地西北缘石炭系火山岩岩性岩相特征与裂缝分布关系. 现代地质，23（2）：305-312.

陈石，张元元，郭召杰，2009. 新疆三塘湖盆地后碰撞火山岩的锆石 SHRIMP U-Pb 定年及其地质意义. 岩石学报，25（3）：527-538.

陈宣华，杨农，叶宝莹，等，2011. 中亚成矿域多核成矿系统西准噶尔成矿带构造体系特征及其对成矿作用的控制. 大地构造与成矿学，35（3）：325-338.

陈衍景，1996. 准噶尔造山带碰撞体制的成矿作用及金等矿床分布规律. 地质学报，70（3）：253-261.

陈晔，孙明新，张新龙，2006. 西准噶尔巴尔鲁克断裂东南侧石英闪长岩锆石 SHRIMP U-Pb 测年. 地质通报，25（8）：992-994.

陈毓川，1999. 当代矿产资源勘查评价的理论与方法. 北京：地震出版社.

陈毓川，2007. 中国成矿体系与区域成矿评价. 北京：地质出版社.

陈毓川，朱裕生，1993. 中国矿床成矿模式. 北京：地质出版社.

陈毓川，陶维屏，1996. 我国金属、非金属矿产资源及成矿规律. 中国地质，（8）：10-13+9.

陈毓川，裴荣富，邱小平，等，1998. 中国矿床成矿系列初论. 北京：地质出版社.

陈毓川，裴荣富，王登红，2006. 三论矿床的成矿系列问题. 地质学报，80（10）：1501-1508.

陈岳龙，2005. 同位素地质年代学与地球化学. 北京：地质出版社.

陈肇博，赵凤民，2002. 可地浸型铀矿床的形成模式和在中国的找矿前景. 国外铀金地质，19（3）：127-133.

陈肇博，谢佑新，万国良，等，1982. 华东南中生代火山岩中的铀矿床. 地质学报，3：51-59.

陈祖伊，郭庆银，2007. 砂岩型铀矿床硫化物还原富集铀的机制. 铀矿地质，（6）：321-327+334.

陈祖伊，周维勋，管太阳，等，2004. 产铀盆地的形成演化模式及其鉴别标志. 世界核地质科学，（3）：141-151+177.

成守德，1994. 新疆北部地层、岩相古地理特征及与成矿作用的关系. 新疆地质，12（1）：40-47.

成守德，王元龙，1998. 新疆大地构造演化基本特征. 新疆地质，16（2）：97-107.

成守德，祁世军，陈川，等，2009. 巴尔喀什–准噶尔构造单元划分及特征. 新疆地质，27（S1）：14-30.

程丽红，2006. 新疆萨吾尔山金矿床同位素特征及成矿物质来源初探. 新疆有色金属，4：12-14.

程裕淇，陈毓川，赵一鸣，等，1983. 再论矿床的成矿系列问题–兼论中生代某些矿床的成矿系列. 地质论评，29（2）：127-139.

丁天府，1996. 新疆北部火山活动与铜铅锌成矿. 新疆地质，14（3）：255-260.

董连慧，李卫东，张良臣，2008a. 新疆大地构造单元划分及其特征. 第六届天山地质矿产资源学术讨论会论文集. 乌鲁木齐：新疆青少年出版社.

董连慧，祁世军，成守德，等，2008b. 新疆地壳演化及优势矿产成矿规律研究. 武汉：中国地质大学出版社.

董连慧，屈迅，朱志新，等，2010. 新疆大地构造演化与成矿. 新疆地质，28（4）：351-357.

董庆吉，肖克炎，陈建平，等，2010. 西南"三江"成矿带北段区域成矿断裂信息定量化分析. 地质通报，29（10）：1479-1485.

窦亚伟，孙喆华，1985. 新疆北部哈尔加乌组和卡拉岗组的地质时代. 地质论评，31（6）：489-494.

杜乐天，2005. 迎接铀矿找矿新高潮——华南二轮找矿势在必行. 铀矿地质，21（3）：146-151.

杜乐天，2006. 相山热液铀矿田富矿形成机制//中国地质学会、国土资源部地质勘查司. "十五"重要地质科技成果暨重大找矿成果交流会材料二——"十五"地质行业获奖成果资料汇编. 中国地质学会、国土资源部地质勘查司：216.

杜乐天，2010. 对《透岩浆流体成矿作用导论》新书的评介. 地学前缘，17（5）：116.

杜乐天，王文广，刘正义，2010. 中国铀矿床研究评价第一卷花岗岩型铀矿床（内部资料）. 北京：中国核工业地质局.

冯益民，1987. 西准噶尔古板块构造特征. 西北地质科学，4：144-164.

高计元，1991. 新疆北部石炭纪火山岩及含矿性研究. 矿物岩石地球化学通讯，10（3）：187-189.

高俊杰，王贵珣，王家驷，等，1997. 新疆通志：地质矿产志. 新疆：新疆人民出版社.

戈利得什金 Р и，K. r. 布洛文，等，1992. 中亚自流盆地的成矿作用. 北京：地震出版社.

龚一鸣，1993. 新疆北部泥盆纪火山沉积岩系作用相类型、序列及其与板块构造的关系. 地质学报，67（1）：36-51.

辜平阳，李永军，王晓刚，等，2011. 西准噶尔达尔布特 SSZ 型蛇绿杂岩的地球化学证据及构造意义. 地质论评，57（1）：36-44.

顾忆，罗宏，邵志兵，1997. 塔里木盆地北部油气成因与保存. 北京：地质出版社.

郭丽爽，张锐，刘玉琳，等，2009. 新疆东准噶尔铜华岭中酸性侵入体锆石 U-Pb 年代学研究. 北京大学学报（自然科学版），45（5）：819-824.

韩宝福，2007. 后碰撞花岗岩类的多样性及其构造环境判别的复杂性. 地学前缘，14（3）：64-72.

韩宝福，王式洸，孙元林，等，1998a. 新疆乌伦古河碱性花岗岩 Nd 同位素特征及其对显生宙地壳生长的意义. 北京大学学报（自然科学版），42（1）：1829-1831.

韩宝福，何国琦，王式洸，等，1998b. 新疆北部后碰撞幔源岩浆活动与陆壳纵向生长. 地质论评，44（4）：396-404.

韩宝福，何国琦，王式洸，1999. 后碰撞幔源岩浆活动、底垫作用及准噶尔盆地基底的性质. 中国科学 D 辑：地球科学，29（1）：16-21.

韩宝福，季建清，宋彪，2006. 新疆准噶尔晚古生代陆壳垂向生长（Ⅰ）——后碰撞深成岩浆活动的时限. 岩石学报，22（5）：1077-1086.

韩宝福，郭召杰，何国琦，2010. "钉合岩体"与新疆北部主要缝合带的形成时限. 岩石学报，26（8）：2233-2246.

韩松，董金泉，于福生，等，2004. 新疆西准噶尔玛依拉山-萨雷诺海蛇绿岩岩石地球化学特征. 新疆地质，22（3）：290-295.

郝建荣，周鼎武，柳益群，等，2006. 新疆三塘湖盆地二叠纪火山岩岩石地球化学及其构造环境分析. 岩石学报，22（1）：189-198.

郝梓国，1988. 新疆西准噶尔地区蛇绿岩与豆荚型铬铁矿床的成因研究. 北京：中国地质科学院.

何登发，尹成，杜社宽，等，2004. 前陆冲断带构造分段特征——以准噶尔盆地西北缘断裂构造带为例. 地学前缘，11（3）：91-99.

何登发，管树巍，张年富，等，2006. 准噶尔盆地哈拉阿拉特山冲断带构造及找油意义. 新疆石油地质，27（3）：267-269.

何国琦，李茂松，1994. 中国兴蒙-北疆蛇绿岩地质的若干问题. 中国地质科学院地质研究所文集（26）：15-24.

何国琦，李茂松，2000. 中亚蛇绿岩带研究进展及区域构造连接. 新疆地质，18（3）：193-202.

何国琦，朱永峰，2006. 中国新疆及其邻区地质矿产对比研究. 中国地质，33（3）：451-460.

何国琦，刘德权，李茂松，1995a. 新疆主要造山带地壳发展的五阶段模式及成矿系列. 新疆地质，13（2）：99-194.

何国琦，陆书宁，李茂松，1995b. 大型断裂系统在古板块研究中的意义——以中亚地区为例. 高校地质学报，1（1）：1-10.

何国琦，成守德，徐新，等，2004. 中国新疆及邻区大地构造图说明书. 北京：地质出版社.

何国琦，刘建波，张越迁，2007. 准噶尔盆地西缘克拉玛依早古生代蛇绿混杂岩带的厘定. 岩石学报，23（7）：1573-1576.

胡霭琴，韦刚健，2003. 关于准噶尔盆地基底时代问题的讨论——据同位素年代学研究结果. 新疆地质，21（4）：398-406.

黄河源，朱庆亮，1993. 新疆构造运动期序及特征. 新疆地质，11（4）：275-284.

黄汲清，陈炳蔚，1987. 中国及邻区特提斯海的演化. 北京：地质出版社.

黄世杰，1994. 层间氧化带砂岩型铀矿的形成条件及找矿判据. 铀矿地质，10（1）：6-13.

黄萱，金成伟，孙宝山，1997. 新疆阿尔曼太蛇绿岩时代的 Nd-Sr 同位素地质研究. 岩石学报，13（1）：85-91.

黄志章，李秀珍，蔡根庆等，1999. 热液铀矿床蚀变场及蚀变类型. 北京：原子能出版社.

霍有光，1987. 准噶尔和布克赛尔地区岛弧-弧后盆地的岩石化学及地质演化. 西北地质科学，1：60-71.

贾承造，等，2004，塔里木盆地中新生代构造与油气. 北京：石油工业出版社.

简晓飞，秦立峰，1996. 浅谈中亚地区层间氧化带砂岩型铀矿成矿作用. 铀矿地质，（2）：65-70.

姜耀辉，蒋少涌，凌洪飞，2004. 地幔流体与铀成矿作用. 地学前缘，11（2）：491-499.

金成伟，张秀棋，1993. 新疆西准噶尔花岗岩类的时代及其成因. 地质科学，28（1）：28-36.

黎彤，1976. 化学元素的地球丰度. 地球化学，（3）：167-174.

李保侠，李占双，2003. 十红滩铀矿床首采段矿床地质、地球化学特征. 铀矿地质，19（4）：193-202.

李锦轶，肖序常，1999. 对新疆地壳结构与构造演化几个问题的简要评述. 地质科学，34（4）：405-419.

李锦轶，徐新，2004. 新疆北部地质构造和成矿作用的主要问题. 新疆地质，22（2）：119-124.

李锦轶，肖序常，汤耀庆，1992. 新疆北部金属矿产与板块构造. 新疆地质，10（2）：138-146.

李锦轶，何国琦，徐新，等，2006. 新疆北部及邻区地壳构造格架及其形成过程的初步探讨. 地质学报，80（1）：148-168.

李锦轶，张进，杨天南，等，2009. 北亚造山区南部及其毗邻地区地壳构造分区与构造演化. 吉林大学学报（地球科学版），39（4）：584-605.

李久庚，1991. 新疆某铀铍矿田铍的赋存状态及铀铍关系. 矿物岩石地球化学通讯，2：2-4.

李文厚，柳益群，冯乔，等，1997. 吐哈盆地前侏罗系沉积相带与砂体的展布特征. 西北地质，18（2）：10-14.

李细根，黄以，2001. 新疆伊犁盆地南缘层间氧化带发育特征及其与铀矿化的关系. 铀矿地质，17（3）：137-144.

李辛子，韩宝福，季建清，2004. 新疆克拉玛依中基性岩墙群的地质地球化学和 K-Ar 年代学. 地球化学，33（6）：574-584.

李月湘，田建吉，衣龙升，等. 2012. 哈萨克斯坦与新疆北部古生代火山岩型铀矿成矿条件对比. 世界核地质科学，29（3）：130-134.

李智明，薛春纪，王剑辉，等，2006. 中国新疆及周边国家和地区典型矿床特征对比研究. 中国地质，33（1）：160-168.

李子颖，张金带，秦明宽，等，2014. 中国铀成矿模式. 北京：中国核工业地质局，核工业北京地质研究院.

李宗怀，韩宝福，李辛子，等，2004. 新疆准噶尔地区花岗岩中微粒闪长质包体特征及后碰撞花岗质岩浆起源和演化. 岩石矿物学杂志，23（3）：214-226.

梁云海，李文铅，李卫东，2004. 新疆准噶尔造山带多旋回开合构造特征. 地质通报，23（3）：279-285.

林关玲，刘春涌，1995. 试论新疆深部构造基本特征. 新疆地质，13（1）：56-66.

林锦荣，2012. 相山基地铀矿关键控矿因素及找矿方向//中国核学会铀地质分会、中国核学会铀矿冶分会. 全国铀矿大基地建设学术研讨会论文集（上）：84-95.

林双幸，1995. 新疆伊犁盆地南缘侏罗系层间氧化带发育条件及铀矿远景评价. 铀矿地质，11（4）：201-206.

刘池洋，邱欣卫，吴柏林，等，2007. 中-东亚能源矿产成矿域基本特征及其形成的动力学环境. 中国科学 D 辑：地球科学，37（A01）：1-15.

刘和甫，梁慧社，蔡立国，等，1994. 天山两侧前陆冲断系构造样式与前陆盆地演化. 地球科学，（6）：727-741.

刘洪福，尹风娟，2001. 新疆三塘湖盆地卡拉岗组时代问题商榷. 西北大学学报：自然科学版，31（6）：496-499.

刘建明，刘家军，顾雪祥，1997. 沉积盆地中的流体活动及其成矿作用. 岩石矿物学杂志，（4）：54-65.

刘希军，许继峰，王树庆，等，2009. 新疆西准噶尔达拉布特蛇绿岩 E-MORB 型镁铁质岩的地球化学、年代学及其地质意义. 岩石学报，25（6）：1373-1389.

刘兴忠，周维勋，1990. 中国铀矿省及其分布格局. 铀矿地质，6（6）：326-337.

刘志强，韩宝福，季建清，2005. 新疆阿拉套山东部后碰撞岩浆活动的时代、地球化学性质及其对陆壳垂向增长的意义. 岩石学报，21（3）：623-639.

马汉峰，李子颖，罗毅，等，2007. 矿产资源评价预测现状. 世界核地质科学，24（2）：77-83.

马汉峰，罗毅，李子颖，等，2010. 沉积特征对砂岩型铀成矿类型的制约——以松辽盆地南部姚家组为例. 世界核地质科学，27（1）：6-10+61.

马克西莫娃 M Φ，什玛廖维奇 E M，1993. 层间渗入成矿作用. 夏同庆，潘乃礼译. 咸阳：核工业 203 研究所.

马艳萍，刘池洋，赵俊峰，等，2007. 鄂尔多斯盆地东北部砂岩漂白现象与天然气逸散的关系. 中国科学 D 辑：地球科学，（S1）：127-138.

毛孟才，2004. 相山铀资源基地勘查靶区研究. 铀矿地质，24（2）：90-95.

梅厚钧，杨学昌，李菡蓉，1994. 新疆北部火山岩及其与成矿的关系. 新疆地质，12（1）：16-24.

闵茂中，彭新建，王金平，2003a. 铀的微生物成矿作用研究进展. 铀矿地质，19（5）：257-263.

闵茂中，王汝成，边立曾，2003b. 层间氧化带砂岩型铀矿中的生物成矿作用. 自然科学进展，13（2）：164-168.

闵茂中，Barton L L，Xu H F，彭新建，等，2004. 厌氧菌 Shewcenella putrefaciens 还原 U（VI）的实验研究：应用于我国层间氧化带砂岩型铀矿. 中国科学 D 辑：地球科学，34（2）：125-129.

木合塔尔·扎日，张旺生，2002. 西准噶尔沙尔布尔山构造演化. 地学前缘，9（3）：108.

木合塔尔·扎日，韩春名，张旺生，2002. 新疆沙尔布尔山卡拉岗组火山岩岩石化学及其构造环境分析. 地质科技情报，21（2）：19-22.

牛贺才，于学元，许继峰，等，2006. 中国新疆阿尔泰晚古生代火山作用及成矿. 北京：地质出版社.

欧阳征健，周鼎武，林晋炎，等，2006. 博格达山白杨河地区中基性岩墙地球化学特征及其地质意义. 大地构造与成矿学，30（4）：495-503.

潘桂棠，肖庆辉，陆松年，等，2009. 中国大地构造单元划分. 中国地质，26（1）：1-4.

逄玮，1997. 吐哈盆地水文地球化学分带与铀矿化关系浅析. 新疆地质，15（3）：261-268.

彭新建，闵茂中，王金平，2003. 层间氧化带砂岩型铀矿的铁物相特征及其地球化学意义——以伊利盆地 511 铀床和土哈盆地十红滩铀矿床为例. 地质学报，77（1）：120-125.

秦明宽，1997. 新疆伊犁盆地南缘可地浸层间氧化带型砂岩铀矿床成因及定位模式. 北京：核工业北京地质研究院.

秦明宽，赵瑞全，王正邦，1999. 可地浸砂岩型铀矿盲矿识别模式. 铀矿地质，15（3）：129-136.

渠洪杰，胡健民，李玮，等，2008. 新疆西北部和什托洛盖盆地早中生代沉积特征及构造演化. 地质学报，82（4）：441-450.

权志高，李占双，2002. 新疆十红滩砂岩型铀矿床基本特征及成因分析. 地质论评，48（4）：430-436.

桑吉盛，王振斌，于年福，1992. 534 铀矿床地质特征及成矿条件探讨. 铀矿地质，8（5）：271-276.

邵飞，邹茂卿，何晓梅，等，2004. 相山矿田斑岩型铀矿成矿作用及深入找矿. 铀矿地质，24（6）：321-326.

史蕊，陈建平，王刚，2013. 华北克拉通沉积变质型铁矿床的特征与预测评价模型. 岩石学报，29（7）：2606-2616.

舒良树，卢华复，印栋浩，2001. 新疆北部古生代大陆增生构造. 新疆地质，19（1）：59-63.

舒米林 M B 等，1985. 地浸铀矿床勘探. 咸阳：核工业 203 研究所.

苏玉平，唐红峰，侯广顺，等，2006. 新疆西准噶尔达拉布特构造带铝质 A 型花岗岩的地球化学研究. 地球化学，35（1）：55-67.

谭绿贵，周涛发，袁峰，等，2006. 新疆萨吾尔地区二叠纪火山岩地球动力学背景. 合肥工业大学学报（自然科学版），29（7）：868-874.

谭绿贵，周涛发，袁峰，等，2007a. 新疆萨吾尔地区二叠纪火山岩成岩机制：来自稀土元素的约束. 中国稀土学报，25（1）：95-101.

谭绿贵，周涛发，袁峰，等，2007b. 新疆西准噶尔卡拉岗组火山岩 ^{40}Ar-^{39}Ar 年龄. 地质科学，42（3）：

579-586.

汤良杰, 1989. 塔里木盆地东北地区断裂类型与油气远景. 石油与天然气地质, (1): 45-52.

唐红松, 王正云, 1998. 新疆准北地区晚古生代板块构造及与铜矿的关系. 矿产与地质, 12 (2): 91-95.

童英, 王涛, 洪大卫, 2010. 北疆及邻区石炭-二叠纪花岗岩时空分布特征及其构造意义. 岩石矿物学杂志, 29 (6): 619-641.

涂光炽, 1999. 初议中亚成矿域. 地质科学, 34 (4): 397-404.

王保群, 2000. 吐哈盆地层间氧化带砂岩型铀矿成矿条件分析及远景预测. 铀矿地质, 16 (6): 321-326.

王方正, 杨梅珍, 郑建平, 等, 2002a. 准噶尔盆地岛弧火山岩地体拼合基底的地球化学证据. 岩石矿物学杂志, 21 (1): 1-10.

王方正, 杨梅珍, 郑建平, 等, 2002b. 准噶尔盆地陆梁地区基底火山岩的岩石地球化学及其构造环境. 岩石学报, 18 (1): 9-16.

王广瑞, 1996. 新疆北部及邻区地质构造单元与地质发展史. 新疆地质, 14 (1): 12-27.

王果, 华仁民, 秦立峰, 2000. 乌库尔其地区层间铀成矿过程中的流体作用研究. 矿床地质, 19 (4): 340-349.

王金平, 1998. 潜育型砂岩铀矿化的地球化学特征、成因机理及其找矿模式. 铀矿地质, 14 (1): 20-25.

王金平, 闵茂中, 陈宏斌, 2003. 伊犁盆地水西沟群岩石学和地球化学特征. 铀矿地质, 19 (1): 8-15.

王金平, 闵茂中, 陈跃辉, 2005. 砂岩型铀矿床中 SiO_2/Al_2O_3 比值与含矿性的关系研究: 以库捷尔太和乌库尔其铀矿床为例. 高校地质学报, 11 (1): 77-84.

王金荣, 谢荣, 王怀涛, 等, 2011. 新疆西准噶尔阿克乔克花岗岩年代学地球化学及构造意义. 兰州大学学报 (自然科学版), 47 (1): 127-128.

王京彬, 徐新, 2006. 新疆北部后碰撞构造演化与成矿. 地质学报, 80 (1): 23-31.

王庆明, 2000. 新疆泥盆纪古地理. 新疆地质, (4): 319-323.

王正云, 唐红松, 1997. 新疆准北地区铜矿床主要类型、控矿条件及找矿前景分析. 矿产与地质, 11 (5): 319-324.

王之义, 1987. 西准噶尔北缘某含铀火山岩地层的时代讨论. 新疆地质, 5 (3): 69-75.

王治华, 张勇, 王科强, 2008. 新疆西准噶尔地区金矿成矿规律及其找矿方向. 黄金地质, 29 (6): 13-18.

王中刚, 等, 2006. 中国新疆花岗岩. 北京: 地质出版社.

王宗秀, 周高志, 李涛, 2003. 对新疆北部蛇绿岩及相关问题的思考和认识. 岩石学报, 19 (4): 683-691.

蔚远江, 何登发, 雷振宇, 等, 2004. 准噶尔盆地西北缘前陆冲断带二叠纪逆冲断裂活动的沉积响应. 地质学报, 78 (5): 612-625.

魏观辉, 1993. 层间氧化带型铀矿床成矿作用及若干地球化学指标. 西北铀金地质情报, 4: 10-15.

魏观辉, 陈宏斌, 1995. 我国伊犁大型砂岩型层间氧化带铀矿床地质地球化学特征. 铀矿地质, 11 (2): 6-7.

吴伯林, 黄志章, 李秀珍, 2003. 吐哈盆地西南缘古流体地质作用与砂岩型铀矿成矿作用初探. 铀矿地质, (6): 326-332.

吴柏林, 刘池洋, 王建强, 2007. 层间氧化带砂岩型铀矿流体地质作用的基本特点. 中国科学 D 辑: 地球科学, (S1): 157-165.

吴波, 何国琦, 吴泰然, 等, 2006. 新疆布尔根蛇绿混杂岩的发现及其大地构造意义. 中国地质, 33 (3): 476-486.

吴传荣, 张惠, 李远虑, 等, 1995. 西北早-中侏罗世煤岩煤质与煤变质研究. 北京: 煤炭工业出版社.

吴孔友, 查明, 王绪龙, 等, 2005. 准噶尔盆地构造演化与动力学背景再认识. 地球学报, 26 (3):

217-222.

夏希凡，汪洋，杜佩轩，2006. 新疆西准噶尔表壳元素地球化学特征的地质意义. 新疆地质，24（4）：
　　392-394.

夏毓亮，刘汉彬，2005. 鄂尔多斯盆地东胜地区直罗组砂体铀的预富集与铀成矿. 世界核地质科学，
　　（4）：187-191.

夏毓亮，林锦荣，刘汉彬，等，2003. 北方主要产铀盆地及其蚀源区 U–Pb 同位素体系、铀成矿年代学研
　　究. 铀矿地质，19（3）：129-136.

向伟东，1999. 吐哈盆地西南部层间氧化带型砂岩铀矿成矿条件与成矿规律. 北京：核工业北京地质研
　　究院.

向伟东，陈肇博，陈祖伊，2000a. 吐哈盆地西南部砂岩型铀矿含矿岩系地层时代与层序地层特征. 铀矿
　　地质，16（5）：272-279.

向伟东，陈肇博，陈祖伊，等，2000b. 试论有机质与后生砂岩型铀矿成矿作用——以吐哈盆地十红滩地
　　区为例. 铀矿地质，16（2）：65-73.

肖晋，郑福瑞，韩兰生，1994. 320 铀矿床隐爆成矿特征及其找矿意义. 铀矿地质，10（5）：285-293.

肖文交，韩春明，袁超，等，2006. 新疆北部石炭纪–二叠纪独特的构造–成矿作用：对古亚洲洋构造域
　　南部大地构造演化的制约. 岩石学报，22（5）：1062-1076.

肖文交，舒良树，高俊，等，2008. 中亚造山带大陆动力学过程与成矿作用. 新疆地质，26（1）：4-8.

新疆五一九队第二十四队，1964. 520 矿田中心工地矿床最终储量报告书.

修晓茜，所世鑫，刘红旭等，2015. 蒙其古尔铀矿床流体包裹体研究. 矿物岩石地球化学通报，34（1）：
　　201-207.

徐芹芹，季建清，韩宝福，2008. 新疆北部晚古生代以来中基性岩脉的年代学、岩石学、地球化学研究.
　　岩石学报，24（5）：977-996.

徐芹芹，季建清，龚俊峰，2009. 新疆西准噶尔晚古生代以来构造样式与变形序列研究. 岩石学报，
　　25（3）：636-644.

徐新，陈川，丁天府，2008. 准噶尔西北缘早侏罗世玄武岩的发现及地质意义. 新疆地质，26（1）：
　　9-16.

徐新，周可法，王煜，2010. 西准噶尔晚古生代残余洋盆消亡时间与构造背景研究. 岩石学报，
　　26（11）：3206-3214.

许汉奎，1991. 新疆西准噶尔下、中泥盆统界线地层及腕足类. 古生物学报，（3）：307-327.

许汉奎，蔡重阳，廖卫华，等，1990. 西准噶尔洪古勒楞组及泥盆–石炭系界线. 地层学杂志，14（4）：
　　292-301.

杨富全，刘德权，赵财胜，等，2010. 中国新疆北部与西部邻区地质矿产对比研究. 北京：地质出版社.

杨梅珍，王方正，郑建平，2006. 准噶尔盆地西北部克–夏基性火山岩地球化学特征及其构造环境. 岩石
　　矿物学杂志，25（3）：165-174.

杨树德，1994. 新疆北部的古板块构造. 新疆地质，12（1）：1-8.

杨忆，沈远超，1992. 新疆西准地区古生界火山岩岩石特征及其与金矿化的关系. 中国科学院研究生院
　　学报，9（1）：61-72.

姚振凯，等，1998. 多因复成铀矿床及其成矿演化. 北京：地质出版社.

伊万诺维奇 M，哈蒙 R S，1991. 铀放射系的不平衡及其在环境研究中的应用. 北京：海洋出版社.

尹继元，袁超，王毓婧，2011. 新疆西准噶尔晚古生代大地构造演化的岩浆活动记录. 大地构造与成矿
　　学，35（2）：278-291.

于淑华，1996. 准噶尔北缘大地构造问题探讨. 新疆地质，14（1）：78-85.

袁峰，周涛发，谭绿贵，等，2006a. 西准噶尔萨吾尔地区 I 型花岗岩同位素精确定年及其意义. 岩石学

报, 22 (5): 1238-1248.

袁峰, 周涛发, 杨文平, 等, 2006b. 新疆萨吾尔地区两类花岗岩 Nd、Sr、Pb、O 同位素特征. 地质学报, 80 (2): 264-272.

袁四化, 潘桂棠, 王立全, 等, 2009. 大陆边缘增生造山作用. 地学前缘, 16 (3): 31-48.

曾广策, 王方正, 郑建平, 等, 2004. 准噶尔盆地基底火山岩中的辉石及其对盆地基底性质的示踪. 地球科学 (中国地质大学学报), 27 (1): 13-18.

扎日木合塔尔, 韩春名, 2002. 新疆沙尔布尔山卡拉岗组火山岩岩石化学及其构造环境分析. 地质科技情报, 21 (2): 19-22.

张弛, 黄萱, 1992. 新疆西准噶尔蛇绿岩形成时代和环境的探讨. 地质论评, 38 (6): 509-524.

张传绩, 1983. 准噶尔盆地西北缘大逆掩断裂带的地震地质依据及地震资料解释中的几个问题. 新疆石油地质, 4 (3): 1-12.

张国伟, 李三忠, 刘俊霞, 1999. 新疆伊犁盆地的构造特征与形成演化. 地学前缘, (4): 203-214.

张海祥, 牛贺才, Hiroaki Sato, 等, 2004. 新疆北部晚古生代埃达克岩、富铌玄武岩组合: 古亚洲洋板块南向俯冲的证据. 高校地质学报, 10 (1): 106-113.

张金带, 2012. 中国北方中新生代沉积盆地铀矿勘查进展和展望. 铀矿地质, 28 (4): 193-198.

张金带, 徐高中, 林锦荣, 等, 2010. 中国北方 6 种新的砂岩型铀矿对铀资源潜力的提示. 中国地质, 37 (5): 1434-1449.

张金带, 李子颖, 李友良, 等, 2012. 铀矿资源潜力评价技术要求. 北京: 地质出版社.

张连昌, 夏斌, 牛贺才, 等, 2006. 新疆晚古生代大陆边缘成矿系统与成矿区带初步探讨. 岩石学报, 22 (5): 1387-1398.

张良臣, 刘德权, 王有标, 等, 2006. 中国新疆优势金属矿产成矿规律. 北京: 地质出版社.

张新春, 1985. 火山岩铀矿床概述. 华东铀矿地质, (2): 39-55.

张元元, 郭召杰, 2010. 准噶尔北部蛇绿岩形成时限新证据及其东、西准噶尔蛇绿岩的对比研究. 岩石学报, 26 (2): 421-430.

张占峰, 蒋宏, 王毛毛, 2020. 蒙其古尔铀矿床成矿驱动因素及其在伊犁盆地找矿实践中的意义. 矿床地质, 29 (S1): 165-166.

张志德, 1990. 新疆区域地质基本特征概述. 中国区域地质, 2: 112-125.

赵凤民, 2013. 中亚铀矿地质. 北京: 核工业北京地质研究院.

赵瑞全, 秦明宽, 王正邦, 1998. 微生物和有机质在 512 层间氧化带砂岩型铀矿成矿中的应用. 铀矿地质, 14 (6): 338-344.

赵杏媛, 张有瑜, 宋健, 1994. 中国含油气盆地黏土矿物的某些矿物学特征. 现代地质, (3): 264-272.

赵振华, 沈远超, 涂光炽, 等, 2001. 新疆金属矿产资源的基础研究. 北京: 科学出版社.

郑一星, 1986. 含铀砂岩中的铁–钛氧化物研究. 国外铀矿地质, (1): 12-16.

郑永飞, 陈江峰, 2000. 稳定同位素地球化学. 北京: 科学出版社.

中国科学院地球化学研究所, 1981. 铁的地球化学. 北京: 科学出版社.

周刚, 秦纪华, 何立新, 等, 1999. 新疆萨吾尔山花岗岩类的形成时代. 岩石矿物学杂志, 18 (3): 237-242.

周刚, 龙志宁, 黄薇, 等, 2002. 新疆萨吾尔山哈尔交一带相同环境下形成的两种不同类型花岗岩. 资源调查与环境, 23 (3): 185-192.

周晶, 季建清, 韩宝福, 等, 2008. 新疆北部基性岩脉 ^{40}Ar/^{39}Ar 年代学研究. 岩石学报, 24 (5): 997-1010.

周良仁, 1987a. 西准噶尔地槽褶皱带中的早二叠世地层. 西北地质, (1): 20-26.

周良仁, 1987b. 西准噶尔地区地质构造发展及岩浆演化特征. 西北地质科学, 2: 175-180.

周良仁，1987c. 西准噶尔花岗岩中锆石同位素地质年龄及其地质意义. 西北地质，6：32-33.

周涛发，袁峰，范裕，2006a. 西准噶尔萨吾尔地区 A 型花岗岩的地球动力学意义：来自岩石地球化学和锆石 SHRIMP 定年的证据. 中国科学 D 辑：地球科学，36（1）：39-48.

周涛发，袁峰，谭绿贵，等，2006b. 新疆萨吾尔地区晚古生代岩浆作用的时限、地球化学特征及地球动力学背景. 岩石学报，22（5）：1225-1237.

周涛发，袁峰，杨文平，等，2006c. 西准噶尔萨吾尔地区二叠纪火山活动规律. 中国地质，33（3）：553-558.

周肖华，严兆彬，胡玉江，2004. 浙赣中生代火山岩岩相与铀矿床类型研究. 东华理工学院学报，27（4）：327-332.

朱宝清，冯益民，1994. 新疆西准噶尔板块构造及演化. 新疆地质，12（2）：91-105.

朱杰辰，1987. 新疆一些铀矿成矿时代特征. 铀矿地质，（3）：184-190.

朱如凯，郭宏莉，高志勇，2009. 塔里木盆地北部地区中、新生界层序地层、沉积体系与储层特征. 北京：地质出版社.

朱夏，1986. 朱夏论中国含油气盆地构造. 北京：石油工业出版社.

朱永峰，2009. 中亚成矿域地质矿产研究的若干重要问题. 岩石学报，25（6）：1297-1302.

朱永峰，徐新，2006. 新疆塔尔巴哈台山发现早奥陶世蛇绿混杂岩. 岩石学报，22（12）：2833-2842.

朱永峰，何国琦，安芳，2007. 中亚成矿域核心地区地质演化与成矿规律. 地质通报，26（9）：1167-1177.

Briggs S M, Yin A, Manning C E, et al., 2007. Late paleozoic tectonic history of the ertix fault in the Chinese Altai and its implications for the development of the Central Asian Orogenic System. Cell & Tissue Research, 119（1）：17-21.

Bulnaev K B, 2006. Fluorine-beryllium deposits of the vitim highland, western Transbaikal region：mineral types, localization conditions, magmatism, and age. Geology of Ore Deposits, 48（4）：277-289.

Bühn A H, Rankin A H, Schneider J, et al., 2002. The nature of orthomagmatic, carbonatitic fluids precipitating REE, Sr-rich fluorite：fluid-inclusion evidence from the Okofusu fluorite deposit, Namibia. Chemical Geology, 186：75-98.

Calassou S, Larroque C, Malavieille J, 1993. Transfer zones of deformation in thrust wedges：an experimental study. Tectonophysics, 221（3-4）：325-344.

Chen B, Arakawa Y, 2005. Elemental and Nd-Sr isotopic geochemistry of granitoids from the West Junggar foldbelt（NW China）, with implications for phanerozoic continental growth. Geochimica et Cosmochimica Acta, 69：1307-1320.

Chen B, Jahn B M, 2004. Genesis of post-collisional granitoids and basement nature of the Junggar Terrane, NW China：Nd-Sr isotope and trace element evidence. Journal of Asian Earth Science, 23：691-703.

Chen J F, Han B F, Ji J Q, et al., 2010. Zircon U-Pb ages and tectonic implications of paleozoic plutons in northern West Junggar, North Xinjiang, China. Lithos, 115：137-152.

Chen J F, Han B F, Zhang L, et al., 2015. Middle paleozoic initial amalgamation and crustal growth in the West Junggar（NW China）：constraints from geochronology, geochemistry and Sr-Nd-Hf-Os isotopes of calc-alkaline and alkaline intrusions in the Xiemisitai-Saier Mountains. Journal of Asian Earth Sciences, 113：90-109.

Chen Z L, Liu J, Gong H L, et al., 2011. Late cenozoic tectonic activity and its significance in the Northern Junggar Basin, Northwestern China. Tectonophysics, 497：45-56.

Choulet F, Cluzel D, Faure M, et al., 2012. New constraints on the pre-permian continental crust growth of Central Asia（West Junggar, China）by U-Pb and Hf isotopic data from detrital zircon. Terra Nova, 24：189-198.

Gao G M, Kang G F, Bai C H, et al., 2013. Distribution of the crustal magnetic anomaly and geological structure in Xinjiang, China. Journal of Asian Earth Science, 77: 12-20.

Geng H Y, Sun M, Yuan C, et al., 2009. Geochemical, Sr-Nd and zircon U-Pb-Hf isotopic studies of late carboniferous magmatism in the Western Junggar, Xinjiang: implications for ridge subduction?. Chemical Geology, 266: 364-389.

Geng H Y, Sun M, Yuan C, et al., 2011. Geochemical and geochronological study of early carboniferous volcanic rocks from the West Junggar: petrogenesis and tectonic implications. Journal of Asian Earth Sciences, 42: 854-866.

Griffitts W R, 1965. Recently discovered beryllium deposits. Economic Geology, 60: 1298-1305.

Jahn B M, Wu F, Chen B, 2000. Massive granitoid generation in Central Asia: Nd isotope evidence and implication for continental growth in the phanerozoic. Episodes, 23 (2): 82-92.

Jahn B, Natal'in B, Dobretsov N, 2004. Phanerozoic continental growth in central Asia. Journal of African Earth Sciences, (23): 599-603.

Li D, He D F, Ma D L, et al., 2015. Carboniferous-Permian tectonic framework and its later modifications to the area from eastern Kazakhstan to southern Altai: insights from the Zaysan-Jimunai Basin evolution. Journal of Asian Earth Science, 113: 16-35.

Li X F, Wang G, Mao W, et al., 2015. Fluid inclusions, muscovite Ar-Ar age, and fluorite trace elements at the baiyanghe volcanic Be-U-Mo deposit, Xinjiang, northwest China: implication for its genesis. Ore Geology Reviews, 64: 387-399.

Liu B, Han B F, Xu Z, et al., 2016. The cambrian initiation of intra-oceanic subduction in the southern Paleo-Asian Ocean: further evidence from the barleik subductionrelated metamorphic complex in the West Junggar region, NW China. Journal of Asian Earth Sciences, 123: 1-21.

Lykhin D A, Kovalenko V I, Yarmolyuk V V, et al., 2010. The yermakovsky deposit, Western Transbaikal region, Russia: isotopic and geochemical parameters and sources of beryllium-bearing granitoids and other rocks. Geology of Ore Deposits, 52 (4): 289-301.

Ma C, Xiao W J, Windley B F, et al., 2012. Tracing a subducted ridge-transform system in a late Carboniferours accretionary prism of the southern Altaids: orthogonal sanukitoid dyke swarms in Western Junggar, NW China. Lithos, 140-141: 152-165.

Mao W, Li X F, Wang G, et al., 2014. Petrogenesis of the Yangzhuang Nb- and Ta-rich a-type granite porphyry in West Junggar, Xinjiang, China. Lithos, 198-199 (1): 172-183.

Ren R, Han B F, Xu Z, et al., 2014. When did the subduction first initiate in the southern Paleo-Asian Ocean: new constraints from a Cambrian intra-oceanic arc system in West Junggar, NW China. Earth and Planetary Science Letters, 388: 222-236.

Reyf F G, 2008. Alkaline granites and be (phenakite-bertrandite) mineralization: an example of the Orot and Ermakovka deposits. Geochemistry International, 46 (3): 213-232.

Rollison H R, 2000. 岩石地球化学. 杨学明, 杨晓勇, 陈双喜译. 合肥: 中国科学技术大学出版社.

Shen P, Shen Y C, Li X H, et al., 2012. Northwestern Junggar Basin, Xiemisitai montains, China: a geochemical and geochronological approach. Lithos, 140-141: 103-118.

Shen P, Pan H D, Xiao W J, et al., 2013. Two geodynamic-metallogenic events in the Balkhash (Kazakhstan) and the West Junggar (China): Carboniferous porphyry Cu and Permian greisen W-Mo mineralization. International Geology Review, 55 (13): 1660-1687.

Shen P, Hattori K, Pan H D, et al., 2015. Oxidation condition and metal fertility of granitic magmas: zircon trace-element data from porphyry cu deposits in the Central Asian orogenic belt. Economic Geology, 110:

1861-1878.

Tang G J, Wang Q, Wyman D A, et al., 2010. Ridge subduction and crustal growth in the Central Asian Orogenic Belt: evidence from Late Carboniferous adakites and high-mg diorites in the western Junggar region, northern Xinjiang (west China). Chemical Geology, 277: 281-300.

Tang G J, Wang Q, Wyman D A, et al., 2012. Recycling oceanic crust for continental crustal growth: Sr-Nd-Hf isotope evidence from granitoids in the western Junggar region, NW China. Lithos, 128-131: 73-78.

Xiao W J, Windley B F, Allen M B, et al., 2013. Paleozoic multiple accretionary and collisional tectonics of the Chinese Tianshan orogenic collage. Gondwana Research, 23: 1316-1341.

Xiao W J, Windley B F, Yong Y, et al., 2015. A tale of amalgamation of three Permo-Triassic collage systems in Central Asia: oroclines, sutures and terminal accretion. Annual Review of Earth & Planetary Sciences, 43 (1): 477-507.

Xu X W, Jiang N, Li X H, et al., 2013. Tectonic evolution of the east Junggar terrane: evidence from the Taheir tectonic window, Xinjiang, China. Gondwana Research, 24 (2): 578-600.

Xu Z, Han B F, Ren R, et al., 2012. Ultramafic-mafic mélange, island arc and post-collisional intrusions in the Mayile Mountain, West Junggar, China: Implications for Paleozoic intra-oceanic subduction-accretion process. Lithos, 132-133: 141-161.

Xu Z, Han B F, Ren R, et al., 2013. Palaeozoic multiphase magmatism at Barleik Mountain, southern West Junggar, Northwest China: implications for tectonic evolution of the West Junggar. International Geology Review, 55 (5): 633-656.

Yang G X, Li Y J, Gu P Y, et al., 2012. Geochronological and geochemical study of the Darbut Ophiolitic Complex in the West Junggar (NW China): implications for petrogenesis and tectonic evolution. Gondwana Research, 21: 1037-1049.

Yarmolyuk V V, Lykhin D A, Shuriga T N, et al., 2011. Age, composition of rocks, and geological setting of the Snezhnoe beryllium deposit: substantiation of the Late Paleozoic East Sayan rare-metal zone, Russia. Geology of Ore Deposits, 53 (5): 390-400.

Yin J Y, Long X P, Yuan C, et al., 2013. A late carboniferous-early permian slab window in the West Junggar of NW China: geochronological and geochemical evidence from mafic to intermediate dikes. Lithos, 175-176: 146-162.

Zhang J E, Xiao W J, Han C M, et al., 2011. A devonian to carboniferous intra-oceanic subduction system in Western Junggar, NW China. Lithos, 125: 592-606.

Zhang X, Zhang H, 2014. Geochronological, geochemical, and Sr-Nd-Hf isotopic studies of the bvaiyanghe a-type granite porphyry in the Western Junggar: implications for its petrogenesis and tectonic setting. Gondwana Research, 25: 1554-1569.

Zhang Y, Chen W, Yong Y, et al., 2006. Late cenozoic episodic uplifting in southeastern part of the Tibetan plateau: evidence from Ar-Ar thermochronology. Geochmica et Cosmochimica Acta, 73 (4): A1512.

Zhao L, He G Q, 2013. Tectonic entities connection between West Junggar (NW China) and East Kazakhstan. Journal of Asian Earth Sciences, 72: 25-32.

Zhou T F, Yuan F, Fan Y, et al., 2008. Granites in the Saur region of the west Junggar, Xinjiang Province, China: geochronological and geochemical characteristics and their geodynamic significance. Lithos, 106: 191-206.

Аубакиров Х Б, 2000. Главнейшие факторы контлируюшие размещение урановых месторождений Казахстана (новая концепция). Геология и минерагения Казахстан, 144-155.

Баташев Б Г, Заварзин А В, Леонеко В И, и др., 1991. О вертикальном распределении Гидротермального уранового метораждения. Геология рудных метораждений，（1）：3-11.

Бекжанов Г Р，Кошкин В Я，Никитченко И И，и др.，2000. Геологическое строение Казакстана. Алматы.

Власов Б П，Воловикова И М，1997. Структурный контроль и зональность уран-молибденовых руд месторождения курдай（Южный Казахстан）. Геология рудных метораждений，39（2）：183-191.

Вольфсон Ф И，1993. Гидротермальные месторождения урана. Москва：НЕДРА.

Грушевой Г В，Печенкин И Г，2003. Металлогения ураноносных осадочных бассейнов центральой Азии. Москва.

Данчев В И，Лапиская Т А，1965. Месторождения радиоактивного сырья. Москва：НЕДРА.

Дьячеко Г И，2011. Геометрические закономерности размещения рудных месторождений. Киев. ЛОГОС.

Ищукова Л П，Ашихимин А А，Константинов А К，и др.，2005. Урановые метораждения в вулкано-тектанических структурах. Москва：90-97.

Каримов Х К，Бобоноров Н С，Бровин К Г，и др.，1996. Учикудукский тип урановых месторождений республики Узбекистан. ТАШКЕНТ：ФАН.

Кисляков Я М，Щеточикин В Н，2000. Гидрогенное рудообразование. Москва，ЗАО " Геоинформмарк".

Королев В К，Белов В К，1983. Месторождений фосфорно-урановой метасоматической рудной формации. Москва：ЭНЕРГОАТОМИЗДАТ.

Кудлявцев В Е，Шор Г М，2001. Пути совершенствования прогноза месторождений урана. Санкт-Петербург.

Лавров Н П，Запорожец А А，Канцель А В，и др.，1965. Некоторые особенности геологии Уран-молибденовых месторождений，приуроченых к субвулканическим интрузивам кислых пород. Геология рудных месторождений（Отдельный оттиск），Москва：34-48.

Лавров Н П，Рыбалов Б Л，Величкин В И，и др.，1986. Основы прогноза урановорудных провинций и районов. Москва：НЕДРА.

Лавров Н П，Абдульманов И Г，Бровин К Г，и др.，1998. Подземное вышелачивание полиэлементных руд. Москва：АГН.

Максимова М Ф，Шмариович Е М，1993. Пластово-инфильтрационное рудообразование. Москва：НЕДРА.

Петров Н Н，Язиков В Г，Аубакиров Х Б，и др.，1995. Урановые метораждения Казакстана（экзогенные）. Алматы：ГЫЛЫМ.

Разыков З А，Гусаков Э Г，Марущекон А А，2002. Урановые метораждения Таджикистана，Чкаловск，ооо. хуросон.

Солодов И Н，Шугина Г А，Зеленова О И，1994. Техногенных геохимические барьеры в рудоносных горизонтах гидрогенных месторождений урана. Геохимия，（3）：415-432.

Тарханов А В，Шаталов В В，2002. Состояние мировой урановорудной промышленности и тенденции ее развития на рубеже веков，минеральное сырье. Серия Геолого-экономическая. Москва：ВИМС.